上海科普图书创作出版专项资助

基因：探究、思辨与创新

傅继梁 著

U0345518

上海科学技术出版社

图书在版编目（CIP）数据

基因：探究、思辨与创新 / 傅继梁著. —上海：
上海科学技术出版社，2016.1
ISBN 978-7-5478-1385-0

Ⅰ.①基… Ⅱ.①傅… Ⅲ.①基因-研究 Ⅳ.
①Q343.1

中国版本图书馆CIP数据核字（2015）第028433号

基因：探究、思辨与创新

傅继梁 著

上海世纪出版股份有限公司
上海科学技术出版社 出版
（上海钦州南路71号 邮政编码200235）
上海世纪出版股份有限公司发行中心发行
200001 上海福建中路193号 www.ewen.co
常熟市华顺印刷有限公司印刷
开本 787 × 1092 1/16 印张 24.75
字数 500千字
2016年1月第1版 2016年1月第1次印刷
ISBN 978-7-5478-1385-0/Q·31
定价：158.00元

谨以此书献给恩师谈家桢先生！

内容提要

遗传学是研究生物体遗传和变异规律的科学，是现代生物学、农学、医学和药学的重要基础学科。本书系统介绍了遗传学基础理论和进展前沿。以基因概念的产生和发展为线索，讲述了经典遗传学和分子遗传学的主要内容。以细菌和病毒的遗传分析为例，系统地引入了近代遗传学的主要概念、理论和实验研究方法，包括基因工程技术的理论和实验渊源。以遗传学的经典论著为依据，介绍了遗传物质的损伤、修复和突变；基因功能表达的调控；基因组的表观遗传修饰；哺乳动物体细胞遗传分析；转座因子的结构和功能；以及肿瘤分子遗传学等遗传学研究前沿的现状和发展趋势。从真核细胞基因组的结构和功能表达、生物群体遗传结构和生物演化、灵长类哺乳动物基因组的工程化改造，以及合成生物学研究等新成就和新观点出发，讨论了基因概念思考的延伸，以及由基因组人工修饰引发的伦理、法律和社会问题。本书也可作为相关专业本科生和研究生的教学参考书。

序

　　科学家随年龄增长而思考日渐宏观，或横向连接融合多年积累的知识碎片，或纵向归纳人类对自然的认知过程，能集大成者会成为学界的智者。本书的作者傅继梁先生就是这样一位智者。

　　傅先生既是一位极具探索精神的学者，更是一位富有智慧的教育家。与先生多年交往，亦师亦友，屡受教诲，是我所尊敬的长者和导师。本书集傅先生多年治学积累的心得和智慧，对后学的探索具有重要的价值。

　　随着国家的发展和学术的繁荣，已不乏中国学者的学术专著，快餐式的科普也日益繁盛，但鲜见学术思想的梳理归纳之作。此类著作有别于教科书，也不同于专著，其特点是：既面向学者，也面向大众；或梳理人类对某些事物的认知发展，或提出各种假说和未来探索方向；不仅是知识的传播，更是智慧的分享。此类书籍的出现，反映了国内学术的初步成熟。

　　傅先生以本书开风气之先，以其学者的敏锐洞察力和社会责任感，分享他多年积累的智慧，为后学又树立了榜样。

　　我谨以本序向傅继梁先生致敬。

王力

2015年4月于复旦江湾校区

前　言

　　很长时期以来，我一直想写一本书，通过叙述100多年来人们对生物遗传规律认识发展的真实历程来帮助青年朋友学会质疑和思辨。思辨是一种展开事物之间各种可能存在的直接或间接联系的思考与分析过程，思辨特别有助于我们培养起感知某种重大的理论问题和技术问题的能力。我想重要的并不是从书中看到了什么，知道了什么或学到了什么，而是在阅读过程中想到了什么，形成了什么新的想法(idea)。这是作为读者的你在受到书中某个章节，甚至只是某一小段文字的启发后产生的属于你自己的新想法，或者说一种科学思想的萌芽。如果你能逐步丰富与完善这个想法，甚至进一步采取行动去证实或实现你的想法，把科学想法发展为科学计划或研究课题(使idea成为project)，你就可能进入了最佳的读书境界。这种体验或许可以用诺贝尔奖获得者森特−哲尔吉(A. von Szent-Györgyi)的一句话来描述："To see what everyone has seen and think what no one has thought." 中文可译为："见人人之所见，思人人所未思。"

　　著名的美籍华裔群体遗传学家李景钧说过一句值得深思的话："历史是不会过时的。"科学论著发表时为人类奉献的知识或许已经成为常识或共识，但其探究新知、解决问题的过程往往有着历久弥新的科学魅力，不断给后人以启发。学习科学史是丰富科学思维的重要途径。不仅要了解前人的贡献，还要了解前人为此所经历的思考和实践过程，找出发现和发明的规律性要素。正如牛顿所说："如果说我看得比别人更远，那是因为我站在巨人的肩膀上。"

　　科学是人类社会发展的结晶，科学的进步也往往是以某些科学家的创造性、突破性的成就为标志的。我们要充分认识科学大师在科学发展和知识累积过程中的创造性贡献，这会加深我们对科学发展乃至整个人类历史进程中人的价值的认识。然而，科学大师决不能成为我们心目中的一座座神圣的塑像。我们学习的目的就是为了获得某种或某些能力，使我们能平等地和科学大师们一起分享那些卓越的科学思维、精巧绝伦的实验研究和富于独创的学术成果，并力争对人类有新的知识贡献，成为一个人类知识的创造者，参与人类科学史的缔造工程。因此我在写作方法上，力求通过对遗传学中主要学说和理论的产生及发展的规律性的叙述和评价，阐明怎样提出问题，怎样分析和解决问题；分清什么是前提，什么是结论，什么是由前提达到结论的条件和途径。这样，读者不仅能从中看到遗传学的现状，还能看到造成这个现状的历史进程，看到科学发展过程中的转换点和里程碑。

　　自然科学家研究自然现象，研究自然现象之间的关系，通过这些关系来认识自然界内在的规律。尽管现象是客观的，它反映于学者头脑并由学者表述出来以后，就融入了学者自己的思想。所以科学定律和定理，乃至科学家自身都是有学术个性的。这就是为什么我们要培养对自然对客观事物的洞察、分析、概括、推理和表述能力，使自己有能力发现自然界的内在规律，并逐步形成自己的学术个性。人们总是习惯于接受规律的第一发现人所选择的表达方式，并下意识地认定最早提出的科学定理承继了自然规律所涵盖的全部客观性。事实上，科学发现往往只是我们在一定条件下有可能进行的观察或实验中获取的自然现象的一个侧面，当科学研究一步步展现出自然界的多侧面、多层次和能动性时，我们会由衷惊叹自然之美、自然之和谐、宇宙之浩瀚。

　　我们要学会怎样在解决问题的同时提出新的问题，不光要看到事实、数据和结论，还要在交叉渗透、环环相扣的知识体系中找到新知识的位置；还要明白现有的实验技术和分析手段能够解决什么样的问题，解决到什么程度；弄清楚现有的知识和技术解决某一个具体问题的极限在哪里，极限的突破往往会成为进一步发展的新起点。要大胆地求取新的突破。要在学习和研究过程中不断充实和积累，逐步形成具有学术个性的、广博而又有一定深度的、能动的知识结构。要善于发现与提出问题，凝练出科学问题，进而设想出可操作的方式方法来解决问题。这无疑是创新能力的体现，也许还是一种更好地生存于社会的大智慧。

　　另外，我还想提醒年轻朋友，尽管手指一按就能上网，即刻就能获得你想寻找的任何一个知识点，但上网点击是很难替代阅读的。美国著名专栏作家卡尔（N. G. Carr）曾经在一篇题为《浅薄——互联网如何毒化了我们的大脑》的文章中告诫道："我们将会适应互联网，其实我们已经适应了。但是，在适应的过程中，我们将会失去一些人类最有深度、最为深刻的思维方式。互联网鼓励我们蜻蜓点水般地从多种信息来源中广泛采集碎片化的信息，而我们正在丧失的却是专注能力、沉思能力和反省能力。"所以，我们还是要给自己留出足够的阅读时间。

　　一本书的出版包含了许多人的辛劳，在这本书中就满含着我的师长、同事、同学和朋友们的指导、鼓励、支持和帮助。最后，我还要感谢我的妻子，在书稿的字里行间融入了她那无私而又默默无闻的奉献。

　　我期待着读者朋友对书中不正确和不准确的地方提出批评指正。

傅继梁

2015 年 7 月

目　录

第1章 基因概念的产生和发展

遗传学是研究生物遗传和变异规律的一门科学。

遗传学研究的主要内容是基因的本质、基因的复制与传递,以及基因功能的表达。用信息论的术语来讲,遗传学研究的是控制生物机体发育的遗传信息的储存、传递、分布和表达。遗传学的研究使人们对生命的认识达到了一个新的阶段。

人类关于生物遗传的实验研究始于孟德尔(G. J. Mendel)的豌豆杂交试验。一百多年来,遗传学的发展经历了几个重要的发展阶段。遗传学发展的每一个阶段都使基因的概念获得一次升华。

孟德尔的研究表明,基因是在生物遗传性状的传递和表达上具有相对独立性的遗传物质单位。

摩尔根(T. H. Morgan)的研究表明,基因的物质载体是细胞核里的染色体。在染色体上作直线排列的基因是突变、重组和功能表达三位一体的遗传物质单位。

比德尔(G. W. Beadle)和塔特姆(E. L. Tatum)的研究表明,基因是决定蛋白质一级结构的遗传物质单位。

艾弗里(O. T. Avery)、沃森(J. D. Watson)和克里克(F. H. C. Crick)等的研究表明,基因的化学本质是脱氧核糖核酸(DNA),基因是能自我复制且具有一定遗传学功能的DNA片段。

雅各布(F. Jacob)和莫诺(J. L. Monod)的研究表明,基因是在特定遗传调控系统的调节和控制下表达其功能的遗传物质单位。

基因概念的每一次升华,都是人们对于生物遗传和变异现象和规律认识的一次飞跃,也为以后的研究提出了问题,指出了方向。

§1.1 孟德尔的实验和基因概念的产生

1.1.1 孟德尔的基因观

基因(gene)这个名词是由约翰森(W. L. Johannsen)在1909年首先使用的,但从概念形成的角度讲,孟德尔在19世纪中叶运用简单的代数阐明生物遗传的亲子关系时，就已经认识到了基因的两个基本属性：基因是世代相传的；基因是决定遗传性状表达的。现在所说的"基因是生物体传递遗传信息和表达遗传信息的基本单位"，实际上就是孟德尔所阐明的观点。

在孟德尔之前，克尔罗伊特（J. Kölreuter）、加特内（C. Gartner）和其他一些科学家（包括中国古代的农业科学家）也做过具有不同遗传性状植物间的杂交试验，但都没有导致建立在实验基础上的遗传学的萌生。孟德尔认为前人的试验存在两个问题：一是没有对杂交子代按性状分类计数；二是没有运用统计学方法来分析杂交试验的结果。为了克服前人的不足，孟德尔选用豌豆（*Pisum sativum*）作实验材料。豌豆是闭花授粉植物，可避免花粉的自然混杂，人工去雄后，授以外来的花粉也比较容易。此外，它的许多性状是能够严格区分的，如花的颜色有红、白之分，种子形状有圆、皱之分，种皮有黄、绿之分等。这些非连续变异性状是孟德尔对杂交子代进行分类分析的依据。

孟德尔检查了豌豆中的七对遗传性状，并力图用简单的数学关系来阐明杂交试验中这些遗传性状的传递规律。在每次杂交试验中，孟德尔只注意一种相对性状的遗传。例如，在红花植株和白花植株的杂交试验中，他只注意花色这个性状的遗传方式，而不考虑种皮的颜色或子叶生长特性等其他性状。

豌豆的花瓣颜色是一种遗传性状，红花植株自花授粉的后代都开红花，白花植株自花授粉的后代都开白花。在杂交试验中，无论是以红花植株为父本，白花植株为母本，还是反过来，杂交子代都开红花。孟德尔把杂交子一代（F_1）中表达的性状称为显性性状，与此相对应的是隐性性状，即在 F_1 代不表现的性状。F_1 植株自花授粉产生子二代（F_2）。F_2 中又出现了在 F_1 中不表现的隐性性状，这种现象称为分离（图 1-1）。

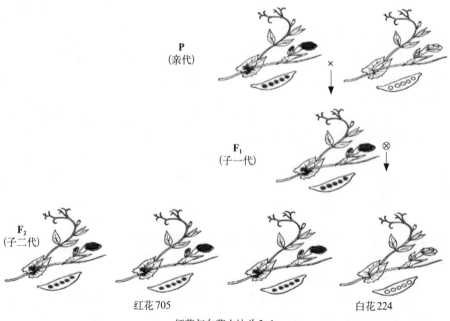

P
（亲代）

F_1
（子一代）

F_2
（子二代）

红花 705   白花 224

图 1-1　红花植株与白花植株杂交试验示意

红花与白花之比为 3∶1

　　F_2的分离表明F_1虽然开红花,但它必定从白花亲本得到了决定豌豆开白花的遗传因子,在F_1的整个生活史中,红花因子和白花因子始终并存,却互相毫不沾染,孟德尔由此推论遗传绝不是融合式的。他提出,决定一对相对性状的遗传因子在同一生物体内各自独立存在,不沾染,不融合。在遗传性状的传递和表达中,决定相对性状的因子是独立的。这就是孟德尔的粒子遗传的概念。

　　孟德尔一共做了七对性状的杂交试验,发现F_2中显性植株和隐性植株的分离比总是接近3∶1(表1-1)。

表1-1　孟德尔对豌豆七对性状的杂交试验结果

性　　状	子一代性状(显性)	子二代数量(株)			子二代分离比(%)	
		显性	隐性	合计	显性	隐性
红花或白花	红花	705	224	929	75.9	24.1
植株高或矮	植株高	787	227	1 064	74.0	26.0
种皮黄色或绿色	黄色	6 022	2 001	8 023	75.1	24.9
种子饱满皱缩	饱满	5 474	1 850	7 324	74.7	25.3
腋生花或顶生花	腋生	651	207	858	75.9	24.1
豆荚饱满或瘪	饱满	882	299	1 181	74.7	25.3
豆荚绿色或黄色	绿色	428	152	580	73.8	26.2

　　为了解释这个分离比,他提出了五点假设。

　　(1)遗传性状是由遗传因子决定的,性状不混合反映了遗传因子的相对独立性,即粒子性。

　　(2)每对相对性状由一对遗传因子控制,这对遗传因子中一个来自父本的雄性精细胞,另一个来自母本的卵细胞,即每个生殖细胞中只带有这对遗传因子中的一个,受精后的合子才带有成双配对的遗传因子。

　　(3)在生殖细胞发生的过程中,成对的遗传因子分离,进入不同的生殖细胞,每个生殖细胞只得到每对遗传因子中的一个。

　　(4)两性生殖细胞的结合是随机的,与其所携带的遗传因子无关。

　　(5)当显性因子和隐性因子共存于一个植株时,表现出显性性状,两个因子均为显性因子时,植株也表现出显性性状;只有两个因子都为隐性时,隐性性状才得以表现。

　　以纯合红花植株和白花植株杂交为例,红花是显性性状,由遗传因子R决定,白花是隐性性状,由遗传因子r决定。红花植株的基因型是RR,白花植株的基因型是rr。红花亲本产生带有一个R因子的生殖细胞,白花亲本产生带有一个r因子的生殖细胞。受精后产生的F_1带有一个R因子和一个r因子,其基因型是Rr,表现型为红花。F_1产生两种生殖细胞,分别携有R因子或r因子,两种生殖细胞数目相等,比值为1∶1。F_1自花授粉有四种组合方式:RR、Rr、rR和rr。因为携带不同因子的生殖细胞的结合是随机的,加上显性假设,F_2就出现了3∶1的分离比。以上各点可表达如图1-2所示。

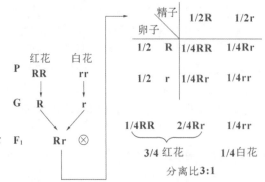

图1-2　孟德尔的理论假设示意

P：亲代；G：配子

　　孟德尔假设虽然能完满地解释七对遗传性状的杂交结果，但是一种假设不仅要能解释已经得到的实验结果，还应能预期根据这种假设提出的新的实验结果，只有这样的假设才有可能被接受，才有可能作为科学理论的先导。孟德尔怎样验证自己的假设呢？从图1-2可以假设F_1红花植株的基因型是Rr，如果它与基因型为rr的白花植株杂交，其后代中有一半的基因型是Rr，应该开红花，另一半的基因型是rr，应该开白花。大量实验结果证实，在F_1红花植株与白花植株杂交后代中，红花植株与白花植株各占一半。孟德尔把通过与双隐性植株的杂交来确定植株基因型的方法称为测交。他用测交技术检验了F_2。从图1-2可以假设F_2的红花植株应该有两种基因型RR和Rr，其中基因型为RR的植株与基因型为Rr植株的比例为1∶2。将F_2的红花植株分别与双隐性植株做测交，则1/3植株的后代应该全开红花；2/3植株的后代应该有一半开红花，另一半开白花。孟德尔随机选了100株F_2的红花植株做测交试验，结果有36个植株的后代均开红花，有64个植株的后代一半开红花，一半开白花。统计分析表明，实验结果和根据假设预期的完全符合。测交试验不仅极具说服力地验证了自己提出的科学假设，还进一步证实杂交子一代F_1分离的本质不是表型的分离比3∶1，而是配子的分离比1∶1。现在，我们把杂合子在形成配子时，每对基因的两个等位基因（allele）互相分开，形成数量相等的两种配子的规律称为分离定律，又叫作孟德尔第一定律。

　　我们知道任何科学规律的再现都不是无条件的，孟德尔分离比的实现也是有条件的。这些条件至少包括以下四点。

　　（1）F_1产生的两种配子不但应该数量相等，而且生活力也应该是一样的。

　　（2）携带不同基因的生殖细胞受精的机会相等。

　　（3）F_2中三种基因型个体的存活率是相等的，即到观察时的存活率是一样的。

　　（4）显性是完全的。

　　还必须指出，即使上述四个条件都满足了，F_2中的3∶1仍然是近似的。因为一棵植株产生的生殖细胞数量大大超出能受精的配子，这里存在随机抽样问题。孟德尔定律是一个具有统计学意义的科学定律，样本越大，实验结果越接近预期的理论分离比。

　　把孟德尔第一定律推广到两对性状的杂交试验，就得到了独立分配、自由组合定律，即孟德尔第二定律。图1-3是涉及两对基因的杂交实验的示意图。可以

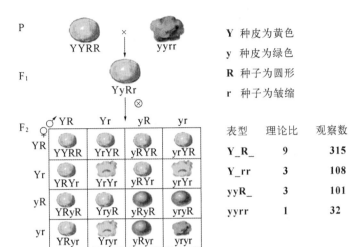

图1-3 孟德尔第二定律示意

看出,无论是豌豆种皮的颜色黄与绿,还是种子的形状圆与皱,两种性状各自的分离比都是3∶1,表明每一对基因的分离都是独立的。如果综合分析两对基因,它们之间的组合又是完全自由的,反映在配子的形成过程中,或者在携有不同基因组合的配子的结合过程中,决定不同性状的基因都是独立分配、自由组合的。在孟德尔定律被重新发现后不久,不少学者就发现孟德尔第二定律的许多例外,对这些例外事例的深入研究导致基因连锁法则的发现。这又是遗传学的一大进步。

1.1.2 孟德尔工作的重大意义

孟德尔的工作是整个遗传学的基石,它的重要性可从两个方面来概括。

（1）孟德尔第一次用实验方法建立了"粒子遗传"的概念。基因的颗粒性主要表现在基因在世代相传的行为和功能表达上具有相对独立性,而并不意味着基因的物理形状是珠子般的颗粒。

（2）孟德尔的研究在实验材料的选择、实验的合理设计、数据的正确处理和统计分析,以及科学假设的提出、验证和确立诸方面为生物科学走上实验和定量研究的新阶段树立了一个杰出的范例,从根本上改观了以生物形态描述和演绎为主的旧生物学。

孟德尔的划时代论著《植物杂交试验》虽然早在1866年就正式发表了,但这件事并没有推动遗传学的发展。真正导致遗传学大发展的是孟德尔定律的重新发现。1900年,荷兰的德弗里斯（H. de Vries）、德国的科伦斯（C. Correns）和奥地利的切尔马克（E. von Tschermak）几乎同时重新发现了孟德尔定律,并用各自的实验证实了它。这件事被认为是遗传学作为一门独立学科诞生的象征。

1.1.3 孟德尔基因观的延伸

20世纪初有三个方面的实验研究扩展和延伸了孟德尔的基因观,但都没有引起基因概念的飞跃。

1913年,斯特蒂文特（A. H. Sturtevant）发现了复等位基因。他发现野生型家兔是灰色的，基因型是SS，白化家兔是雪白的，基因型为ss，杂交试验表明S和s等位，且S对s呈显性。不久，斯特蒂文特发现一种体表雪白，而耳端、尾端和肢端为黑色的喜马拉雅兔，基因型为S^HS^H，杂交试验表明S^H和s也是等位基因，S^H对s呈显性。据此斯特蒂文特提出S、S^H和s是复等位基因的假设。认为S、S^H和s都是决定家兔毛色的基因，它们的关系是S对S^H和s呈显性，S^H对s呈显性。以后又有许多实验证实决定一种遗传性状的基因，可以有两种或两种以上的状态。人类中决定ABO血型的I^A、I^B和i基因就是大家熟悉并有重要临床意义的复等位基因的实例。

1910年，伊斯特（H. East）发现玉米的种皮颜色受两对基因的控制，每对基因都独立地传递和决定性状，携带不同基因组合的个体之间只有量的差别而没有质的差别。即携带两个显性基因的玉米粒比只携带一个显性基因的玉米粒颜色更黄些，而携带三个或四个显性基因的玉米粒色泽更深。这种性状称为数量性状。伊斯特的实验表明，作用于一种遗传性状的基因可以不止一对。

1927年，马勒（H. J. Müller）用很强的X射线照射黑腹果蝇（*Drosophila melanogaster*）的精子，发现约有1/7受照射的精子和卵子结合后产生带有可检突变表型的突变体。这些突变表型包括果蝇体表颜色的改变和翅脉的缺失等。这些突变型个体在遗传上是稳定的。马勒的发现大大推动了遗传学研究，诱发产生了许多新的等位基因，创造了一些新的变异类型。然而，这项重大的研究对于基因的概念并没有根本的突破，因为由X射线诱发产生的突变基因，在概念上并不包含比孟德尔的基因观更多的内容。毫无疑问，可供研究和分析的基因和突变品系越来越多这个事实，确实为新的基因观的产生提供了条件。

孟德尔的功绩是伟大的，但是科学的发展往往是在解决了一个问题之后，立刻又提出新的问题。孟德尔的基因观所解决的问题远远不及它所提出的问题来得多，譬如：① 基因在细胞的什么部位？② 基因怎样由亲代传给子代？③ 基因怎样决定性状？④ 基因怎样发生变异？⑤ 基因的理化本质是什么？

这些就是一百多年来遗传学家悉心研究的问题。归结起来就是基因的本质、基因的物质载体、基因的复制和传递，以及基因功能的表达等问题。

§1.2　摩尔根学派的兴起和染色体遗传学说的确立

1900年科学界重新发现了孟德尔定律，这种关于遗传物质的颗粒性和遗传的非融合性思想是一种全新的学术观点，它与当时流行的传统概念是针锋相对的。这就不可避免地引起了一场激烈的思想交锋。

英国剑桥大学的巴特森（W. Batson）是宣传和支持孟德尔理论的主将。1900年他在由剑桥赴伦敦的讲学途中，读到了重新发现孟德尔定律的文章，立刻敏锐地意识到它的重大意义。巴特森当机立断修改了已定的讲稿，在伦敦宣传了孟德尔理论。他的讲演遭到牛津大学动物学教授韦尔登（W. Weldon）的激烈反对，韦尔登是高尔顿（F. Galton）祖先遗传法则的信徒，创办并主持当时的权威

性杂志 *Biometria*。他著文贬低和鄙视孟德尔的工作。巴特森奋起应战,但由于韦尔登的影响,竟没有一家杂志愿意发表他的文章。1902年,巴特森被迫以私人出版物的形式发表了《捍卫孟德尔遗传原理》的檄文。随着科学资料的迅速积累,相信孟德尔原理的人越来越多。1904年在全英科学进步协会上,韦尔登和巴特森进行了面对面的论战,事实胜于雄辩,韦尔登终于承认了失败,巴特森也因此获得剑桥大学首任鲍尔弗(Balfour)教授的荣誉称号。他的学生庞尼特(R. Punnett)曾经在他的论文中写道:"孟德尔学说再也没有被无知和愚昧践踏的危险了。"

尽管孟德尔遗传理论的确立经历了漫长而曲折的道路,但是孟德尔既不知道他讲的遗传因子的物理或化学本质是什么,也不清楚遗传因子是怎样复制和传递的。所以,承认孟德尔的遗传理论之后的首要任务是寻找基因的物质载体,这是1900年之后遗传学研究的主题。

1.2.1 染色体遗传学说的提出

1903年,哥伦比亚大学的研究生萨顿(W. Sutton)在《生物学通报》(*The Biological Bulletin*)上发表了题为"染色体遗传"的论文,提出染色体是基因的物质载体的假设。萨顿把孟德尔的基因分离和自由组合法则与生殖细胞形成过程中的减数分裂和受精过程中的染色体周期联系在一起,发现了两者之间的平行关系。例如,在体细胞中同源染色体成双配对,基因也成双配对;在生殖细胞中,染色体由$2n$减为n,基因也只有两个等位基因中的一个;两个同源染色体中一个来自父本,另一个来自母本,等位基因也是一个来自父本,另一个来自母本。此外,基因的分离和染色体在减数分裂后期的分离都是随机的,非等位基因和非同源染色体的组合也都是随机和自由的。由此萨顿认为细胞核中的染色体很可能是基因的载体,鉴于几乎每一种生物体的已知基因的数目往往超出染色体的数目,他推测一条染色体上可以有若干个基因。

萨顿的假设简单、明确、具体,引起了学术界的广泛关注。然而要证实染色体是基因载体这个假设,就必须把某个特定的基因与某个具体的染色体联系起来。进一步讲,如果一个染色体上有多个基因,那么就必须把一个特定的基因与染色体的一个具体片段联系起来。最先用实验方法证实萨顿假设的就是美国著名的生物学家摩尔根及其学派。

1.2.2 性状、性别和性染色体

摩尔根是胚胎学家布鲁克斯(W. Brooks)在约翰·霍普金斯大学的学生,他勤于思索,善于操作。起初摩尔根并不相信孟德尔的遗传理论,他认为孟德尔原理有四个疑点。① 孟德尔遗传理论或许只适用于豌豆和玉米等植物,对动物是不适用的。② 孟德尔的显隐性原理的确能说明某些性状的遗传,但似乎并不适用于性别这样的特殊性状和某些生理性状。③ 生物体性状的区分往往并不都像孟德尔研究的七对性状那样易于区分。④ 孟德尔因子究竟是不是物质实体还是个有待证实的问题。1909年摩尔根说:"在现在流行的孟德尔理论对遗传现象的

诠释中，性状一下子变成了基因，一个因子解释不了的现象就添上一个变为两个因子，再不够又添一个变为三个因子。这种对于简单模式的过分推崇是会失去获取正确理解的机会的。"然而，仅仅一年之后，摩尔根成了坚定的孟德尔主义者，成了继承和发展孟德尔学说的杰出代表。

1904年起摩尔根就开始选用黑腹果蝇作为胚胎学研究的实验材料。考虑到果蝇身体小，生殖周期短，又易于繁殖培养，1909年起又将这种果蝇用于遗传学研究。摩尔根当初并不了解果蝇作为遗传学研究实验材料还有许多更为重要的优点，例如，果蝇的染色体数目只有四对，以及果蝇唾腺细胞中巨大的多线染色体的存在极大地方便了果蝇的细胞遗传学研究。

摩尔根的遗传学研究起始于果蝇复眼的一个突变。正常果蝇的复眼含有棕色素，一般呈暗红色。1910年摩尔根在实验的果蝇群体中发现了一只白眼雄蝇。这是一种突变型，因复眼中没有棕色素而呈白眼表型。他把正常的红眼称为野生型，把白眼称为突变型。他的第一个实验是把这只白眼雄蝇与野生型雌蝇交配，所得到的杂交子一代果蝇无论雌雄都是红眼，表明红眼性状对白眼性状呈显性。然后又将子一代的雌蝇和雄蝇交配，结果发现在子二代果蝇中，红眼与白眼的分离比是3∶1，这是符合孟德尔分离定律的。但是，摩尔根发现了一种新的现象：在子二代中，所有的白眼果蝇都是雄的，或者说，只在子二代雄果蝇中才有可能出现白眼性状。摩尔根就由此出发来研究果蝇复眼性状分离和性别的关系。

摩尔根的同事威尔逊（E. B. Wilson）曾经研究过黑腹果蝇的染色体，发现这种果蝇有四对染色体，其中的两对中部着丝粒染色体和一对点状的端部着丝粒染色体在雌雄果蝇中是一样的，而第四对染色体在雌雄果蝇中是不同的，雌蝇有一对棒状的端部着丝粒染色体，而雄蝇中只有一条棒状染色体，还有一条是稍小些的亚端部着丝粒染色体。摩尔根把这对与性别有关的染色体称为性染色体，把另外3对染色体称为常染色体。雌雄果蝇的常染色体组成是一样的，而性染色体组成是不一样的。雌果蝇的性染色体是两条X染色体，雄果蝇的性染色体是一条X染色体和一条Y染色体（图1-4）。

在产生性细胞的减数分裂过程中，同源染色体会发生分离，雌果蝇产生的卵细胞只有一种染色体组成，即三条常染色体和一条X染色体。雄果蝇产生的精子却有两种染色体组成，即3条常染色体和1条X染色体，或3条常染色体和1条Y染色体。携带X染色体的精子受精后产生XX个体，是雌果蝇；携带Y染色体的精子受精后产生XY个体，是

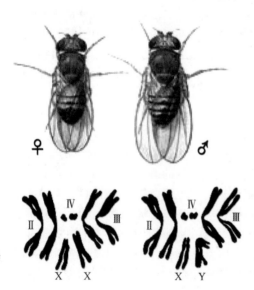

图1-4　黑腹果蝇的染色体组成

雄果蝇。因此果蝇的性别比为1∶1。摩尔根据此确定性别也是一种孟德尔性状（图1–5）。

根据遗传学实验和细胞学观察，摩尔根假设决定白眼性状的基因 w 位于X染色体上，相应的野生型基因是红眼基因+，+对 w 呈显性。并假定Y染色体不带有决定这个性状的任何等位基因，即既没有野生型基因+，也没有突变型基因 w。摩尔根最初发现的那只白眼雄蝇的基因型应该是 X^wY，与之交配的红眼雌蝇的基因型是 X^+X^+，杂交后代的分离情况可根据摩尔根提出的假设描述如图1–6所示。

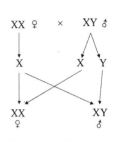

图1–5 **果蝇的性别是一种孟德尔性状**

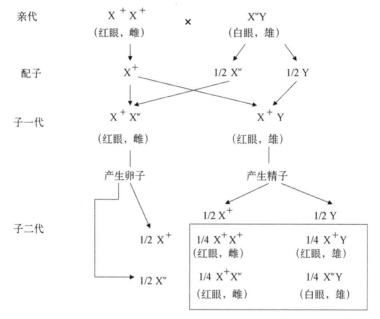

图1–6 X^+X^+ 与 X^wY 杂交后代的分离情况

摩尔根的假设完满地解释了在最初的杂交试验中观察到的全部结果。为了进一步验证他的假设，摩尔根又设计了三个新的实验并预断了实验结果。

实验1 如果上述假设正确，则子二代的红眼雌蝇有两种不同的基因型：X^+X^+ 和 X^+X^w，且两种基因型果蝇的数目相等。将子二代雌蝇与白眼雄蝇交配，则半数子二代雌蝇的后代（即 X^+X^+ 的后代）全部是红眼，另一半的后代（即 X^+X^w 的后代）应有1/4为红眼雌蝇、1/4为白眼雌蝇、1/4为红眼雄蝇、1/4为白眼雄蝇。

实验2 根据假设，白眼雌蝇（X^wX^w）和红眼雄蝇（X^+Y）杂交，子代中雌蝇应该都是红眼（X^+X^w），雄蝇应该都是白眼（X^wY），出现所谓"绞花遗传（criss-cross inheritance）"现象。

实验3 根据假设，如白眼雌蝇（X^wX^w）和白眼雄蝇（X^wY）交配，产生的子蝇不论雌雄都应该为白眼，成为稳定的白眼突变品系。

这三个判断性实验均被一一证实，其中以绞花实验最为关键，它呈现的是X染色体携带的基因，或者说X连锁基因所特有的遗传方式。

这样，摩尔根第一次把一个具体的基因 w 定位于一个特定的 X 染色体上，成功地证实了萨顿假设。1910 年摩尔根发表了第一篇关于基因定位的论文。1911 年他又发现了白眼基因 w 和短翅基因 r 之间的连锁和交换现象，提出了基因的连锁交换法则，为染色体遗传理论的确立奠定了基础。在此后的 15 年中，摩尔根和他的学生马勒、斯特蒂文特和布里奇斯（C.Bridges）等进行了一套又一套精彩的实验。尤其是把连锁基因的重组值和基因在染色体上的距离联系起来的新思想，是把概率论的概念用于生物学研究的一个非常杰出的成果。

在连锁交换法则中，摩尔根把位于同一条染色体上的两个基因之间的距离用杂交子代中的重组百分率来表示。那么，这种将一个生物学实验的数值与两点之间的直线距离这样一个物理量相互对应的依据是什么呢？

如图 1-7 所示，假设染色体是一个均匀的刚体，它在每一个点上发生断裂和重新愈合的概率就应该是相等的，那么摩尔根就有理由用杂交子代中出现重组体的百分率来确定染色体上两个连锁基因之间的距离这个物理量了。当然，生物的染色体不可能是一个均匀的刚体，这只是物理学常用的思想方法。重现牛顿定律的常用假设就是"在没有任何外力作用的条件下……"，或者"在没有摩擦力的时候……"。这种对理想状态的假定往往是证明物理学规律的重要手段。摩尔根的连锁交换法则可以说是不同学科之间科学概念联系产生思想新飞跃的一个范例。这个例子说明不同学科之间科学概念的延伸是发展和形成新的科学概念、促进学科进步的重要途径之一。

摩尔根实验室的每位科学家的工作是紧密相连而又相对独立的。马勒擅长

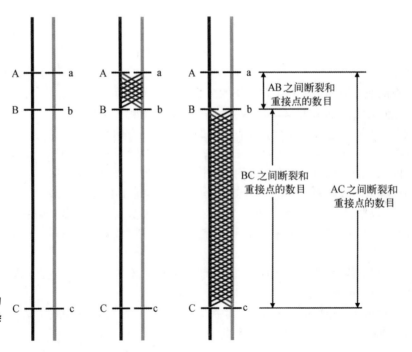

图 1-7 将物理学的均匀刚体概念延伸至染色体的构想示意

设计精确的实验（如CIB法、Müller-5法等）来比较细胞学和遗传学的资料。布里奇斯是杰出的细胞学家，对染色体结构的细微变化最为敏感。斯特蒂文特的特长是数学和统计学，他在1913年画出了第一张基因线性连锁图。而作为导师的摩尔根是分析结果、提出问题和确定主攻方向的学术带头人。这批能力互补、目标一致的科学家集合在一起，形成强有力的"拳头"。许多年之后，斯特蒂文特回忆道："这个集体是一个整体，各人做各人的实验，但互相都十分了解新的结果，每项研究成果都要自由讨论。从不计较新的思想、设计、假设和解释最初是谁先提出来的，大家关心的只是推进工作。要做的工作太多了，要验证的想法太多了，需要发展和建立的技术太多了。具有这样协调而又激动人心气氛的实验室实在是不多见的。"

1.2.3 摩尔根学派的成就使遗传学面临新的挑战

摩尔根及其学派经过长期艰苦的努力，从果蝇性遗传开始创立了染色体遗传理论，发现了连锁与交换法则，画出了连锁图与相应的细胞学图，证实了基因是一个物质实体，是在染色体上做线性排列的遗传物质单位。1915年摩尔根与斯特蒂文特和布里奇斯联名发表了《孟德尔遗传机理》，1917年摩尔根发表《遗传的物质基础》，1926年摩尔根发表集染色体遗传学大成的《基因论》。遗传学成了当时的科学骄子。从理论上讲，摩尔根学派用实验证明了基因的物质性，为研究基因的理化本质、基因的结构和功能奠定了基础。从方法上讲，摩尔根学派把物理学和化学的实验分析方法引入了生物学，从此生物学再也不是单纯依靠观察和描述的学科了，它的每一种思想、每一种新观点都需要实验的证实。摩尔根学派在理论上和方法上的成就，一方面使遗传学风靡全世界，另一方面也使它面临新的挑战。

从孟德尔到摩尔根，遗传学虽然取得了巨大的成就，但是这种成就的基础是基因在传递中的行为。他们都把基因作为一种决定性状的符号来研究，而对基因的作用方式是一无所知的。这固然说明前辈们卓越的思维能力和精湛的实验分析能力，同时也说明遗传学必须跨出形式遗传的范畴才能向前发展。以摩尔根为首的一大批经典遗传学家认识到了问题的尖锐性，却又看不清解决基因作用问题的路子。

年轻一代的遗传学家是不会甘心服输的，他们勇敢地闯入了研究基因作用的"圣地"，导致分子遗传学的诞生。第二次世界大战以后的四分之一世纪被称为"分子生物学时代"。分子生物学的兴起标志着生命科学的研究达到了新的广度和深度。

§1.3 生化遗传学派的贡献和分子遗传学的萌芽

1.3.1 尿黑酸尿症和加罗德医生的假设

重新发现孟德尔定律以后不久，遗传学家就注意到了"基因怎样决定性状"这个问题。许多科学家企图探索这个问题，其中包括摩尔根、马勒、赖特（S. Wright）、霍尔丹（J. Haldane）、戈尔德施米特（R. Goldschmidt）等，但都苦于找不到能解决这个问题的生物化学和遗传学方法。英国医生加罗德（A. Garrod）是思考这个问题深有所得的学者。

1908年，加罗德在皇家学会资助的一次讲演会上做了题为《先天性代谢缺陷》的报告，暗示孟德尔因子很可能通过影响特定的代谢步骤而决定性状。他在临床工作中发现了4种代谢紊乱引起的疾病，患者的尿液中有不完全代谢的化学物质。例如，苯丙氨酸的最终代谢产物是延胡索酸和乙酰乙酸，但有一类代谢缺陷病患者不能产生被加罗德称为X的物质。

$$苯丙氨酸 \xrightarrow{酶\,1} 酪氨酸 \xrightarrow{酶\,2} 尿黑酸 \xrightarrow{酶\,3} X物质 \begin{cases} 延胡索酸 \\ 乙酰乙酸 \end{cases}$$

酪氨酸 ↓ 黑色素

他假设X物质之所以不能产生的原因，是患者缺乏有活性的尿黑酸氧化酶（酶3），使尿黑酸不能转化为正常的代谢产物而在体内积累，最后经尿排出。这就是尿黑酸尿症的可能病因。那么，尿黑酸尿症患者的尿黑酸氧化酶为什么会缺乏呢？在巴特森的帮助下，加罗德分析了患者的家系，惊奇地发现尿黑酸尿症在患者家系中以孟德尔隐性因子的传递方式遗传给子裔。他声称："孟德尔因子会以某种方式影响机体内生化代谢中特定的代谢物的产生。"1914年加罗德等的研究表明，在正常人血液中能分离出一种能氧化尿黑酸的酶，而这种酶在患者的血液中是分离不到的，但这一发现当时并未被证实。直到1958年才有人证实，至少患者的肝脏是完全缺乏这种酶的。

在摩尔根的实验室里，每一次讨论都会涉及基因如何发挥作用的问题。他们认为基因一定会通过影响和调节代谢产物来发挥作用。例如，马勒早在1912年就在读书笔记中写下这样一段话："有充分的证据使人相信① 基因，或者叫染色体上的位点，是有其个体性的；② 基因是能利用周围物质精确地复制自身的，一旦基因丢失，它就永远不复存在；③ 基因是不受或几乎不受周围环境影响的，是稳定的；④ 每个基因都以它独特的方式和途径深刻地影响着细胞的结构和活动。"

马勒的看法反映了当时许多遗传学家的观点，即基因是在化学水平影响细胞生命活动的。然而这些都还停留在假设和猜测的阶段，并没有走上实验研究的途径。突破这一困境，在研究基因作用中取得开创性成就的一批青年科学家中，最突出的是摩尔根的青年助手比德尔。

比德尔是美国中部内布拉斯加州的农村青年，1922年进内布拉斯加大学读书，兼做凯姆（F. Keim）教授的实验助手。在凯姆的影响下，比德尔放弃了回乡经营农庄的念头，去康奈尔大学攻读博士学位，悉心研究玉米花粉不孕的遗传学。1931年，比德尔取得博士学位后来到摩尔根实验室工作，一心想把胚胎学研究和遗传学研究结合起来，走出研究基因作用的新路子。但摩尔根在当时却认为用同样一种材料来研究胚胎学和遗传学是非常困难的。1935年，比德尔和来自法国的胚胎学家埃弗吕西（B. Ephrussi）一起离开摩尔根的实验室去巴黎合作研究果蝇胚胎发育中的遗传学问题，他们的合作结出了硕果，成为分子遗传学孕育和萌芽期的一件大事。1936年他们发表的著名论文第一次把基因和酶联系起来。

1.3.2　果蝇复眼色素合成的生化研究

在果蝇的幼虫中有各种器官的"原基"，这些原基会逐渐发育成为成虫的各种器官。如果用外科手术把一只果蝇幼虫的复眼原基移植到另一只幼虫的腹部，那么接受复眼原基的幼虫发育为成虫时，腹部能发育出一个额外的复眼。比德尔和埃弗吕西就通过复眼原基移植试验来研究果蝇复眼的各种色素突变型之间的关系。

野生型果蝇的复眼呈暗红色，具有棕红色的眼色素。一些复眼眼色素突变型如朱红眼（v）和辰砂眼（cn），由于缺乏棕红色的眼色素而呈现不同程度的鲜红色，即朱红色和辰砂色。图1-8是朱红眼和辰砂眼突变型和野生型复眼原基的移植试验示意图。

第一部分实验（图1-8a）是将v或cn突变型果蝇幼虫的复眼原基移植到野生型果蝇幼虫的腹部，或反过来，将野生型果蝇幼虫的复眼原基移植到v或cn突变型果蝇幼虫的腹部，其结果都是在接受了复眼原基移植的果蝇的腹部发育成一个具有野生型表型的复眼。这表明v和cn原基从野生型寄主接受了某种物质，突变型的复眼原基就可以从这些物质合成棕红色眼色素，所以呈野生型表型。第二部分实验（图1-8b）是v或cn突变型果蝇幼虫相互之间进行复眼原基移植试验，结果v原基在cn果蝇的腹部发育成一个具有野生型表型的复眼，

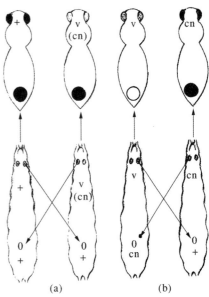

图1-8　复眼原基移植试验示意
（引自B. Ephrussi）

而cn原基在v果蝇的腹部仍表现为辰砂色复眼。表明v原基可从cn寄主得到它自身不能合成的物质而形成棕红色眼色素，导致野生型表型；相反，cn原基却不能从v寄主得到它自身不能合成的物质，继续保持突变型表型。比德尔和埃弗吕西据此设想了棕红色眼色素的合成途径。

$$前体物质 \xrightarrow{v^+} 物质1（v物质）\xrightarrow{cn^+} 物质2（cn物质）$$
$$\longrightarrow \longrightarrow \longrightarrow 棕红色眼色素（野生型物质）$$

当v^+突变为v时，物质1的合成受阻；当cn^+突变为cn时，物质2的合成受阻。在野生型果蝇体内，v和cn原基能分别得到各自因合成受阻而缺乏的物质1或物质2，进而合成野生型物质。v和cn之间的移植表明，v原基可利用cn突变体内积累的物质1来合成野生型物质，使复眼呈暗红色；反之，cn原基却不能在v突变体内获得它所缺乏的物质2，所以仍然呈现cn突变型的表型。

比德尔和埃弗吕西的假设很快得到了生化研究的证实，棕红色眼色素的部分合成过程见下列化学反应式：

色氨酸（前体）　　　甲酰基犬尿氨酸（物质1）　　　羟基犬尿氨酸（物质2）　　　棕红色眼色素（野生型物质）

实验证明 v⁺ 和 cn⁺ 基因各自控制着一个生化反应。表明基因的作用是控制一种酶的产生，决定这种酶的分子结构。这是第一次把基因与控制特定生物化学反应的酶联系在一起，开始了在分子水平上研究基因功能的实验和理论研究。

1.3.3 "一个基因一个酶"假设的提出

果蝇代谢的遗传学研究毕竟是困难的，因为高等动植物的性状特征都是通过一系列复杂的分化发育过程而得以表现的，涉及许多尚未阐明的代谢途径。比德尔还想到果蝇与所有的高等真核生物一样，每个性状都受两个等位基因的控制，显性基因常常掩盖了隐性基因的功能缺陷或被改变的异常功能。不久，比德尔回到美国。在斯坦福大学工作期间，他结识了微生物学家塔特姆，听从塔特姆的建议，比德尔改用链孢霉（*Neurospora crassa*）作实验材料。对遗传学的实验研究而言，链孢霉和果蝇相比至少有四个优点：① 生活世代短，在相当短的时间内能获得大量有性繁殖的子裔；② 便于在实验室内培养；③ 易于辨认和分离代谢缺陷突变个体；④ 以单倍体世代为主，使突变基因的功能缺陷都能得以表现。这些优点使链孢霉的生化遗传学研究远远地走在了果蝇前面。

比德尔和塔特姆的实验设计非常简单。先用X射线照射正常的链孢霉孢子以增加突变率，获得更多的突变型。然后将处理过的孢子放到相对接合型的原子囊果上进行杂交，从每一个成熟的子囊果取一个子囊孢子，接种在补充培养基上使之发芽生长，然后将这株链孢霉接种到基本培养基，以及含有不同生长因素的补加培养基上做生长测定。如果果某个菌株只能在特定的补加培养基上生长，则可推断它是需要该补加成分的营养缺陷型突变菌株。整个实验过程如图1-9。最后还要通过杂交试验中的基因分离情况来确定这个菌株的代谢缺陷确系基因突变所致，进而可以分离得到与这一补加成分相关的营养缺陷突变型菌株。图1-9显示了经诱变、筛选、分离和鉴定，最终获得泛酸合成缺陷突变型菌株的实验过程。

在1941年发表的经典论文中，比德尔和塔特姆还详细分析了维生素 B_6、维生素 B_4 和对氨基苯甲酸三种营养缺陷突变型菌株，做了生长因素补加量和链孢霉突变菌生长率的定量研究。

在做了许多不同类型营养缺陷型的筛选、鉴定和杂交试验后，比德尔和塔特姆发现每一种营养缺陷都在杂交试验中呈现孟德尔式分离，表明营养缺陷和基因突变直接相关，而且每一种突变都只阻断某一个生化反应。生物化学研究表明，每一种生化反应都依赖于一种酶的催化。由此他们提出：基因突变会引起酶的改变，从而阻断这个酶所催化的生化反应，造成突变型对被阻断的生化反应产物的需要和依赖。这就是"一个基因一个酶"的假设。虽然比德尔和塔特姆是在对加罗德医生的假设一无所知的情况下进行链孢霉研究的，但他们还是谦逊地表示

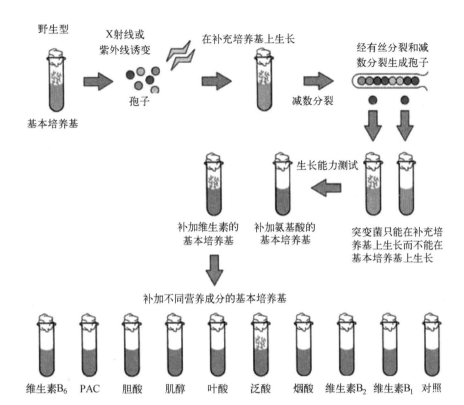

图1-9　**链孢霉营养缺陷型突变菌株的筛选和鉴定**（改自G. W. Beadle和E. L. Tatum）

他们只是证实了加罗德等前辈们的卓越思想。

　　除了"一个基因一个酶"这个理论成果之外，比德尔和塔特姆将链孢霉引入生化遗传学研究这件事本身也有十分重要的意义。首先，他们发现了一种能直接通过培养条件的改变来研究基因功能的生物实验系统。其次，他们发现了用X射线或紫外线能直接诱发有性孢子基因突变的生物体。最具重要意义的是，他们第一次把在整个生活史中以单倍体为主的真核生物引入了遗传学分析，克服了由于基因在表达上的显隐性而难以研究隐性突变基因的困难，使基因型和表现型的关系更加直接明白。

1.3.4　基因概念的一次升华

　　20世纪40年代初，比德尔和塔特姆根据链孢霉的生化遗传学分析提出"一个基因一个酶"的假设时，并没有讲到基因究竟是通过什么途径来决定一种酶的结构，直到分子遗传学中心法则的提出才解决了这个问题。

　　生物学研究表明酶是蛋白质，但蛋白质不一定是酶。生物体内有专门运送某种物质的运载蛋白，如运输氧和二氧化碳的血红蛋白；有构成生物细胞组分的结构蛋白；有调节代谢的激素蛋白；有免疫系统特有的免疫球蛋白等。因此基因不一定决定一个酶，"一个基因一个酶"的假设可改为"一个基因一个蛋白质"。我们又知道有的蛋白质由两种或两种以上的肽链组成。如血红蛋白由两条α链和两条β链组成，免疫球蛋白由两条轻链和两条重链组成，而一个基因往往只决定其中一种肽链的结构，所以又可把"一个基因一个蛋白质"改为"一个基因一条多肽"。最近的研究还表明，由于基因在表达中的结构重组，或者信使RNA（mRNA）水平的剪接方式改变，一个基因也可以决定两种或多种肽链（详见第4章）。此外，也并非所有的基因都编码蛋白质结构，如有的基因起调控作用，有的基因只决定核糖核酸的结构。例如，最近受到广泛重视的微小RNA（microRNA）就是一大类可以针对特定的靶基因进行功能调节的重要调控因子。所以，从现代生物学的观点看，"一个基因一个酶"的假设是不完全的，它只是人类认识基因作用的一个阶梯，它第一次明确地把基因和蛋白质直接连在一起，缩短了基因与性状之间的距离，不仅为在分子水平上研究基因的功能奠定了基础，也为分子遗传学的诞生做了必要的准备。

在比德尔和塔特姆的论文发表以后8年，美国人类遗传学家尼尔（J. Neel）证实人类的镰状细胞贫血是常染色体隐性突变引起的遗传病，同年鲍林（L. Pauling）等用血红蛋白水解产物的电泳分析，证实患者血红蛋白的结构与正常人的不同，并指出这种差异是因为氨基酸组成成分不同造成的。1957年英格拉姆（V. Ingram）详细分析了正常人和患者的血红蛋白，发现镰状细胞贫血患者血红蛋白和正常人的血红蛋白相比，仅仅只有一个氨基酸之差，即正常血红蛋白β链第6位的谷氨酸在患者血红蛋白β链中变为缬氨酸。这项研究有力地证明基因的原始作用是决定蛋白质多肽链中氨基酸的序列，蛋白质是生物基因型表达的最直接的表现型。

基因和性状的关系已演绎为基因和酶或其他蛋白质的对应关系，那么基因本身的化学本质是什么呢？这是比德尔和塔特姆，以及其他许多科学家的成就给遗传学提出的问题，也是整个20世纪40年代生物学研究的中心课题。

1.3.5　细菌转化和转化因子本质的研究

探索基因化学本质的研究始于J. F.格里菲思（J. F. Griffith）在1928年做的肺炎球菌转化试验。J. F.格里菲思是位医生兼细菌学家，致力于肺炎疫苗的研究工作，他用肺炎球菌（*Streptococcus pneumoniae*）感染小鼠，24 h即可杀死小鼠，并可从死鼠心血中分离到大量肺炎球菌。肺炎球菌的致病毒性是和菌体外面的多糖荚膜相关的。具有这层多糖荚膜的肺炎球菌可在琼脂培养基上形成表面光滑的菌落，所以有荚膜有致病毒性的菌称为S菌。S菌可以突变为R菌，即荚膜缺陷、菌落表面粗糙，且无致病毒性的突变菌。R突变很可能与多糖荚膜合成的关键性酶——尿苷二磷酸葡糖脱氢酶（uridine diphosphoglucose dehydrogenase）的缺陷有关（图1-10）。

S菌可以突变为R菌，R菌也可以回复突变为S菌。根据荚膜抗原结构不同，又可把S菌分为若干种免疫学上的亚型，如S_I、S_{II}、S_{III}等。S_{III}菌经一次突变可变为R_{III}菌，但不能一次突变为R_{II}菌，而R_{II}菌也不能通过一次回复突变到S_{III}菌。

J. F.格里菲思做了下列四组实验。

（1）S_{III}活菌注射小鼠→小鼠死亡。

（2）R_{II}活菌注射小鼠→小鼠存活。

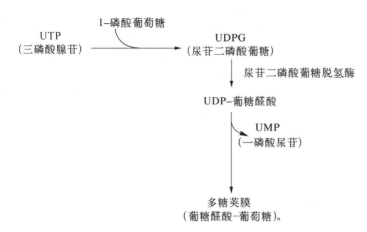

图1-10 尿苷二磷酸葡糖脱氢酶的缺陷引起荚膜缺陷

（3）S_Ⅲ死菌注射小鼠→小鼠存活。

（4）R_Ⅱ活菌和S_Ⅲ死菌一起注射小鼠→小鼠死亡。

从第四组实验的死鼠心血中还分离到了S_Ⅲ活菌。这不可能是突变的结果，因为R_Ⅱ菌不能一次回复突变就成为S_Ⅲ菌。所以J. F.格里菲思推测S_Ⅲ死菌的存在是导致R_Ⅱ活菌变为S_Ⅲ活菌的原因，他称这种现象为转化（transformation）。

三年之后，J. F.格里菲思在实验中发现，让S_Ⅲ死菌与R_Ⅱ活菌在试管中一起孵育，S_Ⅲ死菌也能把R_Ⅱ转化为S_Ⅲ活菌。从而证明小鼠只是检验转化结果的实验动物，并不是转化发生的必要前提。J. F.格里菲思把S_Ⅲ死菌中能转化R_Ⅱ菌的因子称为转化因子。差不多同时，美国洛克菲勒研究所的阿洛威（J. Alloway）重复了J. F.格里菲思的活体和离体转化试验。他还进一步把S_Ⅲ死菌的细胞壁和一些粗颗粒滤去后的提取液用来做转化试验，也获得了成功。这表明完整的S_Ⅲ死菌也不是转化的必要前提。阿洛威用乙醇处理S_Ⅲ菌提取液后得到了具有转化活性的沉淀物。10年之后，艾弗里和他的合作者麦克劳德（C. Mac Leod）和麦卡蒂（M. McCarty）的经典工作证明转化因子的化学本质是脱氧核糖核酸（deoxyribonucleic acid, DNA）。

艾弗里等的文章主要论述了下面几个问题。

实验所用转化因子的供体菌株是肺炎双球菌（*Diplococcus pneumoniae*）S_ⅢA66，受体菌株是非常稳定的肺炎双球菌R_Ⅱ36A。从S_ⅢA66分离纯化得到的转化因子的分子量大于500 000，紫外吸收峰值为260 nm，电泳分析时只出现一条带。对肺炎双球菌而言，在纯化过程中，如对其蛋白成分做1∶50 000稀释，对多糖荚膜成分做1∶5 000 000稀释，仍可表现出血清学反应。然而，在高度稀释到提取物的血清学特性越来越不显现时，转化活性却因纯化而不断提高。

系统地做了转化因子的酶学分析，包括四组实验。

（1）转化因子+结晶胰蛋白酶；转化因子+结晶胰凝乳蛋白酶；转化因子+结晶胰蛋白酶+结晶胰凝乳蛋白酶，三个实验结果相同，转化因子的转化活性都不丧失，表明转化因子不是蛋白酶作用的底物，即不是蛋白质。

（2）转化因子+核糖核酸酶，转化因子的转化活性不丧失，表明转化因子不是核糖核酸酶作用的底物，即不是核糖核酸。

（3）转化因子和下列的各种组织来源的血浆和酶类作用，结果如下：

粗酶制品	酶活性			是否能致转化因子失活
	磷酸酶	甘油三丁酸酯酶	DNA解聚酶	
狗肠黏液	+	+	+	+
兔骨磷酸酶	+	+	−	−
猪肾磷酸酶	+	−	−	−
肺炎球菌自溶物	−	+	+	+
正常的狗、兔血清	+	+	+	+

表明转化因子不能被磷酸酶或酯酶灭活，却可以被DNA酶灭活，提示转化因子的化学本质很可能是DNA。

（4）转化因子和灭活血清的作用，结果如下：

血清	灭活条件	转化因子活性是否保留
狗血清	未灭活	−
	60℃,30 min	+
	65℃,30 min	+
兔血清	未灭活	−
	60℃,30 min	−
	65℃,30 min	+

表明血清在适当的温度经历一定时间后，其内含的包括DNA酶在内的各种酶均会变性而失活，只有未被彻底灭活的血清才能使转化因子失去活性。

必须指出，这组酶学分析实验在研究战略上有独到之处，在纯化技术很不发达的年代，艾弗里没有用传统的纯化法来证实活性成分的化学本质，而是利用酶学研究的成就，通过特异性的酶反应来导致转化因子失活这条思路来达到确定转化因子化学本质的目的。

艾弗里等还报告了两个未成功的实验：① 转化因子浓度和转化反应速率的相关性研究；② 转化率和转化因子数量的相关性研究。

艾弗里等测得了有关转化效率的两个数据：① 当用0.003 μg转化因子时，有50%R_{II}36A成功转化为S_{III}菌；② 当转化因子用量增加到0.01 μg时，转化实验全部获得成功。

根据上述研究，艾弗里提出肺炎球菌S_{III}转化因子的化学本质是DNA。他们的文章指出："从物理和化学性质上讲，转化因子是一个高度聚合的DNA分子，它是由4种含氮原子的核苷酸组成的，而表现S_{III}菌致病毒性的特征性黏多糖荚膜外壳是不含氮原子的。这说明作为转化因子的DNA和由DNA决定的多糖荚膜在生物学功能上是各不相同的，然而在决定细胞的类型上两者都是必不可少的。"

这段话在分子水平上把基因型和表现型分得很清楚,基因与基因所决定的性状在化学本质上是不相同的。

艾弗里在论文的最后还很谦虚地说:"如果本文有关转化因子化学性质的研究结果被进一步证实,那么DNA不仅在结构上是重要的,而且在功能上也是异常活跃的,它决定细胞的特性及其生物化学活性。如果脱氧核苷酸钠盐和活性转化因子的确是同一种物质,那么我们可以说转化是同一种已知的化合物直接地、专一性地诱发而产生的结果。DNA是一种已知的能引起可预测的遗传变异的化学物质。"也就是说,转化是经特殊处理引起特殊变异的一个实例。

§1.4 结构学派、信息学派和生化学派的融合与分子遗传学的发展

DNA包含了构成和维持活细胞所需的全部信息,不仅如此,它还包含了繁殖自身的能力和信息。DNA是一个活的分子,是任何生命活动的最原始的决定力量。

但是人类认识DNA这个最重要的生物大分子的存在和它的意义却走过了漫长的道路。

1869年,年仅25岁的瑞士青年化学家米歇尔(J. F. Miescher)在医院里包扎伤口的绷带上搜集到的白细胞中发现了一种白色、含糖并呈微酸性的高磷大分子物质,他称之为核素(nuclein)。不久,他和他的学生奥尔特曼(R. Altmann)弄清这种酸性物质是由五碳糖、磷酸根和生物碱基组成的,并正式提出核酸(nucleic acid)这个名词。1920年以后,人们知道核酸分为两种:脱氧核糖核酸(DNA)和核糖核酸(ribonucleic acid, RNA)。前者主要在细胞核内,后者主要在细胞质中。

米歇尔在51岁时死于结核病。病故前三年他在一封信中说:"大的生物化学分子常常以类似的形式重复存在,却又不完全一样。这种结构赋予生物大分子一种载负遗传信息的能力。就像任何一种语言的文字和概念都能用24或26个字母来表达一样。"看来这种猜测可能是在暗喻他所发现的核酸,可是正如他的同时代人贾德森(H. F. Judson)指出的那样,米歇尔的话含糊不清、模棱两可,所举的两种生物大分子又是白蛋白和血红蛋白。这表明米歇尔并没有想到核酸是遗传物质。

1928年J. F.格里菲思的转化试验导致了1944年艾弗里等的经典工作,提出了DNA是遗传信息载体的思想。然而,人们对于DNA是否具备作为遗传信息载体的条件是有疑虑的。从艾弗里的工作到沃森和克里克提出DNA双螺旋结构模型差不多还有10年的时间,这段时期是有关DNA的三方面工作融合所必需的时间。

1.4.1 结构学派的研究

研究遗传物质的三维构型是分子遗传学的重要内容之一。生物大分子构型研究的主要手段之一是晶体分子的X射线衍射分析,这项技术是由结构化学家H.布拉格(W. H. Bragg)和L.布拉格(W. L. Bragg)父子发展和建立起来的。L.布拉格用X射线衍射技术分析了金刚石晶体。随后,他所在实验室的

肯德鲁（J. Kendrew）和佩鲁茨（M. Perutz）用X射线衍射技术分析了血红蛋白和肌球蛋白，他们全面研究了血红蛋白的"活性区"和与分子氧结合的亚铁原卟啉基团的结构细节。他们的工作表明研究大分子三维空间结构是研究大分子生物学功能的关键。有关蛋白质结构的研究刺激了对核酸结构的研究，阿斯特伯里（W. T. Astbury）最先想到用X射线衍射分析技术来研究DNA的三维空间结构，他和剑桥大学的晶体化学家威尔金斯（M. Wilkins）和富兰克林（R. Franklin）的研究成果是分子遗传学兴起的重要基础之一。

1.4.2　信息学派的兴起

量子论的先驱玻尔（N. Bohr）曾经深思熟虑地思考过生物学问题。1932年他发表了《生命和光》这部名著。他说："企图用还原论观点来解释生命的本质，就会遇到企图用每个电子的位置来说明原子一样的困难。生命体是不能用一般化学反应来解释的。"他还强调："与物理学一样，生物学也可能通过发展新的概念来研究，来提高我们的认识水平。"玻尔的思想深刻地影响了他的学生德尔布吕克（M. Delbrück）。德尔布吕克早年曾经在玻尔的实验室工作，后来又在摩尔根实验室研究过果蝇遗传学，他深感形式遗传学的方法是难以用来探明基因功能的。

德尔布吕克认为基因绝不是普通的物理或化学概念上的分子。细胞内的生化反应有两个显著的特点：一是反应的高度特异性；二是反应的高度有序性。细胞反应既是专一的，又是互不干扰、丝毫也不紊乱的。他还认识到每个细胞虽然只有一个或两个基因拷贝，但随着时间的推延，它能进行的反应次数是非常多的，这表明基因是一种"特殊的、在热力学上异常稳定的分子"。玻尔和德尔布吕克的思想暗示了对基因本质和功能的研究很可能会导致新的物理和化学原理的发现。

1945年著名的量子物理学家薛定谔（E. Schrödinger）写了一本篇幅不长却十分重要的书《生命是什么？——关于细胞的物理学思考》。全面发挥了玻尔等的思想，声言："经典物理学因量子现象的发现而全盘改观，下一步也可能因研究生命现象而再度改观。""生物学的核心问题绝不是热力学问题，而是信息问题，即信息编码、信息传递、信息稳定性和信息变异问题。"由于薛定谔的学术地位，他的"生命问题是个信息问题"的思想，深刻地影响了整整一代在第二次世界大战中感到沮丧和迷茫的青年物理学家，他们聚集起来逐渐形成了所谓的"信息学派"。信息学派的主要研究材料是噬菌体。从1937年德尔布吕克开始用噬菌体做遗传学研究，到1952年赫尔希（A. D. Hershey）和蔡斯（M. Chase）利用噬菌体证实DNA是遗传信息载体的判断性试验，信息学派为分子遗传学的诞生做出了独特的贡献。

20世纪30年代后期摩尔根等曾估算了基因的大小，并提出"在染色体上究竟哪个组分是遗传信息的载体"这个极为重要的科学命题。但是，果蝇显然不是回答这个问题的良好实验材料。不久，德尔布吕克放弃复杂的多细胞生物，而用最简单的生命形式——噬菌体作实验材料，他称噬菌体是"研究自我复制的理想生命体"。

噬菌体是一种细菌病毒，结构非常简单，只是一个由蛋白质外壳包裹的DNA

分子。它感染细菌时，先吸附在细菌的细胞表面，把DNA分子"注入"寄主细胞，而把蛋白质外壳留在菌体外边。噬菌体的DNA一旦进入寄主细胞，就会全面扭转细胞的代谢，使细胞成为合成噬菌体"部件"的"机器"。每个感染周期可合成和释放50~100个子裔噬菌体。虽然当时对噬菌体的了解比现在少得多，但德尔布吕克和他的挚友卢里亚（S. Luria）从一开始就确信"噬菌体是能够回答'传递遗传信息的分子是什么'这个问题的最佳生物实验材料"。

　　从实验研究角度看，噬菌体至少有两个优点：① 易于繁殖，在极短的时间和极小的空间中可以得到数以亿计的个体；② 噬菌体只含蛋白质和DNA这两种生物大分子，最便于明白无误地回答在生命体复制和世代繁衍的过程中究竟是蛋白质还是DNA起了遗传信息物质载体的作用。这两条使得噬菌体作为最重要的模式生物在一个相当长的时期里在分子遗传学中占据了类似果蝇在细胞遗传学中的地位。下面介绍噬菌体学派，即信息学派的几个经典研究，特别是这些研究的新思想和新设计。

　　1. 噬菌体一级生长曲线的测定　这是埃利斯（E. L. Ellis）和德尔布吕克在1939年做的借以阐明噬菌体和寄主细胞之间定量关系的经典工作。他们先将噬菌体与细菌以1∶10的比例混合培养，目的是使每一个噬菌体都有感染细菌的机会。待噬菌体吸附于细菌之后，用抗噬菌体的抗血清处理混合培养物，目的是除去未被吸附的游离噬菌体。然后继续培养经抗血清处理的培养物，并将它涂布于细菌平板，再在不同时间取样测定在平板上形成的噬菌斑数目，并据此估算出寄主细胞释放的噬菌体数量。结果如图1-11。

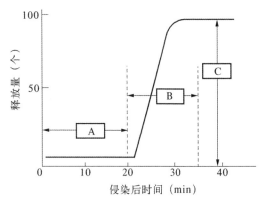

图1-11　**大肠杆菌 *E. coli* 噬菌体T4的一级生长曲线**（改自 G. S. Stent）

A：潜伏期；B：上升期；C：平均释放量

　　一级生长曲线说明噬菌体生长可分为三个阶段：潜伏期、生长期和释放期，还可以看出受感染的每个寄主细胞的噬菌体平均释放量为100个左右。

　　2. 单菌释放试验　这个实验的目的是测定单个被感染的寄主细胞释放的噬菌体数量，而不是平均数。先以一定的比例混合敏感菌和噬菌体，使每个细菌获取噬菌体的平均数目小于1（如0.4 ~ 0.5）。然后按总菌数稀释混合培养物，使每毫升培养液中的平均含菌数小于1，再将培养物分装为每管1 ml继续培养。30 min后，每一管培养物倒入一个含敏感菌的平板，培养一定时间后做噬菌斑计数。埃利斯和德尔布吕克测出的单菌培养物的噬菌斑数分布范围为1~190。根据实验设计，每个试管中细菌数目的平均数小于1，但是从统计学角度看，只要取样足够量的试管，一定会出现极少数不含细菌的试管和含1个以上细菌的试管。在出现噬菌体的试管中仍有可能含有2个或2个以上的细菌，所以并非每个试管中的噬菌体都来自同一个噬菌体。然而，根据混合的比例和稀释的程度，就可经泊松分布校正后，计算出可靠的单菌释放量。

　　由于受感染细菌释放的噬菌体在遗传上起源于单个噬菌体，所以单菌释放试验的另一个用途是可以利用纯化得到遗传学上同一起源的噬菌体群体作为遗传分析的实验材料。

3. 关于突变本质的经典工作　自从科赫（K. Koch）和科恩（F. Cohn）发明琼脂培养基之后，就有可能研究遗传上同一起源的细菌群体了。但是直到1938年，在细菌学中几乎还没有任何明确的遗传学概念。原因之一是我们在培养皿上看到的每一个菌落，或者叫作细菌克隆所表现出的性状并不是单个细菌的特征，而是若干代子细胞构成的细菌群体表现出来的遗传特性。群体遗传学告诉我们，在不同环境条件下，生物群体的遗传结构会在某种选择因素的作用下发生变化。例如，用噬菌体感染一个由单个敏感菌衍生而来的、包含 10^8 个细菌的大群体，培养一段时期后，整个细菌群体竟然对这种噬菌体有抗性了。当时的细菌学家把这种现象称为"适应"，实际上这是突变和选择共同作用使细菌群体的遗传结构发生了根本性变化的结果。卢里亚和德尔布吕克的经典工作就是证实这一科学问题的先驱，也因此奠定了微生物遗传学的基础。

卢里亚和德尔布吕克着手研究大肠杆菌（*Escherichia coli*）对噬菌体 T1 的抗性突变。T1 能不能侵染大肠杆菌取决于大肠杆菌菌体表面是否存在一种能识别并让 T1 吸附的糖蛋白分子，即 T1 接受点。如果我们在含 10^{10} 个噬菌体 T1 的培养皿中涂布 10^5 个敏感菌，那么平皿上可能一个菌落也不长，因为所有的细菌都会被噬菌体感染而溶裂。所以，他们把细菌的数目增加到 10^9，这就大大增加了群体中出现不同遗传变异及其组合的概率，培养皿中也就有更多的机会出现能抵抗 T1 侵染的细菌菌落。把这些菌落中的细菌挑出来经过培养再涂布于含噬菌体 T1 的平皿，这时，来自这个菌落的每个细菌都会形成一个菌落，表明对 T1 的抗性是大肠杆菌的一种遗传性状。把抗性菌记作 $T1^r$，相应的敏感菌记作 $T1^s$。研究表明，$T1^r$ 菌之所以能抗 T1 是因为它不能合成接受 T1 的糖蛋白。

对于这种现象可以有两种解释：一种解释认为 T1 是使 $T1^s$ 变为 $T1^r$ 的原因，即 T1 能使 $T1^s$ 以一定的比例，例如 T1 能以 10^{-7} 的频率使 $T1^s$ 菌转变为 $T1^r$ 菌，并把 $T1^r$ 性状传给子细胞，这就是所谓的"获得性遗传"假说；另一种解释认为当大肠杆菌群体足够大时，群体中本来就会有极少量的 $T1^r$ 突变菌产生，例如在 $T1^s$ 群体中 $T1^r$ 会以 10^{-7} 的频率发生突变，当噬菌体存在时，$T1^s$ 菌因感染而溶裂，而极少量的 $T1^r$ 菌则继续分裂增殖形成一个新的细菌群体。即在 T1 存在的条件下，抗性菌的群体最终会取代原来主要由敏感菌组成的细菌群体，形成以 $T1^r$ 为主体的细菌群体，这个菌群呈现的表型是 $T1^r$。为了用实验来证实上述两种解释的正确或谬误，卢里亚和德尔布吕克为它们各设计了一个模型（图1-12）。

图1-12中 a、b 两组各代表有 4 个重复培养物组成的假设例子。每个培养物由单个 $T1^s$ 菌长成 16 个菌，4 个培养物共有 64 个菌。把每个培养物都分别重新涂布于含噬菌体 T1 的平皿中，每组都产生 10 个 $T1^r$ 菌落。

a 组代表的是"生理性适应"解释模型，假定与噬菌体 T1 接触的 $T1^s$ 菌都以概率 $a\%$ 变为 $T1^r$ 菌，图中概率为 $10/64 = 15\%$，即 a 为 15。这表明 $T1^s$ 菌在接触 T1 后会以 15% 的概率变为 $T1^r$ 菌，在这种模型中 $T1^r$ 菌的数目应是培养物中细菌数的函数。由于每个培养物中的细菌数是一样的，各组 $T1^r$ 菌数目的差异均由取样误差所引起，应符合均一大群体随机抽样的统计学要求：方差等于平均数。用公式

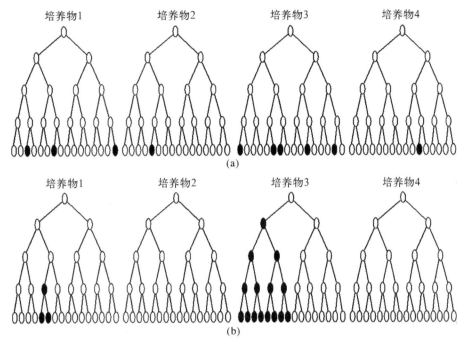

图1-12 代表生理性适应 (a) 和突变加选择 (b) 两种解释的抗性细胞繁衍谱系（改自S. G. Stent）

表示为：

$$S^2/\bar{n}=1 \tag{1-1}$$

由a组的数字求出其S^2和$\bar{n}$的比值。

$$\frac{S^2}{\bar{n}}=\frac{1}{4}\left[(2.5-3)^2+(2.5-1)^2+(2.5-5)^2+(2.5-1)^2\right]/2.5=1.1$$

式(1-1)成立的条件是群体大、事件发生率低、符合泊松分布。式中，$\bar{n}$和S^2分别用下式求得：

$$\bar{n}=\sum_{j=1}^{C}n_j/C \tag{1-2}$$

$$S^2=\sum_{j=1}^{C}(\bar{n}-n_j)^2/C \tag{1-3}$$

式中，$\bar{n}$是每个培养物中T1^{r}菌的平均数；C是重复培养物数目；n_j是第j个培养物中T1^{r}菌的数值。

b组代表"突变加选择"解释。认为T1^{r}菌的出现与是否接触T1无关。由T1^{s}菌变为T1^{r}菌是一个自发突变过程。如果突变发生得早，最终形成的群体中T1^{r}菌就多；反之，突变发生得晚，培养物中T1^{r}菌就少。b组的4个培养物均由一个细菌开始，最终共获得64个细菌，其间进行了60次细胞分裂（注意：每次分裂只增加一个细菌），发生了2次突变。突变发生率a=2/60=0.033突变/（细胞·世代）。培养物1的突变发生在最后一个世代，得2个T1^{r}菌，在培养物3中，突变发生在第一代，得8个T1^{r}菌。培养物2和4未发生突变。重新涂布后B组的T1^{r}菌的总数也是10个。按式(1-1)、式(1-2)和式(1-3)求出相应的S^2与$\bar{n}$的比值：

$$S^2 / \bar{n} = \frac{1}{4}\left[(2.5-2)^2 + (2.5-0)^2 + (2.5-8)^2 + (2.5-0)^2\right]/2.5 = 4.3$$

和a组相比，b组的S^2与$\bar{n}$的比值大大超出1，而a组的比值接近1。分析表明，自发突变组的变量明显高于获得性遗传假设组的变量。随着细胞分裂世代的增加，这两组比值的差异将会越来越大。

根据上述两种假设的理论模型，卢里亚和德尔布吕克设计了两组实验。第一组：从一个每毫升含1 000个T1^{s}菌的总量为10 ml的培养物出发，经过17代增殖后获得的每毫升含10^8细菌的菌液中，取出10个样品，每个样品取0.2 ml集体培养物分别涂布于含T1噬菌体的培养皿内，经培养后计数T1^{r}菌的菌落。第二组：20组零星培养物。每组接种每毫升含1 000个T1^{s}菌的菌液0.2 ml，培养17代后分别涂布于含噬菌体T1的培养皿，并在培养一定时间后逐一计数T1^{r}菌落。结果见表1-2。

表1-2　两组实验结果对比

第一组（集体培养组）		第二组（零星培养组）	
培养物编号	T1^{r}菌落数	培养物编号	T1^{r}菌落数
1	14	1	1
2	15	2	0
3	13	3	3
4	21	4	0
5	15	5	0
6	14	6	5
7	26	7	0
8	16	8	5
9	20	9	0
10	13	10	6
		11	107
		12	0
		13	0
		14	0
		15	1
		16	0
		17	0
		18	64
		19	0
		20	35
平均数	16.7		11.3
方差	15		694
方差/平均数	0.9		61

实验数据表明,第一组中每个试样平均含T1^{r}菌16.7个,抗性菌的平均出现率为: $\bar{n}/N$=16.7/0.2×10^8=8×10^{-7},方差$S^2/\bar{n}$接近1,说明取集体培养物的样品都来自均一总体。在第二组中,零星培养物中T1^{r}菌的平均数为11.3个,但方差$S^2/\bar{n}$却高达61,证实由T1^{s}菌变为T1^{r}菌是一个自发突变过程。卢里亚和德尔布吕克不仅证实了细菌抗性突变的自发本质,开创了细菌遗传学。他们的研究还告诉后来的细菌遗传学家怎样设计与安排实验,怎样分析与处理实验数据,怎样构思才能取得有意义的、毫不含糊的研究结果。

卢里亚和德尔布吕克在论文中还提出了基因突变率的估算方法。假设每个培养物的初始细菌数为N_0,最终的细菌数为N,则增加的细菌数为($N-N_0$),在细菌遗传学实验中,培养物中的最终细菌数N的数值总是比原始接种的细菌数N_0大几个数量级,所以可以把($N-N_0$)的数值设定为N。在参差性检验中每个零星培养物的平均突变次数为μN,μ是突变率。如果突变是随机发生的小概率事件,依据泊松分布,设没有发生过突变的培养物数目占培养物总数的比例为P_0,则得:

$$P_0 = e^{-\mu N}$$
$$\ln P_0 = -\mu N$$
$$\mu = -\ln P_0 / N \tag{1-4}$$

式(1-4)是在彷徨试验(fluctuation test)中突变率的估算方法。根据表1-2中第二组实验可知:

$$P_0 = \frac{11}{20} = 0.55$$
$$N = 0.2 \times 10^8$$

代入式(1-4),可计算出:

$$\mu = 3 \times 10^{-8}$$

即在这组实验中,大肠杆菌中由T1^{s}菌突变为T1^{r}菌的突变率是每个细胞每个世代3×10^{-8}次突变。

在卢里亚和德尔布吕克的论文发表后9年,细菌遗传学家J.莱德伯格(J. Lederberg)和E.莱德伯格(E. Lederberg)夫妇用影印培养技术非常直观地证实了细菌突变的自发本质。实验从一个菌株开始,这个菌株对抗生素是敏感的,所以是敏感菌株。在锥形瓶中把它培养到一定程度后,连续做稀释,当稀释到每毫升培养液中的细菌数大约为1 000个时,把它接种在一个没有抗生素的培养皿上,被接种的每个细菌都会长成一个菌落,每一个菌落里的所有细菌都来自同一个细菌。然后用等位接种板对整个培养皿上的全部菌落做等位接种,等位接种板的形状和培养皿一样,上面均匀排列着许许多多接种针。接种时,先在一个培养基中不含抗生素的培养皿上按一下,再在一个每毫升培养基含10 U抗生素的培养皿上按一下(请注意接种的次序:先在不含抗生素的培养皿上接种,后在含抗生素的培养皿上接种,这样就不会把抗生素沾染到不含抗生素的培养皿上去)。培养一段时间后,在不含抗生素的培养皿上布满了与原始培养皿上的菌落一一对应的等位菌落,而

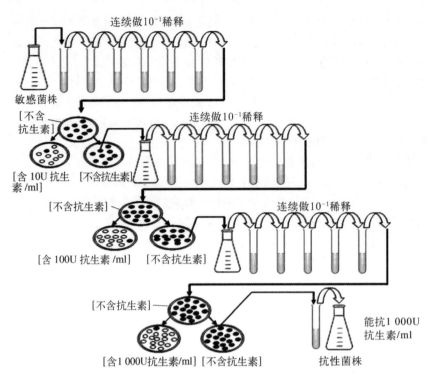

连续做10⁻¹稀释

敏感菌株

[不含抗生素]

连续做10⁻¹稀释

[含10U抗生素/ml]　[不含抗生素]

[不含抗生素]

连续做10⁻¹稀释

[含100U抗生素/ml]　[不含抗生素]

[不含抗生素]

[含1 000U抗生素/ml]　[不含抗生素]

能抗1 000U抗生素/ml

抗性菌株

图1-13　用影印培养法筛选抗性菌株的示意（改自J.莱德伯格和E.莱德伯格）

在含抗生素的培养皿上却只有很少几个菌落，因为没有抗性的细菌都被杀死了，长出来的细菌都能抗10 U的抗生素。这些长出来的抗性菌都接触了抗生素，在以后的实验中就不能再用了。然而，可以在不含抗生素的培养皿中把对应于抗性菌落的、起源于同一个原始菌落的等位菌落挑出来培养，它没有接触过抗生素。而后，在培养瓶中把它培养一段时间，稀释后接种在培养基中不含抗生素的培养皿上，再重复培养和等位接种的全过程，这一次把培养基所含的抗生素浓度提高到每毫升100 U，在这个培养皿中，只能抗10 U抗生素的细菌就长不出来了，长出来的细菌都能抗100 U的抗生素，但是这些菌都接触了抗生素，在以后的实验中也不再用了。再从不含抗生素的培养皿上把与抗性菌落对应的等位菌落挑出来培养，把这个过程再重复一次，这次把培养基中的抗生素浓度增加到每毫升1 000 U。这时只能抗100 U抗生素的细菌就不能长了，但是有一个能抗每毫升1 000 U抗生素的菌落长出来了，因为这个菌落接触过抗生素也不能再用了。最后，在不含抗生素的培养皿中把对应于抗性菌落的那个菌落挑出来，在不含抗生素的培养液中培养，这样就得到了一个菌株，它就是能抗每毫升1 000 U抗生素的抗性菌株。

通过这一整套实验，莱德伯格夫妇从一个敏感菌株出发，把选择因素和一代又一代的菌株选育过程紧密结合而又严格分开，最后获得一株抗性品系，这个菌株自始至终没有接触过抗生素。这个实验把所谓抗生素诱发了细菌的抗药性的获得性遗传概念彻底粉碎了。莱德伯格夫妇的实验简单明白、构思巧妙、设计精密，用极简便的方法完成了重大的理论研究，达到了无懈可击的地步。

4. 证实DNA是遗传物质的判断性试验　1944年艾弗里等的工作非但没有

使人接受DNA是遗传物质的新概念,反而遭到了非常保守的批评。批评者说:"不论转化因子如何纯净,它仍然可能残留着一丝蛋白的污染,说不定这丝污染的蛋白就是真正的转化因子。"这种批评是由于人们对德国著名化学家温尔斯忒特(R. Willstatte)20世纪20年代的错误仍记忆犹新。当时温尔斯忒特宣称他制得了不含蛋白质的酶制剂,还说酶不是蛋白质。这位化学家的错误观点把酶学研究拖延了将近10年。到了40年代,温尔斯忒特的"幽灵"使基因的研究又拖延了整整10年。

　　1949年在卢里亚实验室工作的T.安德森(T. F. Anderson)做了一个名为"渗震"的试验。他发现突然改变噬菌体悬浮液的盐浓度会使噬菌体失去侵染能力,同时释出线性DNA分子。在这个实验启发下赫尔希和蔡斯用搅拌试验证明噬菌体感染细菌时,注入细菌细胞的是DNA,而蛋白质外壳则留在菌体之外。

　　赫尔希和蔡斯是两个跟着德尔布吕克以噬菌体为材料做研究的年轻人。噬菌体只有蛋白质外壳和DNA内核两部分,如果感染细菌的时候进入寄主细胞的是噬菌体蛋白质,而且进去的蛋白质在细菌细胞内又能完整地复制出子代噬菌体,那么可以推断蛋白质是遗传物质。反过来,感染时进入寄主细胞的是噬菌体的DNA内核,而且进去的DNA在细菌细胞内又能完整地复制出子代噬菌体,那么可以推断DNA是遗传物质。所以,噬菌体可以一清二楚地回答什么是遗传物质这个问题。赫尔希和蔡斯的实验分成两组:第一组用放射性磷(^{32}P)标记噬菌体的DNA;第二组用放射性硫(^{35}S)标记噬菌体的蛋白质,两组带有放射性的噬菌体分别感染大肠杆菌。待标记的噬菌体与大肠杆菌混合并吸附后,经低速离心把细菌和未吸附的游离噬菌体分开。然后将沉淀的细菌重新悬浮,并剧烈搅拌,利用切应力把吸附于细菌的细胞壁却未进入细菌细胞的噬菌体部件和细菌分开,再经过离心把细菌沉淀下来。最后分别测定两组实验中沉淀部分和上清液的放射性强度,以及子裔噬菌体的感染力(图1-14)。

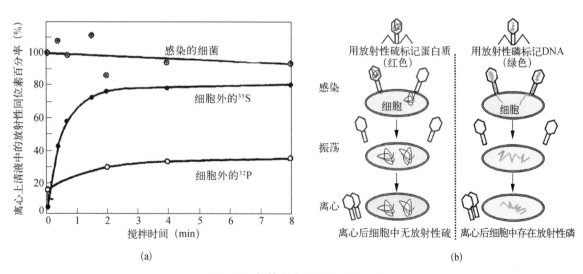

图1-14　**搅拌实验**(改自S. G. Stent)

(a)搅拌实验结果;(b)实验结果的解释示意图

从图1-14a中的三条曲线可以将实验结果归纳为三点：① 经噬菌体感染的细菌产生子噬菌体的能力不受剧烈搅拌等实验操作的影响；② 搅拌的切应力使80%已吸附于细菌的^{35}S脱落而留在上清液中；③ 同样的搅拌只能使不到30%已吸附的^{32}P从菌壁上脱落下来。值得注意的是，所有脱落的^{32}P中有一半是在搅拌之前就已经释放于溶液中了。据此三点，赫尔希和蔡斯认为，绝大部分噬菌体DNA在侵染早期就进入了细菌菌体，而绝大部分噬菌体蛋白质遗留在菌体之外。剧烈的搅拌所产生的切应力使吸附于菌壁的噬菌体空壳尾部发生断裂，使原先吸附于菌壁的且曾经包装过噬菌体DNA的空壳释放于培养液中。受侵染细菌产生子裔噬菌体的能力不受搅拌的影响，则表明释出DNA后的蛋白质外壳对噬菌体在寄主细胞中的复制和增殖过程不起作用，蛋白质外壳只是在侵染的初始阶段对吸附过程起决定作用。赫尔希和蔡斯的实验表明，不是噬菌体的蛋白质，而是噬菌体的DNA在生物化学上与子噬菌体的增殖有关，强烈提示DNA是遗传信息的载体，DNA可以决定DNA的复制，DNA可以决定基因功能的表达，决定外壳蛋白质的合成。赫尔希和蔡斯在1952年发表的文章促使人们思考并开始接受DNA是遗传信息载体的观点，促进了对DNA本身的物理、化学和生物学研究。

综上所述，以噬菌体为主要实验材料的信息学派对于阐明遗传物质的化学本质、阐明突变的自发本质、发展分子生物学的理论和实验技术，以及引进新的实验材料是有重大贡献的，但是并没有解决基因的结构和功能这个遗传学的根本问题。原因至少有两条：一是信息学派自始至终把研究集中在信息问题上，早期重点研究蛋白质，很少注意到核酸。因为当时多数科学家认为蛋白质是唯一已知其结构元件呈现线性顺序排列的生物大分子，在氨基酸这种特殊亚单位的线性顺序中很可能载负着遗传信息；二是多数信息学派的科学家都不重视当时的生物化学研究，他们感到当时生化实验技术实在是太粗糙了，根本不能用来研究单分子反应，而在一个细胞中等位基因只有一个或两个。他们就这样放过了在20世纪40年代快速发展，且卓有建树的生化遗传学研究，其中包括艾弗里和比德尔等的开创性工作。

1952年赫尔希和蔡斯的实验证实，只有噬菌体DNA，而绝不是蛋白质，在生化上与新的噬菌体复制增殖有关。这件事实际上宣告了以寻求新的物理学原理为目的的旧信息学派的终结，因为生物体的复制和增殖已经可以用噬菌体DNA的自体催化和异体催化这两种功能来阐明。自体催化是指生物大分子催化合成自身的若干关键反应的能力，异体催化是指生物大分子催化别的大分子合成的反应能力。前者使噬菌体DNA无数次地复制自身的结构和信息以完成自我复制；后者使噬菌体DNA指导和决定噬菌体蛋白质的合成，以及噬菌体颗粒的装配。当时对这两种催化过程的细节是知之甚微的。但在这以后的10年中，由于信息学派、生化学派和结构学派的共同努力，终于弄清楚了DNA的结构和功能，迎来了分子遗传学的黄金时代。这个飞跃是以沃森和克里克关于DNA结构双螺旋模型的工作为标志的。

1.4.3　DNA结构模型的提出

先简单介绍一下沃森和克里克。沃森1928年出生，15岁进芝加哥大学动物学专业学习，很快就对薛定谔的《生命是什么》这本书着了迷，他说"这本书使他一下子走上了发现基因秘密的歧途"。大学毕业后,他申请进哈佛大学和加州理工学院读研究生均遭拒绝,后来进入印第安纳大学生物系。当时的印第安纳大学十分自豪,因为刚刚获得诺贝尔奖的马勒在那儿执教。但是沃森很快就明白,马勒和果蝇学派是很难回答薛定谔的挑战的。不久他选择了德尔布吕克的好朋友卢里亚为博士论文的指导老师,专攻噬菌体遗传学。沃森非常敬仰德尔布吕克,认为正是德尔布吕克把玻尔和薛定谔的思想具体化了。1948年,他在卢里亚的实验室里见到了他心目中的偶像德尔布吕克,并立志要研究DNA的结构,研究DNA的自体催化和异体催化的具体方式和途径。必须指出,沃森有一点比德尔布吕克强,他重视生物化学的研究,深知要研究基因的结构,就必须彻底弄清楚DNA的分子结构。1951年他拿到博士学位后,就请教他的老师卢里亚:"我现在应该做什么?"卢里亚与他讨论了艾弗里1944年发表的论文后说,你应该到欧洲去研究DNA,因为我觉得DNA确实有点像是遗传物质。沃森听从了老师的话到了剑桥,他在剑桥加入了专门做分子生物学研究的卡文迪什实验室。

沃森在剑桥遇到了克里克。第二次世界大战前克里克是伦敦大学物理系的学生,战时他应召加入英国皇家海军科学研究所,从事用仪器侦察德国战舰动向的情报工作。就在这段时间,他读了玻尔的《生命和光》和薛定谔的《生命是什么》,也想从物理学转到生命科学,但他并不认为研究生物学会发现物理学的新理论,他感兴趣的是用物理学手段去研究生命大分子的结构,他相信运用物理学和化学的概念和精确的术语来重新思考生物学的基本问题是会有成果的。他相信"了不起的事就会在身边发生"。战后,克里克来到剑桥参加了佩鲁茨的实验室,开始用晶体X射线衍射技术研究血红蛋白的结构。他大量阅读有关论文,以弥补自己在X射线衍射晶体学方面的知识欠缺。不久,他就对老一套晶体结构学提出了疑问,毫无顾忌地抨击传统的思想和概念。正是这种品格把年轻的沃森很快地吸引过来,并和他一起工作。沃森兴奋异常地发现克里克也和他一样热衷于探求基因的分子本质。1951年沃森在给德尔布吕克的信中写道:"毫无疑问,克里克是我的同事中最光彩夺目的一个人。他从不间断思考和谈论。我的许多时间是在他家度过的,我时时感到自己处于亢奋、激动和充满生气的状态。克里克把优秀的青年科学家聚集在周围,在他家可以见到剑桥的各种人物。"克里克不但善于表达自己的思想,还能把别人的思想非常条理化地表达出来。沃森说:"克里克理清问题和表达别人思想的速度之快,令人倒吸一口冷气。"正是这种不停顿地思考和议论的魅力把年轻的沃森吸引到了克里克的身边。沃森和克里克在一起很快就形成了浓浓的学术讨论甚至争论的气氛。

克里克是物理学家,沃森是噬菌体遗传学家。克里克对遗传学的兴趣使他致力于生命大分子的研究,而沃森则把注意力集中于遗传信息及其物质载体。他们在知识和能力上是互补的。在沃森看来,克里克是一位富有思想又精于结构分析的物理学家。在克里克的心目中,沃森是一位精通遗传学的生物学家,立志搞清楚基因在分子水平是如何发挥作用的。从1951年秋天到1953年4月,沃森和克里克进行了现代生物学历史上最动人心弦的合作,整个合作过程会让我们领略分子遗传学是怎样起源于结构学家、信息学家、生物化学家和遗传学家在基因研究中的通力合作的。

沃森和克里克所在的卡文迪什实验室的主任是L.布拉格,他的父亲H.布拉格是用X射线衍射分析技术研究晶体结构的第一人。L.布拉格非常欣赏克里克和沃森,认为他们之间那种不停顿地思考和议论是一种很强的科学创造力的表现。

沃森和克里克在决定一起研究DNA的结构后,立刻确定了一个目标:要提出一个DNA结构模型,这个模型不仅应该能解释X射线衍射分析的资料,还必须能阐明DNA的自体催化和异体催化的机制。这个模型既要符合已知的有关DNA的物理、化学知识和结构信息,又要能诠释基因是怎样复制的,基因是怎样世代相传的,基因是怎样突变的,基因是怎样表达功能、怎样决定蛋白质结构的。为此他们要做的第一件事情就是掌握现有的有关DNA的全部资料。

DNA是25岁的瑞士青年化学家米歇尔在1869年发现的。到20世纪50年代,人们已经知道DNA是一个长链大分子,在整个线状分子的长度上,分子的直径是恒定的。这个分子有三种组分:磷酸根、含五碳的脱氧核糖碱基。DNA中的碱基有四种:两种嘌呤,即腺嘌呤(A)和鸟嘌呤(G);两种嘧啶,即胞嘧啶(C)和胸腺嘧啶(T)。一个碱基、一个五碳的脱氧核糖和一个磷酸根可以组成一个叫作核苷酸的结构亚单位,一个个亚单位叠合起来,组成了柱状的DNA大分子。X射线衍射分析表明,磷酸根和五碳糖通过磷脂键相连形成分子的主轴。层与层之间的距离是0.34 nm。这些就是他们当时知道的有关DNA的全部知识和信息,也就是他们研究的出发点。现在,出发点清楚了,目标也清楚了,问题是选择从出发点达到目标的途径,也就是研究的战略和战术。

他们面临的第一个问题是如何设想DNA分子中核苷酸的排列和连接,才能保证DNA大分子内部的几何协调和力的平衡,并在化学上趋于最稳态,还要保证DNA作为遗传物质所需的复制精确性。这就不但要考虑核苷酸排列在几何学的可能性,还要考虑分子内和分子间各种力的平衡。组成分子骨架的糖磷脂键是结合力很强的共价键,X射线衍射分析还表明DNA分子有不止一个这种糖磷脂骨架。那么两个或更多个长链又是如何结合在一起的呢? 很可能几条多核苷酸链靠碱基之间的氢键(一种靠范德瓦耳斯力吸引的较弱的键)相互连接。如果是这样,那碱基间就有三种不同连接方式:① 相同的碱基相互连接,如A与A相连,T与T相连;② 相同类别的碱基相连,即嘌呤与嘌呤、嘧啶与嘧啶相连;③ 不同类别的碱基相连,即嘌呤与嘧啶相连。还要考虑这种连接究竟是不同多核苷酸链上的碱基相互连接,还是同一条链不同部位上的碱基相互连接? 这后一种设想也就是所谓单链回旋折叠自我连接,这也是沃森和克里克最初的想法,他们显然受了蛋白质肽链折叠模式的影响。在接下来的一年半中,至少有四件事使他们摒弃了这种看法。

第一件事情:沃森和克里克曾经和一个叫J.格里菲思(J. Griffith)的数学系研究生反复讨论过基因复制问题。J.格里菲思也非常关心基因问题。他认为基因的复制一定是以互补的方式交替形成不同的互补面,不断地拆开来合成,合成后又拆开,这可能就是DNA分子合成的机制。当然这只是一个数学家的猜测。1952年6月,在听完天文学家戈尔德(T. Gold)的讲座"完美的宇宙学原理"后,沃森、克里克和J.格里菲思谈论有没有"完美的生物学原理",他们又一次谈到DNA的复制,谈到DNA分子中碱基间如何才能形成稳态结构。J.格里菲思应沃森和克里克的请求,答应用量子力学和化学键理论来计算不同碱基间的吸引力大小,以及如何搭配才能使分子趋于最稳态。不久,J.格里菲思告诉他们,理论计算表明A吸引T,G吸引C。克里克立刻想到,A吸引B、B吸引A,这样相互形成的专一性配对不就能解释链的复制吗? 那么,怎样把碱基互补和DNA分子的三维结构联系起来呢? 克里克动脑筋的速度实在太快了,甚至连J.格里菲思所讲的相互间吸引力最大的碱基对是什么都没有完全记住。

第二件事情:1952年六七月间,哥伦比亚大学教授查加夫(E. Chargaff)访问剑桥,来到卡文迪什实验室。蛋白质晶体分析专家肯德鲁把两位年轻人介绍给查加夫。这是一次非常重要的会见,克里克多年后记述了这次会见:"起初,我们谈了许多有关蛋白质的问题,后来我问及核酸研究现状,查加夫顿了一下说:'一句话说完,就是1:1'。我又问1:1是什么意思,他说,文章都已经发表了。毫无疑问,我顿时醒悟到我们漏读了查加夫的重要文章,感到茫然若失。他又补充了一句,'这是电效应的缘故'。我突然闪现了一个念头,天哪! 1:1不就是互补配对吗? 我一点也没有听见他接下来还讲了些什么。告别了查加夫,我立刻去找J.格里菲思,请他再告诉我,理论计算表明哪两种碱基间吸引力最大。我转而去查阅查加夫的文章,顿时惊呆了! 查加夫的文章竟然彻底颠覆了人们对DNA的看法。"

早在1929年,核酸研究的权威列文(P. A. Levene)提出了一个所谓的"四核苷酸学说",认为在DNA分子中,A、T、G、C这四种核苷酸组成一个小的分子集团,很多个ATGC分子集团连接起来就是一个DNA分子。根据四核苷酸学说,DNA只能是许许多多ATGC四联体的重复排列,就像淀粉是许许多多葡萄糖分子重复排列一样,这种没有任何变化的分子是不可能负荷千变万化的遗传信息的。然而,查加夫的文章彻底推翻了列文的错误观点。查加夫对来源于不同动物和植物的不同细胞的DNA都做了精确的定量分析,结果发现任何生物或者一种生物中的不同细胞里DNA分子中的A与T的摩尔数总是相等的,G与C的摩尔数也总是相等的。这样,DNA分子中嘌呤的总量和嘧啶的总量也是相等的。令克里克感到十分惊喜的是,J.格里菲思的计算也强烈提示在力学上,最稳定的碱基对是A与T相配、G与C相配。这正是查加夫实验中摩尔数呈现1:1比例的碱基对。即在DNA分子中,$[A]=[T]$、$[G]=[C]$。这就是著名的查加夫当量定律,是碱基专一性配对的化学基础。

看了查加夫的文章,再加上J.格里菲思的数学运算,克里克一定想到了碱基专一性配对的问题,但这必须有一个先决条件:只有DNA是双链分子,才有可能进行碱基专一性配对。即这条链上的A和那条链上的T配起来,这条链上的G和那条链上的C配起来。但是,他当时还不知道DNA分子有多少条链,因为从分子密度来说DNA分子可能是双链,也可能是三链。如果是三链的话,查加夫当量定律就很难应用到DNA分子模型的构建上去。

第三件事情:沃森和克里克成功地运用了量子化学家鲍林提出的生物大分子结构分析方法。鲍林根据量子力学原理,提出了作为量子化学基石的化学键理论,在蛋白质结构研究中提出了肽链折叠通过氢键形成α螺旋的学说。他通过多肽链基本构件的拼装组合,构建出符合蛋白质晶体X射线衍射分析图像的结构模型,第一次用物理量来描述和研究蛋白质分子的螺旋直径,并据此建立了结构分析的所谓"第一性原理",又称逼近法。这种方法要求从生物大分子最基本的构件出发,运用化学规律找出构件间可能形成的所有排列方式,特别要考虑对整个大分子结构稳定有决定作用的氢键的形成方式;再将所获得的各种理论模型与X射线图像一一比对,不断修正,决定取舍。沃森和克里克将鲍林在蛋白质结构研究中发展起来的逼近法运用到DNA结构模型的构建研究中来。他们测定了DNA中各种嘌呤和嘧啶的大小、碱基对的排列、氢键的引力,以及DNA分子的直径、螺距、键角等结构数据,再与衍射图像一一比对,不断校正,逐步逼近真实状态。

1952年冬天,沃森和克里克的工作越来越紧张,为了和鲍林竞争,他们一再加快研究工作的步子。鲍林的研究表明DNA并不是单链,而可能是双链或三链,却还没有获得碱基和糖磷脂骨架之间关系的实验证据。当时,威尔金斯和富兰克林也在利用X射线衍射图像分析DNA的结构,并与沃森和克里克保持着经常的联系和深入的交流。威尔金斯和富兰克林作为晶体结构学家,总是先从衍射图像中形状和大小不同的点及点的分布和密集程度出发,详细分析衍射点的分布特点,经数学变换,将衍射图像诠释为分子中的各种化学键的键长、键角等结构要素。富兰克林的DNA X射线衍射照片对沃森和克里克的研究起了决定性的作用。富兰克林的照片除了提示DNA大分子呈周期性的螺旋形外,还对沃森和克里克有两点重要的启示:① 在DNA的螺旋结构中糖磷脂骨架在外侧,碱基在分子内部,这是非常重要的发现;② DNA一定是双链或三链,不可能是其他形式。

1953年2月初,沃森和克里克赶到伦敦威尔金斯的实验室,发现富兰克林得到的X射线衍射分析照片既能解释双链结构模型,又能解释三链结构。使他们感到意外的是富兰克林一年前提出的"糖磷脂在外,碱基在内"的假设已被X射线衍射分析证实。返回剑桥后,沃森和克里克天天搭模型来探索DNA是双链还是三链的问题。值得一提的是,鲍林也在美国加州理工学院研究DNA模型,鲍林做大分子结构已经非常有经验了,他是诺贝尔化学奖的得主,声望很高。他还有一个儿子叫P.鲍林(P. Pauling),也在卡文迪什实验室工作,彼得完全知道父亲在做什么,也知道沃森和克里克在做什么,但是他恪守职业道德,没有把卡文迪什实验室的工作传给加州理工学院他父亲的实验室。

现在,摆在沃森和克里克面前的问题是DNA分子究竟由双链还是三链组成? 这些链又是怎样相互连接的?

第四件事情:我们知道有机化合物的分子在不同条件下往往具有不同的构型,它们互为异构体。当时,沃森和克里克画在草图上的碱基只是若干种异构体中的一种,这种结构很难同时符合分子的几何结构匹配和化学稳定性要求。他们去请教在实验室访问的多诺霍(J. Donohue)。多诺霍曾经是和鲍林共事的量子化学家,他看了沃森的草图后,立刻指出他画的碱基构型属于烯醇式,只有改为酮式异构体后才能同时满足几何结构匹配和化学稳定性的要求。这一改动像一道闪电照亮了三个人的思想。克里克在回忆中写道:"多诺霍和沃森站在黑板旁边,我坐在办公桌一侧。突然,我看到了一幅碱基成对互补的图像,它能解释1:1。

太妙了，真是再美不过了！就在1953年2月20日星期五的这一刻，我们都明白了，碱基在分子内部，它们是靠氢键来专一性配对的。"沃森很快发现，在酮式结构情况下，A—T碱基对与G—C碱基对长度相等，又恰恰与DNA分子的直径相当，这使沃森和克里克确信DNA是双链而不是三链。

沃森和克里克花了整整一星期时间来设计和搭建DNA结构模型，测量了A—T和G—C两种碱基对和DNA长链上每一种键的旋转角度，并和X射线衍射图像一一比对，不断修正。沃森以惊人的记忆力把从威尔金斯和富兰克林实验室得到的新的信息全部融入了这个模型，克里克以他特有的思想和表达能力把一切都记述下来。他们的合作真是到了水乳交融、你我不分的地步。

1953年4月2日他们把论文稿寄了出去。鲍林闻讯时正在赴布鲁塞尔开会途中，特地于4日赶到剑桥。他仔细看了模型，又看了富兰克林的DNA分子的X射线衍射照片，当即由衷地向两位年轻人表示祝贺。4月23日出版的自然杂志（*Nature*）发表了他们这篇仅有900多字的文章《DNA的分子结构》。这个结构模型的要义是：DNA是一个长长的双链分子，由两条同轴反向相互缠绕的多核苷酸链组成，外侧是由脱氧核糖和磷酸根组成的分子骨架，中间是由互补的碱基对组成的阶梯，碱基配对方式是A配T，C配G。碱基对间距为0.34 nm，每10个碱基对形成一个螺旋周期，螺旋直径为1 nm。这个模型既能从螺旋性、螺距、分子直径、碱基对的几何学尺度等方面阐明X射线衍射图像，又能以碱基专一性互补配对来解释查加夫当量定律（图1-15，图1-16）。

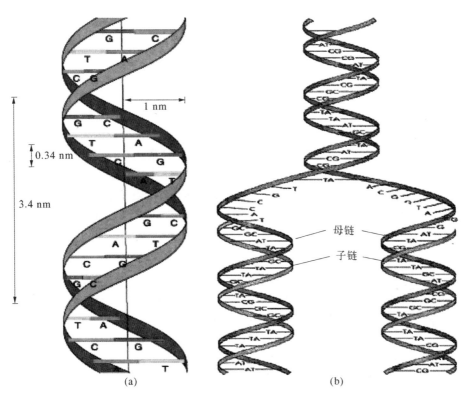

图1-15 沃森和克里克提出的DNA双螺旋模型

（a）DNA双螺旋结构模型;（b）DNA复制模型

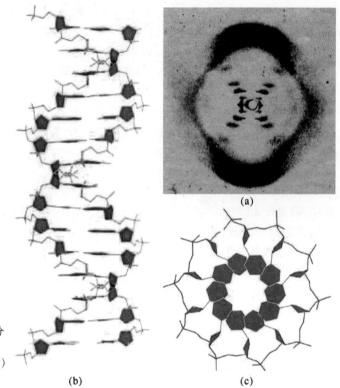

图1-16　DNA结构的精确模型（改自L. Stryer）

（a）DNA（B型）的X射线衍射图；（b）DNA分子侧视图；（c）DNA分子纵剖面图

脱氧核糖（五边形）和碱基（不规则多边形）沿分子主轴方向呈有规则排列。

这个模型不但外形美，更有内在的科学美。它的科学美体现在两个方面：① 碱基配对的专一性保证了复制的高度精确性，只要一条链上的碱基序列确定了，其互补链上的碱基序列也随之确定了；② 就一条链而言，模型并不限制碱基排列顺序的变异，例如一段1 000个核苷酸对组成的DNA可以有$4^{1\,000}$（也可以用10^{602}表示）种不同的排列方式，保证DNA有载负无穷多样的遗传信息的可能性。这个模型充分体现了基因的两个主要属性：变异的无穷多样性和复制的高度精确性。这个模型既说明了DNA的自体催化（复制），也为DNA的异体催化（决定蛋白质的结构）的研究铺平了道路。同时，这个模型也为从信息论的角度阐明遗传信息的储存、复制和传递的基本问题奠定了基础。这个模型是从孟德尔开始的许多代科学家集体智慧的结晶，体现了一条艰辛的科学创新之路。

现在让我们回顾一下在整个研究过程中沃森和克里克做了一些什么事情呢？X射线衍射照片是威尔金斯和富兰克林拍的；作为碱基配对化学基础的当量定律是查加夫发现的；将碱基从烯醇式异构体改为酮式异构体的是多诺霍；基于量子力学原理的生物大分子结构分析方法是鲍林提出的。然而，所有这些人都没有发现DNA分子结构，却让似乎什么都没做的沃森和克里克发现了。这是什么道理呢？这是因为他们做的不是一般意义上的观察和实验，而是通过对已有的来自各个学科各个实验室的有关DNA的所有科学资料和实验结果，用全新的学术观点进行审视和评价,再把它们融合在一起,形成一个崭新的整体。沃森和克里克自始至终认为他们研究的不是一般的化学物质的结构,所以他们提出的DNA结构模型必须满足作为遗传物质的基本要求,即变异的无穷多样性和复制的高度精确性。这种从遗传学出发的立论思想是一般的物理学家和化学家难以拥有的。他们真正做到了诺贝尔奖得主森特-哲尔吉(A. von Szent-Györgyi)的一句名言"见人人之所见,思人人所未思"。

　　一个新的学术思想的产生不一定总要依赖新的实验数据或材料,通过重新审视现有的数据资料也有可能形成新的、革命性的思想或观点。沃森-克里克模型就是一个很有说服力的例子,他们把抽象的、概念上的基因演绎成了物理学上非常形象的分子结构,并且赋予碱基序列有无穷多样的变异可能性,它还借助碱基配对的专一性保证了遗传物质复制的高度精确性。可以说没有任何一个分子具有这样的特性,它是DNA分子的生命之魂。他们文章开头的第一句是:"我们想提出一个DNA的结构,这个结构具有一些有着重要生物学意义的新特征。"文章的最后一句是:"我们没有忽略我们提出的专一性配对,直接提示了遗传物质的一种可能的复制机制。"很快他们又发表了一篇文章,专门讲述DNA怎么复制。

　　然而,在1953年的春天,这个模型还只是一种假设,它还有待于实验的验证。

1.4.4　DNA结构模型的实验证明

　　沃森、克里克提出的DNA的双螺旋结构模型,很好地解释了X射线衍射分析资料和关于DNA的生化分析实验数据,为阐明DNA复制的精确性和信息的多样性奠定了结构基础,开创了分子遗传学,这个模型被誉为"金螺旋"。然而,DNA真是这样的吗? DNA是不是真的通过碱基专一性配对来复制的呢? 实际上DNA双螺旋模型此时还只是一种科学假设,它需要实验的验证。爱因斯坦(A. Einstein)有句名言,他说:"证实一个理论假设的最困难的任务是,你必须把这个理论的推论发展到使它们成为在经验上可检验的地步。"

　　DNA结构模型提出后不久,美国华盛顿大学的科恩伯格(A. Kornberg)分离到了细菌的一种复合酶。这种酶能催化DNA的合成,但必须以一段自然的DNA为模板,新合成的DNA分子则是自然的DNA复制品,两个DNA分子的结构是一模一样的。科恩伯格称这种酶为DNA多聚酶,后来的研究表明,科恩伯格当时分离到的酶并不是自然条件下的DNA复制酶,而是具有损伤修复功能的一种DNA多聚酶。正是这个酶,在1958年被芝加哥大学的研究生梅塞尔森(M. Meselson)和加州理工学院的青年研究人员斯塔尔(F. Stahl)用来做了一个证实DNA分子的互补性和复制的半保留性的实验。冷泉港研究所所长凯恩斯(J. Cairns)称这个实验是"生物学中最漂亮的实验"。

　　梅塞尔森和斯塔尔先设想DNA的复制到底有多少种可能的方式,他们认为应该有三种可能性(图1-17)。第一种可能的复制方式就是沃森和克里克说的半保留复制模式(semiconservative model),即复制时母分子的两条链分开,各自以自己为模板来合成子链DNA,这两条子链的DNA碱基序列跟母链

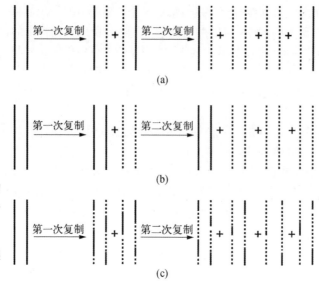

图1-17　DNA复制的
三种可能模式(引自D.
T. Suzuki)

　　(a) 半保留复制；
(b) 全保留复制；(c) 裂
解重建型复制

是完全一样的。为什么叫半保留呢？因为每个子分子各保留了一条母链，再加上一条新合成的子链。经过第二次复制后，产生四个子分子，其中有两个分子含有一条第一代的母链，另外两个子分子不再含有第一代的母链。第二种可能的复制方式是全保留复制模式（conservative model），即复制时母分子的两条链不拆开，而是以整个双链分子为模板来合成一个全新的子分子，经过第二次复制后，产生的四个子分子中，其中有一个分子保留了两条母链，另外三个子分子全都由新链组成。第三种可能的复制方式是母分子的双链完全打开，并降解为核苷酸，再重新合成为DNA分子，称为裂解重建模式（dispersive model），但每个分子中都包含来自母分子的一部分核苷酸，经过第二次复制后，产生的每个子分子中仍然含有母分子来源的核苷酸，但从理论上讲，比例会比上一代降低一半。

　　要证实三种复制方式中哪一种是符合实际的，必须要能区分参与复制的各种DNA分子，即在实验中准确辨明在各种复制模式中，母分子是什么样子的，第一次复制后的分子是什么样子的，第二次复制后的分子是什么样子的。一般来说，在生物合成研究中最常用的技术是放射性同位素标记技术。例如，要了解新合成的未知蛋白质是否含有某种特定的氨基酸，就可以用放射性同位素将合成反应底物中的这种氨基酸加以标记，合成反应完成后，如果新合成的蛋白质有放射性，则可以判定它含有这种氨基酸；反之，如果新合成的蛋白质没有放射性，则可以判定它不含有这种氨基酸。但是，用放射性同位素标记方法却不能区分通过不同模式复制的DNA分子，因为无论采用哪种模式复制的DNA分子，理论上都会有通过不止一种合成途径的分子被标记，而标记上放射性同位素的DNA分子也就不能准确辨明其合成的具体模式了。如何用实验方法来区分这几种结构相同但复制途径全然不同的分子，是年轻的梅塞尔森和斯塔尔要解决的问题。

　　尽管他们知道在一般的生化分析中,区分结构相同但合成途径不同的代谢物的最有效方法也是放射性同位素标记法。但是这种放射性标记技术在区分DNA复制模型上是无能为力的。试想如用放射性磷来标记原始的DNA分子,则由三种模型中得到的子分子,是既无法分离也无从区别的,即使能将被放射性磷标记的分子与未被标记的分子分开,至少还有三种分子因为都携带了放射性磷而不能进一步区分。

　　梅塞尔森和斯塔尔放弃了这一条路,而设计了用非放射性的重元素标记与密度梯度离心技术相结合的方法来区分和鉴别四种不同的DNA分子。

　　根据阿基米德原理,物体在液体中的浮力等于它排开的液体的重量。梅塞尔森和斯塔尔发现,浓度为6 mol/L的氯化铯溶液的密度与DNA分子相当,DNA分子在这样的溶液中能处于刚刚浮起来的状态。他们把6 mol/L的氯化铯溶液做每分钟旋转45 000次的超离心,产生相当于140倍重力加速度(g)的离心力。离心30 h后,氯化铯溶液中的离子会沿着离心管纵轴形成一个密度梯度。这时溶液中的DNA分子会集中在一个与分子密度相等的液层内,离心管中比这个液层更接近管底的液层具有比DNA分子更大的密度,这时浮力就会将DNA分子推向管子上部;反之,密度较小的上层液层产生的浮力也较小,DNA分子又会被压向管底方向,DNA分子会在达到平衡时稳定地集中在与自身密度相等的液层。如果有两种或多种比重不同的DNA分子,则会在建立了密度梯度的氯化铯溶液中分别集中于两个或多个不同的液层内。基于这样的设想,可以先把大肠杆菌放在含有重氮^{15}N标记氯化氨的培养基中连续培养14代,让所有的DNA基本上都被^{15}N标记,这时DNA分子的两条链都成了重链,把它定义为亲代分子。然后把亲代细菌放在含有一般的氮元素,即^{14}N的氯化氨培养基里培养,细菌繁殖一代后,它的DNA也复制了一次。然而,经历了不同方式复制的DNA分子所携带的^{15}N和^{14}N的数量是不一样的(图1-18)。第一种,如果是借助半保留复制模式复制的两个子分子都应该有一条链是含^{15}N的重链,一条链是含^{14}N的轻链,所以它们的密度介于重链和轻链之间。第二种,如果是借助全保留复制模式复制的,复制一代后的两个子分子中,应该有一个分子的两条链都是含^{15}N的重链,而另一个分子的两条链都是只含^{14}N的轻链,所以经过一次复制后产生的两个分子的密度是不一样的。第三种,如果是借助裂解重建模式复制的,两个子分子都应该含有^{15}N和^{14}N,密度会大致相当,但由于两种氮元素的参入是随机的,两个子分子的密度不会绝对相等。这就是根据不同的理论模型对各种复制模式所生成的子一代分子间密度差异的预测。

　　如果让增殖了一代的大肠杆菌在含^{14}N的氯化氨培养基里继续培养,细菌再繁殖一代后,它的DNA分子也会再复制一次,就会产生子二代分子。借助半保留复制模式复制的四个子二代分子中,只有两个分子中含有一条重链和一条轻链,其密度应该与子一代分子的密度相同,另外两个子分子都应该只含有两条轻链,经超离心可以把这两种子二代分子区分开,并且两种分子的数量相等。而借助全保留复制模式复制的四个子二代分子中,仍然有一个子分子由两条重链组成,另外三个都由轻链组成,经超离心也可以把这两种子二代分子区分开,这两种分子的数量比是1：3。要是借助裂解重建模式复制，则四个子二代分子的每一个分子中都应该包含来自母分子的含有^{15}N的核苷酸，但经过第二次复制后，子二代分子中来源于母分子的核苷酸数量会进一步减少。从理论上讲，比例会比上一代降低一半。这些是根据不同的理论模型对各种复制模式所生成的子二代分子间密度差异的预测。

那么，梅塞尔森和斯塔尔的重氮标记实验是怎样证实沃森和克里克提出的半保留复制模式的呢？

梅塞尔森和斯塔尔的实验步骤如下。

（1）以在含重氮^{15}N的氯化氨（^{15}NH$_4$Cl）培养基中连续培养大肠杆菌14代后得到的重氮标记细菌作为实验的起始菌群，其DNA分子中的氮几乎都已是^{15}N。

（2）将实验细菌群体的样品离心并冷冻保存。

（3）用超量的只含^{14}N的氯化氨配制的培养基培养实验细菌。

（4）根据实验设计要求定时取样，离心沉淀和冷冻保存。

（5）以一直在不含^{15}N的培养基中生长的细菌为对照，与实验组同时取样，沉淀和冷冻保存。

（6）分别破碎每个样品的细菌，提取DNA，将在细菌培养的不同时间取样所获得的亲代分子、子一代分子和子二代分子放在浓度为6 mol/L的氯化铯（CsCl）溶液中，这种浓度的氯化铯溶液，在以每分钟旋转45 000转的速度在离心机中离心30 h后，最后用紫外光作光源摄下各种DNA在离心管中的位置。梅塞尔森和斯塔尔得到的亲代分子、子一代分子、子二代分子在离心管中的分布完全符合半保留复制模式，从而证实了沃森和克里克提出的碱基专一性配对和半保留复制模式是正确的。全保留复制和裂解重建式复制的可能性被完全排除。

有趣的是这个在1958年发表的实验和克里克在1957年的预言完全一样："DNA的两股链互相紧密吻合，如同一只手被套在一只手套里，当它们以某种形式分开后，这只手就是另一只手套的模子，而这只手套则是另一只新的手的模子。这时我们有了两只戴了手套的手，而在这以前，我们只有一只。"这样，DNA分子结构模型和复制模型完全确立了。在梅塞尔森写给沃森的一封信里有两句诗："那是非常神秘的重氮，结束了沃森克里克的摇摆。"沃森-克里克模型在这个实验前还是一个猜想，他们还在"摇摆"。正是梅塞尔森和斯塔尔使用了神秘的重氮验证了沃森-克里克模型。

梅塞尔森和斯塔尔的实验的确做得很漂亮，然而，要是能通过实验把子一

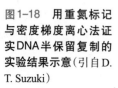

图1-18 用重氮标记与密度梯度离心法证实DNA半保留复制的实验结果示意（引自 D. T. Suzuki）

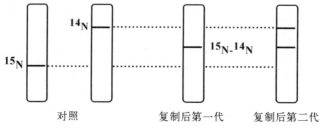

^{14}N

^{15}N-^{14}N

^{15}N

对照　　　　　　复制后第一代　　　复制后第二代

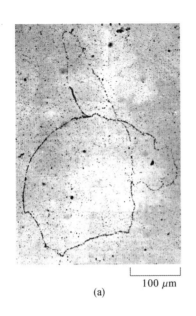
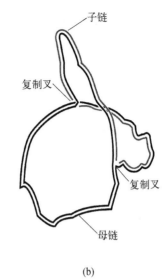

图1-19 **正在复制中的大肠杆菌DNA**(引自 J. Cairns)

(a)放射性磷标记后的电镜照片;(b)电镜照片的诠释图

代杂合子分子拆分开,证实它的确由一条重链和一条轻链组成就更有说服力了。1962年,马默(J. Marmur)等做了重链和轻链杂合的DNA分子的拆合实验。将密度为 1.717 g/cm³ 的杂合分子解离为密度为 1.740 g/cm³ 的只含 ^{15}N 的重链和密度为 1.725 g/cm³ 的只含 ^{14}N 的轻链(DNA双链的密度要比单链的小),然而再将重链和轻链复性为密度为 1.717 g/cm³ 的杂合分子,马默的实验把梅塞尔森和斯塔尔的实验又推进了一步。对这个结果可不可以进一步质疑呢? 能不能把DNA复制的实验做得再漂亮一点呢? 实际上,梅塞尔森和斯塔尔以及马默等所研究的大肠杆菌DNA分子已经在实验中被切割成许多小的片段,他们的实验所提供的信息只涉及DNA在复制前和复制后的两种状态,并从这两种状态推论出DNA的复制模式。第一次真正观察到正在复制中的DNA的是凯恩斯,他在1963年拍摄到正在复制的大肠杆菌DNA(图1-19)。这张照片是非常经典的,凯恩斯看到了大肠杆菌的染色体是一个封闭的环状DNA分子,复制中形成的两个复制叉之间的DNA片段由一条母链和一条子链组成,这标志着在活细胞中找到了DNA半保留复制的证据。1962年,沃森和克里克因发现DNA分子结构,与改进了X射线衍射技术的威尔金斯一起获得了诺贝尔生理学或医学奖。1974年,克里克在回忆这段经历时十分感叹地说:"与其相信沃森和克里克构建了DNA结构,我更愿强调正是这个有着科学家风格的分子结构造就了沃森和克里克。"

DNA复制是从染色体的一个特定的核苷酸序列开始的,这个序列称为复制起始点。复制是双向进行的,所以,在复制过程中可以看到典型的复制叉结构。在每个复制叉上由螺旋酶解开双螺旋,然后单链结合蛋白将分开的单链稳定。同时,拓扑异构酶使复制叉侧翼邻接区段解旋,继后出现的超螺旋区段在产生裂隙后重新连接,以保证复制叉向前推进。DNA复制叉形成时,需要一段与复制起始区段互补的短RNA作复制引物,这段引物由DNA引发酶合成。随之DNA多聚酶在引物的3′端逐一接上与模板DNA链互补的核苷酸。复制叉中的两条链,有一条

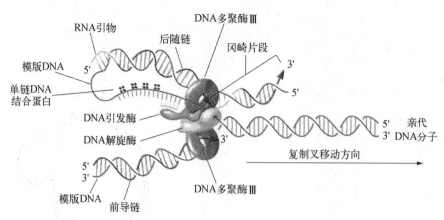

图1-20　DNA复制过程示意

是从5′端向3′端连续合成的，称为前导链；另一条称为后随链，这条链通过一个一个称为冈崎片段（Okazaki fragment）的小片段逐节合成，这些冈崎片段最后由连接酶连成长链。整个复制过程如图1-20。在复制过程中，DNA多聚酶除了从5′→3′的合成作用外，还有对合成过程中错误参入的核苷酸从3′→5′的水解切除作用。DNA多聚酶的这种校正功能从合成机制上保证了复制的高度精确性。

　　为了探索DNA复制的具体途径，科学家们研究了与复制有关的种种生化反应，以及各种相关的酶系和辅助因子；提出多个假设来说明DNA解旋的拓扑学问题，研究DNA合成的方向和合成速率的调控机制，还有原核生物和真核生物DNA合成的具体细节。这方面的研究还没有完结，人们对DNA复制，即它的自体催化的研究还在不断深入。

1.4.5　DNA异体催化功能的表达

　　沃森-克里克模型和梅塞尔森-斯塔尔实验使得DNA是遗传信息载体，也是遗传与变异的物质基础的概念深入人心，成为无可辩驳的事实。然而DNA分子所负载的遗传信息只是一套计划，一套蓝图，而真正进行细胞生命活动的主角是蛋白质。蛋白质的结构是由DNA决定的。DNA决定蛋白质的结构的过程，就是DNA异体催化的主要内容。

　　1953年夏天召开的冷泉港定量生物学学术年会专门讨论了诞生才3个月的DNA双螺旋模型。凡是在会上听了沃森报告的人都意识到随着DNA结构的发现，遗传学开始了一个新的纪元。根据"一个基因一个酶"的学说，DNA分子的两条多核苷酸长链所负载的就是蛋白质的结构信息，即DNA的核苷酸序列就是决定蛋白质的多肽链中氨基酸序列的遗传信息。

　　DNA是由4种核苷酸组成，蛋白质是由20种氨基酸组成的。大多数蛋白质分子由50~500个氨基酸构成，氨基酸的排列顺序，即蛋白质的一级结构决定了蛋白质的构型和功能。1945年，年仅28岁的英国生物化学家桑格（F. Sanger）立志要搞清楚胰岛素的一级结构。这在当时是一项艰巨而困难的事，他用制药商为他提供的10 g胰岛素（取自125头牛）作分析研究的材料，历时8年，直到1953年，桑格终于测出了胰岛素中51个氨基酸的全部序列。这是生物化学发展史上的一个里程碑,它第一次宣告蛋白质有一个确定的氨基酸序列,还说明正是这个序列决定了蛋白质的三维空间结构和它的生物学功能,为在蛋白质一级结构上探明生理学、病理学和生物演化的分子基础开拓了道路。而蛋白质中的氨基酸序列正是由DNA中核苷酸的序列决定的。

起初有人假设DNA中的核苷酸是通过直接接触和物理定模的方式来决定蛋白质中氨基酸的序列的,认为在蛋白质合成时,氨基酸和DNA分子中的结构空穴(groove)互相匹配,再由酶把氨基酸一一相连形成蛋白质。然而理论计算和多种实验研究都证实DNA和蛋白质的关系是间接的,从核苷酸顺序到氨基酸顺序有一个"编码"过程。不久,探索将基因中的信息翻译为蛋白质结构的"遗传密码"成为许多科学家的研究目标,破译遗传密码成为当时分子遗传学的当务之急。

克里克曾经提出过一个方案,他说:只要同时搞清楚一个蛋白质的氨基酸顺序和编码这个蛋白质的那段DNA中的核苷顺序,把两者一一比对,遗传密码就可以搞清楚了。但是,在20世纪60年代初期克里克的想法是难以实现的。桑格虽然阐明了胰岛素的一级结构,但怎样才能确定和分离编码胰岛素的那段特定的DNA片段呢?人们把克里克的想法比作"遗传学上的罗塞达石碑"。罗塞达石碑是1799年在埃及罗塞达城郊发现的一块古碑,上面同时篆刻着埃及象形文、俗体文和希腊文三种文字,这块碑为译解古埃及象形文提供了一把钥匙,复活了尼罗河文化。

然而,道路并没有堵死。经过一条条迂回曲折的道路,人们得到了许多有关DNA的信息储存和信息表达的线索,所有这些最终导致科学家在1966年破译了全部遗传密码。这些线索主要包括以下方面。

(1)1958年克里克提出分子遗传学的中心法则,认为遗传信息只能从核酸流向蛋白质。戈尔茨坦(A. L. Goldstein)曾用变形虫(Amoeba proteus)做过一个很重要的实验。因为尿嘧啶是RNA中特有的碱基,所以他用含放射性同位素标记的尿嘧啶的培养基来饲养变形虫,发现大量的放射性颗粒出现在细胞核内。随后把变形虫移至不含放射性尿嘧啶的普通培养基中,不久,放射性颗粒就逐渐出现在细胞质中了。戈尔茨坦的实验提示RNA先在变形虫的细胞核内合成,随后穿过核膜进入细胞质。那么,DNA上的遗传信息是不是先转录成RNA,进而以RNA分子作为蛋白质合成的直接模板呢?

噬菌体在回答这个问题中起了重要作用。用噬菌体感染大肠杆菌,细菌就会合成噬菌体DNA,如果噬菌体DNA是通过RNA来指导噬菌体外壳蛋白合成的,那么受感染的细菌中就会有能与噬菌体DNA特异性互补的RNA分子。如将受噬菌体感染的细菌培养在含放射性元素标记的尿嘧啶的培养基中,细菌细胞中新合成的RNA分子都会被放射性元素标记。分子杂交实验显示,标记的RNA只和噬菌体DNA互补并进行分子杂交,而不和细菌的DNA杂交。实验清楚地表明遗传信息的传递确实是以RNA介导的。此外,雅各布和莫诺曾经预言过"信使(messenger)"的存在。克里克据此提出DNA上的遗传信息先转录于信使核糖核酸(messenger RNA,mRNA),mRNA上的转录信息又在特定的细胞器核糖体上翻译成蛋白质的一级结构。

(2)布伦纳(S. Brenner)提出"适应者(adapter)"假设,他假定细胞中有一种小分子物质，能阅读mRNA上的密码，并将它翻译成特定的氨基酸。不久有人就分离到了具有这种功能的小分子物质，它也是一种RNA，这种RNA能把氨基酸转运到核糖体上，并按照mRNA提供的信息，精确地把氨基酸定位到蛋白质中的特定位置上去。这就是转运RNA（transference RNA，tRNA）。

（3）亚诺夫斯基（C. Yanofsky）等进行的大肠杆菌的色氨酸合成酶A肽的氨基酸替换突变，及其与基因突变位点的同线性研究实验，为DNA和蛋白质一级结构之间的线性相关，取得了坚实的实验证据（图1-21）。

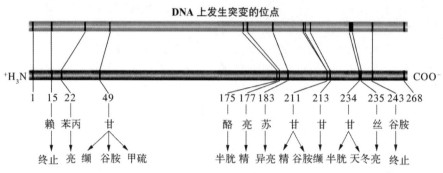

图1-21 **色氨酸合成酶A肽基因突变点和被取代的氨基酸之间的线性相关**（引自C. Yanofsky）

（4）布伦纳发现了"琥珀突变（amber mutation）"，这种突变能使蛋白质合成过程终止，导致一个无功能多肽的产生。他比较了各种琥珀突变的基因突变位置和无功能多肽的长度，找出了两者的平行关系，为DNA与蛋白质一级结构间线性相关找到了又一个实验证据。

根据这些线索，克里克和布伦纳用大肠杆菌噬菌体做了一个非常重要的实验，这个实验导致"三联密码"假设的提出。早在20世纪40年代初期，赫尔希就发现噬菌体T4有一种快速溶菌突变r，r噬菌体在敏感菌平板上产生的噬菌斑大而透亮。1953年布伦纳发现r噬菌体还有另一种重要的性状，即r突变只能在大肠杆菌B上生长，而不能在大肠杆菌K上生长；相应的野生型r⁺能在B和K两种细菌上生长。这就可利用r、r⁺、B和K组成一个实验系统来研究r的回复突变，以及不同r突变株之间的杂交重组。不久，布伦纳发现许多r噬菌体的回复突变并非都是真正的回复突变，而是由于一个新的突变抑制了原先的r突变型性状，称为"拟回复突变"。1961年，克里克又发现吖啶黄类诱变剂，可以在DNA序列中插入或减少一个碱基，这类诱变剂在噬菌体T4的r突变研究中的应用，使"三联密码"假设获得了第一个实验证据。具体实验过程如下。

（1）整个实验从一个由吖啶橙诱发的噬菌体T4的rⅡ基因的FC0突变株开始。研究表明FC0的多数回复突变虽然能在K细菌上生长，但并不是真正回复成了野生型，而是FC0突变和附近的另一次突变所产生的双重突变型，后一突变称为FC0的抑制突变。

（2）通过T4rⅡ基因的各种r突变的精细定位分析，证实各个FC0的抑制突变的位置和FC0的突变位点是非常接近的。

（3）进而又发现了一些能抑制FC0的抑制突变表达的"二级抑制突变"，经过一系列的分析，最后分离到了包括FC0在内的近百个r突变，并一一定位于T4rⅡ基因区段内（详见第2章中有关顺反子结构的讨论）。

（4）用杂交试验分析突变株、双重突变株和多重突变株的遗传结构和表型（图1-22），以及各株r突变之间的关系，发现有些r突变株杂交产生的双重突变具有拟野生型表型，有些则要三重突变才能产生拟野生型表型。

怎样分析这些结果？

克里克和布伦纳先假定由吖啶

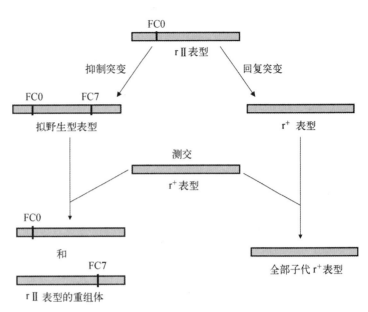

图1-22　检测真正的回复突变和出现拟野生型表型的抑制突变的杂交试验（改自 G. S. Stent）

橙诱发的r突变FC0是由于在DNA分子中插入一对碱基的（+）突变，则可以把能抑制FC0的r性状表达的抑制突变假定为由于缺失一对碱基引起的（−）突变。（+）和（−）突变并存时，只有位于两个突变点之间的碱基序列会发生改变，而位于两个突变点外侧区段的碱基序列应和野生型一样。如果两个突变点之间的距离很短，又设想噬菌体能"容忍"这一短小距离中rⅡ基因编码的蛋白质中个别氨基酸的替代，而保持或基本保持rⅡ蛋白的溶菌活性，则（+）和（−）双重突变会呈现拟野生型表型。一旦假定了一种rⅡ突变是（+）突变，则可通过杂交试验产生的双重突变能否回复为拟野生型表型这个指标，把分离到的突变分为（+）和（−）两大类（这种假设并不要求真正确定某一突变的性质是插入突变还是缺失突变）。系统而深入的分析表明，大多数（+）突变和（−）突变杂交产生的双重突变体能在K细菌上生长，并形成拟野生型表型。但是，任何两个（+）突变之间的杂交或两个（−）突变之间的杂交都不能产生表型为拟野生型的双重突变体。然而，由三个（+）突变杂交和重组得到的三个（+）突变的三重突变，或三个（−）突变重组得到的三重突变却能产生能在K细菌上生长的拟野生型。由此，他们提出了一个用"三联密码"假设来解释实验结果的方案（表1-3）。

表1-3　"三联密码"假设对突变的解释

基 因 型	结构的变化	表 现 型
野生型	...CAT CAT CAT CAT CAT CAT CAT CAT...	r⁺
（+）突变	...CAT CAT GCA TCA TCA TCA TCA TCA...	r⁻
（−）突变	...CAT CAT CAT CTC ATC ATC ATC ATC...	r⁻

（续表）

基 因 型	结构的变化	表 现 型
(+)(−)双重突变	...CAT CAT GCA TCT CAT CAT CAT CAT...	r⁺,密码基本恢复
三重(+)突变	...CAT CAT GCA TGC ATG CAT CAT CAT...	r⁺,密码基本恢复
三重(−)突变	...CAT CAT CTC TCA TCT CAT CAT CAT...	r⁺,密码基本恢复

注：↑代表插入突变(+)；↓代表缺失突变(−)。

克里克和布伦纳由此推论出遗传密码的几个主要性质。

（1）遗传密码的三联性。在提出双螺旋模型后不久，克里克就提出"三联密码"的假设。他认为如果由单个碱基编码一个氨基酸，则四种碱基只能编码四种氨基酸；如果由每两个碱基编码一个氨基酸，则四种不同碱基可产生16种不同的组合，仍然不能满足编码20种氨基酸的要求，所以至少应由三个相连的碱基才能编码一个氨基酸。直到1961年克里克才和布伦纳一起用实验证实了密码的三联性。

（2）密码的不重叠性。如果密码是重叠的，那么一个碱基的改变会影响一个以上的三联密码，这是与实验结果不符的。

（3）密码的连续性。实验还表明密码与密码之间没有不参与编码的间隙碱基，在DNA分子的序列中遗传密码是连续的。

如果深入思考就会发现这套实验并没有充分证明每个密码的核苷酸数目是3，而只是证明每个密码的核苷酸数目是$3n$，n是吖啶类诱变剂一次插入或造成缺失的核苷酸数目。直到霍拉纳（H. Khorana）用人工合成多核苷酸破译遗传密码的研究完成时，才完全证明$N=1$。

此外，桑格在1977年通过DNA测序阐明了一种单链DNA噬菌体 φX174 的全部核苷酸序列，发现该病毒的部分遗传密码是重叠的，但是这种重叠不是简单地由一个碱基为多个氨基酸编码，而是由不同基因的读码起点所造成的。φX174噬菌体的 5 376 个核苷酸，由于密码重叠而编码了相当于 6 000 个核苷酸编码的蛋白质。在这里我们又一次看到了在科学发展中，继承和扬弃之间的辩证关系，我们既要追求发展，又要正确评价前人的工作，特别要充分地评价做出了开创性和启发性工作的科学家的作用。图1-23是 φX174噬菌体的D、E和J等基因重叠区段的结构和A*、K基因的读码方式。

孟德尔提出粒子遗传概念的基石，是把遗传性状和决定性状的基因联系起来。比德尔提出基因的原始作用是决定酶的一级结构，缩短了基因和性状的距离。在证实遗传物质的生物化学本质是DNA之后，基因与性状的关系就是DNA和蛋白质的关系。中心法则又把这种关系变为mRNA和多肽的关系。"三联密码"假设的证实，使基因和性状的关系可简化为：哪三个核苷酸组成的密码子编码哪一种氨基酸。这就是破译遗传密码的基本思想。这使我们又一次想起了罗塞达石碑，为分子遗传学树起"罗塞达石碑"的是以尼伦伯格（O. Nirenberg）、奥乔亚（S. Ochoa）和霍拉纳为代表的一批科学家。

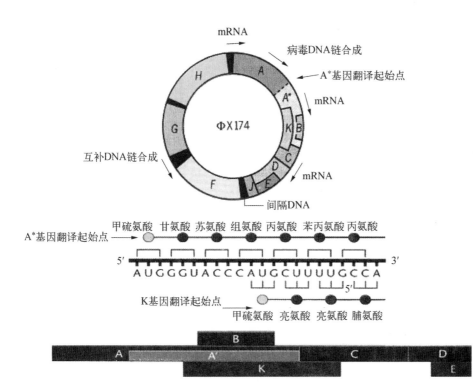

图1-23　**噬菌体 φX174 的重叠基因局部结构示意**（改自 F. Sanger 等）

尼伦伯格清醒地意识到自然界的mRNA和蛋白质的结构都是异常复杂的,要在两者之间建立结构相关是困难的。他决定利用格隆伯格-马纳哥(M.Grungberg-Manago)和奥乔亚一起发现的多核苷酸磷酸化酶来合成一种人工的多聚核糖核苷酸,并以此作为人工信使来研究mRNA和蛋白质的结构相关。他还为此建立了一个专为人工信使指导多肽合成的无细胞蛋白质合成系统。先将细菌的细胞粉碎,离心除去细胞壁和细胞质膜残片,保留 DNA、mRNA、tRNA、核糖体和各种酶系等细胞组分,再补入 ATP、GTP 和各种氨基酸,组成一个无细胞蛋白质合成系统。在实验前再加入脱氧核糖核酸酶,破坏系统中的DNA,使合成系统中原有的天然mRNA失去合成的样板,待系统中原有的mRNA失活后,加入人工合成的多聚核糖核苷酸,这时蛋白质合成又可在人工信使指导下进行。尼伦伯格把不同的人工信使加入这种系统,并观察在新合成多肽中各种标记氨基酸的参入情况。例如,他分别用多聚尿嘧啶核苷酸(polyU)、多聚胞嘧啶核苷酸(polyC)和多聚腺嘌呤核苷酸(ployA)作为人工信使 "mRNA",观察 ^{14}C 标记的苯丙氨酸参入新合成多肽的情况,结果如下表所示。

人工mRNA	^{14}C-苯丙氨酸参入后的CPM值
空白	44
polyA	50
polyC	38
polyU	39 800

注: CPM为每分钟放射性强度记数。

这个实验结果让尼伦伯格非常兴奋,他看到一条polyU成功地编码了一条由苯丙氨酸组成的多肽,立刻意识到第一个遗传密码已经被破译了:

UUU→苯丙氨酸

他接着用同样的方法译出:

AAA→赖氨酸

CCC→脯氨酸

那么,怎样破译其他的遗传密码呢?

奥乔亚和尼伦伯格用合成一组碱基比例受限的多核苷酸混合物作人工信使来研究这个问题。例如,将U和G的比例控制为0.76 : 0.24,再用概率公式估算出各种可能组成的密码子出现的预期概率,并把各种密码子的预期概率与新合成多肽中各种氨基酸的出现比例一一比对,推算出两者的关系。表1-4是在实验之前先计算出来的各种可能的三联密码的出现概率。

表1-4　各种可能的三联密码出现的概率

三 联 密 码	出现该组合的概率	该组合的相对概率
UUU	$0.76 \times 0.76 \times 0.76 = 0.439$	100
UUG	$0.76 \times 0.76 \times 0.24 = 0.139$	31.6
UGU	$0.76 \times 0.24 \times 0.76 = 0.139$	31.6
GUU	$0.24 \times 0.76 \times 0.76 = 0.139$	31.6
UGG	$0.76 \times 0.24 \times 0.24 = 0.043\ 8$	10.0
GUG	$0.24 \times 0.76 \times 0.24 = 0.043\ 8$	10.0
GGU	$0.24 \times 0.24 \times 0.76 = 0.043\ 8$	10.0
GGG	$0.24 \times 0.24 \times 0.24 = 0.013\ 8$	3.1

测定出现于新合成多肽中各种标记氨基酸的相对参入量,并与各种密码子出现的预期概率比较,推测编码各种氨基酸的密码子组成这样的实验做了一年多,搞清楚了全部密码子的碱基组成(表1-5),但还是不能确定密码子的碱基序列。

表1-5　几种氨基酸密码子的碱基组成

氨　基　酸	相对参入量	推测的密码子组成
苯丙氨酸	100	UUU
缬氨酸	37	
亮氨酸	38	2U,1G
半胱氨酸	35	
色氨酸	14	1U,2G
甘氨酸	12	

直到1964年,尼伦伯格在实验中偶尔发现三核苷酸能在不合成蛋白质的情况下,也能促进特异的tRNA和核糖体相结合。例如,pUpUpU能促使tRNA[苯丙]和

核糖体结合,pApApA能促进tRNA^赖和核糖体相结合。而二核苷酸则不能刺激这种特异tRNA的专一性结合。这暗示一个三核苷酸相当于mRNA上的三联密码,能特异性地与它所编码的氨基酸的tRNA结合。利用硝酸纤维滤膜能截留和核糖体结合的tRNA而让自由的tRNA通过的性质,尼伦伯格让各种不同的三核苷酸与结合了标记氨基酸的tRNA结合于核糖体,再用硝酸纤维滤膜过滤,分离出与特定的三核苷酸结合的tRNA种类,从而确定结合于这种tRNA上的氨基酸的对应密码子,用这种方法搞清楚了近50种密码子的序列。例如:

pUpUpG结合 tRNA^亮　　pUpGpU结合 tRNA^{半胱}
pGpUpU结合 tRNA^缬　　pApUpU结合 tRNA^{异亮}

可是问题并没有完全解决。在这组实验中,尼伦伯格发现多数三核苷酸与特定的tRNA有一一对应关系,而有些三核苷酸不能和任何一种tRNA结合,有些三核苷酸却能和一种以上的tRNA结合。最终把密码破译问题完全解决的是印度籍美国科学家霍拉纳。

霍拉纳用有机合成和生物酶合成相结合的方法合成了一系列序列已知的重复多核苷酸。我们以合成poly(GUA)为例来说明重复多核苷酸合成的途径。

（1）用有机合成法合成两个互补的含9个核苷酸的多核酸链:d(TAC)₃和d(GTA)₃。

（2）以d(TAC)₃和d(GTA)₃为模板,利用DNA多聚酶I催化DNA的合成。在dATP、dTTP、dGTP和dCTP存在时,d(TAC)₃和d(GTA)₃能通过互为合成模板不断延伸而得到较长的DNA双链分子片段,其结构式为:polyd(TAC):polyd(GTA)。

（3）以polyd(TAC):polyd(GTA)为模板,在适用的核苷酸作底物时,用RNA多聚酶催化体外转录反应,可分别得到与polyd(TAC)或polyd(GTA)互补的多聚核糖核苷酸链:

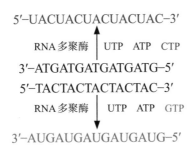

可以看到在反应底物中含有CTP时,则可得到与polyd(GTA)互补的poly(UAC),底物中含有GTP时,则可得到与polyd(TAC)互补的poly(GUA)。这样,霍拉纳用有机合成反应加两种酶催化反应就获得了具有一定重复序列的多聚核糖核苷酸链。

现在,我们来分析一下以这样的多核苷酸链作为人工mRNA,在无细胞蛋白合成系统中会编码什么样的多肽?为了讨论方便起见,我们用字母A、B和C分别代表不同的碱基,则具有确定的重复序列的多聚核糖核苷酸链可写作:

ABCABCABCABCABC…

这条人工的mRNA可以因翻译起点的不同而合成三条由不同的氨基酸组成的多肽：

↓起点1

ABC ABC ABC ABC ABC⋯

↓编码

氨基酸₁—氨基酸₁—氨基酸₁—氨基酸₁—氨基酸₁⋯⋯

↓起点2

ABCA BCA BCA BCA BCA⋯

↓编码

氨基酸₂—氨基酸₂—氨基酸₂—氨基酸₂—氨基酸₂⋯⋯

↓起点3

AB CAB CAB CAB CAB CAB⋯

↓编码

氨基酸₃—氨基酸₃—氨基酸₃—氨基酸₃—氨基酸₃⋯⋯

霍拉纳的部分实验结果见下表。

"mRNA"	由单一氨基酸组成的多肽
poly（UUC）	苯丙氨酸、丝氨酸、亮氨酸
poly（AAG）	赖氨酸、谷氨酸、精氨酸
poly（UUG）	半胱氨酸、亮氨酸、缬氨酸
poly（CCA）	谷氨酰胺、苏氨酸、天冬氨酸
poly（UGA）	缬氨酸、丝氨酸、？
poly（UAC）	酪氨酸、苏氨酸、亮氨酸
poly（AUC）	异亮氨酸、丝氨酸、组氨酸
poly（GAU）	甲硫氨酸、天冬氨酸、？

把霍拉纳、尼伦伯格和奥乔亚等的结果综合起来，就可排出全部氨基酸的密码子序列，问题是为什么poly（UGA）和poly（GAU）只编码两种单氨基酸多肽而不是预期中的三种。为了解决这个问题霍拉纳又合成了一些确定序列的四核苷酸多聚体，如poly（UAUC），这个"mRNA"总是产生一条含四种氨基酸的多肽，而与转译起点无关：

UAU CUA UCU AUC UAU CUA UCU AUG...

⇩

酪氨酸—亮氨酸—丝氨酸—异亮氨酸—酪氨酸—亮氨酸—丝氨酸—异亮氨酸⋯⋯

可是当以poly（GUAA）为"mRNA"时只能得到二肽或三肽，霍拉纳假定这是由于出现了尼伦伯格发现的某种不能和任何一种tRNA结合的密码子的缘故。他把这种不能和任何tRNA结合，因而也就不能使肽链延伸的密码子称为终止密码。poly（GUAA）编码情况是：

GUA AGU AAG UAA A...

⇩

缬氨酸—丝氨酸—赖氨酸—（终止）

除了 UAA 外，霍拉纳又用实验证明 UAG 和 UGA 也是终止密码。到 1966 年，经过多个实验室的共同合作终于破译了所有的 64 个遗传密码子。根据克里克的建议，排出了一张遗传密码表（表1-6）。

表1-6　遗传密码表

第一个字母 5'端	第二个字母（中间）				第三个字母 3'端
	U	C	A	G	
U	苯丙氨酸	丝氨酸	酪氨酸	半胱氨酸	U
	苯丙氨酸	丝氨酸	酪氨酸	半胱氨酸	C
	亮氨酸	丝氨酸	终止	终止	A
	亮氨酸	丝氨酸	终止	色氨酸	G
C	亮氨酸	脯氨酸	组氨酸	精氨酸	U
	亮氨酸	脯氨酸	组氨酸	精氨酸	C
	亮氨酸	脯氨酸	谷氨酰胺	精氨酸	A
	亮氨酸	脯氨酸	谷氨酰胺	精氨酸	G
A	异亮氨酸	苏氨酸	天冬酰胺	丝氨酸	U
	异亮氨酸	苏氨酸	天冬酰胺	丝氨酸	C
	异亮氨酸	苏氨酸	赖氨酸	精氨酸	A
	甲硫氨酸/甲酰甲硫氨酸	苏氨酸	赖氨酸	精氨酸	G
G	缬氨酸	丙氨酸	天冬氨酸	甘氨酸	U
	缬氨酸	丙氨酸	天冬氨酸	甘氨酸	C
	缬氨酸	丙氨酸	谷氨酸	甘氨酸	A
	缬氨酸	丙氨酸	谷氨酸	甘氨酸	G

遗传密码表有几个值得注意的特点。

（1）密码的兼并性。这并不是少数例外，而是一个规律性的现象，绝大多数氨基酸都有一种以上密码子，多的可有六种密码子。一般来讲同义密码子（synonym codon）的前两个核苷酸往往是特异性的，而第三个核苷酸是非特异性的，或只在碱基种类上有部分特异性，如苯丙氨酸的两种密码子的第三位虽不相同，但都是嘧啶碱，又如亮氨酸的密码子有两个也和苯丙氨酸一样以 UU 开头，但第三位都是嘌呤碱。这种兼并现象，即一种氨基酸对应多个密码子的现象，克里克称之为"摇摆效应"，他认为密码子和 tRNA 上的反密码子在第一和第二位必须按互补法则精确配对，而第三位核苷酸的配对可发生"摇摆"。实验证明有些 tRNA 确实能与一种以上的密码子配对，如下所示：

苯丙氨酸密码子　　　　　　　　缬氨酸密码子

$\dfrac{UUU}{AAG}$ 或 $\dfrac{UUC}{AAG}$	$\dfrac{GUU}{CAG}$ 或 $\dfrac{GUC}{CAG}$ 或	$\dfrac{GUA}{CAU}$ 或 $\dfrac{GUG}{CAU}$
tRNA[苯丙]反密码子	tRNA[缬1]反密码子	tRNA[缬2]反密码子

由此可以预测，当一种氨基酸有四种密码子时，往往有两种或更多tRNA；也有人发现相反的情况，一种密码子和两种tRNA相匹配的现象。这种从核酸到蛋白质的信息转移中的局部非特异性，增加了适应性，很可能具有潜在的生物演化意义。

（2）AUG有两个意义，当它位于转录序列中间时，编码甲硫氨酸，当它位于转录序列第一位时，编码甲酰甲硫氨酸，这时AUG是翻译的起始密码，从甲酰甲硫氨酸和甲硫氨酸的区别可以理解，起始密码编码甲酰甲硫氨酸，起了保证蛋白质合成总是从N端（—NH₂端）向C端（—COOH端）延伸的作用。

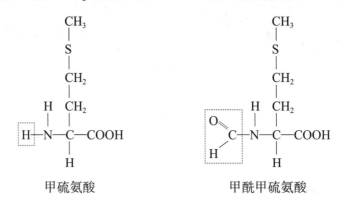

甲硫氨酸　　　　　甲酰甲硫氨酸

（3）密码表中有三个密码子UAA、UAG和UGA都不编码任何氨基酸，当这些密码子出现在信使RNA中时，会使翻译终止，称为终止密码。如果突变使编码某些氨基酸的密码子变为终止密码，会使多肽链因终止延伸而产生一段功能缺陷的短肽。

（4）遗传密码表最重要的特征是它的普遍性。艾仁斯坦（G. von Ehrenstein）和李普曼（F. A. Lipmann）在遗传密码破译后不久，就证实兔子编码血红蛋白的mRNA能利用大肠杆菌的无细胞蛋白合成系统来合成兔子的血红蛋白。另外，从病毒、细菌到高等真核生物的突变也证实了遗传密码的普遍性（详见第3章）。

遗传信息的翻译，即蛋白质的生物合成，是一个复杂而又协调的细胞生化反应。它涉及mRNA、各种tRNA、多种激酶辅助因子，以及蛋白质合成的细胞器——核糖体。

蛋白质合成大致分为五步。

第一步，由适当的氨基酰转运RNA合成酶（激酶）把经过ATP活化的氨基酸结合于相应的tRNA 3′端的腺嘌呤。每种氨基酸至少有一种与其相对应的特异性激酶，因此这种结合是高度特异性的。tRNA是由80个左右核苷酸组成的单链核糖核酸分子，借助链内卷曲折叠多数碱基互相配对形成链内碱基对，使tRNA呈现出L形结构，L形的一端是结合氨基酸的3′端，另一端是和mRNA上密码子互补配对的反密码子。

蛋白质合成的细胞器是核糖体，由两个亚单位组成，在大肠杆菌中小的亚单位为30S，包括一分子16S核糖体RNA（rRNA）和21种蛋白质，大的亚单位为50S，包括一分子23S rRNA和一分子5S rRNA，以及34种蛋白质。

第二步,mRNA、结合了甲酰甲硫氨酸的tRNA和核糖体的30S亚单位组成蛋白质合成的起始复合体。mRNA上起始密码子是AUG,AUG前方(5′端)有一个富嘌呤区段能和16S rRNA结合,这是起始复合体形成的关键,反应还需要起始因子参加。

第三步,核糖体的50S亚单位和起始复合体结合,形成完整的70S复合体,完成蛋白质合成的起始阶段。

第四步,根据mRNA的密码子顺序依次结合相应的带了氨基酸的tRNA,并在核糖体上形成肽键。随着mRNA分子在核糖体上的移动,肽链不断延伸。蛋白质合成的方向是从N端向C端。整个过程所需的能量均通过从水解GTP来获取,并需要延伸因子参与。

第五步,合成终止。当mRNA上的终止密码移入核糖体后,肽链合成终止。在终止因子参与下,已合成的肽链和最后一个tRNA之间的氨酰基水解后分开,释放出新合成的肽链。随之70S核糖体重新离解为两个亚单位,并进入新的循环。这就是翻译过程的概况(图1-24)。

1953—1966年,经过遗传学家和生化学家一系列的理论和实验研究,多个国家的多个实验室通力协作勾画出了DNA异体催化的基本框架,阐明了分子遗传学的中心法则,确定了遗传密码表。转录和翻译的大致轮廓充分显现出来了,这十来年被认为是分子遗传学发展的黄金时期。

当然,蛋白质合成是生命体的一个最基本的也是最重要的分子生物学功能,它不仅仅是简单地从mRNA到多肽的线性反应,还包括了mRNA剪接、多肽的修饰,以及细胞内的运输等一系列复杂而有序的调节和控制过程,我们将会在后续章节中讨论这些问题。

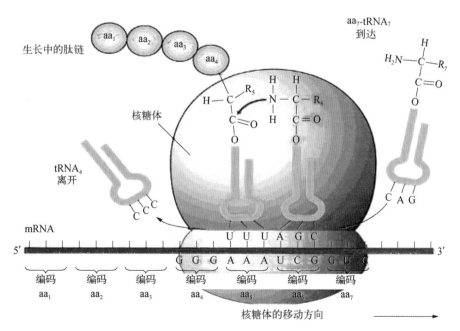

图1-24 蛋白质合成示意

据biochemistry course资料,aa_1~aa_7代表不同的氨基酸。

§1.5　基因功能表达的遗传调控
——操纵子学说的理论与实验基础

　　从讨论孟德尔、摩尔根的工作,到分子遗传学的发展,我们一直把一个表达功能的基因作为研究的对象。这很可能会使我们会产生一种错觉,似乎所有的基因每时每刻都在表达着功能。事实上,基因功能的表达是有条件的,是受到严格的调节和控制的。如大肠杆菌约有3 000个基因,可它们并不以相同的速率表达其功能,不同的蛋白质在细菌细胞中的数量差别可达10 000倍之多。对于多细胞真核生物来讲,不同的组织器官执行不同的功能,合成不同的酶或其他蛋白质。如肝细胞合成肝白蛋白以及与消化、吸收、解毒有关的许多酶蛋白,而红细胞合成的是血红蛋白,小淋巴细胞合成的是免疫球蛋白,肌纤维细胞合成的是肌球蛋白。即使是同一个器官或组织,在不同的发育阶段合成的蛋白质也有质的差别。图1-25是血红蛋白α、β、γ、ε和δ等在个体发育不同阶段中的表达情况。显而易见,基因表达的时间、空间和程度的差异正是生命活动的根本特征,也是分化、发育,乃至衰老和癌变等生理和病理现象的基础。然而,分子遗传学的中心法则和遗传密码表只能说明基因怎样决定蛋白质的结构和功能,却不能解释基因表达的时空差异,即基因表达的组织器官和发育阶段特异性。这样,有关基因表达的遗传调控的研究渐渐成为现代遗传学的核心课题。

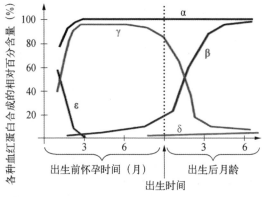

图1-25　不同发育阶段血红蛋白基因表达的种类和相对强度(改自 expression_of_gene_globins网)

　　本节主要讨论法国遗传学家雅各布和莫诺在20世纪60年代初提出的操纵子学说的理论和实验基础。第4章还将深入讨论基因表达调控问题。

1.5.1　问题的实质

　　DNA双螺旋模型提出以后,基因几乎就是一段DNA分子的同义词。它能精确地复制,能编码一种蛋白质。中心法则和遗传密码表说明,DNA所含的信息对于决定一种蛋白质的结构来说是必需的,也是充分的。所谓基因表达的调控,实际上指的是这种结构信息由DNA向蛋白质传递速率的调节和控制。基因表达的调节和控制可以有两个不同的水平:一是控制mRNA的合成,即控制DNA信息向RNA传递的速率;二是控制蛋白质的合成,即控制信息由RNA向蛋白质传递的速率。这两种控制的本质是不同的,前者是基因水平的调控,后者是细胞水平的调控。这是基因表达调控的第一个实质性问题。

　　另一个更为重要的问题是基因功能表达的时空差异究竟是取决于蛋白质的

结构信息呢,还是取决于某种和结构信息无关的控制因素? 或者说,是否存在与结构信息无关的调控信息? 操纵子学说就是回答这两个根本问题的。

1.5.2　酶的诱导

1900年迪纳(F. Diener)发现,当酵母依靠乳糖或半乳糖提供碳源和能源时,酵母细胞就含有与乳糖的利用和代谢有关的酶,而一旦移至以葡萄糖为碳源的培养基上,这些酶就会渐渐消失。20世纪20年代,卡思托姆(H. Karstrom)研究了在细菌中发现的类似现象,他把细菌中的酶分成两大类:一类叫组成酶,这类酶的出现和培养条件无关;另一类叫适应酶,这类酶只有在培养基中存在相应的底物时才能合成。大肠杆菌的β半乳糖苷酶是研究得较多的一种适应酶。1946—1961年,法国的微生物遗传学家莫诺研究这个酶长达15年之久,他发现这个酶是研究基因表达调控的良好实验研究系统,原因是这个酶的合成速率可以直接通过改变培养基的成分来调节,如培养基中乳糖的存在可以诱导β半乳糖苷酶的合成。莫诺把酶的适应现象改称为酶的诱导现象,把能诱导酶合成的化合物(包括底物)称为诱导物,把适应酶改称为诱导酶。

莫诺的第一个发现是,某些具有很强的诱导作用的诱导物不一定是诱导酶的底物。例如,β半乳糖苷酶的正常底物是带有半乳糖苷的乳糖:

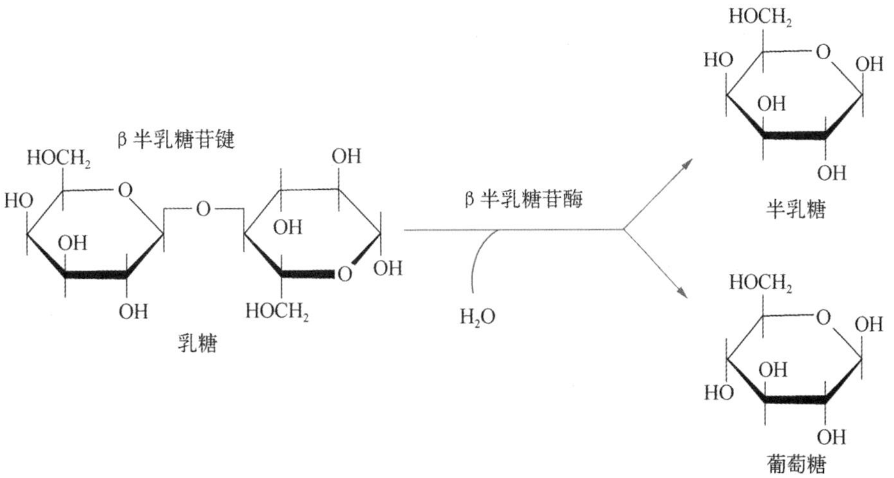

但是,β半乳糖苷的一种含硫类似物异丙基硫代半乳糖苷(isopropyl thiogalactoside, IPTG)虽不能为细菌所利用,却是β半乳糖苷酶的高效诱导物,其结构式为:

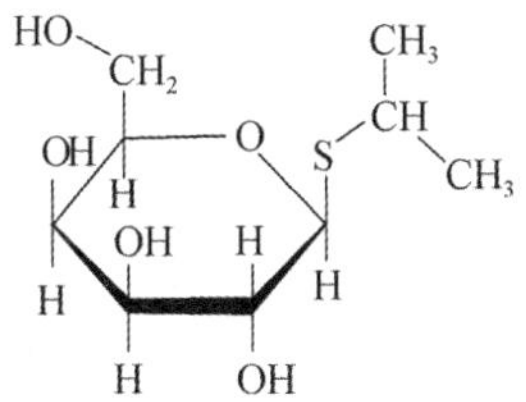

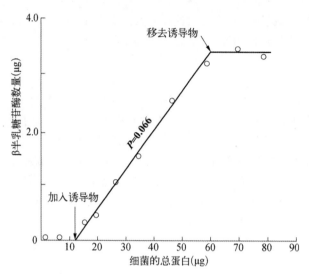

图 1-26　**不耗费诱导物的酶诱导动力学实验**

莫诺由此想到诱导物不一定是诱导酶的底物，而只是给细胞一个合成 β 半乳糖苷酶的化学信息。这个发现不仅使莫诺把适应酶改为诱导酶的理由更加充分，而且使他获得了一个极好的实验模型。在这个模型中，他以甘油为碳源和能源，以 IPTG 为诱导物，以 β 半乳糖苷酶为研究对象，因为细菌并不能利用 IPTG，就有可能在诱导物浓度恒定不变的条件下，研究酶诱导的生化动力学。他发现在加入诱导物后几分钟，酶的合成可达到最高速率。在去除诱导物后，酶的合成即告停止（图 1-26）。

对于这种快速诱导，有两种可能的解释：① 在诱导物的存在和作用下，早先就在细胞内的"前酶"被激化为有活性的酶；② 诱导物的存在使细胞的调控系统作用于酶合成机构，促使酶的大量合成。

为了确定孰是孰非，莫诺做了一个判断性实验。他先把细菌培养在含放射性 ^{35}S 的培养基中，但不加诱导物。经几代增殖后，把被放射性同位素标记的细菌移至不含 ^{35}S 的培养基中，再加入诱导物。细菌开始形成 β 半乳糖苷酶。最后从细菌中分离并纯化这种酶，测定其是否含有 ^{35}S。结果表明，诱导产生的酶并不含有放射性硫，表明酶并非由先前存在于细胞的前酶活化而来，而是在诱导物出现后新合成的。

不久，莫诺和他的同事发现乳糖或 IPTG 等诱导物诱导细菌产生的不仅是 β 半乳糖苷酶，还有另外两种酶，即半乳糖透性酶和半乳糖苷乙酰转移酶被同时诱导，这两种酶也都和乳糖的吸收利用有关，即三种酶在诱导物出现时同时被诱导合成，去除诱导物后又一起被阻遏，这种诱导多效性是诱导现象的又一个重要特征。

1.5.3　结构基因突变和调节基因突变

早在 1948 年 J. 莱德伯格就用伊红亚甲蓝琼脂培养基（EMB 培养基，内含伊红黄、甲基蓝和乳糖）分离到许多不能发酵乳糖的突变菌 *Lac⁻*。能够发酵乳糖的野生型菌 *Lac⁺* 在 EMB 培养基上生成的菌落呈暗红色，*Lac⁻* 突变菌的菌落呈灰白色,这是很好的实验系统,它把一个生化性状转变为很容易识别的形态性状。但是,分析表明不能发酵乳糖的细菌,即表型为*Lac*⁻的细菌的遗传基础不一定是相同的。有些*Lac*⁻突变是由于β半乳糖苷酶的缺陷,称为*LacZ*⁻突变。*LacZ*⁻突变菌不能像*Lac*⁺菌那样使产色性底物O–硝基苯酚-β-半乳糖苷水解后产生O–硝基苯酚。但有些*Lac*⁻菌能水解这种产色性底物,说明这些细菌不是*Z*⁻突变菌。进一步分析表明*Lac*⁻可能起源于三种不同的基因突变:

LacZ⁻,β半乳糖苷酶缺陷突变;

LacY⁻,半乳糖透性酶缺陷突变;

LacA⁻,半乳糖苷乙酰转移酶缺陷突变。

当然,在实验过程中也分离到了一些双重或三重突变型细菌。

不久,J.莱德伯格又发现了一种新的突变型,它不是乳糖发酵缺陷菌,而是有关乳糖发酵的三种酶的合成不再依赖于诱导物的存在。显而易见,这不是编码这三种酶的结构基因的突变,而是酶合成调控中十分重要的“诱导(induction)”特性的改变。从这种突变型细菌分离到的与乳糖发酵有关的三种酶的结构和功能都是正常的。这种突变菌定名为*LacI*⁻,它并不是编码酶的结构基因(structure gene)发生了突变,而是调节结构基因表达的基因发生了突变,所以它是调节基因(regulator gene)突变菌,这种突变使细菌失去了“诱导”表型,原来的诱导酶成了组成酶,是一种组成型突变。

对于*LacI*⁻的性质也可以有两种可能的假设:一是*LacI*⁻突变细胞内有一种“固有的诱导物”;二是细胞内缺乏一种“活性抑制物”。为了解决这又一个“二中择一”的问题,帕迪(A. Pardee)、雅各布和莫诺一起做了一个判断性实验。

他们用*LacI*⁺*Z*⁺细菌和*LacI*⁻*Z*⁻细菌做杂交实验(关于细菌杂交的本质、性因子F的结构和特性,以及高频F转导性质等都将在第2章中详细讨论。这里需要了解的是,F因子是一个能整合合于细菌的环状DNA分子,并使环状DNA断裂,进而从供体细胞转移至受体细胞)。整个实验过程如图1-27所示,先将生长于无诱导物的培养基上的*LacI*⁺*Z*⁺Hfr(供体菌)和生长于同样培养基上的*LacI*⁻*Z*⁻F⁻

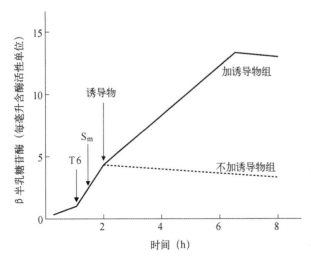

图1-27　在*E. coli LacI*⁺*Z*⁺*Smˢ T6ˢ*Hfr 与*LacI*⁻*Z*⁻ *Smʳ T6ʳ*F⁻杂交实验中,受体菌产生的部分合子的β半乳糖苷酶的合成和诱导物存在的关系(改自 G. S. Stent)

接合前和接合期内培养基中不含诱导物,在供体*LacI*⁺*Z*⁺基因进入受体细胞后分别加入噬菌体T6和链霉素(Sm)以杀死供体细胞。不加诱导物的为对照组,实验组在供体细胞被杀死后加入诱导物。

（受体菌）做接合杂交实验，观察杂交细胞是否有 Z 基因编码的酶产生。杂交前，培养基上没有诱导物，所以 $LacI^+Z^+$ Hfr 菌不能产生酶，而 $LacI^-Z^-$ F^- 突变菌虽是组成型突变，但因 Z^- 突变而失去产生 β 半乳糖苷酶的能力。在杂交结合发生后 1 h，Hfr 菌的 Z^+ 基因进入 F^- 细胞，酶的合成就开始了，很快 I^+ 基因也进入 F^- 细胞，酶的诱导被阻抑而停止 β 半乳糖苷酶的合成；如果在这时加入诱导物，酶的合成又会迅速恢复，表明酶的合成又变为诱导型的了，即酶的合成又以诱导物的存在为前提了。

怎样用这个实验来回答刚才提出的"二中择一"问题？如果说 $LacI^-$ 细胞中有"固有的诱导物"，那么当 Z^+ 基因进入 $LacI^-$ 细胞后就应使 β 半乳糖苷酶的合成转为组成型。事实上，由于 I^+ 基因的进入而阻抑了 Z^+ 基因的表达。因此，莫诺等认为 $LacI^+$ 基因的产物是一种"能抑制遗传信息从结构基因传给蛋白质"的阻遏物。起先他们认为 I^+ 基因产生的阻遏物是一种 RNA 分子，后来因发现了 $LacI$ 基因的温度敏感突变和琥珀型无义突变菌，才提出阻遏物是一种蛋白质。直到 1967 年，美国哈佛大学的吉尔伯特（W. Gilbert）和米勒希尔（B. Müller-Hill）才用实验证实 I^+ 基因的产物是一种阻遏蛋白。

要搞清阻遏物的性质，最好的办法是分离纯化并研究它的结构。但是大肠杆菌细胞中的阻遏物数量非常少，一般情况下，每个细胞只有 10 个分子，约占细胞蛋白总量的 0.001%，提取这样微量的蛋白质几乎是不可能的。吉尔伯特和米勒希尔用两种方法来增加细胞中阻遏物的含量：一是选出一种 $LacI^q$ 突变菌，这是调控 I 基因表达的突变型，这种突变使 I 基因表达加强，$LacI^q$ 细胞中阻遏物含量也因而增加；二是用噬菌体将 Lac 区段转导入 $LacI^q$ 细胞，增加细胞内 I 基因的拷贝数。综合这两项措施，细胞中阻遏物的含量可达 20 000 个分子，占细胞蛋白总量的 2%，为提取和纯化阻遏物创造了条件。

吉尔伯特和米勒希尔在上述细胞的提取液中，加入 ^{35}S 标记的 IPTG，使之与阻遏物结合。然后把与 IPTG 结合且具有放射性的蛋白质分离纯化，并做分子量测定和动力学研究。结果表明阻遏物是一个分子量为 37 000 的四聚体，每个单体有一个诱导物的结合位点，它和 IPTG 的解离常数为 10^{-6} mol/L。

关于诱导现象还有一点必须注意，诱导物诱导细胞产生的不一定是有活性的酶。当细胞的 β 半乳糖苷酶基因发生突变后，很可能会合成一种没有酶的活性、却又能和 β 半乳糖苷酶的抗体起反应的肽链，称为交叉反应物质（cross-reaction material, CRM）。实验研究表明，当用诱导物 IPTG 处理大肠杆菌 Lac Z^- 突变菌时，细胞会被诱导合成大量的 CRM。所以在诱导过程中诱导物可以不是诱导酶作用的底物，诱导物诱导产生的也不一定是有活性的酶蛋白。这两种反应在化学上是"无故"或"无效"事件，但具有极为重要的生理学意义，它是生物机体在各种信号分子调节下成为自主、自律功能体的基础。活细胞并不完全服从化学规律。

在阐明 $LacI$ 基因的产物（阻遏蛋白）性质的同时，人们还会提出一个新的问题：在没有诱导物时，阻遏蛋白是怎样同时抑制编码与乳糖发酵和利用有关的三种酶的结构基因表达的？或者说，阻遏蛋白的多效阻遏作用的靶标是什么？

1.5.4 操纵基因和操纵子

在实验过程中,雅各布和莫诺分离到一种新的 *LacI* 基因突变,与 J. 莱德伯格分离到的 *LacI⁻* 突变相反,这种突变使细胞在诱导物存在时,也不能合成 β 半乳糖苷酶等三种诱导酶,称为 *LacIˢ* 突变。雅各布和莫诺用实验证实 *LacIˢ* 编码产生的阻遏蛋白失去了和诱导物结合的能力,致使在诱导物存在时,仍然阻遏诱导酶的合成。所以 *LacIˢ* 突变也是一种调节基因突变,其突变产物即变异的阻遏蛋白始终是与阻遏作用靶标结合在一起的。

雅各布和莫诺称阻遏物作用的靶标为操纵基因(operator gene),它是能够与阻遏物发生特异性结合的一段 DNA,对 *Z*、*Y*、*A* 三个基因的表达调控有多效性。重组分析表明,*Z*、*Y* 和 *A* 三个结构基因是紧密连锁的,而 *I* 基因虽然与 *Z* 基因非常接近,但并不直接相连,所以就有理由假定操纵基因 *LacO* 介于 *LacI* 和 *LacZ* 之间。可以预期,*LacO* 的突变会改变它与阻遏物结合的亲和力,也可能完全丧失与阻遏物结合的能力。当操纵基因 *LacO* 和阻遏物的亲和力消失时,这个 *LacO* 的突变型对 *Z*、*Y*、*A* 来讲都是组成型,所以可称为 *LacOᶜ*。当 *LacO* 突变致它与阻遏结合后不能分开,则会是一个经诱导也不能表达 *Z*、*Y*、*A* 的三重酶缺陷型,称为 *LacO⁰*。

不久,雅各布和莫诺确实分离到了 *LacOᶜ* 和 *LacO⁰* 两种突变,经杂交重组和连锁分析发现,*LacO* 和 *LacI* 是不等位的,*LacO⁰* 突变型细胞的 *LacI⁺* 基因的表达是正常的。

必须指出,*LacI⁻* 和 *LacOᶜ* 两种突变虽然都能使三种诱导酶成为组成型表型,但当 *LacI⁻* 与相对应的野生型杂交时,*LacI⁻* 对野生型基因 *LacI⁺* 呈隐性;而 *LacOᶜ* 与相对应的野生型杂交时,*LacOᶜ* 对 *LacO⁺* 呈显性,说明两者的作用机制是不一样的。尤其值得注意的是,*LacO* 只能调控位于同一 DNA 分子上的结构基因,而 *LacI* 对结构基因的调节要通过它所编码的阻遏蛋白,所以没有位置效应。表1-7 汇总了各种有代表性的突变型的基因型及其表型,以及在部分二倍体中的显隐性关系。

表 1-7 几种有代表性基因突变型及部分二倍体的基因产物的相对浓度

	LacZ 产物		LacA 产物		说　明
	不诱导	诱导	不诱导	诱导	
LacI⁺Z⁺A⁺	0.1	100	0.1	100	野生型调控模式
LacI⁻Z⁺A⁺	100	100	99	90	无活性阻遏物
LacI⁻Z⁺A⁺/F LacI⁺Z⁺A⁺	1	240	1	270	有双份 *Z⁺A⁺*
LacIˢZ⁺A⁺	0.1	1	1	1	诱导无效
LacIˢZ⁺A⁺/F LacI⁺Z⁺A⁺	0.1	2	1	3	*Iˢ* 对 *I⁺Z⁺* 呈显性
LacOᶜZ⁺A⁺	25	95	15	100	组成型表达
LacOᶜZ⁺A⁻/F LacOᶜZ⁺A⁻	180	440	1	220	*Oᶜ* 呈位置效应
LacIˢO⁺Z⁺A⁺/F LacI⁺OᶜZ⁺A⁺	190	219	150	220	*Iˢ* 对 *Oᶜ* 无效
LacI⁺O⁰Z⁺A⁺	<0.1	<0.1	<1	<1	*O⁰* 突变使诱导无效
LacI⁺O⁰Z⁺A⁺/F LacI⁻O⁺Z⁺A⁺	1	260	2	240	*O⁺* 不影响 *I⁺* 表达

在大量实验研究和理论探讨的基础上，雅各布在20世纪60年代提出了"操纵子 (operon)"概念。他说："像 LacOZYA 这样在结构上紧密连锁，在信息传递中以一个转录单位起作用而协调表达的遗传结构是一个操纵子。"这个新概念后来由他和莫诺共同发展为阐述基因表达遗传调控的操纵子学说。这个学说认为，由操纵基因和受它调控的结构基因簇紧密连锁协调表达而形成结构和功能统一的操纵子，整个操纵子受调节基因的调节，调节基因的产物是阻遏物。在没有诱导物的条件下，阻遏物和操纵基因结合，抑制结构基因簇的表达；当出现诱导物时，阻遏物转而和诱导物结合而释出操纵基因，这时RNA多聚酶得以通过与操纵基因区段的结合而导致结构基因的转录和翻译，使结构基因簇的功能以一个完整的转录单位 (transcription unit) 得以表达。图1-28以 Lac 操纵子为例说明了操纵子学说的主要内容。

概括起来，雅各布和莫诺的理论提出了一系列新的概念，如结构基因、调节基因、操纵基因、操纵子和阻遏物、诱导物等。结构基因编码蛋白质一级结构；调节基因编码阻遏物；阻遏物能通过和操纵基因的结合，而控制结构基因的信息从DNA向蛋白质的传递速率；操纵基因和受它控制的功能相关的结构基因簇组成操纵子。结构基因服从"一个基因一种蛋白质"的原则，而调节基因和操纵基因可调节和影响多种蛋白质的合成。

雅各布和莫诺在他们的经典论文的最后写道："为什么细胞中的基因不在所有的时间表现其全部遗传潜能呢？这是因为生物体的生存需要协调，协调就要求抑制。恶性肿瘤也许是抑制遭到破坏后危及生命的一个实例。"

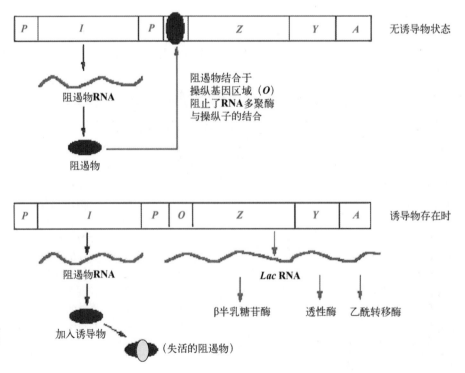

图1-28 大肠杆菌乳糖操纵子 (Lac operon) 调控模型

　　在分子水平上证实操纵子学说的最富戏剧性的一幕,是操纵基因的分离及其核苷酸序列的测定。吉尔伯特和米勒希尔利用他们分离到的 *LacI* 编码的阻遏物为工具,分离了大肠杆菌的 Lac 操纵子的操纵基因。他们先把含有 *Lac* 片段的噬菌体 DNA 提取出来,用超声波将该 DNA 切分成长度为 1 kb 左右的片段。然后加入阻遏物使之和 DNA 片段混合液中的包含 *LacO* 的片段结合。孵育一定时间后,用硝酸纤维滤膜过滤,这时游离的 DNA 片段会透过滤膜,结合了阻遏蛋白的 DNA 片段则会滞留在滤膜上。收集 DNA 和阻遏物结合所形成的复合物,加入过量的 IPTG,使 IPTG 与阻遏物结合,而释出包含了 *LacO* 的 DNA 片段。富集 DNA 后重新溶解,再加入阻遏物,以保护 *LacO* 区段。然后用胰源 DNA 酶处理,除去未与阻遏物结合的两侧 DNA(图 1-29)。收集 *LacO*-阻遏物复合物,再用 IPTG 脱去阻遏物,得到 *LacO* DNA。最后以此为模板,转录出 RNA 并测定其核苷酸序列。结果表明,*LacO* 包括 28 对碱基,碱基组合呈轴对称。操纵基因的这种对称性和阻遏物的四聚体结构是相互匹配的。

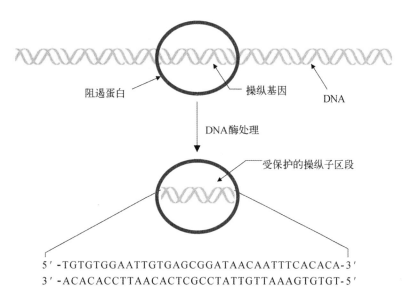

5′-TGTGTGGAATTGTGAGCGGATAACAATTTCACACA-3′
3′-ACACACCTTAACACTCGCCTATTGTTAAAGTGTGT-5′

图 1-29 *LacO* 的分离程序及其核苷酸序列(改自 W. Gilbert 等)

　　在结束本章的时候,我们简单回顾一下基因概念产生和发展的历史。

　　孟德尔的工作表明,基因是在生物遗传性状的传递和表达上具有相对独立性的遗传物质单位。斯特蒂文特关于复等位基因的工作、伊斯特关于数量性状的工作、马勒关于果蝇诱变的研究,都极大地延伸了孟德尔的基因观,但没有从根本上改变它。

　　在萨顿假设的启示下,摩尔根把基因定位于染色体上,证明基因是在染色体上作直线排列的遗传物质单位,它是突变、重组和功能表达三位一体的。摩尔根学派的工作把遗传学发展到了一个全新的阶段,解决了基因的物质载体问题。

　　比德尔和埃弗吕西、塔特姆的合作取得了突破性的成就,用实验证明基因是决定蛋白质一级结构的遗传物质单位。他们从研究基因的原始作用出发,促进了遗传学向分子水平发展。

以卢里亚和德尔布吕克为代表的噬菌体学派,率先利用结构最简单的生命体噬菌体来研究蛋白质和核酸这两大类生命大分子在遗传和变异中的作用。

J. F.格里菲思的转化实验引出了艾弗里的判断性实验,他和同事用反证法证明基因的化学本质是DNA。沃森和克里克提出DNA双螺旋模型是分子遗传学的开端。梅塞尔森和斯塔尔的实验解决了DNA自体催化问题,中心法则和遗传密码表的确立使DNA异体催化功能具体化。在这个阶段,基因被看作是一段具有特定的遗传学功能的DNA片段。雅各布和莫诺的操纵子学说使基因概念又获得一次升华。人们看到基因是一个在特定的遗传调控系统的调节和控制下表达其功能的遗传物质单位。在操纵子学说提出后6年,吉尔伯特和米勒希尔分离到阻遏物和操纵基因,为建立在整体调控水平上的基因理论奠定了坚实的基础。

回顾过去,我们看到科学家们在具体的历史条件下提出的概念和学说会随着科学的发展和技术的进步而改变,或修正,或发展,或扬弃,或更新。然而,科学家们的创造性思维和独具匠心的实验研究对科学发展的贡献却是永恒的。我们以著名的分子遗传学家科恩在纪念莫诺时讲的一段话作为本章的结语:

"我认为莫诺是我们这个时代最富于创造性的人物之一。这并不是因为他曾经是正义事业的领袖,也并非由于他是分子生物学的一位创始人,或研究机构的奠基人和导师。他之所以成为最富创造性的人物,是因为他以无私无欲而又深沉执着的思考来探索获取知识的道路。他坚信唯有这种求知的过程才应该成为学术体系的伦理价值和美学价值的基础。"

参 考 文 献

［1］ 刘祖洞. 遗传学.第2版.北京:高等教育出版社,1990,1991.

［2］ 卢因B,编著.基因Ⅷ.余龙,江松敏,赵寿元,主译.北京:科学出版社,2005.

［3］ Avery O T, Macleod C M, McCarty M. Studies on the chemical nature of the substance inducing transformation of *pneumococcal* types. Induction of transformation by a desoxyribonucleic acid fraction isolated from *pneumococcus* type III. J Exp Med, 1944, 79: 137-158.

［4］ Beadle G W, Ephrussi B. The differentiation of eye pigments in *Drosophila* as studied by transplantation. Genetics, 1936, 21: 225-247.

［5］ Beadle G W, Tatum E L. Genetic control of biochemical reactions in *Neurospora*. Proc Natl Acad Sci USA, 1941, 27: 499-506.

［6］ Cairns J. The chromosome of *Escherichia coli*. Cold Spring Harbor Symp, 1963, 28: 43-46.

［7］ Cairns J. The bacterial chromosome and its manner of replication as seen by autoradiography. J Mol Biol, 1963, 6: 208-213.

［8］ Crick F H, Barnett L, Brenner S, et al. General nature of the genetic code for proteins. Nature, 1961, 192: 1227-1232.

［9］ Griffiths A J F, Wessler S R, Lewontin R C, et al. An introduction to genetic analysis. 8th ed. New York: W.H. Freeman and Company, 2005.

［10］ Gilbert W, Müller-Hill B. Isolation of the lac repressor. Proc Natl Acad Sci USA，1966, 56: 1891−1898.

［11］ Hershey A, Chase M. Independent functions of viral protein and nucleic acid in growth of bacteriophage. J Gen Physiol, 1952, 36 (1): 39−56.

［12］ Lederberg J, Lederberg E M. Replica plating and indirect selection of bacterial mutants. J Bacteriol, 1952, 63(3): 399−406.

［13］ Luria S E, Delbruck M. Mutations of bacteria from virus sensitivity to virus resistance. Genetics, 1943, 28: 491−511.

［14］ Mays L L. Genetics—a molecular approach. New York: Macmillan Publishing & Co. Inc, 1981.

［15］ Nirenberg M W, Matthaei J H. The dependence of cell-free protein synthesis in *E. coli* upon naturally occurring or synthetic polyribonucleotides. Proc Natl Acad Sci USA, 1961, 47: 1588−1602.

［16］ Pauling L, Corey R B. A proposed structure for the nucleic acids. Proc Natl Acad Sci USA, 1953, 39: 84−97.

［17］ Sanger F, Air M G, Barrell B G, et al. Nucleotide sequence of bacteriophage *ΦX174* DNA. Nature, 1977, 265: 687−695.

［18］ Stent G S. Molecular genetics: an introductory narrative. San Francisco: W.H. Freeman and company, 1971.

［19］ Stryer L. Biochemistry. San Francisco: W. H. Freeman and Company, 1981.

［20］ Suzuki D T, Griffiths A J F, Lewontin R C. An introduction to genetic analysis. 2nd ed. San Francisco: W. H. Freeman and Company, 1981.

［21］ Watson J D, Crick F H. Molecular structure of nucleic acids: a structure for deoxyribose nucleic acid. Nature, 1953, 171: 737−738.

［22］ Watson J D, Crick F H. Genetical implications of the structure of deoxyribonucleic acid. Nature, 1953, 171: 964−967.

［23］ Watson J D, Hopkins N H, Roberts J W, et al. Molecular biology of the gene. 5th ed. Harlow: Addison Wesley Longman, 1998.

［24］ Yanofsky C, Rachmeler M. The exclusion of free indole as an intermediate in the biosynthesis of tryptophan in *Neurospora crassa*. Biochim Biophys Acta, 1958, 28: 640−641.

第2章 细菌和病毒的遗传分析

从巴斯德（L. Pasteur）、科赫和詹纳（E. Jenner）等开创微生物学研究起，就产生了有关细菌遗传和变异的概念，特别是科赫发明了用凝胶制作的固体培养基，使医生和科学家很容易地能得到单个细菌起源的菌落，即遗传起源单一的细菌克隆。但是，长期以来流行的关于细菌变异起源的"获得性"认识堵住了微生物遗传学发展的道路。直到1940年，英国的化学动力学权威欣谢尔伍德（C. Hinshelwood）在《细菌细胞的化学动力学》一书中还坚持："抗药性是细菌细胞正常代谢的稳态平衡在药物的影响下，被移位到一个较不易受药物干扰的新的稳态平衡上去了。"这是当时流行的药物适应系统论的代表性观点。细菌的药物适应被称为是"拉马克的获得性遗传"观点的最后一块"领地"。

1941年比德尔和塔特姆用链孢霉做的营养缺陷型突变研究，标志着微生物遗传学的萌芽，而1943年卢里亚和德尔布吕克关于大肠杆菌抗噬菌体突变研究论文的发表，则是微生物遗传学形成的里程碑。卢里亚和德尔布吕克用设计严密的实验论证细菌的抗性是基因突变的结果，所谓"获得性遗传式的适应现象"实际上是基因突变和环境选择共同作用的结果。他们的论文使人们认识到细菌菌落的遗传性状，并不是高等生物中看到的那种在个体水平上呈现的性状，而是若干个世代的子裔构成的群体特征。然而，生物群体的遗传结构，即群体中不同基因型个体的相对频率，是会在环境因素的选择作用下发生定向改变的。卢里亚和德尔布吕克的文章对细菌遗传学的贡献，犹如孟德尔的论文对整个遗传学的贡献。

微生物多数是以单倍体世代为主的，它的单细胞状态使它和周围环境的相互作用均匀而迅速。微生物代谢旺盛、繁殖世代短、群体更新周期比高等生物短得多，这些都是微生物群体对环境选择作用反应快速、灵敏、容易显效的主要原因。从某种意义上讲，微生物遗传学研究是一种如何巧妙地运用选择手段的实验研究。

在突变的研究中，可以利用适当的培养条件在数以亿万计的细菌或病毒个体组成的群体中选择出具有某种遗传特征的个体，并迅速地获得突变细胞组成的群体，还能进一步从中选出双重或多重突变体。

在杂交重组实验中，我们可以用特定的培养基组分来阻止亲代细胞的生长，而让出现频率低至10^{-8}甚至更低的重组体迅速增殖，形成杂种细胞克隆。

研究细菌的转导、转化、转染,进行基因定位、基因的精细结构和功能调控的研究,无不依赖适当的选择手段。这些研究不仅使我们能借以研究发生概率极低的小概率事件,还有机会来发现在群体较小的实验样本中难以观察到的科学事件,促进新的科学概念的形成与发展。

本章将会从千变万化的实验设计中,领略选择的作用和运用选择手段的一些科学原则。

§2.1　细菌接合和遗传重组

经典遗传学是在研究高等动植物在有性生殖过程中反映的遗传和变异规律的基础上发展和建立起来的,它对于细菌和病毒这样的生命形态是否也适用呢?

不少微生物学家曾经探索过细菌中是否存在类似动植物的两性生殖现象,但一直得不到肯定的结果。原因主要有两个:一是无法在形态学上找到细菌之间发生接合或细胞融合的证据,这类证据要在电子显微镜技术发展的基础上才能获得;二是没有把对细菌的性研究和遗传分析结合起来,得不到确实存在遗传重组的判断性依据。20世纪40年代中期,J.莱德伯格在卢里亚和德尔布吕克做的确定细菌突变本质的实验和分析的启示下,开始用遗传学分析的方法来研究大肠杆菌的有性接合和遗传重组。

J.莱德伯格用两种不同的营养缺陷突变型细菌"杂交"来研究细菌之间的遗传重组。例如,大肠杆菌K12的生物素合成缺陷突变菌 Bio^- 和亮氨酸合成缺陷突变菌 Leu^- 混合培养一段时间后,把菌液涂布在只含碳水化合物而不含氨基酸、也不含其他生长因子的基本培养基上,如果出现了不依赖外源氨基酸和维生素就能生长的野生型细菌,就有可能是两个突变品系的细菌之间的杂交和重组的产物。但是,我们还不得不考虑另一种可能性:如果营养缺陷突变型细菌 Bio^- 或 Leu^- 发生自发回复突变,也会在基本培养基上形成野生型菌落。因为当细菌重组的频率与回复突变的频率都很低时,例如都在 10^{-6} 水平时,两者是很难区分的。因此,J.莱德伯格设想如果能用多重缺陷突变型细菌之间的混合培养来研究细菌的重组,就可以将营养缺陷型细菌回复突变为野生型菌的可能性降低到几乎为零,如双重突变菌回复为野生型菌的概率约为 10^{-12} ($10^{-6} \times 10^{-6}$)。然而,筛选多重营养缺陷突变型是并非容易的事,J.莱德伯格决定和斯坦福大学的塔特姆合作,终于在1946年开始了多重突变品系间的遗传重组研究。图2-1是他们的一个经典实验的示意图。

重组实验的具体步骤如下。

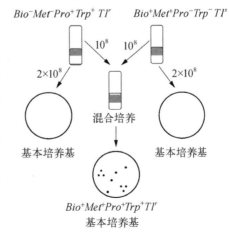

图2-1　细菌遗传重组实验示意

Bio^- :生物素合成缺陷突变; Met^- :甲硫氨酸缺陷突变; Pro^- :脯氨酸缺陷突变; Trp^- :色氨酸缺陷突变; Tl^r :噬菌体T1抗性突变,抗性菌; Tl^s :噬菌体T1敏感型,野生菌; Bio^+ 、 Met^+ 、 Pro^+ 、 Trp^+ 为野生型基因(引自 D. T. Suzuki)

（1）取大肠杆菌K12的双重营养缺陷突变菌 *Bio⁻ Met⁻* 和双重营养缺陷突变菌 *Pro⁻ Trp⁻* 在含有各种氨基酸和生长因子的完全培养液中混合培养过夜，离心洗脱完全培养基后涂布于基本培养基上培养。

（2）另取 *Bio⁻ Met⁻* 和 *Pro⁻ Trp⁻* 菌分别于基本培养基和相应的补充培养基（如含有生物素和甲硫氨酸的培养基，或含有脯氨酸和色氨酸的培养基）或完全培养基上涂布培养。

（3）培养一定时间后，分别计数各类培养基上形成的细菌菌落数。

结果表明在混合培养前，两种双重缺陷型菌株都没有在基本培养基上形成野生型菌落，而在混合培养后涂布的基本培养基上，出现了表型为野生型的菌落，其发生概率约为10^{-7}。

这种具有野生型表型的细菌是不是遗传重组的产物？是不是细菌接合的产物？在回答这个问题之前，还必须排除回复突变之外的另外两种可能性：① 不同营养缺陷型细菌之间的互饲；② 类似肺炎球菌转化那样的DNA转移。

我们可以来分析J.莱德伯格提出的细菌接合引起遗传重组的假设和上述两种可能情况的区别，确认是细菌接合引起遗传重组的先决条件是细菌菌体之间有过直接的接触，而互饲和转化都不必以不同遗传型菌株细菌菌体之间的物理接触为条件。根据这些分析，戴维斯（B. Davis）在1950年设计了一种U形培养管，把两种营养缺陷突变型细菌分别接种于U形管的两臂，中间用孔径小于0.1 μm的烧结玻璃滤板隔开，这样的微孔可允许DNA或其他具有生物活性的大分子通过，但完整的细菌菌体则不能通过。待细菌生长到适当程度后或达到生理饱和密度时，缓慢地持续抽吸培养液（图2-2）。在这样的条件下，两种营养缺陷突变型细菌是在共享同一培养液，只是不能发生菌体的直接接触。然后用U形管两臂的菌样涂布基本培养基，结果没有出现野生型细菌菌落。戴维斯的实验排除了细菌之间互饲，或由DNA引起转化这两种可能性，证实J.莱德伯格和塔特姆1946年的实验结果确实是两种营养缺陷突变型细菌接合而引起的遗传重组。

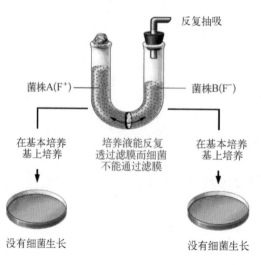

图2-2 证实菌体接触是遗传重组的先决条件的U形管实验（引自D. T. Suzuki）

反复抽吸

菌株A(F⁺)　　　　菌株B(F⁻)

在基本培养基上培养　　培养液能反复透过滤膜而细菌不能通过滤膜　　在基本培养基上培养

没有细菌生长　　　　　　没有细菌生长

然而，要证明基因重组的存在还必须进一步研究基因的分离。根据遗传学原理，作为单倍体的细菌，在涉及2对基因的遗传重组中应产生4种不同的基因型和表型，涉及3对基因的遗传重组应产生8种基因型和表现型。对于细菌的营养缺陷突变的遗传重组实验来讲，各种不同表型的细菌只有在非选择性的完全培养基上才能全部得以生长。然而，细菌的遗传重组率是非常低的，为10^{-7}~10^{-6}，所以不利用选择性培养基是根本不能显示遗传重组产生的杂交菌后代中携有营养缺陷突变标志基因的子裔菌所形成的菌落的。解决这个问题的方法是把选择性标记和非选择性标记结合起来，用选择性标记来选择杂交重组体，用非选择性标记来观察基因的分离现象。

　　例如做 $A^-B^-C^+D^+Lac^-S^rT^s$ 与 $A^+B^+C^-D^-Lac^+S^sT^r$ 两种细菌的杂交实验，可以选用营养缺陷突变 A^-、B^-、C^- 和 D^- 做选择性标记来观察 Lac、S 和 T 三对基因的分离，Lac^+ 和 Lac^- 分别代表能和不能利用乳糖，能利用乳糖的 Lac^+ 菌在含有伊红甲基蓝（eosin-methylene blue，EMB）的培养基上呈红色，而不能利用乳糖的 Lac^- 菌则在含有伊红甲基蓝的培养基上仍为灰白色；S^s 和 S^r 分别代表是否具有对链霉素的抗性；T^s 和 T^r 分别代表是否具有对噬菌体T的抗性。实验过程如图2-3。

　　先分别培养参与杂交重组的两株营养缺陷突变菌，并用相应的培养基鉴定各自的遗传性状，即用培养基A确认该菌株除了相应的营养缺陷突变外还具有对链霉素有抗性、对噬菌体T敏感、在EMB培养基上不显色；用培养基B确认该菌株除了相应的营养缺陷突变外还具有对链霉素敏感、对噬菌体T有抗性、在EMB培养基上显示红色。然后将两个菌株混合培养12~24 h使杂交重组得以进行，再将菌液涂布在基本培养基C上，以营养缺陷突变为选择基因筛选出重组菌

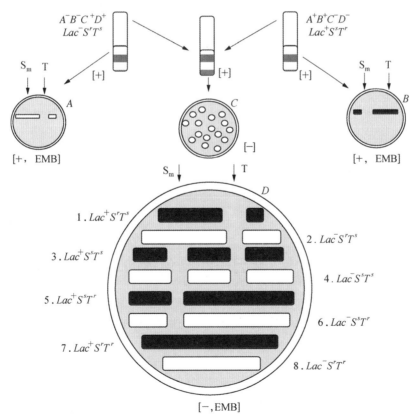

图2-3　**以营养缺陷突变 A、B、C、D 为选择标记，以 Lac、S、T 为非选择标记来观察重组和分离现象的示意**（引自 D. T. Suzuki）

$A^+B^+C^+D^+$。接下来逐个挑出培养皿C上的菌落在培养皿D上划线培养。D培养皿在基本培养基的基础上做了些改变：一是添加了EMB以显示所挑出的菌株能否利用乳糖；二是在培养皿的特定位置由上而下涂划链霉素溶液（S）和噬菌体T借以分别显示所挑出菌株的抗性性状。图2-3的培养皿D代表性地显示了Lac^+和Lac^-、S^s和S^r、T^s和T^r这三对性状的八种组合。这组实验巧妙地运用了多种选择性和非选择性培养基展现细菌的基因重组和分离。图2-4显示的是另一种实验设计，它以链霉素和噬菌体抗性突变为选择标记，筛除了大量没有发生重组的原始菌株。再把营养缺陷突变基因分为两组：一组以A和B为选择基因，借以观察非选择基因C和D的分离；另一组以C和D为选择基因，借以观察非选择基因A和B的分离。这组实验同样展现了细菌在杂交中的基因重组和分离。J.莱德伯格和塔特姆的这一系列完整的实验证实了在细菌中确实存在着类似动植物有性生殖过程，并在这个过程中进行了基因的重组和交换，为遗传学的基本原理应用于微生物奠定了基础。

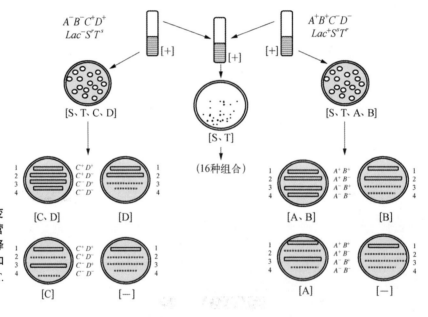

图2-4 以抗性突变为选择性标记，以营养缺陷突变为非选择性标记来观察重组和分离现象（引自D. T. Suzuki）

§2.2 细菌的性、性因子和染色体的单向传递

细菌杂交重组实验的成功，促使J.莱德伯格等去寻找更多的标志基因来做实验，并试图画出细菌的基因连锁图。然而这种努力的结果却让J.莱德伯格和塔特姆得到一堆无法解释的数据，因为每次测得的标志基因之间的重组率都不一样，有的数据差异大到令人难以置信的程度。直到1953年，哈耶斯（W. Hayes）的一次出乎意料的实验才使人们重新认识了细菌接合杂交的机制。

最初，J.莱德伯格和塔特姆在总结大肠杆菌K12的几株营养缺陷型之间杂交重组实验时,曾经假定接合杂交是两个亲本细胞的融合,双方遗传物质配对和交换,进行了类似减数分裂那样的过程之后才产生重组子。也就是说他们认为接合的双方在遗传上是对等的,就像动植物中雌雄配子对杂交后代所贡献的遗传物质是相等的,而哈耶斯的实验对这种看法提出了挑战。

为了验证J.莱德伯格和塔特姆的实验,哈耶斯做了一个杂交实验:

$$Met^-Thr^+Leu^+Thi^+（品株A）\times Met^+Thr^-Leu^-Thi^-（品株B）$$

其中,Met、Thr、Leu和Thi分别代表甲硫氨酸、苏氨酸、亮氨酸和维生素B。经过混合培养一段时间后可以获得表型为野生型的重组体$Met^+Thr^+Leu^+Thi^+$,这与J.莱德伯格和塔特姆的结果一样。可是当哈耶斯用链霉素(S)分别处理品系A和B时,却出现了意料之外的结果。用经链霉素处理的A菌株和未经处理的B菌株杂交时,得到的重组体数和不用链霉素处理时基本相同;而用经链霉素处理的B菌株和未经处理的A菌株杂交时,竟然没有重组体产生。为了解释这意外的实验结果,哈耶斯分别选育了A菌株的链霉素抗性突变株A(S^r)和B菌株的抗性突变株B(S^r),再用链霉素处理来证实上述正反交的结果是真实的。哈耶斯实验的示意图如图2-5。

哈耶斯发现B(S^r)在链霉素处理后仍然存活是重组发生的先决条件,他的结论是在细菌杂交中,菌株A和菌株B的作用是不等同的,B的存活增殖是重组子产生的必要条件。他进一步假定,菌株A是遗传物质的供体细胞,B是接受A的遗传物质的受体细胞,遗传物质的重组是在受体细胞中发生的,所以受体细胞的存活和增殖为来自供体DNA的复制,及其与受体的DNA发生重组,从而为形成

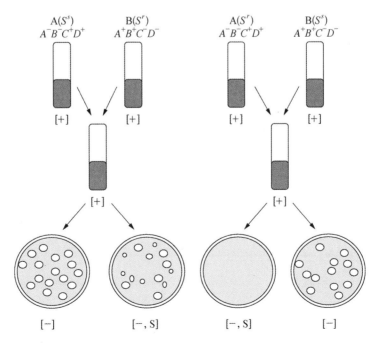

图2-5　证明细菌接合杂交中存在供体菌和受体菌的哈耶斯实验（引自 D. T. Suzuki）

重组子提供了必不可少的先决条件。供体细胞和受体细胞的关系类似于高等动植物中的雄体和雌体。

在深入研究杂交中供体和受体的关系中,哈耶斯分离到了A菌株的一种突变型,定名为A*。A*自发地失去了与受体菌B杂交而产生重组体的能力。把大量的A*突变菌接种在含链霉素的培养基上,可筛选得到A*(S^r)菌株。A*(S^r)菌株和原始菌株A*(S^s)一样都不能和B杂交。但是,如把A*(S^r)和A(S^s)(有与B杂交能力,但对链霉素敏感的A菌株)混合培养后立刻倒入含链霉素的平皿,则会使大约30%的A*(S^r)变为能和B杂交的A(S^r)菌,而在这过程中并没有发生任何标志基因的重组。不久,莱德伯格夫妇和卡瓦利-斯弗扎(L. Cavalli-Sforza)也发现了类似的情况,他们推测细菌的能育性(fertility)是供体细胞特有的遗传特征,它是由能育因子(fertility factor)F决定的。受体细胞中并没有F因子。杂交实验表明,具有能育因子F的供体菌(F$^+$)和没有F因子的受体菌(F$^-$)接合而发生遗传重组的概率很低(约为10^{-7}),而能育因子从A(S^s)向A*(S^r)转移的频率高达30%左右,况且F因子的转移并不伴以标志基因的重组。所以,可以假定F因子和细菌中的其他基因并不在同一个DNA分子上,而是一个独立的DNA分子。直到1961年,法库(S. Falkow)和巴龙(L. Baron)直接分离到了F因子,并用梅塞尔森和斯塔尔的密度梯度法测出了它是一个密度为1.709的DNA双链分子,关于F因子的推测才得以证实。现已测得F因子为长为94 500 bp(碱基对)的DNA分子,其所含DNA相当于细菌基因组DNA的3%。

不久,卡瓦利-斯弗扎和哈耶斯都在F$^+$菌株中分离到了高频重组(high frequency recombination, Hfr)品系,称为Hfr菌。Hfr菌和F$^-$菌杂交重组频率要比F$^+$和F$^-$之间的杂交重组频率高1 000倍。他们设想Hfr菌和F$^+$菌都有F因子,只是F因子存在的状态不一样,但对这种F因子存在状态改变的本质还是不清楚的。哈耶斯、沃尔曼(E. Wollman)、雅各布一起深入研究了Hfr菌的行为。

他们发现,当F$^+$和F$^-$杂交时,重组子的多数标志基因是原先F$^-$细胞的基因,但重组子的交配型却是F$^+$的。相反,当Hfr与F$^-$杂交时,重组子中基因重组频率虽然大大提高了,但并没有改变其交配型,即重组子的交配型仍为受体细胞的F$^-$型。

接着他们又进行了接合重组的动力学研究。沃尔曼和雅各布将Hfr菌株[Hfr(H) $A^+B^+S^s$]与F$^-$菌株[$A^-B^-S^r$(F$^-$)]以1:10的比例混合培养,然后在不同的时间取样测定重组体A^+S^r和B^+S^r的频率(图2-6)。结果表明,在混合培养后60 min,Hfr菌把A^+标记转入F$^-$受体细胞的概率是18%;Hfr菌把B^+标记转入F$^-$受体细胞的概率不到5%。在0~60 min

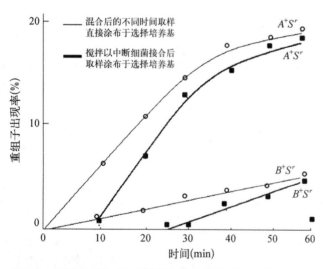

图2-6 Hfr菌株[Hfr(H) $A^+B^+S^s$]与F$^-$菌株[$A^-B^-S^r$(F$^-$)]杂交实验的基因转移动力学研究(引自 G. S. Stent)

图例(图中):
重组子出现率(%) (纵轴)
20
10
0
时间(min) (横轴)
0 10 20 30 40 50 60

混合后的不同时间取样直接涂布于选择培养基
搅拌以中断细菌接合后取样涂布于选择培养基

A^+S^r
A^+S^r
B^+S^r
B^+S^r

内,重组菌 A^+S^r 和 B^+S^r 的数量呈线性增长趋势,即重组发生概率是混合培养时间的函数。

另外,他们又做了杂交中断实验。在取样混合后的不同时间点,先用搅拌器搅拌2 min,借以中断细菌与细菌之间的接合,再在选择性培养基上测出重组体的发生频率,结果发现了一个非常重要的现象。在交接开始的8 min内,搅拌过的样本中根本不出现 A^+S^r 重组子;交接后8 min出现了第一个 A^+S^r,重组子数目呈线性增加,60 min时接近混合培养后不搅拌的实验组的重组子数目。B^+S^r 重组子的出现比 A^+S^r 重组子晚17 min,直到交接后25 min才出现第一个 B^+S^r,以后呈线性增加,60 min时也接近不搅拌组的水平(图2-6)。

沃尔曼和雅各布对于这组实验的解释是这样的:在不搅拌组,只要Hfr和F$^-$之间的菌体接合开始,就能继续下去并产生重组体,图2-6中的两条细线表示接合的速度。在搅拌组,搅拌会中断正在进行的接合,使供体菌和受体菌分开,因此只有在搅拌之前已经进入受体细胞的标志基因,才能在受体细胞中进行重组。他们还发现所有的 B^+S^r 重组体都是 A^+,也就是说 B^+S^r 实际上是 $A^+B^+S^r$,而 A^+S^r 则并非都是 B^+。这表明Hfr菌的标志基因的转移是定向有序的。

1956年,沃尔曼、雅各布和哈耶斯共同发表了用多个选择性和非选择性标志基因做的杂交实验动力学研究。他们选用Hfr菌株[Hfr *Thr*$^+$ *Leu*$^+$ *Azi*^{r} *T1*^{r} *Lac*$^+$ *Gal*$^+$ *S*^{s}]和F$^-$菌株[*Thr*$^-$ *Leu*$^-$ *Azi*^{s} *T1*^{s} *Lac*$^-$ *Gal*$^-$ *S*^{r}]做杂交实验(图2-7),并从一系列实验结果得出三个结论。

(1)供体的标志基因在重组子中的出现有一定的次序,如该实验中的标志基因出现的次序为 *Azi*^{r}、*T1*^{r}、*Lac*$^+$、*Gal*$^+$。

(2)供体Hfr细胞中每个标志基因在受体F$^-$细胞中出现的时间是确定的。如 *Azi*^{r} 在接合后8 min开始出现;*T1*^{r}、*Lac*$^+$、*Gal*$^+$ 分别在接合后10 min、17 min、25 min开始出现。

(3)进入受体细胞越早的标志基因,在重组子中能达到的最大比值也越高;

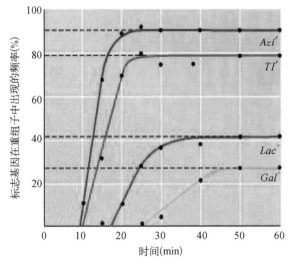

图2-7 Hfr菌株 [Hfr *Thr*$^+$ *Leu*$^+$ *Azi*^{r} *T1*^{r} *Lac*$^+$ *Gal*$^+$*S*^{s}] 和 F$^-$菌株 [*Thr*$^-$ *Leu*$^-$ *Azi*^{s} *T1*^{s} *Lac*$^-$ *Gal*$^-$ *S*^{r}] 杂交实验示意
(引自 E. L. Wollman、F. Jacob 和 W. Hayes)

Azi^r:叠氮化钠抗性基因;*T1*^{r}:噬菌体T1抗性基因;*S*^{r}:链霉素抗性基因;*Gal*:半乳糖酵解基因;*Lac*:乳糖发酵基因;*Thr*:苏氨酸基因;*Leu*:亮氨酸基因

反之，进入越迟的，能达到的转移比值上限也越低。如最先进入受体细胞的 Azi^r 极值为90%，而最迟进入的 Gal^+ 则不及25%。

在综合分析了多次杂交动力学实验结果的基础上，沃尔曼等推测：Hfr菌的染色体是以线性方式转移进入F⁻细胞的，它以某一特定位点为转移起点（设其为0点），以一定的次序将染色体上的基因转入F⁻细胞，这种转移往往是不完全的，离0点比较远的基因在进入F⁻细胞之前，转移过程往往会被某些因素阻断，使这些基因最终的重组子能达到比例要比那些较为接近0点的基因低。他们还进一步假设，如果在没有其他因素干扰的理想状态下，Hfr细菌染色体的转移是匀速的。那么，利用中断接合实验中各个标志基因最初出现在受体细菌的时间点可绘制出细菌的基因连锁图。图2-8就是一张以时间这个物理量为单位的细菌遗传学图。这使我们又一次想起了摩尔根以果蝇同一染色体上的基因之间的杂交重组百分率作为基因在染色体上距离这个物理量的相对量度的创造性构想。这里，沃尔曼和雅各布同样赋予时间这个物理量深刻的生物学意义。

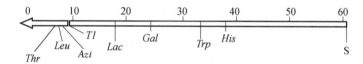

图2-8　用中断接合实验绘制的大肠杆菌K12 Hfr (H株) 连锁图

沃尔曼和雅各布不断延长Hfr菌和F⁻菌接合的时间，以求得更完整的连锁图时，他们发现当接合时间为120 min时，一部分重组子由F⁻变为Hfr。这暗示性因子F也可以是染色体上的一个标志基因，而且是染色体转移的终点。所以他们把细菌的染色体概括为以0为起点，以F为终点的基因载体。这又是一个极富创造性的思想：在F⁺细菌中，性因子F是游离于染色体之外的，而在Hfr菌中，F因子是染色体的一部分，是供体细胞的基因向受体细胞转移的最后一个标志。

随着Hfr菌品系的增加，测定细菌连锁图的工作又遇到了新的困难。人们发现，由不同Hfr菌测得的基因连锁图是不一样的，表2-1列出了5株Hfr菌的基因连锁顺序。

表2-1　5株Hfr菌的基因连锁顺序

品　系		基因连锁次序								
Hfr H	0	Thr	Pro	Lac	Pur	Gal	His	Gly	Thi	F
Hfr 1	0	Thr	Thi	Gly	His	Gal	Pur	Lac	Pro	F
Hfr 2	0	Pro	Thr	Thi	Gly	His	Gal	Pur	Lac	F
Hfr 3	0	Pur	Lac	Pro	Thr	Thi	Gly	His	Gal	F
AB 312	0	Thi	Thr	Pro	Lac	Pur	Gal	His	Gly	F

注：Pur 为嘌呤合成基因；Pro 为脯氨酸基因；Thr 为苏氨酸基因。

粗粗一看,这堆资料似乎杂乱无章,但细细揣摩就会发现不同菌株的标志基因并非都是随机出现的,他们之间的顺序差异是有章可循的。例如,*His*基因的两侧总是*Gal*和*Gly*;*Lac*基因的两侧总是*Pur*和*Pro*。其他基因只要不处于染色体的两端,也有固定的邻接基因,只是不同的Hfr品系的基因转移次序是不一样的。如Hfr H和AB 312的*His*比*Gly*早转移,并达到较高的重组率,而在另外三个Hfr品系中*His*比*Gly*晚转移,其重组率也要低一些。此外,所有品系都有一个共同的特点,即转移的起始点0和转移的终点F总是位于染色体的两端。

怎样解释这张表呢?

沃尔曼和雅各布提出了一个出人意料的假设,他们认为在F⁺细胞中,F因子是一个细胞质因子(这可以解释F⁺和F⁻杂交时F⁻极易变为F⁺),而细菌的染色体是一个环状DNA分子。当F因子插入环状染色体的某一位置时,染色体即断开,成为以0为起点,以F为终点的线状DNA分子。当他们在1957年提出"环状染色体"这个概念时,同行是有疑虑的,甚至是难以接受的,但也不得不承认这是解释不同菌株的基因连锁图差异的最佳方案(图2-9)。1963年,当凯恩斯在研究大肠杆菌DNA复制机制时获得了细菌的环状DNA分子复制的电镜照片,人们在接受环状染色体概念(图1-19)的同时,又一次用惊讶的目光注视着六年前通过杂交分析提出这个假设的沃尔曼和雅各布。

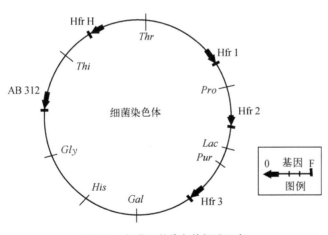

图2-9 细菌环状染色体假设示意

在凯恩斯的照片发表之前,A.坎贝尔(A. Campbell)就把"环状"概念延伸到了F因子,他假设F因子是一个分子量较小的环状DNA分子,并由此建立了两个环状DNA分子可通过一次交换整合为一个大的环状DNA分子的模型。A.坎贝尔假设F因子有三个组成部分:能育基因区段、能和染色体上多处同源区段配对的偶合配对区、决定断裂和转移方向的转移起始区(图2-10)。

关于F因子整合于染色体的A.坎贝尔模型包含三个要点。

(1)F因子和染色体这两个环状DNA分子必须有可以互相识别和偶合配对的同源序列。

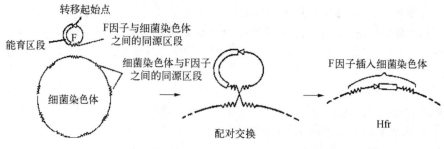

图2-10　F因子的结构和A.坎贝尔模型示意（引自 D. T. Suzuki）

（2）F因子整合于染色体后，插入环中的基因序列要颠倒（图2-10中三角形空心箭头所示）。

（3）原先的两个不同来源的DNA分子整合后会形成同一个线性结构，即具有结构同线性（collinear）。

综上所述，细菌的性因子F在细菌细胞中有两种可能的存在方式。① 在F^+细胞中，F因子处于自主状态，它的复制是独立于染色体复制的。在接触F^-细胞时，F因子可转移到F^-细胞中去，而不必伴有染色体基因的转移和重组。② 在Hfr细胞中，F因子整合于染色体，成为染色体的一部分，并与染色体同步复制。在与F^-细胞接合时，F因子不能独立转移，而是作为转移的终点随染色体转移而转移。

雅各布和沃尔曼把这类既能以游离状态又能以整合状态存在的遗传因子称为附加体（episome）。附加体的整合过程是可逆的。F^+和F^-接合重组，实际上是F^+细胞群体中，少数F因子整合于染色体的Hfr菌和F^-细胞的接合和重组。在Hfr菌群体中也会自发地产生F^+细菌，这是因为F因子重新游离于细菌染色体的结果。正如发现由F^+菌变为Hfr菌给人们一个认识细菌接合重组本质的机会一样，由Hfr菌变为F^+菌的过程也为人们提供了发现新的自然现象的机会。

1959年，阿德尔贝格（E. Adelberg）在用Hfr菌做重组实验时，发现有一株Hfr菌的重组频率非常低，随后的分析表明这个菌株的F因子已经重新游离了出来。但是，阿德尔贝格很快发现这个由Hfr菌演变成的F菌和一般的F^+菌有两个明显的不同之处。① 新的F菌很容易回复到Hfr菌的状态，回复频率远高于一般的F^+变为Hfr菌的频率。② 这种回复有某种位置特异性，它总是整合于它原先整合的位置，而不像一般的F性因子那样随机整合。阿德尔贝格把这种特殊的F菌所携带的性因子称为F'。为了探明F'和F的区别，他和雅各布一起用Hfr 2做实验（Hfr 2的基因连锁次序为：0-Pro-Thr-Thi-Gly-His-Gal-Pur-Lac-F），从中选得了一株带F'因子的新菌株。这个带F'的细菌和F^-菌混合培养时，Lac^+重组子出现的频率异乎寻常的高。

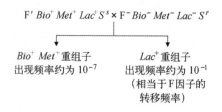

$$F' \; Bio^+ \; Met^+ \; Lac^+ \; S^s \times F^- \; Bio^- \; Met^- \; Lac^- \; S^r$$

$Bio^+ \; Met^+$ 重组子
出现频率约为 10^{-7}

Lac^+ 重组子
出现频率约为 10^{-1}
（相当于F因子的
转移频率）

实验表明，几乎所有的 Lac⁺ 菌都成了 F⁺ 菌，但也有少数后裔分离出 Lac⁻ 菌。雅各布和阿德尔贝格立刻假设这是因为 F′ 因子携带了一段细菌的染色体基因 Lac⁺，使受体细胞变为 F′Lac⁺/Lac⁻ 杂合子。也就是说 F 因子在从染色体上游离出来时，错带了邻接于该 F 因子插入位点的 Lac⁺ 基因，形成了 F-Lac⁺ 这样的 F′ 因子。图2-11是上述设想的示意图。在接受 F-Lac⁺ 这样的 F′ 细胞中也可能会发生重组与分离。这类部分基因是二倍体的细胞称为部分合子

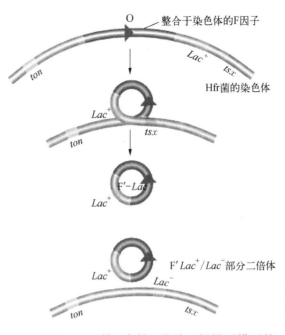

图2-11　**F-Lac⁺因子的起源和重新整合**（引自 G. S. Stent）

（merozygote），是遗传学上非常有用的分析工具（第1章第5节关于操纵子模型的研究中就广泛地应用了部分合子）。

通过 F 这个性因子而实现的基因转移和重组现象称为性导（sexduction）。显而易见，在不同的 Hfr 菌群中会产生不同的、带有染色体上不同片段的 F′ 因子，一系列不同的 F′ 因子可以用来做特定基因的转移和重组实验，也可以用来做基因的定位和功能调控的研究。在噬菌体和其他细菌质粒的整合和游离过程中，也会发生类似性导的现象，这些就是遗传工程技术的"启蒙老师"。

§2.3　部分合子的形成和基因重组

现在我们可以提一个问题，Hfr 菌把 DNA 转入 F⁻ 细菌后，它自己就死亡了吗？回答是：不会死亡。这就是为什么在重组实验中必须要用链霉素杀死对链霉素敏感的且带有显性标志基因的供体 Hfr 菌的原因。生物化学的分析表明，Hfr 菌在转移 DNA 的过程中伴随着 DNA 复制，电镜照片显示 Hfr 菌和 F⁻ 菌体接合时，具有由 F 因子的 Hfr 菌会形成连接两个细菌的性伞毛（sex pili）。处于合成中的 Hfr 菌 DNA 就通过性伞毛转入 F⁻ 细胞。整个过程如图2-12。

到现在为止，我们的讨论仅仅限于接合中菌体遗传信息的转移过程。然而，基因转移是通过稳定的重组子的出现来验证的。遗传信息由 Hfr 菌或 F′ 菌转入受体细胞再到稳定的重组子的出现，必须要历经外源 DNA 的整合，或者与受体细胞染色体的交换过程。细菌中的基因重组交换和真核生物的生殖细胞形成和受精过程中的交换是不尽相同的。

细菌中的交换至少有三个显著的特点。

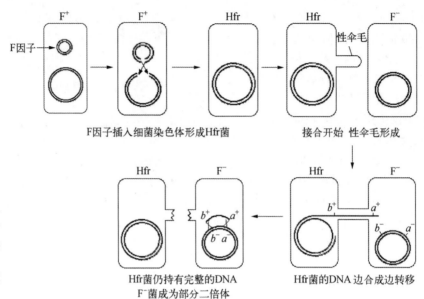

图2-12 F因子整合于细菌染色体、Hfr菌的生成、Hfr菌与F⁻接合中DNA复制和转移，以及部分二倍体形成过程示意

F因子插入细菌染色体形成Hfr菌　　　接合开始 性伞毛形成

Hfr菌仍持有完整的DNA
F⁻菌成为部分二倍体　　　　　　Hfr菌的DNA边合成边转移

（1）与真核生物由配子融合形成合子不同，细菌之间的接合并不是两套完整的基因组之间的遗传物质交换，而是在一个完整的内基因子（endogenote）和一个不完整的外基因子（exogenote）之间进行交换的。在交换之后得到的是一个部分二倍体，或称部分合子。细菌的遗传分析实际上是部分合子的遗传分析。

（2）在部分合子中，交换必须是成双的，或者讲必须是偶次交换。单交换的产物只是一个打开的环，即一个部分二倍体DNA的线性分子。为了得到完整的环状DNA分子，必须进行双交换（图2-13）。双交换产生一个环状DNA分子和一个不完整的线状DNA分子。这个线状片段如果没有完整的复制序列就会在以后

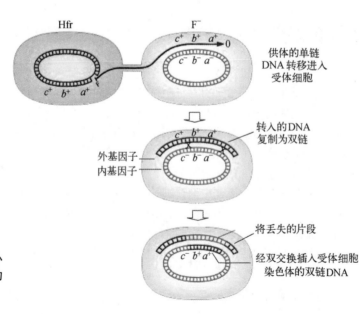

供体的单链DNA转移进入受体细胞

转入的DNA复制为双链

外基因子
内基因子

将丢失的片段

经双交换插入受体细胞染色体的双链DNA

图2-13 部分合子中外基因子和内基因子间的交换模式

的细菌生长和分裂过程中消失。

（3）细菌中的交换并非对等交换（reciprocal），交换双方中只有一方保留，而另一方会丢失。

托密扎瓦（J. Tomizawa）曾对部分合子的重组分离做了动力学研究（图2-14）。他用 Hfr $Lac^+T^sS^s$ 和 $F^-Lac^-T'S'$ 做接合杂交，随之用噬菌体T杀死Hfr菌。然后，在不同的取样时间抽取菌样涂布于EMB乳糖琼脂平板。在这种特殊的培养基上，F^-Lac^- 菌落呈白色，而最初形成的部分合子 Lac^+/Lac^- 呈红白相杂的菌落，称为 Lac^v。随着时间的推移，Lac^v 的数目渐渐减少，红色的 Lac^+ 菌落相应地逐渐增加。到130 min时，Lac^v 几乎消失。托密扎瓦根据实验数据推测 Lac^v 的消失和 Lac^+ 的出现有一一对应关系，他据此认为一个 Lac^v 菌中的 Lac^+ 基因只能形成一个带 Lac^+ 的稳定的重组子。

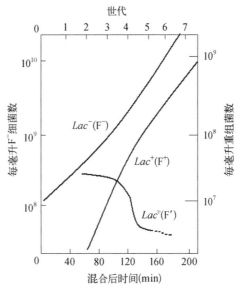

图2-14 Hfr $Lac^+T^sS^s$ 和 $F^-Lac^-T'S'$ 杂交中 Lac^+ 重组子分离动力学研究（改自 G. S. Stent）

第一个 Lac^+ 重组子在50 min时出现，而多数 Lac^v 能在一个世代中转变为稳定的 Lac^+。

最后，我们对细菌的接合重组过程做个小结。细菌的染色体是一个闭合的环状DNA分子。环外可以有能育因子F，F因子也是个环状DNA分子，分子量为染色体DNA的3%。F因子是一种附着体，带有游离状态的F因子的是 F^+ 菌。F因子可以通过A.坎贝尔模型经一次交换而整合于染色体，使 F^+ 菌变成Hfr菌。Hfr菌与不含F因子的 F^- 菌接合时，通过性伞毛将染色体DNA转移至 F^- 菌。然而，这种转移往往是不完全的，接合的结果是在受体细胞中形成部分合子；完整的受体基因组和不完整的供体基因组之间经过双交换可以产生稳定的重组子，相应的线状染色体片段在以后的分裂中丢失，部分合子的交换不对等性是细菌遗传学研究中必须注意的一个重要特性。

§2.4 噬菌体的遗传重组分析

噬菌体是细菌学家特沃特（F. Twort）在1915年发现的。他在实验中发现培养在固体培养基上的有些菌落偶尔会发生所谓的玻璃样转化（glassy transformation），即一般呈乳白色的菌落变成了透明的玻璃样斑。他挑一下这样的玻璃样转化斑来感染正常菌落，这些菌落无一例外地都发生了"玻璃样转化"。他认为这是一种"可遗传的溶菌现象"，很可能是由某种比植物病毒和动物病毒更小的"细菌病毒"引起的。然而，特沃特的发现在当时并没有引起广泛的注意。两年之后，德哈瑞里（F. d'Herelle）重新发现了溶菌现象，并第一次提出了"噬菌体"这个名称。他大胆地提出"噬菌体是治疗细菌感染的良药"，尽管这种想法很不现实，但他的发现，或者说噬菌体的存在，终于被科学界和医学界承认了。从20世纪20年代到40年代初期，以德哈瑞里、伯内特（F. Burnet）和施莱辛格（M. Schlesinger）等为代表的一批病毒学家系统地研究了噬菌体的寄主范围、自体增殖、吸附机制、分子量和对细菌的感染滴度测定。从30—50年代，由于以德尔布吕克为首的物理学家和遗传学家们的开创性工作，使噬菌体成为分子遗传学中的重要模式生物，成了研究基因的结构和功能，以及DNA自体催化和异体催化的最好材料，对于我们了解生命的本质起了非常重要的作用。在DNA重组技术出现之前，噬菌体和病毒对寄主细胞的感染过程是仅有的可以用来向活细胞引入外源遗传物质的实验系统，在深入研究噬菌体的过程中，解决了遗传的物质基础、遗传密码的三联性、基因的精细结构分析等重大问题。到了70年代，噬菌体遗传学更是为基因工程学的兴起铺平了道路。

　　本节简要介绍噬菌体遗传学中涉及的一些与整个遗传学发展密切相关的概念、观点和研究方法。

2.4.1　烈性噬菌体重组分析

　　噬菌体极小，只有借助电子显微镜才能看到，那么怎样研究它的遗传与变异规律呢？它有可供识别和研究的遗传性状吗？

　　噬菌体是一种分子寄生物，需要通过其与寄主细胞的关系来认识，噬菌体的遗传分析也需通过其和寄主细胞的关系来进行。第一个被注意到的性状是它感染细菌后形成的噬菌斑。把一滴含有许多敏感菌和少量噬菌体的混合液加入融化的软琼脂培养基，并铺展于培养皿中。待凝后，置适当的温度培养。培养皿中未感染噬菌体的细菌会迅速地生长并铺满琼脂培养基表面。而在每个感染了噬菌体的细菌中，噬菌体会不断地复制和增殖，最后裂解寄主细胞，释放出大量子裔噬菌体，进而感染邻接的细胞。随之又是复制、增殖、裂解和感染。这个过程的结果是在连续的细菌生长表层上形成透亮的圆斑，这就是噬菌斑的形成过程。噬菌斑是噬菌体感染敏感细菌的周期不断重复的结果，一个噬菌斑反映了由单个噬菌体对一个细菌的原发感染所引起的一系列生物学过程。如果在实验中控制噬菌体和细菌的比例，使每个细菌只能受到一个噬菌体的感染，则细菌平板上的每一个噬菌斑都是起源于单个噬菌体的无性繁殖系，这就是噬菌体遗传分析的起点。

　　1946年，赫尔希发现了大肠杆菌噬菌体T4的一种变异体，它在寄主细胞中的复制、增殖和溶裂细菌的速度比野生型噬菌体快，所以这种突变噬菌体形成的噬菌斑大而透亮，称为速溶突变型，记作r。

　　与噬菌体遗传学诞生密切相关的第二类突变体是卢里亚发现的寄主范围变异。大肠杆菌B菌株是噬菌体T4的敏感菌，当大量的B细胞（如10^8个细胞）和T4混合后培养，可以在培养皿上发现极少量不被噬菌体T4感染的抗性突变菌落，纯化后得到对T4不敏感的抗性品系B/4。如果再将大量的T4（如10^{10}个噬菌体）和 B/4 混合后培养，又可以发现极少量噬菌斑，从这些噬菌斑中又可分离得到寄主范围发生变化的突变噬菌体，它能感染野生型噬菌体 T4 所不能感染的 B/4 细胞，记作 h。有两种类型的突变，就可以做噬菌体的杂交重组实验了。

将 h^+r^-（寄主范围正常，但具有速溶性状）和 h^-r^+（无速溶性状，但寄主范围扩大）两种突变型噬菌体同时感染大肠杆菌 B，然后把子裔噬菌体接种在由 B 和 B/4 两种细菌组成的混合菌平板上，结果出现了四种不同的噬菌斑，它们的基因型和在混合菌板上的表型如图 2-15。因为野生型噬菌体 h^+ 只能感染 B 而不能感染 B/4，所以在噬菌斑中有 B/4 菌生长，使噬菌斑发生混浊；相反突变型噬菌体 h^- 产生的噬菌斑是透明的，因为它既能感染 B 细胞又能感染 B/4 细胞。此外，突变型噬菌体 r^- 形成的噬菌斑比 r^+ 要大。这里我们以 B 和 B/4 混合菌板为指示菌组合，使不同基因型的噬菌体显示图 2-15 中各不相同的特征性表型。对噬菌体来讲，适合的细菌就是它的培养基，能限制某种噬菌体生长的细菌就是选择性培养基，就能对基因重组所产生的具有不同基因型和表型的噬菌体进行选择和表型展示，这种选择是非常有效的，不但可以检出靠得非常近的两个基因之间的重组率，还可以检出一个基因内部不同碱基对之间的重组率。下面着重介绍一下本泽（S. Benzer）的经典工作，他的工作使我们对基因的认识达到了物理学概念和生物学概念的统一。

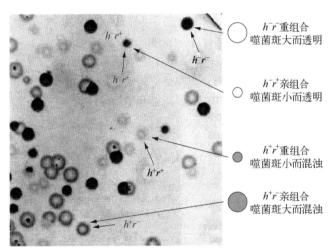

h^-r^- 重组合
噬菌斑大而透明

h^-r^+ 亲组合
噬菌斑小而透明

h^+r^+ 重组合
噬菌斑小而混浊

h^+r^- 亲组合
噬菌斑大而混浊

图 2-15 噬菌体 h^+r^- 与 h^-r^+ 杂交产生的四种子裔噬菌体形成的噬菌斑（引自 S. Benzer）

因实验时在培养皿底部衬垫了黑纸，所以越透明的噬菌斑在图中越显深色。

1953 年，本泽发现了 r 突变的另一个重要特性。当本泽把赫尔希选出来的大肠杆菌噬菌体 T4 的另一株 r 突变 $rⅡ$ 感染 B 和 K12 两种细菌时，发现 $rⅡ$ 同时也是寄主范围突变体，即这株 r 突变型噬菌体在 K 细胞上呈现出在 B 细胞平板上不一样的另一种表型（表 2-2）。

表 2-2　T4 $rⅡ$ 和 $rⅡ^+$ 在大肠杆菌 B 和大肠杆菌 K 平板上的噬菌斑

	大肠杆菌 B	大肠杆菌 K
T4 $rⅡ$	噬菌斑大且圆	无噬菌斑
T4 $rⅡ^+$	噬菌斑小且边缘不齐	噬菌斑小且边缘不齐

进一步分析表明，$rⅡ$突变型噬菌体能吸附并侵染K菌株，甚至能在K细胞内开始DNA的合成和细胞内其他组分的合成。但是受$rⅡ$感染的K细胞不产生有感染力的噬菌体，也不会被$rⅡ$裂解。本泽利用$rⅡ$能在B细胞上生长，而不能在K细胞上生长这种条件生长特征，建立了一个新的实验系统，进行了$rⅡ$区基因结构的精细分析。

本泽利用r突变的速溶性状在野生型噬菌体群体中筛选出了数以千计的$rⅡ$突变株，并将这些突变株命名为$rⅡ_1$、$rⅡ_2$、$rⅡ_3$……。然后，利用不同的$rⅡ$品系间的杂交做$rⅡ$基因内的重组研究，旨在画出$rⅡ$基因内各个突变点的精细连锁图。例如，将$rⅡ_1$和$rⅡ_2$混合感染B细胞，再在K细胞平板上检测表型为$rⅡ^+$的重组体出现的频率，因为只有在$rⅡ_1$和$rⅡ_2$两个突变位点间经过重组成为$rⅡ^+$才能出现$rⅡ^+$表型，所以这个$rⅡ^+$重组体实际上就是$rⅡ_1^+$和$rⅡ_2^+$。把一系列实验所测得的重组值标在遗传学图上，就得到了一张$rⅡ$基因内部各突变点之间的连锁图：

本泽的工作告诉我们的第一个事实是：基因并不是突变发生的最基本单位，在一个基因内部可以发生多个突变，所以一个基因内部存在多个突变点，它们中间任何一个点发生了结构改变都会产生突变型表型。他把发生突变的最小单位称为突变子（muton）。

本泽的实验系统具有极高的灵敏度，能检测$rⅡ$基因中重组频率在10^{-6}水平的重组子。然而在进行了数以百计的$rⅡ$突变型噬菌体之间的重组实验后，本泽发现他在实验中能观察到的最小的重组值是10^{-4}。据此他认为在$rⅡ$基因内部能发生结构重组的最小距离相当于重组频率约为10^{-4}这个范围。他把能发生重组的最小单位称为重组子（recon）。重组只发生于重组子之间，但不能发生于一个重组子的内部。这是本泽的工作告诉我们的第二个事实。

从理论上讲突变子和重组子不一定完全相当，但分子遗传学的大量实验研究表明突变子和重组子都相当于DNA分子中的一个碱基对。

2.4.2 遗传物质的功能单位——顺反子

本泽用高分辨的重组定位法，得到了噬菌体T4 $rⅡ$区段内若干个复等位基因呈线性排列的连锁图，一共列出了308个$rⅡ$突变点。本泽进而发现这些$rⅡ$突变可分为两大群：A群和B 群。分群的标准是在K细胞中能不能出现表型为野生型的噬菌斑。下面用简单的箭头图来代表本泽的几个代表性实验，如：

$$rⅡ^+(B) \xrightarrow{K} rⅡ^+$$

表示$rⅡ^+$野生型噬菌体在B菌液中培养，再涂布于K细菌平板，即可分离到$rⅡ^+$噬菌斑。又如：

$$rⅡ_{A1}(B) \xrightarrow{K} 0$$

表示$rⅡ$的A群1号突变体在B菌液中培养，再涂布于K细菌平板，没有任何噬菌斑出现。

本泽的实验可分为四组:

(1) rII^+(B) $\xrightarrow{\text{B}}$ rII^+

    rII^+(K) $\xrightarrow{\text{B}}$ rII^+

(2) rII_A(B) $\xrightarrow{\text{B}}$ rII_A

    rII_A(B) $\xrightarrow{\text{K}}$ 0

    rII_B(B) $\xrightarrow{\text{B}}$ rII_B

    rII_B(B) $\xrightarrow{\text{K}}$ 0

(3) $\begin{matrix} rII_{A1} \\ rII_{A2} \end{matrix}$ (B) $\xrightarrow{\text{K}}$ rII^+

    $\begin{matrix} rII_{A1} \\ rII_{A2} \end{matrix}$ (K) $\xrightarrow{\text{B}}$ 0

    $\begin{matrix} rII_{B1} \\ rII_{B2} \end{matrix}$ (B) $\xrightarrow{\text{K}}$ rII^+

    $\begin{matrix} rII_{B1} \\ rII_{B2} \end{matrix}$ (K) $\xrightarrow{\text{B}}$ 0

(4) $\begin{matrix} rII_A \\ rII_B \end{matrix}$ (B) $\xrightarrow{\text{K}}$ rII^+

    $\begin{matrix} rII_A \\ rII_B \end{matrix}$ (K) $\xrightarrow{\text{B}}$ $\begin{matrix} rII_A \xrightarrow{\text{K}} 0 \\ rII_B \xrightarrow{\text{K}} 0 \\ rII^+ \xrightarrow{\text{K}} rII^+ \end{matrix}$

对比第三组和第四组实验可以发现,不同品系的 rII 突变型噬菌体如属于同一群,混合感染 K 细胞是不会形成有感染力的噬菌体的。相反,如属于不同群的 rII 突变体,即 rII_A 和 rII_B 混合感染 K 细胞,则会产生三种不同的噬菌体。这表明 rII_A 和 rII_B 在 K 细胞中一是进行了复制,否则不会产生 rII_A 和 rII_B 这两种亲本噬菌体;二是进行了重组,否则不会产生野生型噬菌体。

那么,在混合感染中究竟是先复制,还是先重组呢? 详细分析就会发现有两个证据可表明在混合感染中是先进行 DNA 复制,然后才在复制了的 DNA 之间进行重组。证据 1,如果复制以重组为条件,就不会出现 rII_A 和 rII_B 这两种亲代类噬菌体;证据 2,如果先重组后复制,那么子代噬菌体的产生应取决于 rII 突变点之间的距离。事实上,即使两个属于不同群的 rII 突变点相距甚近,也会在混合感染中产生子裔噬菌体,而两个属于同一群的 rII 突变,即使相距很远也不会产生子裔噬菌体。如图 2-16 中,属于 A 群的 rII_{47} 和 rII_{106} 之间的距离要比分属 A 群和 B 群的 rII_{106} 和 rII_{51} 远得多,但前两者不能产生子裔噬菌体,而后两者却能产生三种不同的子裔噬菌体。

本泽在连锁图中发现,属于 A 群和 B 群的突变点分别归于两个亚区,互相并不交错。于是他提出一种假设:分属 A 群和 B 群的突变型噬菌体,在 K 细胞内能

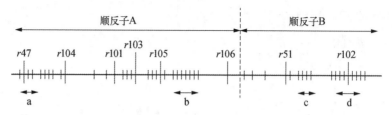

图2-16 T4 *rⅡ* 区的顺反子A、B结构简图（引自 S. Benzer）

发生功能互补而成功地复制各自的DNA，并在复制产生的DNA之间发生重组而导致野生型噬菌体的产生。这个假设认为当 *rⅡ* $_A$ 和 *rⅡ* $_B$ 同时感染K细胞时，对 *rⅡ* 区段来讲K细胞是一个杂合的二倍体，它的基因型就可以画作：

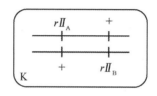

就像果蝇中的双杂合体［红眼、残翅/白眼、长翅］能产生红眼、长翅这样的野生型子代一样，［*rⅡ* $_A$、+/+、*rⅡ* $_B$］中的 *rⅡ* 的A和B的功能也都是完整的，噬菌体在K细胞内是能够复制和增殖的。相反，在［*rⅡ* $_A$、+/ *rⅡ* $_A$、+］或者［+、*rⅡ* $_B$/+、*rⅡ* $_B$］的情况下，*rⅡ* 的A或B的功能是缺陷的，而 *rⅡ* 的A或B的功能完整是噬菌体DNA复制的必要条件，所以属于同一群的 *rⅡ* 突变型噬菌体混合感染不能导致DNA的复制，也就不会发生重组和产生子裔噬菌体（图2-17）。

图2-17表明属于不同群的突变处于顺式结构和反式结构时的表型是一样的，也就是说属于不同群的突变无论位于同一条染色体（称为顺式结构）还是位于不同的染色体（称为反式结构），它们的功能都是完整的。相反，属于同一群的突变如果处于反式结构时它们的功能都是缺陷的，只有处于顺反式结构时它们中的一个基因的功能才是完整的。本泽把这种现象称为顺反位置效应（cis-trans position effect）。他把A群和B群称为两个互补群，因为它们之间能形成功能互补。属同一互补群的不同突变之间会呈现顺反位置效应，可以将它们划归同一个顺反子（cistron）。顺反子实际上就是遗传物质的基本功能单位，它是一段连续的DNA，这段DNA的完整性是表达功能的必要前提。所以，顺反子就是基因，基因的结构完整性是基因功能表达的首要条件。一个基因内部可以发生突变，也可以发生重组，但就

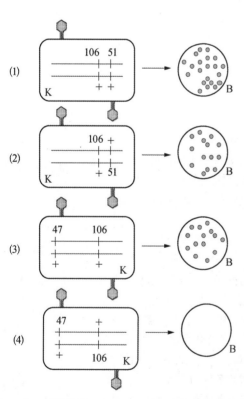

2-17 噬菌体T4 *rⅡ* 区顺反子A、B之间的互补实验示意（引自盛祖嘉）

执行某种特定的功能而言,基因是不可分割的基本单位。经典遗传学中"基因是功能、突变和重组三位一体的遗传物质基本单位"这个概念,已经被"基因是保证功能完整必需的一段DNA"所取代。这也就是本泽的研究告诉我们的第三个事实。

顺反子这个概念把基因在物理学上的界限和生物学上的概念统一起来了。基因就是顺反子,它在染色体上所占的位置叫作基因的"座位(locus)"。基因内部发生结构变异的位置称为突变的"位点(site)"。所谓拟等位基因(pseudoalleles)实际上就是一个基因座位的不同位点发生了突变的基因,拟等位基因之间是可以发生重组的。

顺反子概念的提出和确定顺反位置效应的判断性实验,是区分具有相同或相似表型的突变是否属于同一基因的主要依据,它为功能遗传学的研究开拓了新的途径。

2.4.3　条件致死突变

本泽的研究大大推动了绘制噬菌体遗传学图的研究,1946—1960年,他分离到了许多有关噬菌斑形态和寄主范围的突变型。然而,随着遗传分析的深入,人们清楚地看到分离到的突变几乎都集中于噬菌体基因组中相当狭小的区段,这些都是被高度选择的突变群。为什么会出现这样的情况呢?理由十分简单,因为绝大多数涉及核酸复制和蛋白质合成的基因,对噬菌体来讲都是生死攸关、必不可少的,带有这类基因突变的噬菌体都是致死的,是不易被发现和分离的。

1960年埃德加(R. Edgar)和爱泼斯坦(R. Epstein)首次分离到T4的条件致死突变(conditional lethal mutation)。条件致死突变型噬菌体只能在特定的条件或者叫作限定条件下才会表现致死的表型,而在非限定的条件或者叫作允许条件下则呈现出野生型表型。这种突变为我们提供了一条研究对生命活动生死攸关的基因的途径,我们可以在许可条件下繁殖突变型,在限定条件下研究突变对噬菌体复制、增殖和形态发生的影响。

条件致死突变可分为两类:一类是温度敏感突变(temperature sensitive mutant, ts),简称 ts 突变;另一类是寄主范围突变(host range mutant)。下面主要以 ts 突变为例,来说明致死突变的筛选方法及其在遗传分析中的作用。

ts 突变一般是错义突变(missense mutation),往往只是DNA分子中一对碱基的替代,并由此造成了由这段DNA编码的蛋白质中一个氨基酸的取代。蛋白质初级结构的这种改变,使它只能在许可温度下,才能保持功能态的二级、三级和四级结构来行使蛋白质的正常功能。相反,在限定条件下,该蛋白质会因结构异常而降解失活,导致噬菌体复制和增殖受阻,产生致死表型。ts 突变型的分离方法很简单,可先接种100个左右的噬菌体于敏感菌平板上,并置于许可温度下培养数小时,待菌板上出现小的噬菌斑后,将平皿移至限定温度培养。这时野生型噬菌体继续复制、增殖和感染过程,使噬菌斑继续扩大。而 ts 突变型噬菌体则中止了复制和增殖,噬菌斑仍然是比较小的。我们只要挑出小噬菌斑中的噬菌体就可进一步分离得到 ts 突变型。分离过程如图2-18。

条件致死突变的发生和分布是随机的,在噬菌体T4的所有基因中都曾经发现过这类突变。对病毒遗传学家来讲,条件致死突变是研究病毒形态发生的"无价之宝"。人们可以通过分析在限定条件下噬菌体的条件致死突变体在寄主细

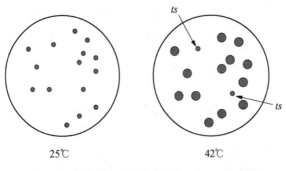

图2-18　温度敏感致死突变型噬菌体的筛选过程

体能在寄主细胞中合成尾丝以外的各种病毒结构组分。又如，23号突变体能合成尾部和尾丝，但不能合成头部。可以推测34号突变发生于编码尾丝蛋白的基因内，而23号突变发生于与头部外壳蛋白有关的基因内。

与 $rⅡ$ 区的顺反位置效应测试一样，也可以用顺反效应测试技术来确定两个或几个突变是否属于同一个顺反子，是否执行相同的功能。这种在寄主细胞中做噬菌体功能互补实验，检测的是活细胞内蛋白质水平的功能互补。不久，埃德加和伍德（W. Wood）又进一步发展和建立了在细胞外，或者叫体外的功能互补实验。他们将携有不同形态组分合成缺陷突变的噬菌体感染后的细菌无细胞抽提液混合在一起孵育，观察能不能产生完整的噬菌体。例如，当他们将23号无头突变体感染后的细胞提取液和34号无尾丝突变体感染后的细胞提取液混合孵育后，竟会在试管中出现由34号突变体合成的头部和23号突变体合成的尾部装配成的有感染力的完整噬菌体T4（图2-19）。

埃德加和伍德把在细胞内和细胞外所做的互补实验资料汇集成了T4条件致死突变基因连锁图（图2-20）。可以看到许多功能相关的基因在染色体上是成簇成丛排列的，如与DNA合成有关的基因大多集中在一侧，而与头部、尾部和尾丝等形态发育有关的基因大多集中在另一侧。

体外互补实验也曾发现过"例外"，如在13号突变体感染的细菌细胞内似乎也有头部、尾部和尾丝，但没有成熟的噬菌体。将13号突变体感染的细胞提取液分别与头部完整的或尾部完整的突变体感染过的细胞提取液分别混合孵育做互补实验，结果只有与头部完整的一组混合孵育才会有成熟的噬菌体产生。这表明13号突变体的头部是不完整的，同时也表明头部完善化这个功能必定在头尾装接之前完成，这就提示噬菌体的形态发生有一定的时序性。为了

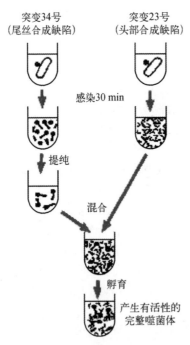

图2-19　噬菌体T4的条件致死突变体的体外功能互补实验（引自G. S. Stent）

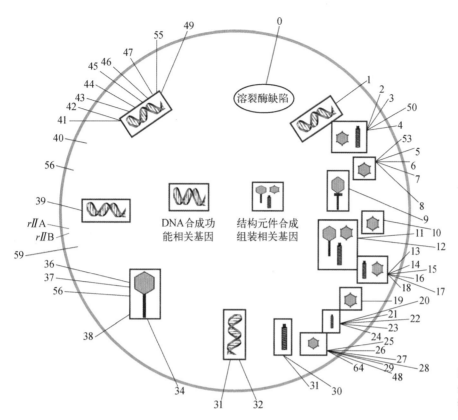

图2-20 噬菌体T4的条件致死突变基因连锁图（改自G. Mosig）

证实噬菌体的结构组分和形态发生的时序性，埃德加和爱泼斯坦将不同的ts突变体在感染寄主细胞后的不同时间从许可温度移至限制温度，发现对每一个ts突变来讲它的功能表达都存在一个时阈，过了这个时阈，限制温度就不再影响噬菌体发育和成熟了。这说明尽管大多数ts突变是生死攸关的，但它在发育过程中的作用是有时间特异性的。显而易见，这种时间特异性是和基因表达的时空差异相联系的。

　　归结起来，上述各项研究说明染色体不是简单的基因集合体，而是一个基因的有序载体。这个有序载体的组织原则是使一系列功能相关基因在特定的时间和空间得以协调表达。这种结构与功能表达一致的有序结构一经建立，就会在生物演化过程中形成某种选择优势。此外，研究还表明，实际上从各种经ts突变体感染的细胞裂解液中分离到的就是噬菌体各组分的零配件，或者叫作"部件"，当这些部件混合孵育后，就会自动装配成完整的噬菌体，而并不要求完整的噬菌体作为发育的"模板"，这种涉及数十种基因产物自动装配的现象在生物界也许是比较普遍的。例如，在大肠杆菌的核糖体30S亚基的自动组装中也被证实，30S亚基的组装涉及一种16S的rRNA和21种蛋白质。

2.4.4　溶原性
　　早在20世纪20年代就有人发现某些细菌品系能抵御噬菌体的感染，而它本身却能引起和它在一起培养的敏感菌溶裂，这种菌称为"溶原菌"。溶原菌对同一品系菌株的溶菌有免疫作用，而它的溶原性（lysogeny）则反映了它以某种方式携带了噬菌体。当非溶原性细菌被溶原性细菌释放的噬菌体感染后，有少数细菌并没有被溶裂，而是转变成为溶原性细菌。当时不少科学家认为这种溶原性起因于某些品系的细菌细胞吸附了一些噬菌体，只要不断地纯化，溶原性也就不存在了。这种看法一直延续到40年代，包括德尔布吕克在内的噬菌体遗传学家都不认为溶原性是一种值得注意的特殊现象。把溶原性作为严肃的科学问题重新提出来的是利沃夫（A. Lwoff）。

20世纪40年代中期，利沃夫以巨大芽孢杆菌（*Bacillus megaterium*）为实验材料深入研究了溶原菌。他在显微镜下追踪观察一代又一代巨大芽孢杆菌的溶原性细菌的培养物。细胞每分裂一次，他就把一对子细胞分开，把其中的一个留起来培养，而让另一个继续生长和分裂，一旦其完成分裂又取一个子细胞留起来培养，让剩下的一个进入生长周期，这样一共连续观察了19个世代，得到了代表19个世代的培养物。检验结果表明这19个世代的培养物都是溶原性的，但又都不存在游离的噬菌体。他的结论是：溶原性并不是一种污染或吸附，而是在没有游离噬菌体的情况下，能通过细菌增殖而代代相传的一种遗传性状。

在一次实验中，利沃夫偶尔发现有个培养物中的细菌发生了自溶现象。把发生了自发溶裂的细菌培养液接种到敏感菌平板，培养皿上出现了噬菌斑。这表明自溶过程导致了游离噬菌体的释放。定量检测表明，每次自溶过程释放的噬菌体数为100~200个，相当于一个烈性噬菌体感染的细菌溶裂所释放的游离噬菌体总数。

在实验研究的基础上，利沃夫提出了下列假设：溶原性细菌品系的每个细胞都携带一个能世代相传的非感染性因子。这种因子偶尔会通过某种方式，引起细胞自溶而释放出具有感染力的噬菌体。他把这种因子称为原噬菌体（prophage）。他力图解决的问题是，不表现出感染力的原噬菌体究竟是如何产生有感染力的噬菌体的呢？他认为溶原性细菌自溶是受某种环境因素影响的。他和他的学生西莫诺维奇（L. Siminovitch）和吉德伽特（N. Kjedgaard）用各种理化因素处理溶原性细胞，终于发现紫外线和某些化学物质能诱导溶原性细胞群体中大多数细胞溶裂，从而释出大量有感染力的噬菌体。

他们的工作使我们看到了一种新的噬菌体，它和烈性噬菌体不同，它能以原噬菌体的形式存在于细菌细胞内，使细胞获得溶原性，以及对同种噬菌体的免疫性（注意：由原噬菌体的存在而产生的免疫性和由细菌细胞表面噬菌体附着位点的结构变异而引起的抗性是本质不同的两件事），这种噬菌体称为温和噬菌体（temperate phage）。温和噬菌体及其寄主细胞的生活周期如图2-21所示。

现在要研究的问题是原噬菌体的本质是什么？溶原化的遗传基础是什么？诱导实验表明溶原菌具有产生完整的有感染力的噬菌体的潜能，所以原噬菌体应该携有完整的噬菌体基因组。那么，原噬菌体基因组的携带者原噬菌体又是以什么方式存在于寄主细胞呢？是游离的细胞质因子，还是以某种方式与细菌的染色体相连的呢？1951年，E.莱德伯格证实了J.莱德伯格和塔特姆用于细菌重组实验的大肠杆菌K12是一个溶原性品系，即携有温和噬菌体λ的原噬菌体。不久，他们实验室就开始以λ噬菌体和寄主细胞染色体的关系作为研究原噬菌体本质的突破口。实验研究的内容可归纳为三个方面。

1. **杂交实验**　用溶原性细菌和非溶原性细菌做了4组杂交实验。

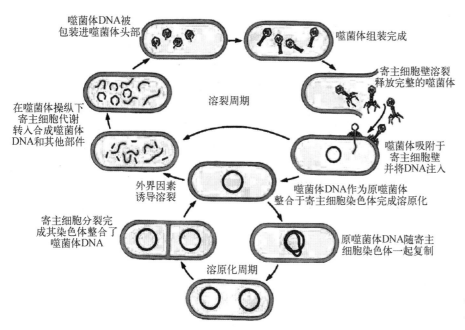

图 2-21 **温和噬菌体及其寄主细胞的生活周期**（引自 A. Lwoff）

（1）$F^+(\lambda^-) \times F^-(\lambda^+) \rightarrow$ 溶原性和非溶原性两种重组体出现频率相同。

（2）$F^+(\lambda^+) \times F^-(\lambda^-) \rightarrow$ 不产生溶原性重组体。

（3）$Hfr(\lambda^-) \times F^-(\lambda^+) \rightarrow$ 产生溶原性重组体。

（4）$Hfr(\lambda^+) \times F^-(\lambda^-) \rightarrow$ 不产生溶原性重组体。

2. 涂布实验 用杂交实验中（3）和（4）两组的培养液分别在敏感菌平板上做涂布实验。结果（3）组的培养液涂布后不出现噬菌斑，而取（4）组的培养液涂布后则出现了由游离的 λ 噬菌体感染并溶裂敏感菌所形成的噬菌斑。

3. 基因定位 用杂交法测定 λ 原噬菌体在寄主细胞基因组中的位置：

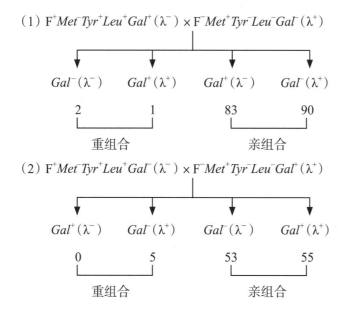

（1）$F^+ Met^- Tyr^+ Leu^+ Gal^+ (\lambda^-) \times F^- Met^+ Tyr^- Leu^- Gal^- (\lambda^+)$

$Gal^-(\lambda^-)$	$Gal^+(\lambda^+)$	$Gal^+(\lambda^-)$	$Gal^-(\lambda^+)$
2	1	83	90
重组合		亲组合	

（2）$F^+ Met^- Tyr^+ Leu^+ Gal^- (\lambda^-) \times F^- Met^+ Tyr^- Leu^- Gal^+ (\lambda^+)$

$Gal^+(\lambda^-)$	$Gal^-(\lambda^+)$	$Gal^-(\lambda^-)$	$Gal^+(\lambda^+)$
0	5	53	55
重组合		亲组合	

两组实验均以*Met*、*Leu*、*Tyr*作为选择性标志基因，以*Gal*作为非选择性标志基因。

从这一系列实验可以得出下列结论。

（1）在溶原性细菌中，由于原噬菌体的存在而出现某种能抑制原噬菌体复制的物质。同时，这种物质也抑制外来的同种噬菌体的复制和增殖，从而获得对同种噬菌体超感的免疫性。

（2）非溶原性细菌由于没有原噬菌体而不存在抑制物质。因此，当溶原性细菌的原噬菌体在杂交过程中进入非溶原性受体细胞时，会进入复制、增殖和溶裂周期而释放出有感染力的游离噬菌体。这种现象称为接合诱导（zygotic induction）。

（3）在杂交实验中λ原噬菌体也是一个标志基因，它是位于*Gal*基因附近的。

上述结论在解释J.莱德伯格等所做的杂交、涂布和基因定位等实验结果的同时，又提出了两个新的问题。① 抑制原噬菌体复制的抑制物究竟是由λ噬菌体的基因组编码的，还是由寄主细胞基因组编码的？② 原噬菌体是以怎样的状态位于*Gal*基因附近的，究竟是附着于染色体上，还是整合于染色体内？

对于第一个问题，可以这样考虑：如果抑制物是由寄主细胞的基因组编码的，那么在非溶原菌细胞中也应存在抑制物而成为对溶原菌有免疫性的细菌。但大量的实验研究表明不存在有免疫力的非溶原菌，这是可以假设抑制物由λ噬菌体基因组编码的一个实验佐证。第二个实验佐证来自λ噬菌体的突变研究。有一种λ噬菌体的突变体，它感染敏感菌后形成的噬菌斑是清晰透亮的，称为*c*突变。相应的野生型噬菌体*c*⁺产生的噬菌斑是混浊的，这种混浊起因于被λ溶原化的细菌的二级生长在噬菌斑内形成的小菌落。*c*突变实际上是溶原化性状的一种突变。凯泽（A. Kaiser）详细分析了*c*突变，并根据功能互补实验把*c*突变分归三个顺反子：*cⅠ*、*cⅡ*和*cⅢ*，其中以*cⅠ*与噬菌体引起寄主细胞非溶原化的关系最为密切。如用λ(*c*⁺)和λ(*cⅠ*)同时感染敏感细胞，会出现λ(*c*⁺)噬菌体和λ(*cⅠ*)噬菌体双重溶原化现象，表明*c*⁺对*cⅠ*呈显性。由此可以推测与*cⅠ*基因相对应的野生型基因*cⅠ*⁺编码某种抑制物的合成，而*cⅠ*突变型噬菌体则不能编码有活性的抑制物，因而失去了使寄主细胞溶原化的能力。诱导因素的作用就是破坏或钝化cⅠ蛋白对λ噬菌体复制和增殖的抑制活性，致使原噬菌体重新游离于细菌染色体而进入营养期，随之引起寄主细胞溶裂。关于λ噬菌体的cⅠ蛋白和其他调控蛋白的作用，还将在有关基因功能表达调控的章节中进一步讨论。

关于原噬菌体和寄主染色体的关系，已在分子水平上得到阐明。根据桑格等的报道，λ噬菌体的DNA有48 498个碱基对，末端有12个碱基对组成的黏性末端，可以进行环状和线性结构的互变（图2-22）。当λDNA进入寄主细胞后，线状的DNA分子会通过两端黏性末端的互补而形成环状分子，随后通过A.坎贝尔模型整合于细菌染色体的一定位置。整合的位置由λDNA和细菌染色体DNA之间特定的同源配对序列来确定。有人曾经分离到λ的一种缺失突变体，这种突变使λ失去了和寄主细胞染色体配对的同源序列，因而丧失了整合的能力和使寄主细胞溶原化的能力。遗传分析还证实，整合所需要的酶是由λ基因组中的基因 *int* 编码的。整合后λDNA上某些基因的间距和整合部位两侧寄主染色体基因的间距会发生相应的改变（图2-23），这也是λ原噬菌体不是吸附而是整合于寄主细胞染色体的重要佐证。

与性因子F一样，λ的整合和游离也是可逆的，也会以一定的概率出现差错。类似F′那样的λ-*Gal* 也已被发现，这就是发生频率极高的局限性转导现象。

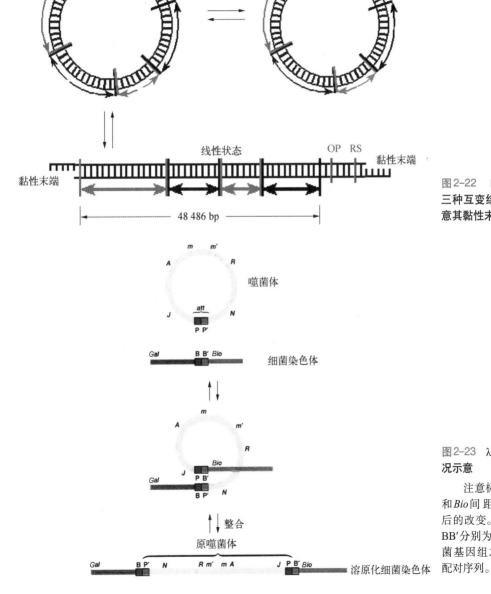

图2-22 **噬 菌 体**λ**的三种互变结构状态（注意其黏性末端）**

图2-23 λDNA整合情况示意

注意标志基因 *Gal* 和 *Bio* 间距在整合前后的改变。图中PP′和BB′分别为噬菌体和细菌基因组之间的同源配对序列。

2.4.5　转导

为了验证在沙门菌（*Salmonella typhimurium*）中是否也有大肠杆菌中的接合现象，J.莱德伯格和津德（N. Zinder）做了一个与大肠杆菌类似的杂交实验：

$$LT22Phe^-Typ^-Try^-His^+ \times LT2Phe^+Trp^+Tyr^+His^-$$

$$\downarrow$$

以 10^{-5} 的概率出现原养型细菌

实验结果与大肠杆菌中的情况相似。但是，当他们把两个亲本菌株分别置于U形管的两臂（图2-2）时，在培养LT22细菌的一臂出现了野生型细菌。这里出现的遗传重组显然不是以培养在U形管两臂的LT22和LT2菌体直接接合为前提的。接着，他们用改变U形管中间的滤板孔径的方法证实，在两个菌株之间传递遗传物质的因子与沙门菌的一种温和噬菌体P22的大小相当，免疫学实验还证实这种因子可以被P22抗血清灭活。J.莱德伯格和津德进而又用LT2的一株P22抗性品系来代替敏感的LT2，U形管的两臂都不出现野生型重组体。根据上述几项实验，他们假定，很可能是温和噬菌体P22把基因从一种细胞传给了另一种细胞，并将这种通过噬菌体把基因从一种细菌带入另一种细菌的现象称为转导（transduction）。

进一步的研究表明，LT22是携带了P22原噬菌体的溶原性细菌，LT2是对P22敏感的非溶原性细菌。在培养的过程中，少数LT22细菌自溶而释出游离的P22，这种噬菌体通过U形管底部的滤孔进入培养LT2细菌的一侧，随之感染并溶裂敏感的LT2细菌。溶裂过程中极少数P22的头部裹入了寄主细胞LT2的染色体片段，转而携带P22的片段又渗回U形管培养LT22细菌的一侧将部分LT2的基因转入LT22，在LT22细胞中形成部分双价体，经交换和重组产生了野生型细菌。不久，许多微生物学家报道了转导现象，表明转导是溶原性细菌以温和噬菌体为介导与敏感的非溶原性细菌之间常见的一种进行遗传物质交换的渠道。

1965年，伊科达（K. Ikeda）和托密扎瓦以大肠杆菌和噬菌体P1为实验材料详细分析了转导过程。他们发现在非溶原性细菌被P1感染和溶裂的过程中，它的环状染色体DNA被裂解为小的片段，某些片段会在P1噬菌体组装过程中偶尔装入病毒的头部，形成转导噬菌体（transducing phage）。用诱导因素处理溶原性细菌时，也会发生类似导致转导噬菌体产生的情况。转导过程有赖于噬菌体的蛋白质外壳相关结构的完整，并正常行使吸附寄主细胞和注入DNA这两种功能。与通过F′因子介导的基因转移相似，转导噬菌体注入寄主细胞的也是供体细胞基因组的DNA片段。转导也会导致受体细胞成为部分双价体，经过交换和重组也可产生重组体。转导产生的重组子称为转导子。图2-24是转导过程的示意图。

到现在为止我们讨论的都是一个标志基因的转导，实际上只要两个基因的连锁紧密到足以能为一个噬菌体头部蛋白所包裹，这两个基因就有可能同时被转导，这种现象称为并发转导（cotransduction），所产生的重组体称为并发转导子。

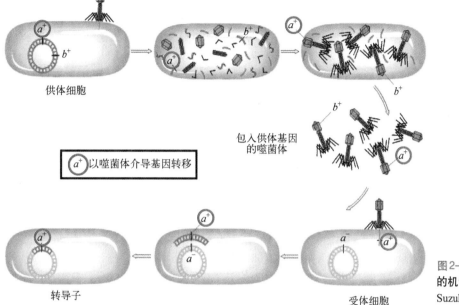

图2-24　**普遍性转导的机制示意**（引自D. T. Suzuki）

利用并发转导可以进行基因组精细结构的分析,画出精确的细菌基因组局部连锁图。在基因工程技术发展以前,早期定位于大肠杆菌和沙门菌染色体上的基因,绝大多数是借助并发转导来精确定位的。

　　除了寄主DNA随机包裹于噬菌体头部蛋白而导致的普遍性转导外,还有一种局限性转导,只能转导寄主染色体上非常狭窄的一个范围内的基因。以λ噬菌体为例,它可以以原噬菌体的形式整合于寄主染色体的特定位置,即 Gal 基因和 Bio 基因之间。当用紫外线处理野生型的K12(λ)时,Gal$^+$基因可能经一个异常的逆整合而为λ噬菌体所携带。这种异常逆向整合发生的概率是很低的,所以用诱导裂解产生的噬菌体群体感染非溶原性的 Gal$^-$ 细胞时,Gal$^+$ 转导子的出现频率只有10^{-6},称为低频转导(low frequency transduction, LFT)。

　　值得注意的是多数转导子并不稳定(稳定的只占1/3左右),大多数 Gal$^+$ 转导子会以10^{-3}的概率分离出 Gal$^-$ 细胞,也就是说转导子会以10^{-3}的概率丢失转导噬菌体导入的基因。如果用紫外线来处理不稳定的转导子,则会诱导细胞的溶裂并释放有感染力的噬菌体,其中约有一半,即高达50%的噬菌体具有转导 Gal$^+$ 基因的能力。这些转导噬菌体所进行的转导称为高频转导(high frequency transduction, HFT)。但是,当我们将能做高频转导的噬菌体和Gal$^-$受体细胞以1:1的感染指数混合培养时,得到的 Gal$^+$ 转导子虽然对λ噬菌体的感染有免疫性,却不能诱导受体细胞溶裂和产生有感染力的噬菌体。这种转导子称为缺陷溶原性转导子。只有将HFT转导噬菌体和过量的非转导噬菌体一起感染敏感的受体细胞,才能得到溶原性转导子,这些转导子可在紫外线诱导后释放出HFT转导噬菌体。

　　怎样解释HFT转导噬菌体的上述种种性质呢? 这种噬菌体能转导 Gal$^+$ 基因,又能使寄主细胞获得免疫性,所以它必定携有 Gal$^+$ 基因,又有λ噬菌体的

DNA片段。但是它的缺陷溶原性又表明它的λDNA是不完整的，有缺陷的。这种噬菌体称为缺陷型半乳糖基因转导噬菌体（简称λdg）。当λdg和正常的λ一起感染一个细胞时，这个细胞实际上是λdg和λ的双重溶原化细菌。当紫外线诱导双重溶原化细菌时，则会产生大致等量的λ和λdg，这里野生型λ起了辅助缺陷型噬菌体成熟的作用，称为辅助噬菌体。这就是高频转导和缺陷溶原性噬菌体产生的机制。

到现在为止我们已经介绍了细菌遗传重组的三条途径：接合重组、转化和转导。这三种过程形成的都是异源部分合子，经双交换后都能获得稳定的重组子。运用适当的选择方法可以筛选得到出现频率极低的重组子，并借以进行精细的遗传分析，绘制出细菌遗传学图。

2.4.6　限制与修饰

到了20世纪60年代末期，分子生物学家看来几乎没有事情可做了：DNA结构搞清楚了、中心法则得到了证实、遗传密码全部破译、关于基因功能表达的操纵子理论也提了出来，杂志上发表的分子生物学论文越来越少。分子遗传学经历了20世纪50年代初开始的黄金时代之后进入了一个相对"寂静"的时期。打破这一寂静，把分子遗传学推入又一个黄金时期的是细菌中限制和修饰现象的发现和研究，以及由此发展起来的DNA重组技术。

早在1952年，美国伊利诺伊大学的卢里亚和他的助手休曼（M. Human）发现了一种非常有趣的现象，噬菌体存在着一种寄主适应性变异，这种变异不是突变和选择的结果，而是完全取决于噬菌体复制和生长的寄主细胞。卢里亚把它称为寄主控制的限制和修饰。从图2-25可以看出，绝大部分在大肠杆菌K12细胞中生长的噬菌体λ（K）不能在经温和噬菌体P1溶原化的溶原性大肠杆菌K12（P1）中生长，而那极少数（约0.002%）能够在K12（P1）中生长的噬菌体，则能在两个菌株中正常地复制和增殖。看来P1的存在有两种作用：① 限制绝大多数λ（K）的生长；② 修饰和改变了极少数λ（K），使之能以不被限制的形式在K（P1）中生长。但是，这种限制和修饰的机制却是一个长期未被解开的谜。

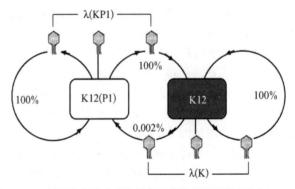

图2-25　λ噬菌体在K12 (P1) 中的限制和修饰现象（引自 S. Luria）
百分数系λ噬菌体在箭头所指的寄主细胞平板上的噬菌斑形成率。

卢里亚论文发表后10年,瑞士日内瓦大学的生物化学家阿尔伯(W. Arber)揭开了这个谜。阿尔伯在美国加州大学工作时曾和卢里亚的助手韦格(J. Weigle)共事,后来又和他的研究生杜西奥斯(D. Dussiox)深入研究了噬菌体λ和两种寄主细胞K12和K12(P1)的关系。在重复卢里亚实验的基础上,他们调整了噬菌体λK(P1)和寄主细胞K12的比例,使每个K12细胞只受一个λK(P1)的感染,然后做单菌释放实验,分析单个细菌释放的λ噬菌体的性质。他们惊奇地发现在一个K12细胞裂解释放的噬菌体中只有一个能感染K12(P1)细胞。阿尔伯认为这个在前一轮寄主K12(P1)中合成的噬菌体的DNA似乎标上了"K12(P1)制造"的标记。深入研究表明这个寄主细胞的"标记"并没有改变噬菌体DNA的核苷酸序列,而是修饰了特定位置上的胞嘧啶或腺嘌呤,即通过一个甲基化酶将甲硫氨酸上的甲基转移到已完成复制的DNA分子上的特定位置上的胞嘧啶或腺嘌呤上,使之成为5-甲基胞嘧啶或6-氨甲基嘌呤。为了验证这个想法,阿尔伯又把K12(P1)培养在缺乏甲硫氨酸的培养基中,结果K12(P1)因不能得到甲硫氨酸提供的甲基而不能修饰自身的DNA,最后导致死亡。这个实验同时表明细菌的限制和修饰系统在某种条件下也可作用于自身的DNA而导致自杀。

下一个问题是分离和纯化细菌的限制和修饰性酶。在1958年,为了证实DNA的半保留复制模式而发展和建立了生物大分子密度梯度离心分离法的梅塞尔森又为纯化限制性酶做出了重大贡献。当时梅塞尔森已经在哈佛大学建立了自己的实验室。1966年袁(R. Yuan)取得博士学位后来到梅塞尔森实验室,梅塞尔森给他两个课题任他选择:一是噬菌体T4重组酶的纯化;二是限制性酶的分离。袁不顾前人的多次失败,毅然选择分离限制性酶作为博士后的研究课题,梅塞尔森和袁运用梯度离心技术和透析法,反反复复地整整工作了两年,从大肠杆菌K的120g菌体中提取了8g蛋白质,接着又以酶活性为指标不断浓缩和纯化,最后获得了大约5×10^{-4} g精制蛋白质,这些蛋白质几乎保留了120g菌体所有的全部限制性酶活性。细菌限制性酶制品的纯化和提取揭开了限制和修饰研究的新的一页。年轻的袁在漫长而单调的纯化过程中享受到了创造者的乐趣,多年后他在给友人的信中写道:"这段时期是我一生中最激动人心的时期。"

梅塞尔森和袁用纯化的酶做了一系列实验,发现被标记的DNA经限制性酶处理不会产生游离的标记核苷酸,环状的λ-DNA经限制性酶处理后会成为线状的双链片段,解链变性后也不改变链的长度。这些结果表明限制性酶作用的对象是双链DNA,并且它还是一种内切酶,因为它不切割链端的核苷酸。此外,他们还做了限制性酶处理异源双链分子的实验,他们用在大肠杆菌K上生长的λ噬菌体的DNA(对限制性酶K的作用有抗性)和在大肠杆菌C上生长的λDNA(对限制性酶K敏感)分别解链后退火形成λ(K)/λ(C)杂合双链,然后用限制性酶K处理。结果λ(K)这条在K细胞中修饰过的单链保护了双链分子,甚至在杂合双链中的λ(C)单链上不产生切口。这表明在DNA双链中,只要有一条链的特定位点被甲基化修饰,那么整个双链分子都不受限制性酶的作用。

梅塞尔森和袁认为这是一项非常重要的发现。因为异源双螺旋分子对限制性酶的抗性,实际上是保护了复制中新合成的一条DNA链,使新链有被修饰的机会和时间。如果限制和修饰由同一种酶完成，那么对DNA分子究竟是进行限制性切割还是保护性修饰反应就完全取决于底物究竟是未经修饰的同源双螺旋，还是有一条单链被修饰的异源双螺旋。

接着梅塞尔森和袁又用了10年时间，终于弄清楚他们所研究的限制性酶K的分子量非常大，它由三个活性组分构成。第一部分专门识别DNA双链分子上的特定碱基序列，第二部分专门在未经甲基保护性修饰的特定区段切割DNA双链，第三部分对异源双分子做保护性修饰。遗憾的是他们并没有进一步研究酶所识别和切割的特异性序列，而这恰恰是限制性酶作用的关键，解决这个问题的是史密斯（H. Smith）。

史密斯早年学习数学，后来又进医学院学习，1962年进入密歇根大学，在噬菌体遗传学家莱文（M. Levine）指导下攻读博士学位，长期从事噬菌体P22的研究。毕业后到了约翰·霍普金斯大学医学院从事嗜血流感杆菌（*Haemophilus influenzae*）的转化研究。为了研究嗜血流感杆菌对外源DNA的作用，他把各种来源的DNA加入这种菌的提取液，并以DNA溶液的黏度改变作为DNA分子断裂和降解的指标来研究细菌提取液对DNA的作用。另外，他还用放射性标记的噬菌体DNA或其他来源的DNA来感染嗜血流感杆菌，并观察这些标记DNA的变化。一次史密斯用放射性标记的噬菌体P22感染嗜血流感杆菌。这种噬菌体是他非常熟悉的实验材料，可意想不到的是这些放射性标记的DNA竟消失得无影无踪。突然，他的脑海中闪出了一个革命性的思想，1978年12月8日，在诺贝尔奖的获奖演说中，史密斯回忆道："我立刻把我们的实验结果和梅塞尔森的论文联系了起来，我设想这很可能是噬菌体P22的DNA被细菌的限制性酶裂解了，而我们的黏度测定技术可能发展成为一种限制性酶的活性测试系统。第二天，我们装了两个黏度计，一个加入P22的DNA，另一个加入嗜血流感杆菌的DNA。然后加入嗜血流感杆菌的提取液，接下来我们随时测定溶液的黏度变化。随着实验的进行，我们越来越兴奋，因为我们发现嗜血流感杆菌DNA溶液的黏度保持不变，而P22的DNA溶液的黏度急剧下降。我相信我们发现了一种活性非常高的限制性酶。"

接着史密斯和他的助手做了同梅塞尔森和袁几乎一样的工作，从12 L细菌培养液中提取限制性酶。走完了这长长的路，史密斯发现从嗜血流感杆菌中分离到的限制性酶的分子量只有70 000，比梅塞尔森和袁研究的酶要小很多。这种酶能有效地切割双链DNA，例如，它可将长度为40 000 bp左右的噬菌体T7的DNA切成平均长度为1 000 bp左右的40个双链DNA片段，但没有游离的核苷酸出现。他把这种酶定名为限制性内切酶R。到这儿为止，史密斯并不比梅塞尔森和袁多走一步，只是在嗜血流感杆菌中重复了梅塞尔森和袁在大肠杆菌中做的实验和分析。他棋高一着的是进一步分析了限制性内切酶的识别和切割序列。史密斯在他发表的关于嗜血流感杆菌的限制性内切酶R的论文中，就曾推测这种识别序列应由5~6 bp组成。理由是这种内切酶将T7 DNA切成平均长度为1 000 bp的片段，表明它识别和切割序列大约每隔1 000 bp出现一次。根据概率论推算，如果某一序列由4 bp组成，则平均每隔256 bp出现一次，而在T7 DNA上特异性序列平均每隔 1 000 bp 出现一次,所以构成特异性序列的碱基对数目估计应为 5~6 bp。

怎样确定限制性内切酶的识别和切割序列呢?可以设想,如果酶的识别和切割位点确有特异性,那么每一个酶切片段的末端应由相同的碱基组成,只要测定酶切片段末端的碱基构成,就可以确定酶的识别和切割序列了。这正是史密斯的研究战略。经过深入细致的分析,史密斯和他的助手终于攻克了这个难题,查明这个酶的识别和切割序列,这是一个中心对称的回文序列:

↓

GTPyPuAC

CAPuPyTG

(Pu:嘌呤;Py:嘧啶)

这是人类搞清楚的第一个限制性核酸内切酶的识别序列,这个酶被正式命名为 *Hin* d Ⅱ。

从上面的叙述可以看出,对于限制和修饰的研究步子是越走越快了。

从第一个噬菌体定型到卢里亚发现限制和修饰现象,花了 30 年(1922—1952 年);

从卢里亚到阿尔伯花了 10 年(1952—1962 年);

从阿尔伯到梅塞尔森和袁花了 6 年(1962—1968 年);

从梅塞尔森和袁到史密斯只花了 2 年(1968—1970 年)。

史密斯在回顾这段经历时曾说过一段意味深长的话:"寄主控制的限制和修饰,看来似乎是细菌学中并不显眼的一种现象,可是它导致了一类酶的发现。而这样一件事又出人意料地大大推动了科学的发展。"

2.4.7　重组 DNA 技术

1978 年 12 月与阿尔伯和史密斯一起分享诺贝尔奖的还有一个科学家内森斯(D. Nathans)。他也是约翰·霍普金斯大学的生物化学教授。就在史密斯阐明 *Hin* d Ⅱ 的特异性切割序列之后,内森斯就把限制性内切酶应用于分子生物学的研究了。他和年轻的研究生达纳(K. Danna)一起以猴病毒 SV40 作为内切酶的作用靶分子,以 SV40 对寄主细胞的转化活性作为检测酶处理前后 SV40 DNA 生物学功能的指标,系统地研究了各种内切酶对 DNA 分子结构和功能的影响。他们先用限制性内切酶处理过的标记 SV40 DNA 在聚丙烯酰胺凝胶做电泳分析,然后降温冻结使凝胶变硬以便操作。再用小刀把凝胶切成宽度为 1.2 mm 的 100 条凝胶小条带,依次测定每个小带的放射活性,最后做出放射活性分布图。他们发现处理前呈现一个浓度峰的 SV40 DNA 在处理后出现了 11 个浓度峰,如果把 11 个峰值出现区的 DNA 小片段的分子量累加起来,其总和则等于切割前整个 SV40 DNA 的分子量。内森斯和达纳的结论是"这种内切酶把每 SV40 DNA 分子切成了 11 段,DNA 分子被切割后所产生的 11 种大小不等的片段会在凝胶的一定位置聚集为 11 条电泳带,各个电泳带的位置取决于相应的 DNA 片段的分子量"。此后,他们又用不同的内切酶处理 SV40 DNA,获得了不同的限制性内切酶谱,酶谱中电泳带的数目反映了整个 SV40 DNA 分子中这种限制性内切酶的识别序列出现的次数。所以，内森斯和达纳实际上已经发展和建立了一种新的限制性内切酶的活性检测系统。让我们比较一下梅塞尔森和袁、史密斯，以及内森斯和达纳的实验分析方法（表2-3）。

表2-3 梅塞尔森和袁、史密斯、内森斯和达纳的实验分析方法比较

实验者	实验材料	实验方法	特点与评价
梅塞尔森和袁	大肠杆菌噬菌体λ	放射性标记DNA密度梯度离心分析	比较费时费力
史密斯	嗜血流感杆菌噬菌体T7	放射性标记DNA溶液黏度测定法	快速、有效
内森斯和达纳	猴病毒SV40	放射性标记DNA片段凝胶电泳法	快速、有效、半定量

在内森斯和达纳以后，冷泉港研究所的夏普（P. A. Sharp）又在技术上做了两点改进：一是用琼脂糖凝胶代替聚丙烯酰胺凝胶作电泳载体，简化了操作；二是用溴乙啶染料给凝胶上的DNA染色，在紫外光照射下，溴乙啶会发出荧光来显示被它染色的DNA片段的位置和数量，使整个操作摆脱了放射性同位素，节省了放射自显影所需的时间和工作量，既推动了实验研究又促进了推广应用。夏普曾经说过："我肯定不是第一个在生化实验中用琼脂糖作电泳基质的人，但我的工作确实使得这项技术普及起来了。"

在限制性酶识别位点的核苷酸序列测定方面，工作是困难而繁重的。然而，美国威斯康星大学的统计学家富克斯（C. Fuchs）巧妙地运用统计学原理取得了重大突破。因为限制性酶的识别位点都有特定的回文结构，所以富克斯把猴病毒SV40和大肠杆菌噬菌体φx174的核苷酸全序列输入电子计算机，然后用计算机程序检出所有由4个、5个和6个核苷酸组成的回文序列。这样就能知道在SV40和φx174的DNA全序列上有多少个特定的回文序列结构，以及这些结构相隔的核苷酸对数目，富克斯据此制作了相应的软件。当实验科学家发现一种新的限制性酶时，只要用这个软件来处理SV40和φx174的DNA，并查出切割后的电泳谱上电泳带的总数和各条带所代表的相应DNA片段的分子量，就可以通过计算机推算出这种酶识别和切割的核苷酸序列了。

在短短的几年中，限制性核酸内切酶的研究面貌真可谓是日新月异。袁在1980年十分感慨地说过："谁能想到那些起初是那么笨重、烦琐而又耗时费力的实验会变得如此轻快和舒服，造成这种变化的正是人类的智慧和精巧的设计。"

随着识别、分离和纯化到的限制性酶的种类和数量越来越多，迫切需要一个统一的命名法。现在通用的命名法，是用一个大写字母代表取得酶的菌株的属名，用两个小写字母代表菌株的种名，再用一个大写字母来代表菌株的品系名。例如，大肠杆菌R株中提取的内切酶，可命名为*Eco* R I、*Eco* R II等，最末的罗马字代表从这个品系中分离到的内切酶的序号。又如：

从*Haemophilus influenzae* Rd中提取的酶*Hin* d II，*Hin* d III；

从*Diplococcus pneumoniae*中提取的酶*Dpn*；

从 *Bacillus amyloliquefaciens* H 中提取的酶 *Bam* H I 等。

限制性酶切割DNA可造成两种切口：一种为平口，另一种为阶梯口，表2-4中 *Hin* d II 等切的是平口，*Eco* R I、*Hph* I 等切的是阶梯口。

表2-4　几种限制性酶的比较

酶的名称	识别序列	酶的名称	识别序列
Alu	AGCT	*Hin* d II	GTPyPuAC
Bam H I	GGATTC	*Hin* d III	AAGCTT
Bgl II	AGATCT	*Xba* I	TCTAGA
Dde I	CTNAG	*Xho* II	PuGATCPy
Eco R I	GAATTC	*Xma* I	CCCGGG
Hae III	GGCC	*Hph* I	GGTGA (N) $_8$ ↓

注：A，腺嘌呤；T，胸腺嘧啶；G，鸟嘌呤；C，胞嘧啶；Pu，嘌呤；Py，嘧啶；N，任何一种碱基；↓，内切酶作用切口。

用能产生阶梯切口的限制性酶切割DNA双链分子，会在分子片段的两端各留出一个互补序列，这就是所谓的黏性末端。可以设想，如果用同一一种限制性酶去处理不同来源的DNA分子，就可以切出不同来源但却具有互补的黏性末端的DNA片段，把这些具有互补末端的异源DNA片段混合孵育培养，就有可能获得一种新的重组DNA分子，这就是重组DNA技术，或者叫作基因工程。图2-26是关于基因重组技术中重组质粒构筑的示意图。

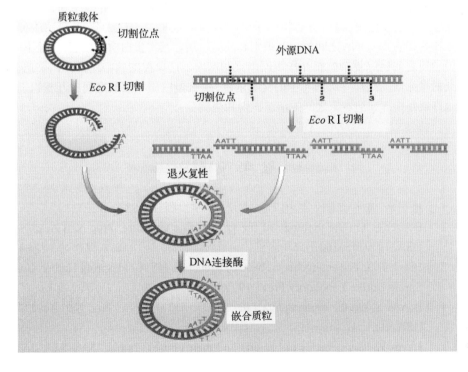

图2-26　外源DNA整合于质粒构筑重组质粒的示意

关于基因工程技术的具体细节，包括目标基因的分离、重组、转染和外源基因在受体细胞中的表达等，在不少教材和专著中都有专门章节讨论，这里就不深入介绍了。

限制性内切酶是基因工程的重要工具酶。然而，我们很难设想生物会经过长期的演化为人类生产一系列工具酶。那么，限制性酶的生物学意义究竟是什么？或者讲它在生物演化中有什么积极意义？

有一种看法认为限制性酶的出现或许只是为了帮助细菌抵御噬菌体的感染。至少有三条理由可以否定这种设想。① 这种抵御并不是强有力的。因为某种特异性极强的限制性酶对于稍加修饰的病毒是无能为力的。② 从生物演化角度看，发展出一种专门抵御生长于不同株系细菌的噬菌体又有多大作用呢？从抵抗噬菌体侵袭角度看，通过改变细菌细胞表面的附着点结构来阻止噬菌体的吸附和感染是更为有效的途径。③ 如果限制修饰系统确实是为了抵御病毒感染，那么高等生物体应该会发展出更为完善的限制修饰系统，但是在真核生物细胞中迄今尚未发现类似的系统。所以，这个系统不可能只是为了抵抗病毒感染的。细菌在生物演化中发展限制修饰系统的更有说服力的理由应该说是为了防御外来DNA的入侵，除了病毒DNA之外，作为单细胞原核生物的细菌随时会在接合、转化或转导等过程中接受外源DNA的入侵，而清除异源DNA，确保自身DNA的"纯洁"是维系细菌物种存在的前提，也是新种形成必要的"隔离"机制。这种阻断异种DNA入侵的类似隔离机制在高等生物中不但是普遍存在的，而且是高度发展的，其最高形式就是不同物种之间的种间生殖隔离。

此外，对限制修饰系统的研究还引出了生物学上的一个重要问题。限制性内切酶究竟是怎样工作的？它是通过识别DNA分子上特定的核苷酸序列，进而与这段序列相互作用，最后切割DNA分子。这一系列过程的核心问题是蛋白质（限制性内切酶）和DNA之间的相互识别和共同作用。其实蛋白质和核酸，以及不同蛋白质之间错综复杂的相互作用网络就是基因表达调控的核心所在。如果把复杂的生命活动比作一部演奏中的交响乐章，那么蛋白质和核酸之间的互相识别，也许就是指挥和演奏家之间的信息识别和交流。

参 考 文 献

［1］盛祖嘉.微生物遗传学.第2版.北京:科学出版社,1987.

［2］Benzer S. On the topology of the genetic fine structure. Proc Natl Acad Sci USA, 1959, 45: 1607−1630.

［3］Brook T D. The emergence of bacterial genetics. NY: Cold Spring Harber, Cold Spring Harber Laboratory Press, 1991.

［4］Benzer S. On the topography of the genetic fine structure. Proc Natl Acad Sci USA, 1961, 47: 403−415.

［5］Hayes W. The genetics of bacteria and their viruses. 2nd ed. New York: John

Wiley and Sons, 1968.

［ 6 ］ Luria S E, Human M G. A nonhereditary, host-induced variation of bacterial viruses. J Bacteriol, 1952, 64: 557−569.

［ 7 ］ Lwoff A. Lysogeny. Bacteriol Rev, 1953, 17: 269−337.

［ 8 ］ Mosig G. Recombination in bacteriophage T4. Adv Genet, 1970, 15: 1−53.

［ 9 ］ Smith H O, Nathans D. A suggested nomenclature for bacterial host modification and restriction systems and their enzymes. J Mol Biol, 1973, 81: 419−423.

［ 10 ］ Smith-Keary P. Molecular genetics. London: Macmillan Education LTD., 1991.

［ 11 ］ Stent G S. Molecular biology of bacterial viruses. San Francisco: W.H. Freeman and Company, 1963.

［ 12 ］ Stent G S. Molecular genetics: an introductory narrative. San Francisco: W.H. Freeman and Company, 1971.

［ 13 ］ Suzuki D T, Griffiths A J F, Lewontin R C. An introduction to genetic analysis. 2nd ed. San Francisco: W.H. Freeman and Company, 1981.

［ 14 ］ Wollman E L, Jacob F, Hayes W. Conjugation and genetic recombination in *Escherichia coli* K-12. Cold Spring Harbor Symposia on Quantitative Biology, 1956, 21: 141−162.

［ 15 ］ Yuan R. Structure and mechanism of multifunctional restriction endonucleases. Ann Rev Biochem, 1981, 50: 285−315.

［ 16 ］ Yuan R, Bickle T A, Ebbers W, et al. Multiple steps in DNA recognition by restriction endonuclease from *E. coli* K. Nature, 1975, 256: 556−560.

第3章 DNA损伤、修复和突变

在生物体生长和繁殖的过程中，机体内外环境中的许多因素都有可能损伤和改变生物体的遗传物质。遗传物质永久性的可遗传变异称为突变。发生了突变的生物体称为突变型。突变和突变型是遗传分析的基础。遗传学家在生物群体（植物、动物、微生物和人类群体）中发现突变型，通过这些突变型的分析来研究遗传和变异的规律。马勒在1927年和斯塔德勒(L. Stadler)在1928年分别开始用人工方法增加生物实验群体中突变发生的频率，加快了遗传学研究的步伐。但是，无论用自发突变还是诱发突变进行遗传分析，都只是把突变和突变型作为遗传分析的工具或手段，并没有涉及突变这一生物学过程或生物学事件的本身。无论是研究遗传学基本规律的孟德尔、摩尔根，还是分子遗传学的创始人比德尔，或者是提出基因表达调控模型的莫诺和雅各布，都是以生物体的基因突变和由此产生的突变型个体或群体作为遗传学研究的材料的，也因此对基因概念的形成和发展做出了历史性的贡献。然而他们都没有对突变发生这一细胞反应做过深入的理论研究。

§3.1 突变的定义和分类

3.1.1 突变的定义

突变有两个意义：一是指与野生型不同的个体所携带和传递的基因组变异结构，这种变异结构可以是基因水平的，也可以是染色体水平的；二是指上述变异结构发生的生物学过程。

3.1.2 突变的分类

1. **基因突变和染色体畸变**　从突变涉及的范围，可以把突变分为基因突变和染色体畸变。

基因突变又称点突变，是发生于一个基因座位内部的遗传物质结构变异，往往只涉及一对碱基或少数几个碱基对。点突变可以是碱基对的替代，也可以是碱基对的增减。前者又可分为转换和颠换。转换是指一种嘌呤–嘧啶对变为另一种嘌呤–嘧啶对，或一种嘧啶–嘌呤对变为另一种嘧啶–嘌呤对；颠换是指嘌呤–嘧啶对变为嘧啶–嘌呤对，或者反过来嘧啶–嘌呤对变为嘌呤–嘧啶对（图3-1）。这两类碱基替代突变都会改变相关的遗传密码的结构和该密码所编码的氨基酸。碱基对的增减则会造成增或减的变异点以后全部密码子及其编码的氨基酸的变异，所以称为移码突变。图3-2列举了各类点突变的结构变异及其对突变基因所编码的蛋白质结构的影响。需要注意的是与错义突变、无义突变和移码突变相比，同义突变往往是难以检测的"沉默突变"，因为它编码的多肽序列和野生型是一模一样的。此外，有些诱变性化合物能引起DNA分子中某些碱基的异构化修饰，也会导致DNA分子结构的改变，从而影响复制的精确性。

染色体畸变可以是染色体数目的变异，如倍数性改变（单倍体和多倍体）和非倍数性改变（单体、缺体和多体等），也可以是染色体结构的改变，如缺失、重复、逆位和易位等（图3-3）。

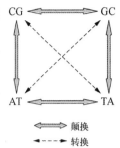

图3-1 转换和颠换示意

...ATGACCATGATTACGGATTCACTG...
...TACTGGTACTAATGCCTAAGTGAC...
...AUGACCAUGAUUACGGAUUCACUG...
甲硫 苏 甲硫 异亮 苏 天冬 丝 亮

(a)

...ATGACAATGATTACGGATTCACTG...
...TACTGTTACTAATGCCTAAGTGAC...
...AUGACAAUGAUUACGGAUUCACUG...
甲硫 苏 甲硫 异亮 苏 天冬 丝 亮

(b)

...ATGACCTTGATTACGGATTCACTG...
...TACTGGAACTAATGCCTAAGTGAC...
...AUGACCUUGAUUACGGAUUCACUG...
甲硫 苏 亮 异亮 苏 天冬 丝 亮

(c)

...ATGACCATGATTACGGATTGACTG...
...TACTGGTACTAATGCCTAACTGAC...
...AUGACCAUGAUUACGGAUUGACUG...
甲硫 苏 甲硫 异亮 苏 天冬 终止

(d)

...ATGACCCATGATTACGGATTCACTG...
...TACTGGGTACTAATGCCTAAGTGAC...
...AUGACCCAUGAUUACGGAUUCACUG...
甲硫 苏 组 天冬 酪 甘 苯丙 苏

(e)

图3-2 大肠杆菌半乳糖苷酶N端的基因和蛋白质结构的变异

(a)野生型；(b)同义突变；(c)错义突变；(d)无义突变；(e)移码突变

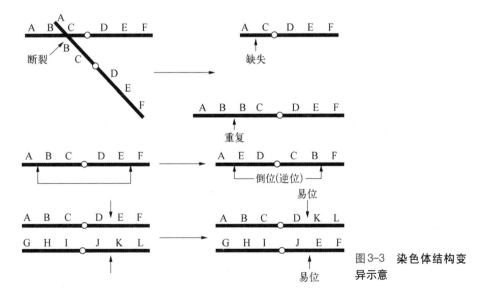

图3-3 染色体结构变异示意

2. **体细胞突变和生殖细胞突变**　从发生突变的细胞来分，又可将突变分为体细胞突变和生殖细胞突变。两者的区别可参见图3-4。可以明显地看出，体细胞突变和生殖细胞突变的后果是截然不同的。体细胞突变的结果是在正常细胞的背景上形成一个由突变型细胞组成的克隆，克隆的大小取决于在个体发育中突变发生的早迟。体细胞突变一般是不能传给下一代的。生殖细胞突变是发生于最终会形成性细胞的细胞内的突变。一旦携有突变基因的性细胞受精，则会将突变传给下一代。值得注意的是，表型正常的个体可以是突变基因的携带者，所以在确定一种变异体是突变产物之前，必须先排除分离和重组的可能性。

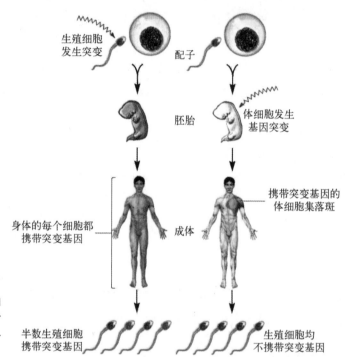

生殖细胞发生突变

配子

胚胎

体细胞发生基因突变

携带突变基因的体细胞集落斑

身体的每个细胞都携带突变基因

成体

半数生殖细胞携带突变基因

生殖细胞均不携带突变基因

图3-4　**体细胞突变和生殖细胞突变及其后果示意**（引自biology-forum网）

3. **突变型表型的分类**　如果我们从突变的后果，即突变型表型来看，又可把突变分为五种类型。

（1）形态突变：指可见的形态性状遗传变异，如形状、颜色、大小等，也包括孢子和菌落的形状和颜色、噬菌斑的大小和透明度等。

（2）致死突变：这类突变往往涉及细胞或个体的基本生物学功能，如DNA复制、蛋白质合成等生死攸关、必不可少的功能缺陷。致死突变的原因常常并不清楚，最初往往是根据致死和子裔死亡比的检测来推断的。

（3）条件（致死）突变：属于这类突变的突变型个体只能在特定的条件，即限定条件下表达突变性状或致死效应，而在许可条件下的表型是正常的。第2章中讨论过的大肠杆菌噬菌体T4的许多温度敏感突变就是条件致死突变的典型例子。在真核生物中，温度敏感突变也是研究的目标，如果蝇有一种显性热敏致死突变,异合子[H⁺/H]在20℃时是正常的,而在30℃时即死亡。有的遗传学家利用温度的陡然变化来研究与温度敏感突变有关的蛋白质或酶的结构和功能。这些在限定条件下具有致死作用的突变往往是和细胞分裂、生长、分化等生命基本功能的调控密切相关的,研究这些突变是生化遗传学的重要内容。

(4)生化突变:指细胞或个体生物化学功能的缺陷突变。如营养缺陷突变和遗传性代谢病。如果从突变的原始结果来讲,几乎每一种突变都是与生物化学变化有关的。

(5)抗性突变:抗性突变型细胞或个体能在某种抑制生长的因素,如抗生素或代谢活性物质的结构类似物存在时继续生长与繁殖。在遗传分析中常以抗性突变为选择标记,特别在融合实验和协同转染(co-transfer,或称共转染)实验中用得最多。

显而易见,这样的划分是粗线条的,而且是互不排斥的,一种类型的突变型可以同时归入另一类型的突变。表3-1是三种在实验分析中常用的突变型筛选模式。

表3-1　三种突变型的筛选与检测原则

基因型	条件致死突变		营养缺陷突变		抗性突变	
	许可条件	限定条件	补加生长因子	不加生长因子	不加药物	加药物
野生型	生长	生长	生长	生长	生长	不生长
突变型	生长	不生长	生长	不生长	生长	生长

突变和突变型的分析研究已经超越遗传学研究的范围,而成为剖析细胞内错综复杂的生物化学反应和种种生命活动过程的有力工具,也是医学、药学和农学研究的对象和工具。因此,我们除了继续运用突变和突变型的性质来解决一些当代重大的科学和社会问题,如遗传病、肿瘤、免疫、衰老、生长发育、环境污染、能源短缺等问题以外,还必须研究和了解突变本身,研究突变这个细胞反应的机制。

§3.2　自发突变和诱发突变

在一个相当长的时期里,人们把自发突变归之于环境中自然存在的辐射本底和环境诱变剂。然而,深入的研究表明这种看法是不完全的。图3-5清楚地表明自然本底中的诱变因子是远不能说明自发突变率的。现在的看法是绝大多数的自发突变起源于细胞内部的一些生命活动过程,如DNA复制中出现的误差和遗传重组过程中的误差,这些误差的产生是和酶的活动有关的。

DNA复制是非常精确的。细菌的DNA多聚酶同时具备聚合功能和核酸链从3′端至5′端的外切功能,它可以切除已参入到合成链3′端,但与样板链不互补的错配碱基。这种复制中的校正(proof-reading)能大大减少新合成的DNA分子的错配率,从而提高DNA复制合成的精确程度。根据计算,这种校正功能可以把复制的错误减少到10^{-10}/碱基对,即每复制10^{10}个碱基对,只发生一次与样板链不互补的错配碱基的参入。细菌的基因组含3×10^6个碱基对,整个基因组复制一次

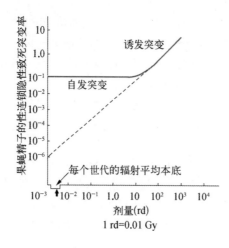

图3-5　图示辐射本底不能说明果蝇的自发突变水平（引自 R. C.von Borstel）

　　实验表明用剂量相当高的辐射处理时，诱发突变和辐射剂量呈直线相关。将该直线外推到自然的本底水平，只能说明自发突变中很小的一部分。

发生错误的概率是3×10^{-4}。假设细菌基因的平均大小为10^3个碱基对，则可推算出细菌在一个增殖世代中，每个基因的突变率平均为10^{-7}左右。值得注意的是大多数自发突变是难以检测的"沉默"突变。所以，对于细菌的多数可检突变来讲，自发突变率会低于10^{-7}。

　　在大肠杆菌中已发现一些能增加自发突变率的突变型。如携带了与DNA复制有关的 pol A 和 pol C 基因突变的细胞的自发突变率会升高100倍，甚至更高。这种基因称为增变基因（mutator gene）。与此相反，抗增变基因（anti-mutator gene）突变的作用是降低自发突变率。有趣的是，增变基因和抗增变基因往往都是编码DNA多聚酶的结构基因，或者与DNA多聚酶协同参与复制的蛋白因子的结构基因的突变。

　　除了DNA多聚酶结构变异外，复制过程中的碱基错配（mismatch）、跳格（slipped）也是增高自发突变率的原因。此外，DNA分子水平的重组差误则会造成一个或几个碱基的重复和缺失，这种现象特别容易发生在序列相同或相似的DNA片段间的重组过程中。基因重组是由重组酶来催化的，所以重组酶结构的变异也会影响基因的自发突变率。总之，种种与DNA复制和基因重组过程有关的酶和蛋白质对维持生物一定的基因自发突变率是十分重要的，甚至是对物种的生存起着某种决定性作用的。

　　从理论上讲，一个生物种群的自发突变率是受到自然选择作用的，这种作用必定反映在种群的基因组结构上。也就是说自发突变率是由整个基因组来调节和控制的。我们观察到的物种或种群的基因自发突变率是群体基因组稳定程度的一个数量指标，它取决于某种平衡。这种平衡条件下的基因自发突变率既能使物种或种群保持演化弹性（evolutionary flexibility），又不致有危及种群发展的过高的突变率。

　　研究自发突变是必要的，但它的发生是一个小概率事件，当人们发现它时，突变过程已经完成了，也就很难找到有效的方法来确定其发生的时间、空间，及其影响因素。与自发突变相反，诱发突变是人类对生物体突变过程的某种干预，这种干预往往是了解、掌握和改变自然变化的出发点。诱发突变为我们研究突变机制创造了条件，诱变可以是一个可控的实验研究过程。

　　诱发基因突变的诱变剂可以是紫外线或电离辐射这样的物理因素,也可以是氮芥或亚硝酸这样的化学因素。下面我们以了解得比较清楚的紫外线诱发的突变过程为例来看看诱变研究在揭示突变本质中的独特作用。

　　紫外线是一种强杀菌剂,它在暗环境下的杀菌效率与剂量成正比。但是,如果让经过紫外线处理的细菌群体暴露于可见光,会有许多细菌存活下来。这里有两个值得注意的问题:① 表明细菌有某种能为可见光激活的损伤修复系统,可以修复紫外线引起的损伤;② 提示紫外线引起的细菌损伤本身或许并不一定是致死的。

　　微生物学的研究告诉我们,杀菌最有效的紫外线波段是260 nm,即DNA的吸收峰段。这就暗示我们紫外线诱发和杀菌作用的靶分子是DNA。研究表明,经紫外线处理的DNA会发生多种结构变异,其中最常见的是胸腺嘧啶双聚体。对野生型细菌来讲,用强度为0.1 μJ/mm^{2}紫外线处理,可在每个细菌基因组中产生6个胸腺嘧啶双聚体,双聚体中的2个嘧啶碱是以共价键牢固相连的。这是在一个DNA单链上,相邻的嘧啶通过化学共价键相连接的例子,其结果是引起DNA螺旋结构变形,并使胸腺嘧啶与互补链上的腺嘌呤之间的氢键断裂。大肠杆菌的光复活基因*phr*(photoreactivation)编码的光裂合酶(photolyase)在可见光存在的条件下,可以识别双聚体引起的结构变形,并以可见光为能源把共价结合的嘧啶双聚体重新单体化,使紫外线引起的DNA结构损伤得以恢复,这个过程就是光修复,又叫光复活。细胞的光修复是一种无误修复(error-free repair)(图3-6)。

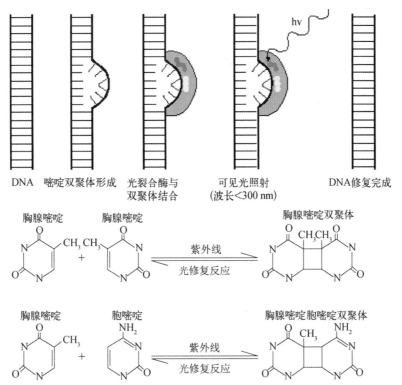

图3-6 嘧啶双聚体的形成和修复反应

除了光修复之外，细胞中还存在着暗修复系统。在研究紫外线对大肠杆菌的诱变作用时，曾经发现一种对紫外线特别敏感的突变型细菌。这种突变型菌在没有可见光的条件下，紫外线会诱发产生比野生型菌多得多的突变型细菌。这暗示野生型细菌在无可见光的条件下也具有某种修复功能，而上述对紫外线特别敏感的突变型菌实际上是某种暗修复功能的缺陷突变。这种突变称为紫外线修复（UV repair, uvr）缺陷突变，已知的这类酶有uvrA、uvrB和uvrC等。生物化学的研究证实，在黑暗环境中，野生型细菌的uvrA$^+$和uvrB$^+$、uvrC$^+$一起编码的紫外线核酸内切酶（UV endonuclease）能在嘧啶双聚体所在的多核苷酸链的5′端上游8个碱基处切开磷酸二酯键，随之细胞中的核酸外切酶会依次切除受损链的单核苷酸，直至嘧啶双聚体3′端的第4或第5个核苷酸，使受损链出现12个左右核苷酸的缺口，然后DNA合成酶以互补链的相应片段为模板合成新的DNA链，最后由DNA连接酶连接修复后的链。突变型uvrA的功能缺陷发生于暗修复（又称切补修复）的第一步，即DNA单链切口形成阶段。整个切补修复涉及与切割、聚合和连接有关的多种酶系。切补修复是第二类DNA损伤修复系统（图3-7）。

在哺乳动物和人类中也存在着切补修复系统，它也是通过人类中的uvrA突变而发现的。最典型的例子是人着色性干皮症（xeroderma pigmentosum, XP）患者。取自XP患者的细胞对紫外线是高度敏感的，暴露于日光的皮肤易患皮肤癌。研究表明，各种XP患者细胞的缺陷都和uvrA、uvrB、uvrC等基因有关，已发现缺陷突变可分9个互补群，说明切补修复在人细胞中是一个多步骤的复杂反应。

不久，又发现了第三种DNA损伤修复系统。人们发现大肠杆菌的重组缺陷突变型recA不但不能产生重组子，同时也是紫外线敏感的。这表明，某种损伤修复过程是和重组密切相关的（图3-8）。这种重组修复常常发生于正处于复制中

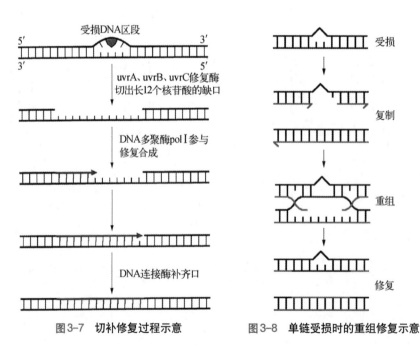

图3-7　切补修复过程示意　　　　图3-8　单链受损时的重组修复示意

的受损DNA分子,它虽然不能消除损伤,却能使DNA复制得以继续进行,并通过复制来降低受损DNA分子的相对数量,保存下来的受损部位将有可能通过后续的切补修复完全修复。图3-9形象地表明了DNA聚合酶、DNA修复酶和DNA重组酶缺陷突变型细菌对紫外线的敏感性。

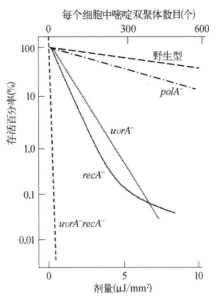

图3-9 **多种修复酶缺陷突变型细菌对紫外线的敏感性**(引自A. Sanca)

在通常情况下,细胞以上述几种途径修复了大多数由物理或化学诱变剂引起的损伤,同时在修复过程中也会因错配、不等重组、合成差误而发生基因突变。然而,我们不妨设想一下,如果由于紫外线剂量过大,细胞的DNA分子上出现非常多的损伤,比如到了DNA双链分子的两股链在很短的距离内各出现一个嘧啶双聚体,从而使切补修复或重组修复过程中的DNA合成失去适当的模板,这时细胞会发生什么变化呢? 显然,细胞因修复受阻而造成嘧啶双聚体等损伤结构迅速积累,细胞逐渐进入岌岌可危的境地。为了继续生存下去,细胞会动用一种由受损DNA片段诱导的紧急修复系统——SOS系统。与前面讨论的几种由组成酶来修复的过程不同,SOS系统是一个可诱导的系统,它为我们深入研究DNA损伤、修复和突变提供了难得的实验模型。

§3.3 DNA损伤修复系统的调节与控制

3.3.1 SOS系统的发现

当DNA受到损伤或DNA合成受到抑制时,无论是原核生物还是真核生物都会做出一系列复杂的病理生理反应。在研究得比较清楚的大肠杆菌中,这些反应包括DNA损伤修复系统的激活、细胞分裂受到抑制而不能完成、呼吸受阻、整合于细菌基因组的原噬菌体被激活而进入复制周期等。这一系列反应受到遗传调控系统操纵而高度协调,它们形成了一个综合的反应网络。罗德曼(M. Rodman)把这个可以为受损的DNA所诱导的反应网络称为SOS系统。

最早发现可诱导的修复系统的是韦格。他用经过紫外线处理的噬菌体λ感染野生型细菌,随后接种敏感菌平板,结果出现的噬菌斑很少。原因是寄主细胞来不及修复噬菌体DNA上由紫外线造成的损伤,致使λDNA不能正常地复制和增殖。可是,只要在感染前,先用紫外线处理一下细菌,则λDNA上的损伤会被寄主细胞很快修复,在敏感菌平板上可形成多得多的噬菌斑,这种现象称为韦格复活效应。

那么，诱导和激活寄主细胞修复系统的直接诱导因子是紫外线本身，还是紫外线产生的受损DNA？证实的方法是让受紫外线处理后的Hfr菌和F⁻菌做接合杂交，随后用受体细胞做紫外线处理过的λ噬菌体的复活实验。结果表明在接合开始后第30 min，受体细胞中的诱导性修复酶活力达到极大值。因为杂交中的受体细胞并未受紫外线照射，只是在接合过程中获取了经紫外线处理过的Hfr菌的DNA分子，所以实验清楚地表明诱导性修复系统的直接诱导因子是受损的DNA，而不是紫外线。

SOS系统的修复效率非常高，在表达SOS修复功能的细胞中，DNA多聚酶可越过受损部位而复制DNA。然而，这样做会降低复制的可靠性和精确程度，导致碱基的错误参入而增加突变发生的概率，所以这个系统是一个易误修复系统（error-prone repair system）。也就是说，由受损DNA诱导的SOS功能使细胞在DNA结构受损较为严重的情况下，继续复制DNA和维持细胞存活，但要付出增加基因突变这样"昂贵"的代价（图3-10）。

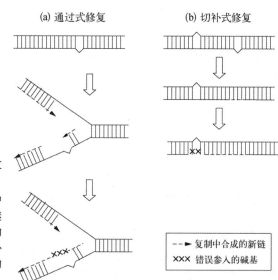

(a) 通过式修复   (b) 切补式修复

图3-10 **易误修复的两个模型**（改自 R. E. Glass）

（a）在SOS功能表达的细胞中DNA多聚酶能越过嘧啶双聚体而继续合成DNA，但造成错配碱基X的参入；(b)通过受损样板的SOS切补修复，这是修复双重损伤段DNA的重要方式

--- 复制中合成的新链
××× 错误参入的碱基

3.3.2 recA-lexA调控系统

研究DNA损伤修复的一个重大发现是诱变剂引起的损伤经过细胞内多种修复功能的作用，多数并不能发展成为稳定的遗传物质结构改变，而修复过程本身却是突变发生的主要原因。例如，研究表明在大肠杆菌中，紫外线或化学诱变剂甲基磺酸乙酯引起基因突变对细胞来讲并不是一个被动的、受制于环境诱变剂的过程，而是一个和SOS系统的诱导相协调的、积极主动的细胞反应。这些诱变剂的诱变作用依赖于细胞SOS系统中的基因 *umuC*（umu是up mutation的缩写，意为提高突变率）的功能表达，在 *umuC* 功能缺陷的突变型细胞中，诱变剂只能增加受诱变剂处理细胞的死亡率，而不能增加基因的突变率。

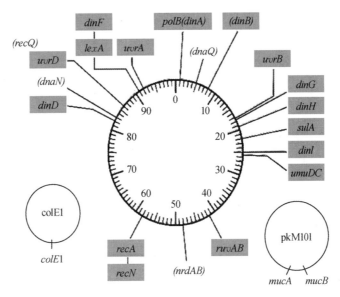

图3-11　**大肠杆菌基因组和两个质粒中受SOS调控系统有关的基因**（改自 D. W. Mount）

　　经过长期的研究,现在对SOS系统已有了一个比较清晰的看法。研究表明大肠杆菌的SOS系统至少涉及19个基因(图3-11),这些基因的表达受同一个遗传调控系统的调节控制,是高度协调一致的,这个调控系统称为"recA-lexA调控系统"。

　　*recA*是编码重组蛋白A的结构基因。重组蛋白A由352个氨基酸组成,分子量为37 842,一般以四聚体方式存在。它是同源DNA片段之间进行遗传重组所必需的酶。然而,重组蛋白A在"recA-1exA调控系统"中的作用是裂解lexA蛋白,使之失去蛋白酶活性。lexA蛋白是一种类似于乳糖操纵子中的*LacI*基因产物的阻遏蛋白,分子量为24 000。在通常情况下,lexA蛋白阻遏SOS系统中部分基因的表达。当诱变剂引起DNA损伤时,recA蛋白受到某种损伤信号(可能是单链DNA片段)的诱导和激活,会在dATP存在的条件下获得特异的蛋白酶活性,将lexA蛋白的第85号氨基酸(丙氨酸)和第86号氨基酸(甘氨酸)之间的肽键切开,使lexA蛋白裂解而失去对一系列*SOS*基因的阻遏作用,使细胞进入SOS应激状态。SOS反应包括细胞分裂受抑,细胞的生长呈现出丝状化,呼吸受阻,基因突变率明显增加,以及原噬菌体的释放等。整个反应过程见示意图3-12。随着受损DNA的修复,能激活recA蛋白的损伤信号分子的水平下降,recA蛋白裂解lexA蛋白的酶活性也渐渐消失。接着lexA蛋白又会逐步积累到能够阻遏*SOS*基因表达的水平,SOS系统又重新处于被阻遏的状态。

　　在整个调控系统中,值得注意的是*lexA*和*recA*这两个调控基因也是由lexA蛋白来调节和控制的。lexA的自我调控使细胞内lexA蛋白的水平保持在一个易于上下浮动的适当水平,在损伤修复后又能很快恢复对SOS系统基因群的阻遏作用,使细胞的呼吸、代谢和分裂恢复到正常的状态。另一方面,*recA*基因的转录受制于lexA蛋白,则能保证损伤信号出现后recA蛋白在获得裂解lexA蛋白的酶活性后的瞬间就能迅速合成。在这种情况下,lexA蛋白对*SOS*基因的阻遏会很快解

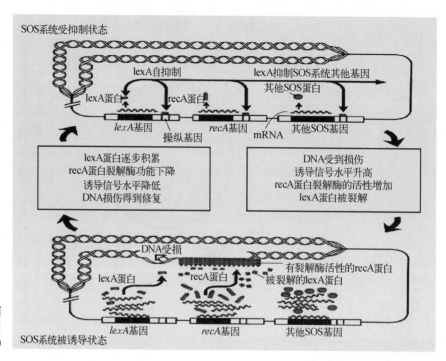

图3-12 **大肠杆菌SOS系统调控模式**（引自cmgm.stanford.edu网）

除，使SOS系统基因的功能得以表达。

　　为了研究recA-1exA调控系统的组成和调节，卡萨达班（M. Casadaban）建立了操纵子融合（operon fusion）技术。一般来说我们研究的靶标基因的编码产物往往是很难直接检测的，在融合的操纵子中，通过DNA重组技术把靶标基因的调控区段和某个基因产物易于检测的报告基因组成一个整体，就可以通过容易检测的报告基因表达蛋白产物数量来推测靶标基因受自身调控区段调控时的表达程度。当某种理化因子或生物因子能诱导和促进该报告基因的表达时，即可推测这种因子可能是靶标基因调控区段的直接或间接敏感因子，也就是说，这种因子是这个调控区所操纵的基因得以表达的诱导因子，或者是和诱导过程相关的因子。

　　卡萨达班利用大肠杆菌的一种几乎能插入细菌基因组任何区段的噬菌体Mu作为载体，使之和乳糖操纵子中的结构基因LacZ重组在一起，形成一个特殊的重组分子Mud。当携带了LacZ基因的噬菌体Mu，即Mud感染细菌时，它会随机地整合于细菌的染色体DNA，组成一个特定的融合操纵子。这个融合操纵子表达的蛋白产物总是β半乳糖苷酶。如果Mud整合于SOS系统基因的染色体区段，即可组成一个由SOS基因调控区和LacZ组成的融合操纵子。只要这个融合操纵子对诱变因子引起的DNA损伤是敏感的，就表明Mud整合的区段可能是SOS基因。利用融合操纵子技术已经鉴定和定位了dinA、dinB、dinD和dinF等一系列SOS系统基因。

　　美国亚利桑那大学的芒特（D. Mount）等还利用融合操纵子技术深入研究了recA和lexA基因的调控机制。他们利用带有乳糖操纵子的大肠杆菌噬菌体M13mP8构筑成两个融合操纵子，即分别用lexA或recA的促进子序列取代

M13mp8上的*LacZ*的促进子。由于重组技术问题,这个操纵子的结构基因*LacZ*表达的蛋白产物是一个杂合的β半乳糖苷酶肽段,它的氨基端最初几个氨基酸不是β半乳糖苷酶的最初几个氨基酸,而是被recA蛋白或lexA的氨基端的一些氨基酸取代了。这种杂合肽段具有水解乳糖复合物的能力。在这个融合操纵子系统中,杂合肽段的合成是受SOS调控系统的调节的。在*recA-LacZ*融合实验中,当带有融合操纵子的噬菌体感染*recA⁺lexA⁺*寄主细胞时,所形成的噬菌斑是白色的,表明能水解乳糖复合物的杂合肽段的数量非常少。如果在培养基中加入少量的丝裂霉素C来诱导SOS系统,噬菌斑即可由白变蓝,显示了SOS系统对丝裂霉素的诱变作用做出了反应。相反,在*lexA-LacZ*融合实验中,未经诱变剂处理,噬菌斑的颜色呈现蓝色,说明在通常情况下,*lexA*的表达比*recA*强得多,也就是说*lexA*基因受抑程度低于*recA*基因。当一个细胞带有多个携有*lexA*基因的噬菌体DNA时,lexA蛋白的合成会过量,这时噬菌斑反而变成白色。上述研究表明,能抑制*recA*基因表达所需的lexA蛋白的水平比*lexA*基因自我抑制所需的lexA蛋白的水平要低得多。动力学的研究也证实lexA蛋白与*lexA*操纵基因的结合力比它与*recA*操纵基因的结合力要弱两个数量级。这暗示在DNA损伤修复之后,最后受抑的*SOS*基因是*lexA*基因。

显而易见,这是一个研究SOS系统调控的理论研究课题,但同时也是一个有可能用于DNA损伤剂检测的实验系统。例如,有人利用操纵子融合技术构筑了一个含有噬菌体Mud的大肠杆菌新菌株PQ37,并以此来检测各种理化因子诱导SOS功能表达的能力。实际上,这就是一个以recA-lexA调控系统为作用靶标,以β半乳糖苷酶基因的蛋白产物为观察指标的环境诱变剂的检测系统的雏形。

近年来关于SOS系统的研究非常活跃,除了上面介绍的内容外,还涉及每个*SOS*基因的表达分析、它们编码的mRNA和蛋白质产物的定量分析和动力学研究。有的实验室还分离到了*lexA*和*recA*的结构基因和调节基因突变株,进行了变异区段DNA的核酸序列分析等。所有这些都加深了我们对原核生物中从DNA结构受损到基因突变发生的全过程的认识,明确了突变是一个非常复杂的细胞反应,而不是一个仅仅由外界某种因子造成的被动过程。

§3.4 靶型致突和非靶型致突

哺乳动物细胞中有没有类似细菌SOS系统这样的由受损DNA诱导的细胞反应呢?

近年来有人发现,一些能改变哺乳动物细胞中DNA的结构和代谢的理化因素,确实会诱导整合于细胞基因组的原病毒(provirus)的释放和增加细胞恶性转化的能力。特别值得提出的是当细胞受到这类理化因素处理时,会促进一些在细胞核内复制的受损DNA病毒的复活(enhanced reactivation, ER),以及复活的子裔病毒的基因突变率增加(enhanced mutagenesis, EM)。人们把ER和EM现象和细菌中的SOS系统连起来考虑,认为这些现象的本质是理化因素造成的DNA损伤诱导了某种DNA损伤的易误修复过程。正是这种可诱导的修复反应造成了ER和EM效应，并据此假设诱导性修复是诱变性理化因素致突变和致癌的重要基础。

早在1976年，威特金（E. Witkin）就提出了靶型致突（targeted mutagenesis）和非靶型致突（untargeted mutagenesis）的概念。靶型致突是指发生于DNA受损部位的基因突变过程，非靶型致突是指在DNA复制和大段修复合成中，发生于模板完整部位的基因突变过程。利用寄主细胞的DNA损伤修复系统，来增加因DNA受损而失活的病毒的复活率和突变率，是非靶型突变的典型实例。我们可以利用体外培养的哺乳动物细胞和DNA受损部位已知的病毒组成一个实验系统，研究各种理化因素导致ER和EM效应的能力，达到分析研究理化因素损伤DNA的能力和诱导细胞内DNA损伤修复系统的修复能力的目的。

譬如，科内利斯（J. Cornelis）等先用紫外线处理体外培养的人肾细胞NB-E或大鼠肝细胞RLSE，然后用微小病毒H-1（一种线状单链DNA病毒，其基因组两端有反向回文序列）的一种温度敏感突变株感染细胞，观察到了非常明显的ER效应和EM效应。证实了寄主细胞修复系统的可诱导性。由此，引出了关于哺乳动物细胞中DNA损伤诱导性修复的一般概念：诱变因子或DNA合成抑制物引起DNA损伤→DNA合成受抑→细胞内"拯救机构"受激活化→细胞内潜在性致死危险被排除→靶型致突和非靶型致突。

1981年罗姆拉勒（J. Rommelaere）等证实，用紫外线处理细胞本身，或者在细胞内引入一个经紫外线处理过的病毒，只要这两种处理所产生的胸腺嘧啶双聚体的数目相近，则诱导产生的EM效应也相近。这表明DNA损伤本身确实有可能是EM效应的诱导因素。此后不久，有人用2-硝基萘酚呋喃的衍生物R7000和R7160处理细胞得到了用紫外线处理相类似的结果。这项研究表明化学物质造成的DNA结构损伤也能诱导一个易误修复过程。

这里，我们所讨论的问题的实质是把经诱变剂或诱变性致癌物处理过的受损DNA片段，看作是一种可以诱导非靶型致突过程的"间接诱变剂"。大量研究证明在低剂量处理时，直接由诱变剂或致癌物引起的靶型突变很少，有时几乎接近零点，而由受损DNA诱导的非靶型致突，即EM效应，却成了突变发生的主要途径。随着剂量的增加，直接的靶型致突作用才变得重要起来，同时也伴有迅速增加的致死效应。

毫无疑问，突变是一个复杂的多阶段细胞反应，DNA结构的改变只是与突变过程有关的诸因素中的一个因素。诱变过程的最终效果受制于多种性质各异的内外因素，其中由受损的DNA片段诱导的多种易误修复很可能起了非常重要的作用。

关于哺乳动物细胞中DNA损伤的诱导性修复的研究，给我们最大的启示是，必须重视非靶型致突的生物学和医学意义。非靶型致突包括了三个相互独立而又密切联系的过程：① DNA损伤的产生；② 易误修复的诱导；③ 在修复过程中产生可遗传的DNA结构变异，即基因突变。受损DNA在整个过程中起了关键性的间接诱变剂作用。

在遗传毒理学研究中，往往习惯于从人为的大剂量处理区间的实验数据向低剂量区外推，来获得借以估算和评价化学物质遗传毒物致突变和致癌作用的大小。然而，大量的研究和分析表明，在大剂量处理时，主要是引起细胞致死效应和靶型突变，而在低剂量处理时，主要诱发细胞的非靶型突变。两者有着质的区别，外推是缺乏理论依据的。特别在评价以慢性低剂量接触方式产生作用的环境诱变化合物和职业毒物的遗传毒性时，这个问题更应该引起注意。随着对致突过程研究的层层深入，遗传毒理学的研究，包括理论研究和检测方法的研究，也会逐步深入到分子水平，甚至更为基本的物质变化层次。

§3.5 双氢叶酸还原酶的诱变研究

从细菌到哺乳动物细胞内都有双氢叶酸还原酶（dihydrofolate reductase, DHFR）。处于生长和分裂旺盛期的细胞 DHFR 的含量很高。它催化 7,8-双氢叶酸为还原态的 5,6,7,8-四氢叶酸，四氢叶酸则是核苷酸代谢和某些氨基酸代谢中涉及单个碳原子转移的生物合成反应的核心化合物。研究 DHFR 基因功能缺陷突变的重要性可以归纳为下面四点。

（1）DHFR 催化的生物化学反应会提升细胞内的四氢叶酸（FH_4）的丰度，FH_4 则是许多单碳转移反应的必要辅助因子。

（2）DHFR 居于核酸前体合成的关键位置，它对抗癌化疗药物甲氨蝶呤（methotrexate, MTX）异常敏感，因为 MTX 是 FH_4 的结构类似物，所以 DHFR 成了设计癌症化疗药物的"靶酶"。

（3）在哺乳动物体细胞遗传研究中 DHFR 和一系列的营养要求有关。DHFR 缺陷突变型细胞同时是三种涉及核酸和蛋白质合成代谢的生长因素的

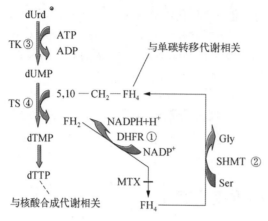

营养缺陷突变型：胸腺嘧啶缺陷突变（*Thy⁻*），甘氨酸缺陷突变（*Gly⁻*）和次黄嘌呤缺陷突变（*Hyp⁻*），所以这是非常有科学或医学意义的研究目标。图3-13显示的不仅是胸苷激酶（TK）、胸苷酸合成酶（TS）、丝氨酸羟甲基转移酶（SHMT）和双氢叶酸还原酶（DHFR）所参与的代谢途径，还可以看出编码这些酶的基因发生突变时，细胞会

图3-13　具有³H-dUrd抗性的四种酶缺陷突变

TK：胸苷激酶；TS：胸苷酸合成酶；SHMT：丝氨酸羟甲基转移酶；DHFR：双氢叶酸还原酶

产生对放射性脱氧尿嘧啶核苷（dUrd）的抗性，成为多重营养缺陷突变的遗传分析工具。

（4）DHFR是一种分子量较低的酶。例如，大肠杆菌的DHFR只有155个氨基酸，因此而成为蛋白质结构学家的首选研究目标（图3-14）。

但是，要在野生型细胞群体中选出双氢叶酸还原酶的缺陷型细胞是非常困难的，这是因为*dhfr*是一个隐性突变，必须当两个等位基因都突变为*dhfr⁻*时才能表现突变型性状。所以，尽管人们对DHFR非常感兴趣，却很久以来一直没有找到有效的分离*dhfr⁻*细胞的方法。

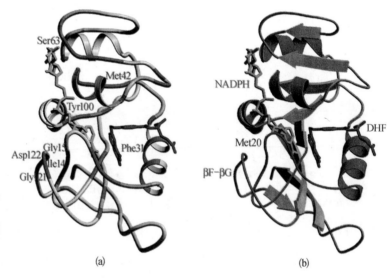

图3-14　大肠杆菌的DHFR结构示意

（a）图中红色部分是生物演化中最为保守的结构；（b）DHFR的二级结构，图中标示了βF-βG环、作为辅酶的细胞色素c还原酶NADPH、底物DHF和甲硫氨酸Met20的位置

3.5.1　细胞水平的诱变研究

1980年美国哥伦比亚大学的乌尔劳布（G. Urlaub）和蔡辛（L. Chasin）提出了一种巧妙的实验构思，使DHFR的诱变研究工作取得了实质性突破。他们的思路有以下几个要点。

（1）如果用MTX抑制相关的代谢途径，哺乳动物细胞就会濒死，如这时在培养基中补加甘氨酸、胸腺嘧啶和次黄嘌呤则可救活细胞（图3-13）。

（2）在培养基中加入放射性同位素^{3}H标记的脱氧尿嘧啶［^{3}H］-dUrd，细胞会利用放射性标记的尿嘧啶来合成胸腺嘧啶核苷酸，而当细胞的DNA中积累一定量放射性胸腺嘧啶时，细胞即停止生长并趋于死亡。

（3）如果在上述含［^{3}H］-dUrd的培养基中，生长的是*DHFR*的纯合突变型*dhfr$^-$/dhfr$^-$*，细胞则会因DHFR酶失活而不能利用［^{3}H］-dUrd，它的DNA中也就不会出现含放射性［^{3}H］的胸腺嘧啶。这时只要在培养基中补加甘氨酸、胸腺嘧啶和次黄嘌呤，突变型细胞即可生长和增殖。

（4）可不可以从野生型细胞群体中选出*DHFR*突变的杂合子*DHFR/dhfr$^-$*呢？乌尔劳布和蔡辛设想，要是减少抑制DHFR活性的MTX数量，使之只能抑制一个*DHFR*基因编码的酶活性，这样野生型细胞仍有部分DHFR的酶活性，仍能因利用［^{3}H］-dUrd而死亡。相反，杂合子仅有的DHFR酶活性完全受抑，反而会在补加了甘氨酸、胸腺嘧啶和次黄嘌呤的培养基中生长和增殖。这样就有可能选出杂合子。三种基因型不同的细胞在三种不同培养基上的生长特性如下表：

	在甘氨酸、胸腺嘧啶和次黄嘌呤的培养基中分别补加		
	［^{3}H］-dUrd	［^{3}H］-dUrd+MTX	［^{3}H］-dUrd+1/2MTX
D/D	不生长	生长	不生长
D/d	不生长	生长	生长
d/d	生长	生长	生长

这样的战略分析使他们确定了如图3-15所示的选择模型，并分两步选出了相当数量的双氢叶酸还原酶的缺陷突变细胞，开拓了DHFR诱变研究的新路子。

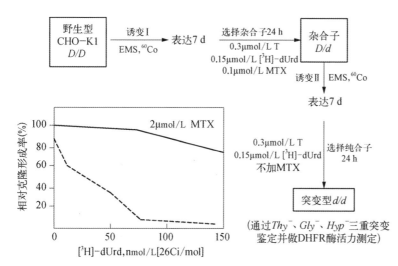

图3-15　乌尔劳布和蔡辛设计并实设的"*D/D→D/d→d/d*"选择模型

CHO-K1：中国仓鼠卵巢细胞株；EMS：化学诱变剂乙基甲烷磺酸；^{60}Co：放射性元素钴；T：胸腺嘧啶；［^{3}H］-dUrd：^{3}H标记的脱氧尿嘧啶；MTX：甲氨蝶呤；Ci/mol：旧放射性强度单位，1Ci=37 GBq

3.5.2 分子水平的直接诱变

分子遗传学的理论研究和DNA重组技术的发展，使得DNA分子上的直接定点诱变成了研究蛋白质结构与功能关系的有力工具。双氢叶酸还原酶是一个分子量低、三级结构已经搞清楚的重要酶蛋白。DHFR基因也已被分离和克隆，并测定了整个基因的核苷酸序列。

DHFR酶有上环、中环和下环三个活化中心环（图3-16）。美国加州大学克劳特（J. Kraut）研究小组在三个活化环中各选择了一个直接诱变点。

把下环的第27位天冬氨酸诱变为天冬酰胺，即去除了一个与酶的活化态的稳定有关的质子，代之以氨基，以观察质子转移能力和酶功能的关系。

把上环的第39位脯氨酸诱变为半胱氨酸，使新引入的巯基在氧化态时能和相对的第85位半胱氨酸形成二硫键，以观察在还原态和氧化态时酶功能的变化。

把中环的第95位甘氨酸诱变为丙氨酸，使原先的第95位和第96位连续两个甘氨酸形成的易弯曲段，变为新的丙氨酸-甘氨酸结构，以观察构型改变对酶活性的影响。

直接定点诱变的具体步骤如下（图3-17）。

（1）从克隆了野生型DHFR基因的质粒pCV79切取含有该基因的限制性酶切片段，整合于单链DNA噬菌体M13mp8。

（2）合成含有诱变所需的变异碱基构成的寡核苷酸链，如将第27位密码子GAT（或GAC）变成为AAT（或AAC）。

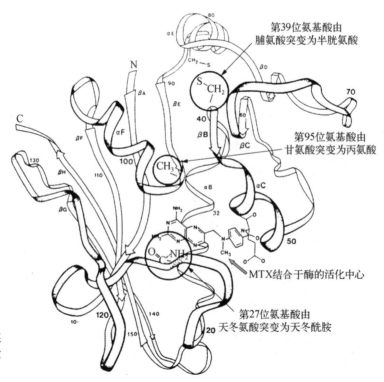

图3-16 双氢叶酸还原酶的立体结构示意
（改自 J. E. Villafranca）

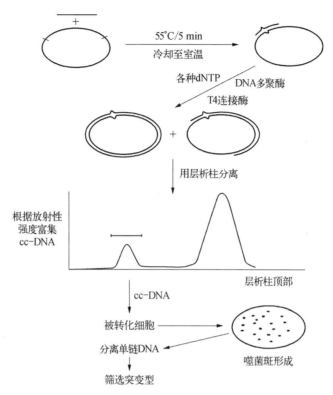

图3-17　**直接定点诱变实验示意**

（3）将整合了 *DHFR* 基因片段的M13mp8和特定的寡核苷酸混合，在55℃孵育5 min，再冷却退火到室温，使寡核苷酸和质粒上同源DNA片段形成互补双链片段。

（4）加入大肠杆菌的DNA多聚酶的大片段Klenow和噬菌体T4的DNA连接酶，以及各种三磷酸核苷酸（dNTP）。这时Klenow片段会以寡核苷酸为引子，以质粒DNA为样板复制出新的DNA。最后，部分完成复制的DNA经连接酶作用，又形成共价闭合的环状DNA分子（closed-circular double-stranded DNA，cc-DNA）。再用碱性蔗糖梯度离心去除未环化的半成品，得到纯化并浓缩的cc-DNA。

（5）用分离到的cc-DNA转染敏感菌JM103，挑出噬菌斑。随后用点斑印迹杂交法（dot-blot hybridization）选出符合诱变要求的突变型噬菌体DNA。

（6）用限制性核酸内切酶谱法或核苷酸序列测定法，确定 *DHFR* 基因的特定位点是否按实验要求发生了定向变异。一般来讲，直接定点诱变的效率为5%~30%，这是一般方法所不可比拟的高效率。

最后是对比野生型基因编码的DHFR酶和直接定点诱变基因编码的突变型蛋白在理化性质和生理功能上的异同。分析结果如下。

第27位天冬酰胺突变型蛋白和正常的DHFR酶（第27位天冬氨酸）相比，等电点从4.5变为4.8，电泳速度变慢，和甲氨蝶呤的结合力相似，但是酶活力只及野生型酶的 10^{-3}，即从野生型的每毫克蛋白50 U降为每毫克蛋白0.05 U。表明第27

位氨基酸因由天冬氨酸变为天冬酰胺而失去了一个和酶的活化稳定态有关的可转移质子，导致酶活力急骤下降。然而仅剩的 10^{-3} 酶活力又表明第27位天冬氨酸虽非常重要，但除此之外，可能还存在与稳定态有关的结构因素。

第39位半胱氨酸突变型蛋白比正常的酶多一个巯基，使它电泳速度变慢，但在还原态时两者的酶活力是相等的。然而，在氧化态时第39位半胱氨酸会和第85位的半胱氨酸形成二硫键，导致酶活力下降。表明二硫键改变了功能态的酶结构。

第95位丙氨酸突变型蛋白电泳速度比野生型酶显著减慢，酶活性全部丧失，表明野生型酶的一级结构中第95位和第96位连续排列的两个甘氨酸所形成的最易折叠的串联氨基酸结构的破坏会完全改变酶的构型，导致酶功能的丧失。

从 DHFR 基因直接定点诱变研究这个实例，可以清楚地看到这种方法已经成为研究蛋白质的结构和功能相关性的有力工具。诱变历来是遗传分析的主要手段，现在也渐渐成为生物化学和医学研究的有效实验手段。在后面几章中将讨论突变在研究基因功能的表达、遗传性疾病、免疫缺陷症、心血管疾患和癌症中的关键性作用。

最近几十年来，遗传学家已不再仅仅满足于在不同层次上研究突变的后果，即从DNA和蛋白质的结构变异和功能缺陷延伸到人遗传性疾病的诊断，而开始去探索从DNA受损到突变产生这一整套细胞反应的调控机制。环境诱变剂只是造成DNA分子的某种损伤（图3-18），如甲基化、嘧啶双聚体、无嘌呤位点或无嘧

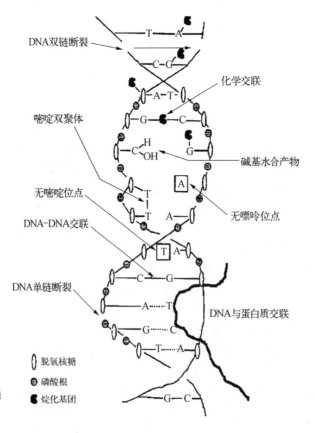

图3-18 常见DNA损伤的示意

啶位点、嵌合或交联等, 重要的是这些损伤究竟是通过一系列什么样的分子机制和细胞代谢过程演变为基因突变和染色体畸变的呢? 这些分子和细胞水平的反应是怎样进行的? 又是怎样受到不同层次的多重调节与控制的? 每一个问题的研究都会面临科学与技术的严峻挑战。

所幸的是, DNA重组和相应的活细胞分析等技术的广泛应用, 使人们有可能把某些控制和调节损伤修复和突变发生的基因分离和克隆出来, 并由此打开研究这些基因的结构、功能表达和遗传调控的路子。归根结底, 深入研究这些基因及其产物与基因组、蛋白质组、转录组和细胞代谢组之间错综复杂的相互作用, 才有可能最终阐明突变的全部过程。

参 考 文 献

[1] Chambers R W. Site-specific mutagenesis: a new approach for studying the molecular mechanisms of mutation by carcinogens.//Lemontt F, Generoso W M. Molecular and cellular mechanisms of mutagenesis. New York: Plenum Press, 1982: 121-145.

[2] David1 S S, O'Shea V L, Kundu S. Base-excision repair of oxidative DNA damage. Nature, 2007, 447: 941-950.

[3] Demple B, Halbrook J. Inducible repair of oxidative DNA damage in *Escherichia coli*. Nature, 1983, 304: 466-468.

[4] Friedberg E C. DNA repair. New York: Freeman,1985.

[5] Friedberg E C. DNA damage and repair. Nature, 2003, 421: 436-440.

[6] Felczak M M, Kaguni J M. The rcbA gene product reduces spontaneous and induced chromosome breaks in *Escherichia coli*. J Bacteriol, 2012, 194: 2152-2164.

[7] Ivančić-Baće I, Vlašić I, Salaj-Šmic E, et al. Genetic evidence for the requirement of RecA loading activity in SOS induction after UV irradiation in *Escherichia coli*. J Bacteriol, 2006, 188: 5024-5032.

[8] Kenyon C J. The bacterial response to DNA damage. Trends in Biochemical Sciences, 1983, 8: 84-87.

[9] Khan S R, Kuzminov A. Replication forks stalled at ultraviolet lesions are rescued via RecA and RuvABC protein-catalyzed disintegration in *Escherichia coli*. J Biol Chem, 2012, 287: 6250-6265.

[10] Kimball R F. The development of ideas about the effect of DNA repair on the induction of gene mutations and chromosomal aberration by radiation and by chemicals. Mutation Res, 1987, 186: 1-34.

[11] Little J W, Mourit D W. The SOS regulatory system of *Escherichia coli*. Cell, 1982, 29: 11-22.

［12］ Ozgenc A I, Szekeres E S, Lawrence C W. In vivo evidence for a recA-independent recombination process in *Escherichia coli* that permits completion of replication of DNA containing UV damage in both strands. J Bacteriol, 2005, 187: 1974–1984.

［13］ Salem A M H, Nakano T, Takuwa M, et al. Molecular mechanisms of mammalian DNA repair and the DNA damage checkpoints. Ann Rev Biochemistry Vol, 2004, 73: 39–85.

［14］ Sancar A, Lindsey-Boltz L A, Lindsey-Boltz K, et al. Molecular mechanisms of mammalian DNA repair and the DNA damage checkpoints. Ann Rev Biochemistry, 2004, 73: 39–85.

［15］ Sargentini N J, Smith K C. Spontaneous mutagenesis: The roles of DNA repair, replication, and recombination. Mutation Research, 1985, 154: 1–27.

［16］ Serment-Guerrero J, Breña-Valle M, Espinosa-Aguirrel J J. In vivo role of *Escherichia coli* single-strand exonucleases in SOS induction by gamma radiation. Mutagenesis, 2008, 23: 317–323.

［17］ Stojic L, Brun R, Jiricny J. Mismatch repair and DNA damage signalling. DNA Repair, 2004, 3（8–9）: 1091–1101.

［18］ Thacker J. The use of recombinant DNA techniques to study radiation-induced damage, repair and genetic changes in mammalian cells. Int J Radiat Biol, 1986, 50: 1–30.

［19］ Urlaub G, Chasin L A. Isolation of Chinese hamster cell mutants deficient in dihydrofolate reductase activity. Proc Natl Acad Sci USA, 1980, 77: 4216–4220.

［20］ Villafranca J F, et al. Directed mutagenesis of dihydrofolate reductase. Science, 1983, 222: 782–788.

［21］ Vlašić I, Šimatović A, Brčić-Kostić K. Genetic requirements for high constitutive SOS expression in recA730 mutants of *Escherichia coli*. J Bacteriol, 2011, 193: 4643–4651.

［22］ von Borstel R C. On the origin of spontaneous mutations. Japan J Genetics, 1969, 44 (Suppl. 1): 102–105.

［23］ Walker G C, Marsh L, Dodson L A. Genetic analysis of DNA repair: Inferences and extrapolations. Ann Rev Genet, 1985, 19: 103–126.

［24］ Witkin E M. Ultraviolet mutagenesis and inducible DNA repair in *Escherichia coli*. Bacteriol Rev, 1976, 40: 869–907.

［25］ Yamada M, Nohmi T, Ide1 H. Genetic analysis of repair and damage tolerance mechanisms for DNA-protein cross-links in *Escherichia coli*. J Bacteriol, 2009, 191: 5657–5668.

第4章 基因功能表达的调控

雅各布和莫诺在提出关于基因表达调控的操纵子理论的文章中说:"基因组不仅包含了一整套的蓝图,它还是一个协调蛋白质合成的计划和控制其执行的程序。"

我们可以把生物体的表型看作是细胞或机体正在进行的全部生理学过程的总和。遗传型或基因型则可以看作是细胞或机体的全部生理学潜能,而不论此时此刻某一特定的生理学过程是否正在进行。一个细胞的表型和基因型的区别就在于细胞对这些生理学功能表达的调节和控制。

从某种意义上讲,调控是一个节能过程。因为合成任何一种生命大分子,都需要以ATP或GTP形式提供的能量和相应的前体,要是合成细胞生命活动不必要的蛋白质或别的大分子,这种细胞必定会在营养和空间的竞争中被淘汰。例如,一个大肠杆菌的细胞大约含10^7个蛋白质分子,而它的基因组可以编码的多肽数目约为4 000种,如果所有的结构基因都以相等的速率来合成蛋白质,则每种多肽的数量应大致相等,约2 500个拷贝。但是详细的生化定量分析表明,在大肠杆菌细胞中有的多肽只有10个拷贝,而有的多达10万~50万个拷贝,这充分说明结构基因并不是等速表达的。这种基因表达的时间、空间和程度的差异才是生命活动的根本特征。本书第1章第5节讨论操纵子学说时,我们归纳了下述基本思想和科学概念。

(1)基因表达调控的实质是遗传结构对于特定的蛋白质结构信息由DNA向蛋白质传递的速率的调节和控制,这种调节与控制是不取决于结构信息本身的。

(2)基因表达的调控属于DNA上的结构信息向RNA传递速率的控制,这是遗传水平的调控,而不是细胞水平的调控。

(3)操纵子学说是用一系列新的科学概念来表述的,主要是结构基因、调节基因、操纵基因、操纵子和阻遏物等。结构基因决定蛋白质的一级结构,调节基因编码阻遏蛋白,阻遏蛋白通过与操纵基因的结合而控制结构基因的信息由DNA向蛋白质传递的速率,操纵基因和受它控制的结构基因簇(由功能相关、表达同步的若干个结构基因组成)合称为操纵子。

本章进一步展开基因表达调控这个问题。

§4.1 乳糖操纵子再分析——"葡萄糖效应"的本质

雅各布和莫诺的操纵子理论，是在研究大肠杆菌乳糖发酵的诱导本质的基础上提出来的。1967年，哈佛大学的吉尔伯特和米勒希尔利用阻遏蛋白超表达突变型细菌分离到了阻遏蛋白，并进而分离出阻遏蛋白的目标序列，即操纵基因。核苷酸序列分析表明，操纵基因包括28个碱基对，其中有一段回文序列，从而在分子水平上为操纵子学说提供了有力的证据。但是，人们认识自然现象的过程是永远不会完结的，对操纵子的认识也在不断深化。

我们知道，当大肠杆菌生长在以乳糖为唯一碳源和能源的培养基上时，乳糖操纵子被诱导而表达。要是在培养基中同时加入葡萄糖和乳糖，则乳糖操纵子并不表达。这是为什么？难道乳糖不起诱导物的作用了吗？

事实上莫诺的实验正是从这个现象开始的。当莫诺还是研究生时就做了一个实验。他让大肠杆菌生长于同时含有葡萄糖和乳糖的培养基上，细菌很快出现了一个对数生长期，其分裂世代周期为50 min，这是细菌在以葡萄糖为能源和碳源时的特征性世代周期。随后，细菌进入一个生长停滞期，时间为20 min左右。接着，细菌又进入第二个对数生长期，世代周期为80 min，这是以乳糖为能源和碳源时的特征性世代周期(图4-1)。酶活性测定也证实β半乳糖苷酶的活性只在细菌的第二个生长期才出现。莫诺对这个实验的解释是：在两种糖并存的培养基中，细菌先发酵葡萄糖而不顾乳糖的存在。生长停滞期表明培养基中的葡萄糖已耗尽。而只有当葡萄糖完全耗尽时，乳糖才能作为诱导物来诱导与乳糖发酵相关的酶的合成，细菌才能吸收、水解和利用乳糖。莫诺把这种现象称为"葡萄糖效应"。在整个20世纪50年代，莫诺和他的同事集中力量研究在不含葡萄糖的乳糖培养基上β半乳糖苷酶的诱导问题。一旦操纵子学说提出之后，莫诺就必须回过头来重新考虑葡萄糖效应。

是不是葡萄糖直接抑制了乳糖对β半乳糖苷酶的诱导呢？

曾经分离到大肠杆菌的一种双重突变型，它的一个突变是磷酸葡萄糖异构酶缺陷突变(pgi)，另一个是6-磷酸葡萄糖脱氢酶缺陷突变(zwf)。这种双重缺陷突变型细胞不能把6-磷酸葡萄糖转变为糖酵解途径中的下一个中间代谢物，所以它既不能直接利用葡萄糖，也不能利用水解产物是葡萄糖和半乳糖的乳糖作为碳源和能源。可是这种双重突变菌却能利用甘油作能源和碳源来进行并完成糖酵解的后半段的代谢途径。利用这种双重突变菌为实验材料作研究所得到的一个重要发现是，无论有还是没有葡萄糖的存在，异丙基硫代半乳糖苷(IPTG)都能诱导细菌合成β半乳糖苷酶。这就清楚地表明在野生型细胞的葡萄糖效应中，抑制诱导物起诱导作用的并不是葡萄糖本身，而是葡萄糖在糖酵解中的某种代谢降解物。因

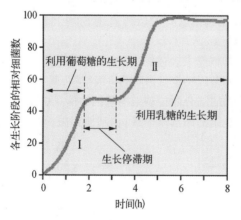

图4-1 大肠杆菌在葡萄糖和乳糖同时存在的培养基上的生长曲线

而葡萄糖效应的实质是降解物阻遏。

造成降解物阻遏的降解物是什么还不清楚。但已经发现降解阻遏是以环磷腺苷为间介的。环磷腺苷(cAMP)是1957年由萨瑟兰(E. Sutherland)发现的代谢次级信使。它由ATP经腺苷酸环化酶作用而生成,能参与真核多细胞生物代谢的激素调节反应。1965年,萨瑟兰发现cAMP还参与和激素调节无关的一些生化反应。他特别注意到了当培养基中的碳源耗尽时,即大肠杆菌细胞处于饥饿状态时,细胞内的cAMP含量非常高,而当细菌生长于含葡萄糖培养基时,cAMP浓度非常低。尽管能量代谢的水平怎样影响细胞内cAMP浓度还有待阐明,但至少可提出两种可能的研究工作假设。

(1)糖酵解过程中,某种在6-磷酸葡萄糖之后形成的中间代谢物,能抑制腺苷酸环化酶的活性,从而降低了由ATP转化为cAMP的速率。

(2)这种降解物刺激了磷酸二酯酶水解活性,使细胞内的cAMP因水解而减少。

帕斯坦(I. Pastan)和珀欧曼(R. Perlam)受萨瑟兰的工作启发,提出了cAMP是去除降解物阻遏的直接间介物。也就是说,cAMP的存在是解除降解阻遏物阻遏对乳糖操纵子诱导的必要条件,或者讲,葡萄糖降解产物是通过降低细胞内cAMP的水平而抑制乳糖酵解有关酶的合成的。为了证实上述假设,他们做了几个重要的实验。他们在迅速生长的细菌培养物中加入cAMP,即能解除降解物阻遏现象并诱导包括乳糖操纵子在内的几种诱导酶系统,但细菌生长速度会变慢。接着,他们用腺苷酸环化酶缺陷突变型细菌来研究诱导现象。因为突变菌不能将ATP环化为cAMP,细胞应处于永久的降解物阻遏状态,这样的细胞是不能发酵半乳糖、麦芽糖和阿拉伯糖的。腺苷酸环化酶缺陷突变型实际上也是一种广谱的糖酵解突变型,它在含有两种或两种以上糖的伊红亚甲蓝培养基上形成的克隆是白色的。与此相反,单种糖酵解缺陷突变(如 *Lac⁻* , *Ara⁻* 等)能在含多种糖的伊红亚甲蓝培养基上形成和野生型细菌一样的红色菌落,因为任何一种单一种类的糖酵解突变型细菌至少能利用培养基中的另一种糖。帕斯坦和珀欧曼分离到了一些广谱糖酵解突变型细菌,生化分析证实其中有半数没有腺苷酸环化酶活性,所以也就没有cAMP。他们把因腺苷酸环化酶缺陷突变而造成cAMP缺乏的广谱糖酵解突变型称为第一类广谱糖酵解突变型细菌。

那么,另一半广谱糖酵解突变型细菌又会是什么样的突变型呢?或者说,第二类广谱糖酵解突变型细菌的缺陷在哪里呢?这一类细胞的腺苷酸环化酶是正常的,它们的细胞内是含有cAMP的。于是帕斯坦和珀欧曼又提出了一个新的假定,这部分广谱糖酵解突变型细胞缺乏一种特殊的蛋白质,这种蛋白质和cAMP一样,也是诱导有关的糖发酵酶时必不可少的间介物或参与者。野生型细胞和突变型细胞的比较生化研究证实了这个假设。他们在野生型细胞抽提液中发现了一种与cAMP结合在一起的蛋白质,称为降解物激活蛋白(catabolite activator protein,CAP)。而在第二类广谱糖酵解突变型细胞中没有CAP,他们把CAP的缺失归之于突变基因*crp*,并用实验证明了cAMP和CAP对糖酵解酶的诱导作用是通过对有关操纵子mRNA转录的调控来实现的。

吉尔伯特和米勒希尔首次分离到*Lac I*的产物阻遏蛋白后不久,就设计了一个有可能证实阻遏物作用的体外实验。他们用转导噬菌体λLac的DNA、RNA聚合酶和4种三磷酸核苷酸ATP、GTP、CTP和UTP（合称为NTP）组成一个反应系统，他们预期向这个系统加入阻遏物，将会降低RNA聚合酶以乳糖操纵子的结构基因为样板来转录信使RNA的速率，还预期在系统中加入异丙基硫代半乳糖苷，则会使mRNA合成速率得以恢复。可是实验结果使吉尔伯特和米勒希尔大失所望，无论他们加入阻遏物还是诱导物都影响不了那本来就少得可怜的一点点转录。这个实验失败的原因是由帕斯坦帮他们找到的。帕斯坦在这个反应系统中加入CAP和cAMP，结果乳糖操纵子的mRNA的转录大大增强了。他还证明只有当CAP和cAMP同时存在的情况下，阻遏物和诱导物才能表现出阻遏和诱导的作用。

对转录产物mRNA的核苷酸序列分析表明，其5′端的序列和DNA样板中LacO的序列相同，证实转录的起始点位于LacO区段内（而不是从结构基因LacZ的起始密码才开始转录，起始密码只是翻译的起点）。实验还表明这段mRNA还能和阻遏蛋白结合。由此可以设想，阻遏蛋白和操纵基因LacO结合时，实际上也覆盖了非常重要的转录起始点，从而阻断了转录过程。

利用CAP-cAMP复合物对其结合区段的保护作用，用DNA酶处理已和上述复合物结合的λLacDNA，获得了一段受复合物保护而未被DNA酶消化的DNA片段。核苷酸序列分析表明CAP-cAMP复合物结合区段是一个回文序列：

5′ GTGAGTT·AGCTCAC 3′
3′ CACTCAA·TCGAGTG 5′

这和LacO序列是完全不同的，LacO的序列及回文区段为：

5′ TGGAATTGTGAGCGGATAACAATT 3′
3′ ACCTTAACACTCGCCTATTGTTAA 5′

不久，又分离到了CAP-cAMP复合物结合区的两个影响转录速率的突变型L8和L29。这两个突变明显地降低了转录酶和促进子（LacP）区段的结合能力，进而降低了转录速率，称为低表达突变型（down mutant）。L8和L29这两个突变是同时属于CAP-cAMP复合物结合段和促进子的，表明复合物结合段是位于促进子内的一段有特殊功能的区段，以后的核苷酸序列分析也证实了这一点。

图4-2还表明和CAP-cAMP复合物结合位点邻接的是RNA聚合酶结合位点，该区段也曾分离到影响转录速率的突变型，如P′1a和UV5是增加转录速率的高表达突变型（up mutant）。

把有关乳糖操纵子调控的知识综合起来，我们可以对它的结构与功能做一个小结。介于调节基因Lac I最后一个密码子，和结构基因LacZ第一个密码子之间的共有122个碱基对。前面（5′端）的84个碱基对是促进子LacP，它包括两个结构上能互相区分的功能区：一是紧接Lac I基因的CAP-cAMP复合物结合区，二是RNA聚合酶的结合区。LacP的3′端和LacO的5′端有长度为3个碱基对的重叠区。操纵基因LacO是阻遏蛋白的结合区段，它和LacP的重叠区也是转录的起始点。为了使RNA多聚酶和LacP结合，CAP-cAMP复合物与LacP结合是必要

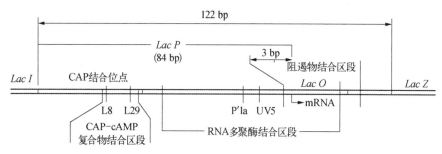

图4-2 **大肠杆菌E. coli乳糖操纵子调控区段各特殊功能片段关系**

的,其作用可能是导致双螺旋分子解旋,而使RNA多聚酶能到单链态的信息链上去。所以CAP或cAMP的缺如会抑制转录。当阻遏蛋白和LacO结合时,RNA聚合酶虽可与信息链结合,但不能进入转录起始点,这时整个乳糖操纵子的功能表达是受到阻遏的。

十分清楚,乳糖操纵子的表达既受到遗传调控系统的正控制,又受到它的负控制。在正控制调节中,CAP-cAMP复合物使RNA聚合酶能结合于信息转录样板,在负控制调节中,LacI编码的阻遏蛋白通过和LacO的结合而阻止mRNA合成的起始。这一整套连续的调控序列使大肠杆菌乳糖操纵子的功能表达得到了几乎是"尽善尽美"的调节和控制。当培养基中有葡萄糖存在时,细菌是不必耗费能量来合成诱导酶的,这时细胞内的cAMP水平是低的,当葡萄糖耗尽,而又没有乳糖等其他糖时,细胞也不必耗能来合成无用的诱导酶,这时尽管cAMP水平增高,细胞也不会启动转录,只有在没有葡萄糖,但又存在乳糖时,乳糖操纵子才会启动并得到充分的表达。图4-3是乳糖操纵子在不同条件下的调控系统运作

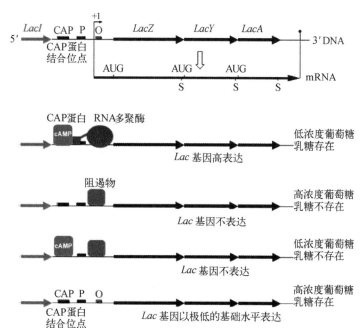

图4-3 **大肠杆菌乳糖操纵子调控元件工作示意**(引自wikimedia.org网)

状况的示意图。

乳糖操纵子的再分析，不仅使我们弄清了乳糖酵解酶诱导的全过程，也为深入研究其他的基因功能表达调控系统奠定了基础。

§4.2 阿拉伯糖操纵子——同一基因编码阻遏蛋白和激活蛋白

大肠杆菌的阿拉伯糖操纵子有三个结构基因：*araD*、*ara A* 和 *ara B*，它们分别编码 L-核酮糖-5-磷酸-4-表异构酶、L-阿拉伯糖异构酶和 L-核酮糖激酶，这个操纵子的表达调控机制如图4-4。阿拉伯糖操纵子的调节基因是 *araC*，它编码的蛋白质有两种功能状态，P1 和 P2。当 C 蛋白处于 P1 状态时它是一个阻遏蛋白，当 C 蛋白处于 P2 状态时它是一个激活蛋白。阻遏蛋白（P1态）的结合位点是操纵基因 *araO*，而激活蛋白（P2态）的结合位点是转录起始区 *AraI*。当培养基中不存在阿拉伯糖或同时存在葡萄糖时，C 蛋白以 P1 态和 *araO* 结合，阻遏整个操纵子的表达。当培养基中没有葡萄糖且存在阿拉伯糖时，C 蛋白因与阿拉伯糖结合而改变为 P2 态构型并结合于 CAP-cAMP 复合物，随之结合于所有的操纵基因及转录起始位点，结合于操纵基因等位点的 C 蛋白相互作用形成新的环状结构，激活和促进操纵子中几个结构基因的同时表达。

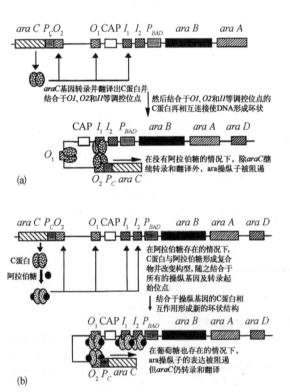

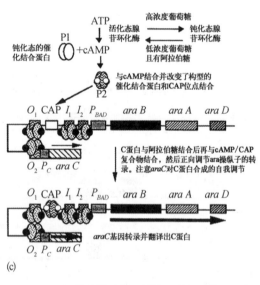

图4-4 **阿拉伯糖操纵子的阻遏和激活模式示意**（引自 nbs.csudh.edu 网）

（a）阿拉伯糖浓度低时，除 *araC* 外，操纵子整体受到阻遏；（b）阿拉伯糖和葡萄糖同时存在时，ara 操纵子中仅 *araC* 继续表达；（c）葡萄糖浓度低且有一定浓度的阿拉伯糖时，cAMP 丰度升高，ara 操纵子高表达

在阿拉伯糖酵解酶诱导这个例子中,我们看到P1态C蛋白是负控制调节蛋白,而P2态C蛋白是正控制调节蛋白,两者都由 *araC* 编码。根据乳糖操纵子正向控制的研究,可以预期阿拉伯糖操纵子的调控还会涉及降解物阻遏,因为阿拉伯糖酵解酶系的合成也受到葡萄糖效应的影响。此外,无细胞实验系统的研究还证实阿拉伯糖操纵子的表达还受调节核苷酸鸟苷四磷酸(ppGpp)的刺激,但作用机制尚不清楚。

§4.3　色氨酸操纵子——弱化子的发现

乳糖操纵子和阿拉伯糖操纵子讨论的都是分解代谢类操纵子表达的调控,而色氨酸操纵子则是一个合成代谢操纵子。这个操纵子包括五个结构基因,分别编码邻氨基苯甲酸合成酶Ⅰ和Ⅱ(trpE 和 trpD)、吲哚甘油磷酸酯合成酶(trpC)、色氨酸合成酶B和A(trpB 和 trpA)。这些酶依次把分枝酸转变为邻氨基苯甲酸、N-5′-磷酸核糖邻氨基苯甲酸、N-5′-磷酸-1′-脱氧核酮糖邻氨基苯甲酸、吲哚甘油磷酸酯和色氨酸。整个操纵子转录的mRNA长7 000个核苷酸,这个多顺反子trp mRNA的转录保证了五种功能相关酶的同步和适量合成。Trp mRNA的转录约需4 min,然后很快降解,它的"生存时间"只有3 min。这种快速周转使细菌对色氨酸的需要能做出非常快的反应。大肠杆菌调节trp酶生物合成产率的效力极强,变动幅度可达700倍。

色氨酸操纵子的调节有两个途径,第一个途径是由色氨酸操纵子的调节基因 *trp R* 编码一种特殊的阻遏物,它和色氨酸一起与操纵基因 *trp O* 结合,能阻断整个操纵子中五个结构基因的表达。*trp R* 编码的R蛋白分子量为58 000,单独不能和 *trp O* 结合,只有当细胞内有较多的色氨酸时,R蛋白先和色氨酸结合,才能紧密地和 *trp O* 的DNA特定序列相结合。在这个调控系统中,色氨酸是一种协阻遏物(corepressor)。色氨酸和阻遏蛋白R的复合物在DNA上的结合靶位序列如下,画线部分是回文序列:

```
5' CGAACTAGTT AACTAGTACGTACGCAAG 3'
3' GCTTGATCAA TTGATCATGCATGCGTTC 5'
    -21          -10          +1
```

这个区段和促进子 *trp P* 是部分重叠的,所以复合物与 *trp O* 的结合也同时阻止了RNA聚合酶的转录起始。这个调控系统与乳糖操纵子有相似之处,值得注意的是在这个系统中由整个反应系列的最终产物色氨酸以协阻遏物的形式参与对操纵子中第一个酶的表达阻遏。这一点是多数合成代谢操纵子调控的关键(图4-5)。

这种反馈式调控系统发现不久,亚诺夫斯基等分离到一种色氨酸合成的组成型突变,从而发现了一种全新的调控系统。这种组成型突变型细胞在色氨酸过剩的情况下能继续合成色氨酸,如果去除培养基中的色氨酸,合成速率还可增加10倍。显然这是和阻遏蛋白R的结构变异有关的。不久,亚诺夫斯基又分离到

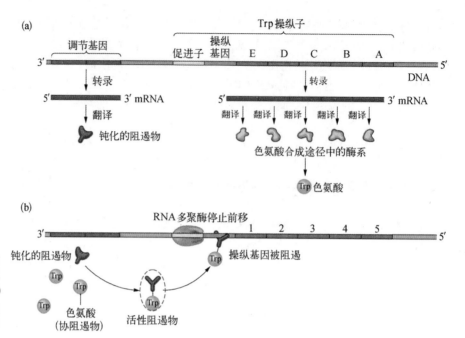

图4-5 **色氨酸生物合成的第一种调控模式**
（引自 K. Sano 和 K. Matsu）

（a）色氨酸浓度低时；（b）色氨酸浓度高时

另一种突变型，它在色氨酸冗余积累时仍能以最高的速率来合成色氨酸操纵子的 mRNA。核苷酸序列分析证明这是一个缺失突变，突变型细胞缺失了介于 trp O 和第一个结构基因 trp E 之间的一段DNA。

trp-mRNA的5′端分析表明，在 trp E 的第一个密码子的前面有一段由162个碱基组成的前导序列。超表达组成突变型缺失的DNA就位于前导序列的后半段，即 trp E 前方的30~60个碱基对区段。亚诺夫斯基假设这一段DNA的作用是减弱trp-mRNA的合成，称为弱化子（attenuator）。缺失弱化子的细胞就出现trp-mRNA超水平合成的异常表型。那么，前导序列的其余部分起什么作用呢？

有关这个问题的另一个重要发现是在野生型细胞中发现了两种不同的trp-mRNA，一种是细胞内色氨酸缺乏时合成的，长度为7 000个核苷酸左右，另一种主要是在色氨酸冗余时合成的，只有130个核苷酸，即前导序列前部的130个碱基对的转录产物。据此，亚诺夫斯基认为前导序列后部的30个核苷酸是转录终止序列，即弱化子区段。与一般的转录终止信号序列一样，色氨酸操纵子的弱化子也有一个G—C富集段和一个A—T富集段，并各有对称的回文序列。只含130个核苷酸的trp-mRNA的合成终止于一大段尿嘧啶区段（对应于DNA中A—T富集段）：

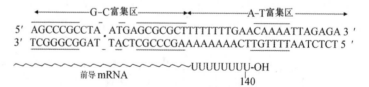

由此产生的新问题是弱化子是怎样"感觉"细胞中的色氨酸水平的？亚诺夫斯基立刻想到了前导序列，他发现有部分前导序列的核苷酸是翻译成多肽的，多肽的

第10和11号氨基酸是色氨酸：

Met—Lys—Ala—Ile—Phe—Val—Leu—Lys—Gly—│Trp—Trp│—Arg—Thr—Ser—终止
···AUG AAA GCA AUU UUC GUA CUG AAA GGU │UGG UGG│CGC ACU UGC UGA···

当细胞富含色氨酸时，前导肽链可以合成。当细胞缺乏色氨酸时，核糖体就会在连续排列的两个色氨酸密码子处卡住，理由是细胞中没有携有活化色氨酸的转运RNA。这个被卡住的核糖体改变了mRNA的构型，使得RNA聚合酶的转录能越过弱化子区段而进行到mRNA的完全合成。这个调控系统的关键是转录和翻译紧密相连。核糖体翻译前导多肽是紧接着RNA聚合酶转录前导序列的。最近的研究表明，卡壳的核糖体改变了整个前导序列中碱基配对关系和二级结构，致使RNA聚合酶能通过弱化子区段而完成转录。mRNA前导序列的核苷酸序列分析表明，弱化子RNA分子可以有几种不同的折叠方式，形成不同的"茎""球"和"发夹"。由序列结构假定这段RNA折叠3次，形成4段平行的区节，依次命名为1、2、3、4节（图4-6）。在这样的结构中，2节可以和1节或3节配对，3节可以和2节或4节配对。前导多肽是由1节中的核苷酸序列编码的。在翻译时，核糖体会阻碍1节和2节配对，这时3节和4节配对，形成一个"茎"和一个"球"，这样就形成了在4节末端的RNA转录弱化现象。相反，当细胞中色氨酸缺乏时，核糖体在连续两个色氨酸密码子处卡壳，在阻碍1节和2节配对的同时，却使3节和2节可配对形成带"球"的"茎"，消除了弱化作用，使转录酶能通过弱化子区段而产生含7 000个核苷酸的完整的色氨酸操纵子mRNA。如果不仅是色氨酸缺乏，而是多种氨基酸都处于"饥饿"状态，核糖体因不能合成前导多肽而脱离mRNA的前导序列，这时1节和2节，3节和4节分别配对，转录也随之终止。

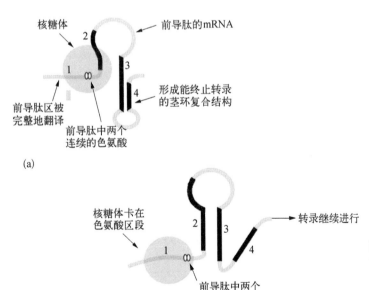

图4-6　大肠杆菌色氨酸操纵子的弱化模型示意（改自D. L. Oxender）

（a）色氨酸富余时；（b）色氨酸缺乏时

值得注意的是,从色氨酸操纵子前导序列的弱化子模型可以看到核酸和蛋白质分子一样,也会改变其构象以适应和调节它的功能,产生不同的细胞生理效果。

现已知道大肠杆菌的另一些生物合成代谢途径也有弱化调控现象。图4-7列出了苯丙氨酸操纵子和组氨酸操纵子的前导多肽,以及编码前导多肽的mRNA前导序列。在苯丙氨酸操纵子的前导多肽中有7个苯丙氨酸,其中有两段是三个苯丙氨酸连续排列的。在组氨酸操纵子的前导多肽中,7个组氨酸连成一串。显然,这样的结构对细胞中相应氨基酸的含量是高度敏感的。实验证明,当细胞中携有活化组氨酸的tRNA减少15%时,组氨酸操纵子mRNA的合成速率会增加3倍。

(a)   Met—Lys—His—Ile—Pre—Phe—Phe—Phe—Ala—Phe—Phe—Phe—Thr—Phe—Pro—终止
     5' AUG AAA CAC AUA CCG UUU UUC UUC GCA UUC UUU UUU ACC UCC CCC UGA 3'

(b)   Met—Thr—Arg—Val—Gln—Phe—Lys—His—His—His—His—His—His—His—Pre—Asp—
     5' AUG ACA CGC GUU CAA UUU AAA CAC CAC CAU CAU CAC CAU CAU CCU GAC—3'

图4-7   苯丙氨酸操纵子 (a) 和组氨酸操纵子 (b) 的前导肽氨基酸序列,以及 mRNA 中相应区段的核苷酸序列

§4.4   λ噬菌体——一个操纵子复合体

早在操纵子模型刚刚提出的时候,雅各布和莫诺就假设温和噬菌体的复制是由一个类似乳糖操纵子的系统来调控的。在溶原态时,原噬菌体处于被抑制的状态,在溶裂态时,与噬菌体复制有关的基因均被激活,处于诱导状态。从雅各布和莫诺提出噬菌体的操纵子调控概念到现在,λ噬菌体已经成为在遗传学上了解得最清楚的生物体之一。研究表明λ噬菌体的两种不同的功能态的变换,确实是由类似操纵子这样的遗传调控系统来调节和控制的,但实际情况比原先设想的要复杂得多。

提出噬菌体DNA整合模型的A.坎贝尔曾分离和定位了λ噬菌体的许多条件致死突变,发现一些功能密切相关的基因,在结构上也是成丛排列紧密连锁的。例如编码头部蛋白的10个基因集中在染色体的一端,接着是11个与尾部蛋白合成有关的基因,而与溶裂寄主细胞有关的功能基因则位于染色体的另一端。值得注意的是,差不多与噬菌体的增殖调控以及溶原态的建立密切相关的基因也是连锁在一起的(图4-8)。这个区段的结构和功能是本节讨论的重点。

当λ噬菌体感染野生型大肠杆菌时,可能发生两种后果:① 噬菌体DNA整

图4-8 λ噬菌体基因组及其调控区段的遗传学图

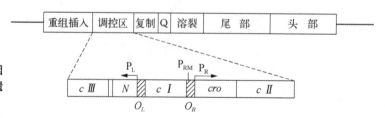

合于寄主细胞染色体而成为原噬菌体,寄主细胞也同时成为溶原菌;② 噬菌体利用寄主细胞的酶系合成一系列为复制和成熟所必需的酶和包括结构蛋白在内的其他蛋白质,导致噬菌体的增殖和寄主细胞的溶裂。野生型噬菌体颗粒感染敏感菌平板时会形成噬菌斑,但由于一部分溶原性细菌的存在,野生型噬菌体形成的噬菌斑是混浊的,不完全透明的。如果用不能使寄主细胞溶原化的突变型噬菌体来感染敏感菌平板,则所形成的噬菌斑是清澈透亮的,这种突变称为c突变。一般从清亮的噬菌斑中,可分离到c突变型噬菌体。c突变型噬菌体间的杂交连锁分析和互补分析表明,造成c表型的有三种突变,分别称为$c\,I$、$c\,II$和$c\,III$。

$c\,I$的条件突变型噬菌体在限制性条件下不能建立溶原态,当它感染已被野生型噬菌体溶原化细菌时却又不能溶裂寄主细胞,即处于溶原态的野生型原噬菌体能抑制$c\,I$突变体进入增殖溶裂周期。这暗示$c\,I$突变很可能是调控系统中阻遏物的缺陷突变(可设想λ中的$c\,I$突变是和乳糖操纵子中$LacI$突变相当的)。λ噬菌体还有一种烈性突变(virulent mutation),它不但不能使寄主细胞溶原化,还能在已经溶原化的细菌中复制和增殖。这很可能是调控系统中的操纵基因突变,造成了它对阻遏物的不敏感(可设想这种烈性突变和$LacO$突变相当)。基因定位研究表明$c\,I$基因两侧各有一个操纵基因,分别取名为左操纵基因O_L和右操纵基因O_R(图4-8)。每个操纵基因各带一个促进子P_L和P_R,这两个操纵基因的转录分别沿不同方向离$c\,I$而去,所以P_RO_R和O_LP_L转录的DNA信息链是不同的。进一步分析表明每个λ基因组能和6个$c\,I$编码的阻遏物分子结合,O_L和O_R各能结合3个。值得注意的是$c\,I$基因的促进子P_{RM}和O_R的阻遏物结合区段是部分重叠的。

当噬菌体感染细菌细胞时,细胞内开始并没有λ的阻遏物。这时寄主细胞的转录酶开始转录噬菌体的DNA上的遗传信息。一支由O_L开始通过N基因;另一支由O_R开始通过cro基因(图4-9)。N基因的产物N蛋白是一个正调控因子,它能通过改变寄主细胞转录酶的构型,使转录酶能通过N基因和cro基因边缘的转录弱化区段,向左进行到整合基因int,向右进行到另一个调控基因P。在int和P之间的基因都和噬菌体DNA的复制、重组和整合有关,如cro(control of repressor and other things)基因的产物cro蛋白能和$c\,I$的促进子P_{RM}结合而抑制$c\,I$转录和编码阻遏物,也就是说cro蛋白是阻遏物合成的阻遏蛋白,或者可称为抗阻遏物(antirepressor),它对λ噬菌体能否进入溶裂相起着决定的作用。另一方面$c\,I$编码的阻遏物也可通过与O_R结合而关闭cro基因的转录。实际上cro和$c\,I$的活性是相互排斥、互不相容的,cro活性是溶裂反应所必需的,$c\,I$活性是溶原反应所必需的。在N蛋白的影响下,$c\,II$和$c\,III$均得以表达,它们的产物使RNA聚合酶从另一个$c\,I$的促进子P_{RE}(图4-9中未显示)来转录$c\,I$基因,P_{RE}对$c\,I$转录起始的效率高于P_{RM}。然而,在$c\,II$、$c\,III$的蛋白产物促进$c\,I$表达活性的同时,cro蛋白又试图抑制$c\,I$的表达。一旦cro占了上风,它会关闭$c\,I$的转录,随之λ基因组的其他基因都会经不同的活化途径而得以表达,从而使λ进入溶裂相。从λ噬菌体的增殖调控机制我们看到了一个操纵子复合体(complex of operons)的结构

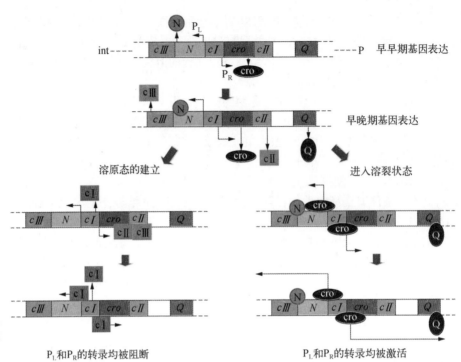

图4-9　λ噬菌体的调控区段的基因转录调控示意

和它内部的功能制约关系。

在溶裂途径中，λ噬菌体的基因组是以一个特定的时间序列得以充分表达的。最先表达的是与DNA复制和重组有关的基因，随之表达头部蛋白和尾部蛋白；最后合成的是溶裂寄主细胞的蛋白质。这个表达次序非常重要，如果表达的次序颠倒了，如过早地表达溶裂蛋白基因，是不利于λ发育的，甚至产生致死作用。决定这个表达顺序的是一系列调控蛋白，如N蛋白控制早基因的表达，Q蛋白控制晚基因的表达。

在溶原化周期中，λ噬菌体可处于三种不同的状态：① 溶原态的建立；② 溶原态的维持；③ 溶原态的破坏（释放噬菌体）。在建立溶原态的过程中，必须做两件事：① 将λDNA整合于寄主细胞染色体；② 关闭与溶裂反应有关的全部基因。这两个过程的细节尚不清楚。维持溶原态的关键是只表达cI基因，它是编码阻遏蛋白的。阻遏蛋白有两个结合靶位，O_L和O_R。阻遏O_L可阻断早基因群左向转录，致使包括N基因在内的许多基因不能表达。阻遏O_R可阻断右侧的cro基因和Q基因的表达。实际上，当阻遏蛋白和O_L与O_R结合时就关闭了除cI以外的全部基因。当寄主细胞内外环境中的某些因素破坏cI蛋白时，处于原噬菌体状态的λDNA会通过逆向整合而脱离寄主细胞染色体，并依次表达溶裂态的相关功能。

美国病毒学家普塔什尼（M. Ptashne）分离纯化了λ噬菌体的阻遏蛋白，这是一个单体分子量为26 000的蛋白质，在单体和功能态的多聚体之间有一个动态平衡。实验证实了O_L和O_R都是阻遏蛋白结合靶位的假设，并进一步弄清楚O_L和

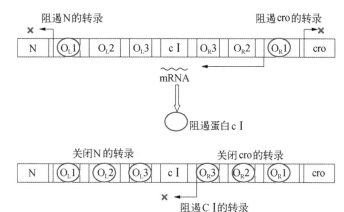

图4-10 λ噬菌体阻遏蛋白cⅠ合成的自我调节示意

O_R各包含三个结合点(图4-10),每个结合点由17个碱基对组成,均为A—T富集区段,间隔为3~7个碱基对。各个结合点的核苷酸序列相近而不尽相同,但都包含一个回文结构。在三个结合点中,和阻遏蛋白结合力最强的是最靠近受控操纵子第一个结构基因的结合点。N基因的促进子序列位于O_L区段内,cro基因的促进子位于O_R区段内。随着结合于O_L和O_R的阻遏蛋白数目的增加,对RNA聚合酶的移动和mRNA延伸的阻遏作用也会逐渐增强。

必须强调的是在一个溶原化的大肠杆菌中,λ阻遏蛋白的数量是受到精确控制的。如果阻遏蛋白数量过少,即使是一时性过低,也会导致溶裂反应。另一方面,如果阻遏蛋白水平过高,一旦寄主细胞出现不能继续让原噬菌体寄生的状况,λ就会失去及时转入溶裂态的机会。那么,λ阻遏蛋白的水平是怎样被控制的呢?研究表明,λ阻遏蛋白的合成是自我反馈调控的。具体地讲,当阻遏蛋白和O_R3结合时,$cⅠ$基因被关闭(图4-10);相反,当阻遏蛋白只和O_R1结合时,则会促进$cⅠ$的转录。由于阻遏蛋白与O_R1的亲和力比与O_R3的亲和力强,因此处于低水平时的阻遏蛋白只和O_R1结合而促进$cⅠ$转录,而高水平时阻遏蛋白就会通过和O_R3结合而抑制$cⅠ$的表达。

怎样打破溶原化周期呢?关键是使阻遏蛋白的水平降到足以使cro基因得以表达的数量。新合成的cro蛋白也可通过和O_R3结合而阻遏$cⅠ$基因的转录。关键是cro蛋白和O_R3的结合能力大于和O_R1的结合力。这样,低水平的cro蛋白能抑制$cⅠ$的表达,而并不关闭cro基因自身的转录。cro蛋白数量的积累使阻遏蛋白完全不能合成,保证了溶裂反应成为不可逆的一种连续反应。在这个实例中,我们看到了一两种调节蛋白和几个结合靶位之间的精确而巧妙的互相作用是如何决定噬菌体发育方向的。在原核生物中还发现过多个类似的、包含了亲和力不同的蛋白结合位点的调控系统。

前面几节讨论了原核生物中基因表达调控的几种模型,大致可分为调控转录起始和转录终止两类。实际上,在原核生物中还存在着翻译水平的调控和翻译后的调控。这些调控更多地涉及细胞生物化学反应,且多数不在遗传水平上,这里就不深入讨论了。

§4.5　真核基因组的结构特点

真核生物基因组的遗传信息远比原核生物的多。比如，人类细胞含有的DNA数量相当于大肠杆菌的1 000倍，相当于λ噬菌体的10^5倍。这使得真核细胞拥有原核生物无可比拟的遗传信息。与原核细胞DNA的裸露状态不同，真核细胞的DNA是和蛋白质，特别是和碱性蛋白相结合，并经过多层次浓缩包裹的，染色体就是这种高级结构的一种形式（图4-11）。

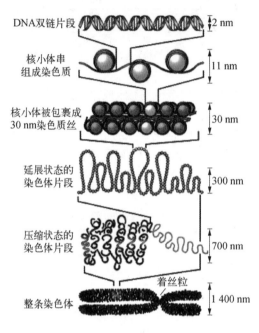

DNA双链片段　2 nm

核小体串组成染色质　11 nm

核小体被包裹成30 nm染色质丝　30 nm

延展状态的染色体片段　300 nm

压缩状态的染色体片段　700 nm

整条染色体　着丝粒　1 400 nm

图4-11　真核生物染色体结构层次示意

在细胞周期的不同阶段，染色体形态的有规律变化反映了这种高级结构的解聚和重建过程是高度有序、严格受控的。真核细胞和原核细胞的另一个区别是真核细胞的染色体组是由核膜包裹的，这层核膜把真核细胞的基因转录和翻译在时间和空间上都分割开来了。高等真核生物细胞核内合成的RNA要经过广泛的修饰、切割和拼接才能成熟，而且只有少数核内RNA会透过核膜进入细胞质作为mRNA来指导蛋白质的合成。真核生物的这些特点使得真核细胞基因组的结构与功能表达比原核生物更加复杂而多变。然而，由于DNA重组技术的发展，已有可能分离和克隆特定的真核生物基因，并有可能做核苷酸序列分析，真核基因组结构和功能表达的研究也因此取得了长足的进步。人类认识高等生物的分化、免疫、癌变等现象的大门正是从这里打开的。

我们可以从五个方面来说明真核基因组的结构特点。

（1）齐姆（B. Zimm）等在1974年用黏弹性技术（viscoelastic technique）证实每个真核细胞的染色体只含有一个DNA分子，也就是说每条染色体中的DNA是一个连续而完整的大分子。

（2）真核细胞的染色体是由DNA和组蛋白构成的核蛋白组成，称为染色质。组蛋白有五类，其组成特点如下：

组蛋白类别	氨基酸数目	分子量	赖/精值
H1	215	21 000	20.0
H2A	129	14 500	15.2
H2B	125	13 800	2.5
H3	135	15 300	0.72
H4	102	11 300	0.79

组蛋白含有大量的赖氨酸和精氨酸,这两种碱性氨基酸的总量约占全部氨基酸含量的1/4。碱性氨基酸都带有携正电荷的侧链,这些侧链可经化学修饰而使组蛋白产生不同的形式,其中乙酰化、甲基化、ADP-核糖基化、磷酸化等修饰属共价修饰。这些化学修饰会改变组蛋白的负电量和氢键形成能力,乃至改变整个分子的构型。这些变化在调节DNA复制和转录中起着要重的作用。

（3）科恩伯格在1974年提出了核小体(nucleosome)是构成染色质纤丝的基本单位的理论。他根据大量的实验研究提出,每个核小体由一段长度为146个碱基对的DNA,加上H2A、H2B、H3和H4各两分子组成。大部分DNA缠在由组蛋白组成的8聚体核心外面,余下的DNA连接相邻的核小体,并使染色质纤丝有一定的弹性(伸缩性)。也就是说,染色质纤丝是由核小体组成的、具有弹性的真核生物染色体的基本结构单位。电镜观察、X射线衍射分析、中子衍射分析、核酸酶降解分析,以及组蛋白和来自SV40病毒或腺病毒的DNA的核小体重组实验,都证实了科恩伯格的核小体模型是正确的。图4-12是核小体的模式图。

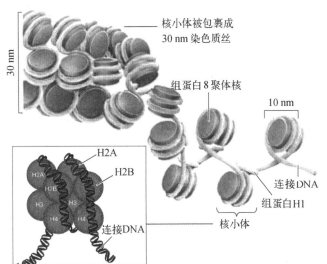

图4-12　**核小体结构示意**
（引自 A. Kornberg）

　　组蛋白H2A、H2B、H3和H4组成8聚体核心,外缠DNA。组蛋白H1在核心外并和连接段DNA相结合。

（4）真核基因组中有许多重复的核苷酸序列。这是布里藤(R. Britten)和克内(D. Kohne)在1968年的一项重大发现。

布里藤是在研究热解聚后的DNA分子重聚动力学的时候发现重复序列的。根据热力学定律,在一定条件下热解聚后分子的重聚速率是溶液中同源单链DNA片段的浓度的函数,即:

$$\frac{dC}{dt}=-KC^2$$

式中,C是同源单链DNA片段的摩尔浓度;t是反应的时间;K是反应常数。变换上式:

$$-\frac{dC}{C^2}=Kdt$$

分别对 C 和 t 取积分：

$$\int_{C_0}^{C} -\frac{\mathrm{d}C}{C^2} = \int_{t_0}^{t} K\mathrm{d}t$$

运算后得：

$$\frac{1}{C} - \frac{1}{C_0} = Kt$$

再经简化可得到在时间 t 时的同源单链DNA片段的即时浓度和起始时同源单链DNA片段的浓度之比：

$$\frac{C}{C_0} = \frac{1}{1 + KC_0 t}$$

式中，C 是时间 t 时溶液中尚余的同源单链DNA片段浓度；C_0 是反应开始时，即 t_0 时的同源单链DNA片段浓度；t 是反应开始到取样时的时间间隔；K 是反应常数。这个反应方程表明，在任何一个时间点，反应系统中的同源单链DNA片段的浓度 C 与反应起始时的同源单链DNA片段的浓度 C_0 的比值是 C_0 和反应时间 t 乘积的函数。C_0 的单位是mol/L，t 的单位是s，所以 $C_0 t$ 的单位是mol·s/L。

若以起始浓度和反应时间的乘积 $C_0 t$ 为自变量，以即时浓度和起始浓度的比值 C/C_0 为应变量作图，可得图4–13的 $C_0 t$ 曲线。从S形的 $C_0 t$ 曲线可求出 $C/C_0 = 1/2$ 时的 $C_0 t_{1/2}$。$C_0 t_{1/2}$ 是一个非常有用的实验参数，它相当于一半同源单片段重聚成为双链时的 $C_0 t$ 值。从图4–13可知大肠杆菌DNA的 $C_0 t_{1/2}$ 为9 mol·s/L，噬菌体T4 DNA的 $C_0 t_{1/2}$ 为0.3 mol·s/L。这两个数值表明大肠杆菌DNA解聚后的重聚速度是T4的1/30。这是因为大肠杆菌DNA比T4 DNA的分子量大，解聚和离心剪切后的单链片段溶液中结构互补的同源片段的浓度远比T4来源的样本低的缘故。

用 $C_0 t$ 曲线分析各种不同来源的DNA的重聚动力学的一个出人意料的发现是，哺乳动物基因组DNA有两种组分：一种组分的 $C_0 t_{1/2}$ 为 10^4 mol·s/L，另一种为 10^{-3} mol·s/L，两者相差达 10^7 之多。如果我们用 10^{-4} mol·s/L的DNA溶液做

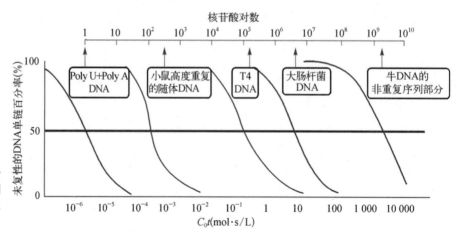

图4–13 不同DNA分子重聚动力学研究测得的 $C_0 t$ 曲线（改自R. J. Britten 和 E. Kohne）

$C_0t_{1/2}$ 测定，其中 90% 的哺乳动物 DNA 达到半数重聚的时间是 10^8 s（约为三年），而另外 10%DNA 的半数重聚时间只有 10 s。哺乳动物细胞基因组 DNA 所含碱基对数目相当于大肠杆菌的 10^3 倍，它的 $C_0t_{1/2}$ 数值大是意料之中的，但在哺乳动物基因组中发现重聚速度比分子量最小的病毒 DNA 快 100 倍以上的组分是一个极为重要的新发现。重聚动力学研究表明，这部分 DNA 有许多重复拷贝。进一步的研究证实，在小鼠基因组中这种重复序列长度约为 300 个碱基对，重复拷贝数为 10^6。随后发现各种真核生物基因组中，都有重复程度不同的重复序列。在人的基因组 DNA 中，有 30% 的 DNA 至少重复 20 次，最多的高达 5×10^5 次。在各种真核生物中重复序列（包括高度重复和中等程度重复序列）和单拷贝序列在基因组 DNA 中所占的比例是各不相同的。

绝大多数真核细胞蛋白质是由单拷贝基因编码的。例如，蚕的单倍体基因组有一个拷贝的丝蛋白基因（silk fibron gene），定量分析表明，这个基因可作为 10^4 个 mRNA 分子的转录样板，每个 mRNA 分子又可编码 10^5 个蛋白质分子。这样，一个基因在 3~4 d 的结茧期中可编码合成 10^9 个丝蛋白分子，这是结构基因中比较典型的例子，但也有另一类极端的例子。曾经发现生物机体为了促进某种特殊蛋白质的合成，在行使专门功能的细胞中有可能选择性地扩增基因。例如，某些对甲氨蝶呤或其他叶酸结构类似物有拮抗性的肿瘤细胞能合成比敏感细胞多 200 倍的双氢叶酸还原酶（DHFR）。这种合成剧增的原因是这些肿瘤细胞的 *DHFR* 基因扩增了许多拷贝。由此可见真核基因组是一个高度能动的结构/功能系统。

（5）真核基因组的另一个特点是，真核生物的结构基因往往并不是由连续的编码序列组成的，而是在编码序列中间插了许多间隔序列。这些不编码氨基酸的间隔序列称为内含子（intron），而编码蛋白质结构的序列称为外显子（extron 或 exon）。基因的这种割裂结构或称为割裂基因（split gene）的发现，是 DNA 结构研究的重大进展。内含子和重复序列的发现为研究真核基因的结构和功能开拓了新的道路，它和任何一次遗传学上的重大发现一样，带来了基因概念的新发展。

§4.6 割裂基因和尚邦法则

20 世纪 70 年代中期基因结构研究的一个重大突破是割裂基因的发现。1972 年，罗伯茨（R. J. Roberts）刚完成在哈佛大学的博士后研究，就受沃森之邀进入冷泉港实验室工作。他做了大量的限制性内切酶的分离鉴定工作，并把限制性酶用于多种病毒的基因组测序。1974 年他开始腺病毒的 mRNA 测序，他和他的同事想通过 mRNA 5′ 端的测序来确定腺病毒 DNA 的启动子序列，随着实验的一步步进展，在 mRNA 和 DNA 的序列比较过程中，他们发现了腺病毒基因被割裂的生物化学证据。接着，罗伯茨借助电子显微镜分析 mRNA 和 DNA 分子杂交图像，看到了与 mRNA 不能配对的 DNA 序列膨出形成单链的环，证实了腺病毒基因的确被不编码蛋白质的间隔序列所割裂。1993 年他和麻省理工学院的夏普分享了诺贝尔生理学或医学奖。夏普的工作与罗伯茨完全独立但很相似，他的研究小组也在20世纪70年代中期做腺病毒mRNA的测序，并进行相关的功能研究，夏普发现在细胞核内合成的很长的RNA分子并没有出现在细胞质中，他猜测这个长RNA被细胞加工成了较短的mRNA，接着他也用mRNA和DNA的分子杂交分析和电镜观察证实了割裂基因的存在。

1977年10月—12月这短短的3个月中，先后有三个实验室发现了真核生物的割裂基因：一是美国国立卫生研究院的莱德（P. Leder）发现小鼠β珠蛋白基因是割裂的；二是法国巴斯德大学的尚邦（P. Chambon）发现鸡的卵清蛋白基因是割裂的；三是荷兰阿姆斯特丹大学的杰弗里斯（A. Jeffries）和弗拉维尔（R. Flavell）一起发现兔的β珠蛋白基因也是割裂的。下面我们以法国巴斯德大学的生化教授尚邦关于鸡卵清蛋白的工作为例，对割裂基因的发现过程做些介绍和分析。

20世纪70年代中期，尚邦开始用分子生物学的理论和方法来研究细胞分化问题。他选择的课题是雌激素（estrogens）和孕激素（progestins）怎样控制母鸡输卵管的分化和蛋清的主要成分卵清蛋白（ovalbumin）基因的表达。

卵清蛋白由386个氨基酸组成，由输卵管中高度分化的管状腺细胞分泌，但只有在雌性激素存在时，卵清蛋白基因才能得以转录。为了研究这个基因表达的调控，尚邦实验室的同事和研究生从管状腺细胞中分离到了卵清蛋白基因的mRNA（在这种细胞中约50%的mRNA是卵清蛋白的mRNA），全长为1 872个核苷酸。这个mRNA分子的5′端有64个核苷酸是不翻译的前导序列，3′端的650个核苷酸也不翻译，中间1 158个核苷酸编码卵清蛋白的386个氨基酸。以分离到的mRNA为样板，经逆转录酶作用可获得卵清蛋白mRNA的互补DNA（cDNA）。他们将cDNA克隆于质粒做进一步的结构和功能研究。

DNA结构分析的第一步往往是限制性内切酶谱分析。尚邦等很快发现在这个由逆转录途径获得的cDNA，或者说"卵清蛋白基因"，没有最常用的内切酶 *Eco* R I 和 *Hin* d Ⅱ 的切点。为了比较上述逆转录"基因"和基因组中真正的卵清蛋白基因的结构（实际上是比较mRNA和DNA结构），尚邦的助手布雷瑟纳克（R. Breathnach）将从鸡的红细胞分离到的DNA用 *Eco* R I 或 *Hin* d Ⅱ 处理，并预先估计这两种酶虽会将鸡的基因组DNA切成$10^5 \sim 10^6$个片段，但卵清蛋白基因由于不含 *Eco* R I 的切割位点而应该是完整的，所以如果用逆转录得到的"卵清蛋白基因"作探针经DNA印迹杂交，应该出现一条杂交带。然而多次重复实验得到的都是4条带。会不会是红细胞基因组中卵清蛋白基因在发育过程中经过了基因水平的结构分化呢？布雷瑟纳克又用来自输卵管细胞的基因组DNA做了重复实验，结果仍然出现同样的4条带。在1977年的欧洲分子生物学会议上，布雷瑟纳克和尚邦报告了他们的工作，与会者却对他们的报告反应冷淡，甚至有人认为这是实验操作造成的人为产物。更重要的是他们自己也没有提出令人信服的理论假设来说明"多带"现象。会议以后，他们立刻对两种卵清蛋白基因做了详细深入的限制性内切酶的酶谱分析和比较。实验进一步证实来自cDNA的基因没有 *Eco* R I 的切点，而来自基因组的卵清蛋白基因却能被 *Eco* R I 切成三段：Eb、Ec和Ea（图4-14）。这清楚地表明编码卵清蛋白的基因型DNA序列本身没有 *Eco* R I

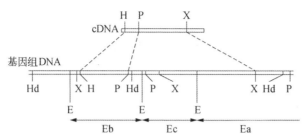

图4-14 卵清蛋白基因cDNA和基因组DNA的结构比较（引自P. Chambon）

H：*Hha* I；Hd：*Hin* d III；X：*Xba* I；P：*Pst* I；E：*Eco* R I

切点，但它被某些带有*Eco* R I切点的非编码序列隔开了。*Hin* d II的酶谱分析也证实了间隔序列的存在。

不久，卵清蛋白基因的mRNA和基因组DNA的分子杂交的电镜照片完全证实了尚邦的设想。电镜照片揭示mRNA和基因组DNA有8个可配对的区段，这些是基因中编码蛋白质的外显子（exon）部分。另有7个在基因组DNA中存在，但在mRNA中没有同源序列的内含子（intron）区段，这些区段在照片中呈现为环（图4-15）。可以看到mRNA和DNA虽然有很大的结构差异，但从5′端到3′端仍保持着完整一致的线性相关，而且这种线性相关还一直延伸到基因的蛋白产物。卵清蛋白基因全长7 700个碱基对，相当于mRNA的4倍，相当于外显子序列的7倍。

割裂基因这个关于真核基因结构的重大发现，很快为世界各国的多个实验室所证实，特别是瑞士巴塞尔免疫学研究所的里根川进（S. Tonegawa）发现免疫球蛋白基因也是割裂基因，并由此引发了免疫学的一场革命（详见本章§4.8节）。这一系列发现雄辩地证明在真核基因组内编码蛋白质的结构基因普遍存在着割裂现象。

割裂基因发现后最急待解决的问题是，一个编码序列被割裂的基因究竟是如

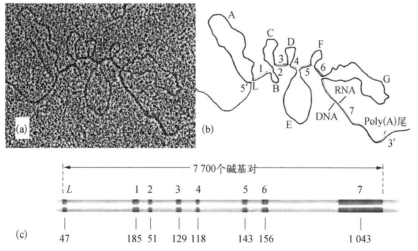

图4-15 卵清蛋白基因的mRNA和基因组DNA的分子杂交的电镜照片（引自P. Chambon）

（a）电镜照片；（b）电镜照片诠释图；（c）外显子和内含子的分布

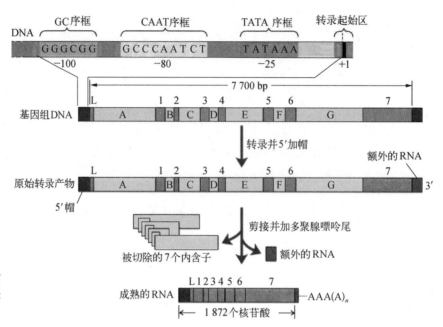

图4-16 真核细胞结构基因转录、加工和表达的示意

何产生一个连续而不间断的mRNA？生物化学和细胞化学的实验研究表明，从转录的原始产物到转录产物的加工（processing），包括内含子的切除、外显子的拼接，还有加"帽"和接"尾"等一整套生物学反应。我们还是以鸡的卵清蛋白基因的表达为例来说明这一系列反应（图4-16）。

转录过程开始前，先由RNA聚合酶识别转录起始序列与5′端"上游"的转录起始区段（类似原核基因组中的促进子）并与之结合。位于转录起始点上游25~30个碱基对的TATA序框和位于转录起始点上游70~80个碱基对的CCAAT序框，很可能是转录酶识别和结合的关键序列，其中TATA序框又称戈德堡-霍格内斯序框（Goldberg-Hogness box），其作用相当于原核细胞DNA中的普里布诺序框（Pribnow box）。接着RNA聚合酶转录下整个基因的信息产生mRNA的前体，称为原始转录物。随后是原始转录物的修饰，主要是5′端加上三磷酸-7-甲基鸟嘌呤（m^7Gppp）和3′端加上多聚腺嘌呤（polyA）。最后通过一系列的剪接步骤，切除不参与编码的内含子，把相邻的外显子拼接而成为成熟的mRNA。只有成熟的mRNA才能转移至细胞质作为编码基因的蛋白产物的信使。

那么，剪接又是如何进行的呢？尚邦等系统地分析了取自不同基因中介于内含子和外显子交界处的DNA区段的核苷酸序列，发现每一个内含子都是以GU（GT）开始，以AG结尾（图4-17）。据此，尚邦提出剪接酶的识别和拼接必定和内含子的GU-AG结构直接有关。以后的实验表明，鸡、兔、鼠、猴、人以及SV40病毒中的剪接信号序列都有GU-AG结构，甚至从A物种分离到的基因原始转录物，在B物种细胞中也能正确地剪接，产生成熟的mRNA。此后，GU-AG拼接就被称为RNA加工的尚邦法则，或者称为布雷瑟纳克-尚邦法则。

图 4-17 **真核基因中外显子和内含子间的剪接信号序列**（引自 P. Chambon）

§4.7 一个基因编码多种蛋白质

原始转录本的加工在基因表达上具有十分重要的意义，它可以移去内含子，使 RNA 结构更趋稳定，并且使成熟的 mRNA 具有透过核膜进入细胞质的能力。可以设想位于 DNA 分子和原始转录物上的内含子，即间隔序列，对转录和转录物的加工是有调控作用的。这种调控不仅表现于对转录和加工速率的调节和控制，还表现在对编码的蛋白质结构的控制，即由于剪接加工过程的不同，使一个基因可以产生多种 mRNA，编码多种蛋白质。

一个基因多种信使这种现象最早是在突变研究中发现的。鸡卵清中有一种专一性很强的胰蛋白酶抑制剂卵类黏蛋白（chicken ovomucoid, CHOM），有人发现鸡的一种突变型细胞能合成两种卵类黏蛋白分子：一种是正常的，约占总量的 4/5；另一种缺少 2 个氨基酸（缬氨酸和丝氨酸）。核苷酸序列分析表明，这种突变型细胞的卵类黏蛋白基因的内含子 F 的 5′ 端多了一个额外的拼接信号 /GT：

$$//GTAGCCT\cdots \rightarrow //G\text{———}T\cdots$$

又如，有些 α 地中海贫血症患者的 α 珠蛋白基因的转录产物缺少第一个内含子中的 5 个碱基，其中包括剪接信号序列 /GT 中的 T。某些 β 地中海贫血症患者的 β 珠蛋白减少，是由于 β 珠蛋白基因转录产物的第一个内含子的 3′ 端发生了一个点突变，形成了新的剪接信号：

$$\cdots TTGG\cdots TTAG// \rightarrow \cdots TT\underline{AG}\cdots TTAG//$$

这些突变研究的新发现告诉我们，一个基因可由于转录产物的不同剪拼方式而产生不同的信使，编码结构不同的蛋白质。这类内含子突变型是不是暗示真核基因表达的某种秘密呢？在正常状态下，一个基因能不能编码多种蛋白质产物呢？

德诺托（F. Denoto）等在 1981 年曾用实验证明人的生长激素基因的原始转录本中，有一个内含子通过不同的拼接产生了两种 mRNA，编码两种蛋白质，它们的分子量和功能都是不一样的。马里（J. Marie）等也发现大鼠红细胞和肝细胞中的丙酮酸激酶的分子量分别为 63 000 和 60 000。编码这两种酶的 mRNA 的体外翻

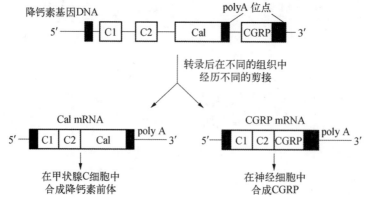

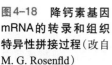

图4-18　降钙素基因mRNA的转录和组织特异性拼接过程（改自M. G. Rosenfld）

外显子C1、C2是共同编码区；外显子Cal和CGRP是组织特异性编码区。

译实验表明，这是同一原始转录本的不同剪接产生了组织特异性mRNA，随之编码了组织特异性蛋白质和酶。

1983年，美国加州大学和Salk研究所罗森菲尔德（Michael G. Rosenfeld）等对降钙素基因的组织特异性拼接进行了详细的研究。他们发现神经组织中的降钙素基因产生的mRNA和甲状腺C细胞中同一基因编码的mRNA不一样。甲状腺C细胞的mRNA编码降钙素的前体，而在神经组织中的mRNA则编码一种神经肽，称为降钙素基因相关肽（calcitonin gene-related peptide, CGRP）。CGRP的分布和代谢表明它在伤害感受、摄食行为以及自主系统和内分泌系统调节中起着某种作用。图4-18显示了降钙素基因的原始转录物在甲状腺C细胞（"C"）和神经细胞中的组织特异性剪接的主要差别和随后的翻译过程。

1984年底，日本京都大学医学院的神经生物学家中西重忠（S. Nakanishi）等报道了另一种哺乳动物神经肽前原速激肽原（preprotachykinin）基因的mRNA在神经组织和其他组织（如甲状腺、肠道等）中经不同剪接的mRNA编码不同蛋白质的研究结果。在神经组织中编码的是激肽K物质，在甲状腺和小肠中编码的是激肽P物质，这两种激肽的共同基因是前原速激肽基因。同一基因在不同组织中，表现出质和量都不相同的表达产物，暗示在真核系统中很可能存在某种组织特异性调控系统，这是近年来基因功能表达调控研究中值得密切关注的动向。

§4.8　体细胞的DNA重排和基因表达调控

本节讨论的问题是位于基因组中不同部位的DNA片段，怎样通过DNA水平上的重组成为不同的结构基因。这样的研究将大大增进我们对基因的认识。我们将以免疫球蛋白基因表达的调控为例，来介绍这方面的研究进展。

每种免疫球蛋白分子都由轻链和重链两种肽链组成。每条轻链又分为N端可变区（V）和C端恒定区。V区主要用于识别抗原，C区和抵御抗原的免疫效应有关。决定免疫球蛋白分子结构的有三类不连锁的基因族，其中两类（λ和κ）决定轻链（L），一类决定重链（H）。

L链由三个不连锁的基因段编码，称为可变段（V_L）、连接段（J_L）和恒定段（C_L）。哺乳动物的单倍体基因组有数以百计的 V_L 段，5~6个 J_L 段，10~12个 C_L 段。在分化过程中，一个B淋巴细胞基因组中的某个 V_L 段，可从原来的位置经过缺失重排（deletion rearrangement）与同一染色体远端

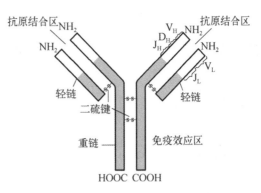

图4-19　抗体结构示意

的 J_L 和 C_L 区域相连。DNA分子的这一重排使 V_L、J_L 和 C_L 三段拼接在一起，转录出连续的mRNA前体，经剪接和加工修饰后可产生编码特异性抗体分子的L链的mRNA分子。不同的 V_L、J_L 和 C_L 之间的DNA重排，使机体的免疫系统拥有产生种类非常繁多的抗原特异性免疫球蛋白的巨大潜能。这就是L链产生中的V-J跃迁（V-J joining）（图4-20）。

H链由4个基因段编码：可变段（V_H）、歧异段（D）、连接段（J_H）和恒定段（C_H）。H链的可变区是经V-D-J跃迁（V-D-J joining）而成的V-D-J DNA区段编码的。Hc段共有8个基因，其顺序依次为：$C\mu$、$C\delta$、$C\gamma3$、$C\gamma1$、$C\gamma2b$、$C\gamma2a$、$C\alpha$ 和 $C\varepsilon$。V-D-J区经跃迁重排和不同的 C_H 基因相连，构成了编码各种免疫球蛋白分子中H链的基因。与8个Hc对应的8种免疫球蛋白分别是IgM、IgD、IgG3、IgG1、IgG2b、IgG2a、IgA和IgE。L链产生中的V-J跃迁和V-D-J跃迁的比较如图4-21。

在细胞分化的过程中，分泌具有针对某一特异性抗原的抗体分泌细胞会合成并分泌出不同类型的抗体。这些抗体具有相同的抗原特异性（antigen specificity），但生物学作用并不相同。这些抗体分子的L链和H链的 V_H 区是一样的，只是 C_H 区不一样，因而一个B淋巴细胞和由它衍生而来的细胞克隆，能通过遗传转型（class switching）产生一系列针对同一抗原特异性的抗体。遗传转型

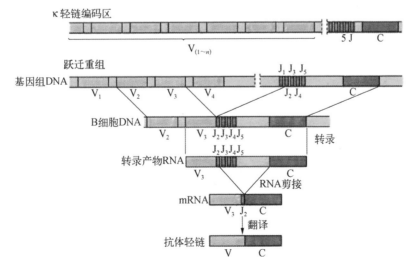

图4-20　Vκ-Jκ跃迁的分子模型示意

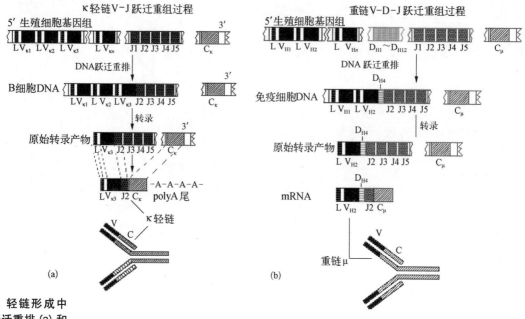

图4-21 轻链形成中的V-J跃迁重排(a)和重链形成中的V-D-J跃迁重排(b)

是免疫系统细胞分化过程中的又一类DNA水平上的结构重排。

归纳起来，在L链编码区形成中的V-J跃迁和H链编码区形成中的V-D-J跃迁，决定了特定淋巴细胞的抗体免疫识别特性，随后的遗传转型决定了所分泌的抗体的类型。这里我们将讨论一下V-J跃迁和V-D-J跃迁中发生的分子事件。

在未分化的细胞中（如性腺中的原始性细胞）编码κ链（L链一种）的J_κ和C_κ段是紧密连锁的，但V_κ则位于同一染色体的远端。在已分化的B淋巴细胞中，大约100个或更多的V_κ基因中的一个（由抗原决定V_κ基因段的选择）和4个J_κ基因段中的一个经缺失重排跃迁在一起，这样就形成了连续的能编码107个氨基酸的V_κ区编码段。其中V_κ段编码1~95位氨基酸，J_κ段编码96~107位氨基酸。J_κ和C_κ之间的间隔序列在原始转录物的剪接加工中被切除，最后得到连续的编码抗体分子L链的mRNA。

在亚分子水平上，V_κ和J_κ（以及另一种L链λ的V_λ和J_λ）间的缺失重排的关键与两组很短的保守序列（conserved sequences）直接有关。其中一组位于V_κ基因段的3′端，另一组位于J_κ基因段的5′端。各组都包括两小段保守序列，一段长7个碱基对，另一段长9个碱基对，介于两段间的非保守序列虽然组分各异，但长度是比较恒定的，对V_κ来讲总是长11或12个碱基对，对J_κ来讲总是21~24个碱基对（在λ链基因中，对V_λ来讲是22~23个碱基对，对J_λ来讲是12个碱基对），这个间距相当于DNA分子中1~2个完整的螺旋。有人设想在淋巴细胞中可能有两种"跃迁蛋白"，它们能识别长度相当于1~2个螺旋的间隔序列段，并与之形成复合物，催化缺失重排反应，组成连续的V_κ或V_λ区段。图4-22是已分化的B淋巴细胞中V_κ-J_κ跃迁的可能模式。

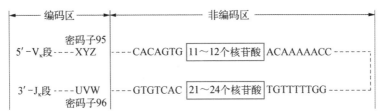

图4-22 **已分化的B淋巴细胞中Vκ-Jκ跃迁的可能模式**

重链可变区编码基因段的形成,涉及更为复杂的V_H-D-J_H跃迁,研究表明在V_H和D,以及D和J_H之间也有类似图4-22所示的重排关键序列,暗示轻链中的V-J跃迁和重链中的V-D-J跃迁很可能由同一套跃迁蛋白来完成的。

对于重链编码基因来讲,在形成V-D-J区后还要经遗传转型和适当的C_H区相接才能形成完整的重链基因。在分泌免疫球蛋白的B淋巴细胞及其衍生的细胞克隆,以及作为分化终点浆细胞的发育过程中,它产生和分泌的免疫球蛋白的类型是有一定时序的,一般先分泌IgM,随后转型至其他类型,如IgA或IgG等。在未经免疫分化的细胞的基因组中,J_H段是和C_μ基因相邻的,一旦V_H-D-J_H跃迁完成,就能转录出H_μ的mRNA前体,经剪接加工即可编码IgM的重链。然而,随着分化所分泌的免疫球蛋白由IgM向IgG转型,这时亲代B细胞的V-D-J区必须和C_α基因作遗传转型以产生H_α的mRNA前体。遗传转型只改变抗体分子的类型,而不改变抗体的特异性可变区的结构。染色体上C_H基因的次序是从5′端的C_μ开始逐步向C_δ、$C_\gamma3$,$C_\gamma1$、$C_\gamma2b$、$C_\gamma2a$、C_α和C_ε展开的,所以遗传转型从发育时序来讲是单向的,总是随着分化时序从DNA分子的5′端向3′端转型。图4-23是产生具有相同的抗原特异性的不同抗体的遗传"转型"示意图。尽管不同的转型位点的结构不相同,但都有和转型剪接有关的保守序列,以便进行正确有效的结构重排。

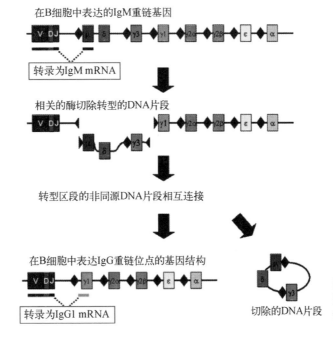

图4-23 **产生具有相同抗原特异性的不同抗体的遗传"转型"示意**

值得注意的是免疫细胞基因片段之间有规律、受调控的跃迁剪接将会显著地增加整个基因组的信息量。它不仅增加了可变区的歧异性，而且在保留抗原特异性信息的基础上，使细胞能随着分化而改变其作为免疫效应器的功能。

与免疫细胞的发育和分化有关的DNA结构重排似乎很复杂，然而这个过程很可能只是由一组特异的跃迁蛋白通过识别高度保守的关键序列来调节和控制的，而跃迁蛋白又可能与某种抗原的刺激造成的诱导和阻遏调控有关。从这个意义上讲，免疫细胞可能成为研究真核生物发育和分化过程，及其与机体内微环境相互作用的细胞模型。

在免疫细胞的分化中，除了DNA水平上的重排外，还有RNA水平上的剪接调控。如上所述，分化中的B细胞最先合成的免疫球蛋白是IgM。但是，并非所有的IgM都透过细胞质膜分泌出去，而是有一部分IgMμ链的C端区仍和细胞膜相贴，成为整合于细胞质膜的膜蛋白。分泌型IgM的μ链称为μ_S，结合于膜的IgM的μ链称为μ_M。同一个B细胞及其克隆能合成两种不同的IgM。μ_S和μ_M的氨基酸序列从$C\mu_1$到$C\mu_4$都是一样的，所不同的是μ_S的C端有20个亲水氨基酸，使IgM分泌型易于进入体液。而μ_M的C端有39个疏水氨基酸，这些疏水氨基酸序列能插入疏水的双层细胞质膜。所以编码μ_S和μ_M的mRNA是不同的。现已分离到这两种mRNA，编码μ_M的mRNA长2 700个碱基，编码μ_S的mRNA长2 400个碱基。基因组DNA和这两种mRNA的比较研究证实，这两种mRNA有一个共同的前体RNA，经过不同的剪接加工形成不同的mRNA，进而导致两种μ链的合成。这是"一个基因，两种蛋白"的又一实例，它又一次告诉我们，RNA的剪接加工是一个可调控的过程，它可以使一个基因产生两个某些功能相关而氨基酸排列各异的蛋白质，使一个基因能编码生物学功能不尽一致的两种蛋白质。

§4.9　真核基因组的调控

分化了的真核细胞中，往往只表达它所拥有的成千上万的基因中的少数基因，这类选择性表达调控是怎样实现的？研究这个问题不仅有理论意义，也有重大的实际应用价值。在原核生物基因组中，结构基因的转录调控因子，包括阻遏物编码序列，促进子和操纵基因等都是位于它的5′端"上游"的，各部分的功能基本上是清楚的。当人们把原核基因组的调控知识推广、延伸到真核基因组时，很自然地把注意力集中到受控基因的5′端上游。但是，近年来的一些研究报告表明，人类成年型β珠蛋白基因可能存在一个位于转录起始点3′端下游的调控序列。

真核基因的5′端调控因子可分为三类，它们的功能、碱基序列特点和相对于转录起始点的位置各不相同。第一类是最靠近转录起始点的TATA序框，又称为TATA盒，它的序列中含有较多的腺嘌呤和胸腺嘧啶对，其主要作用是确定转录起始点。一般来讲，多数基因的转录起始点位于TATA序框的下游30个碱基对

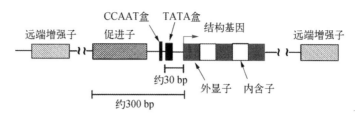

图4-24 **真核结构基因的三类转录调控因子**

左右(图4-24)。第二类是5′端调控因子是CCAAT序框,又称为CCAAT盒,其位置变动范围比上述的TATA序框宽一些,往往位于转录起始点上游40~110个碱基对。CCAAT序框的作用主要是决定转录的水平。第三类上游调控因子称为增强子(enhancer)。最先是在猴病毒SV40中发现的,它能在远离结构基因的地方发挥刺激转录、大大提高转录的水平。如果把SV40的增强子和家兔的小β珠蛋白基因组入同一质粒后转染HeLa细胞,可使珠蛋白的mRNA合成增加200倍。另外,有的研究报告还认为增强子可能还有某些基因转录的组织特异性调节因子的作用。

人类基因组中有"下游"调控因子的证据最早来自对β珠蛋白表达调控的研究。成人型的α珠蛋白基因是在出生前后都得到表达的,而成人型的β珠蛋白基因是在胚胎期表达的ε珠蛋白基因和胎儿期表达的γ珠蛋白基因表达之后才开始表达的。为了研究这种随着分化发育而变化的表达调控,查尼(P. Charney)等进行了一系列基因转移实验。他们先把人的β珠蛋白基因克隆在适当的载体上,然后转入小鼠的红白血病细胞系(简称MEL)细胞。经诱导处理后,在鼠细胞内源α珠蛋白基因和β珠蛋白基因得到转录的同时,外源的人β珠蛋白基因也得到同步表达。接着,查尼用人的α珠蛋白基因做了类似的实验,结果在同样的诱导条件下α珠蛋白基因不能表达。说明人的α珠蛋白基因5′端的调控区对诱导因素不敏感。在上述实验基础上,查尼把人的α珠蛋白基因的5′端上游调控区段和人的β珠蛋白基因的编码区段组合成杂合分子,转染MEL细胞后,再做诱导实验,发现杂合分子上的β珠蛋白结构基因的诱导转录水平与具有完整的5′端上游调控区段的β珠蛋白基因的表达完全一样。同年,赖特等用根本不能被诱导的人胚胎γ珠蛋白基因的5′端促进子区段,或小鼠组织相容性抗原H-2K[bml]的促进子区段,和成人的β珠蛋白基因的编码区段组成的杂合分子转染MEL细胞,发现杂合DNA分子的诱导转录活性和完整的成人β珠蛋白基因也是一样的。这一系列实验的结果表明,β珠蛋白基因除了完整的、功能上重要的5′端上游促进子外,还在结构基因内部带有某种对于在红细胞中适当表达至关重要的调控序列。应该指出,人的β珠蛋白基因只是最早被发现转录起始点下游带有表达调控序列的基因之一,实际上这是一个非常普遍的现象。例如,非洲爪蟾(*Xenopus laevis*)的5S核糖体RNA基因的结构基因段也有调控因子,在小鼠的免疫球蛋白基因的内含子中也发现有一个增强子,鸡的胸腺嘧啶激酶基因内也存在一种基因内调控因子(intragenic control element)。

上面讨论的实验研究引出了一个重要问题:真核基因内含子的功能之一是不是调控外显子表达的速率呢? 有人曾经发现某些时间和空间表达同步

的真核基因的内含子中，存在或长或短的共同的序列。如果进一步证实这些共同序列与基因的同步表达有关，将成为内含子直接参与基因表达调控的重要证据。另外，从20世纪90年代开展人类基因组计划研究以来，关于基因组中不编码蛋白质的区段在真核基因表达调控过程中的作用已经成为遗传学研究的一个重要内容。毫无疑问，真核生物基因表达调控问题的全貌尚未完全清楚。

实际上，基因表达调控还涉及基因组以外的诸多因素。我们想以级联磷酸化对特定蛋白质的翻译水平的影响为例来说明基因表达的非基因组调控。

把网织红细胞（reticulocytes）的提取液在适当的条件下孵育，它会以相当快的速率合成血红蛋白（hemoglobin的亚单位），直到血红素（heme）用完了才会停止合成。血红素供应中止之所以能导致蛋白质合成降低，原因是在反应系统中很快形成了一种酶性抑制蛋白。这种抑制蛋白的生化本质是一种蛋白激酶，它的靶分子是蛋白质翻译的起始因子eIF-2。eIF-2是8种真核细胞翻译起始因子中最重要的一种，它的作用是和GTP结合，并把met-tRNA$_f$移入核糖体的40S亚单位。eIF-2一旦被激酶磷酸化，则会失活而影响蛋白质合成的起始。图4-25是血红素调节蛋白质合成的示意图。从图中可以看出，能使eIF-2失活的eIF-2激酶有两种存在形态：一种是非磷酸化的钝化态，一种是磷酸化的活化态。eIF-2激酶的磷酸化则是由一种依赖于环磷腺苷的激酶来催化的。这种依赖于环磷腺苷的激酶有4个组分：2个调控亚单位R和2个催化亚单位C，合起来是R_2C_2。当cAMP存在时，cAMP能把R_2C_2离解而释出催化组分C，但这个反应经常处于受血红素阻遏的状态。只有当血红素耗尽时，催化组分C才能从R_2C_2中释出，并活化eIF-2激酶，随之活化态的eIF-2激酶又进而使eIF-2磷酸化而失活，降低细胞的蛋白质合成水平。连起来看，这是一种由多种激酶的级联磷酸化（phosphorylation cascade）在翻译水平对基因功能表达的调控。

近年来关于真核基因组结构和功能的研究大大增进了我们在细胞水平、染色质水平和分子水平上对真核本质的认识。然而，必须清醒地看到，造成分化、发育和性状歧异的主要原因正是真核基因功能表达的调节和控制的关键。对于基因功能表达的多层次、多步骤且具时空特征的调节和控制机制（图4-26），我们至今仍在不断探索。

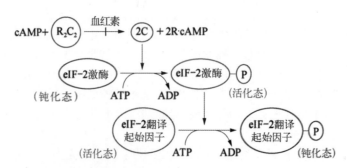

图4-25　级联磷酸化导致翻译起始因子eIF-2失活（改自L. Stryer）

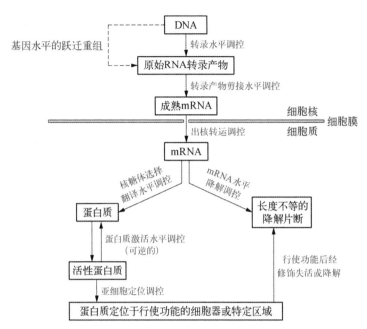

图4-26　真核基因表达的多层次、多步骤且具时空特征的调节和控制示意

　　最近20年来的大量研究告诉我们，真核基因功能表达的调节和控制方面最为重要的进展是有关表观遗传学的蓬勃兴起和迅速发展。下一章专门讨论表观遗传学问题。

参 考 文 献

［ 1 ］　Abbey J L, O'Neill H C. Expression of T-cell receptor genes during early T-cell development. Immunology and Cell Biology, 2008, 86:166–174.

［ 2 ］　von Borstel R C. Induction of nuclear damage by ionizing and ultraviolet radiation// Buchmann B C. Progress in Photobiology. Proceedings of the 3rd International Congress on Photobiology (Copenhagen, 1960), Elsevier Publishing Company, Amsterdam, 1960: 243–250.

［ 3 ］　Brack C, Tonegawa S. Variable and constant parts of the immunoglobulin light chain gene of a mouse myeloma cell are 1 250 nontranslated bases apart. Proc Natl Acad Sci USA, 1977, 74: 5652–5656.

［ 4 ］　Chambon P. Split genes. Scientific American, 1981, 244: 60–71.

［ 5 ］　Christensen B, Britten R J, Kohne D E. Repeated sequences in DNA. Hundreds of thousands of copies of DNA sequences have been incorporated into the genomes of higher organisms. Science, 1968, 161: 529–540.

［ 6 ］　Conner B J, Reyes A A, Morin C, et al. Detection of sickle cell beta s-globin allele by hybridization with synthetic oligonucleotides. Proc Natl Acad Sci USA, 1983, 80:278-282.

[7] Jacob F, Monod J. Genetic regulatory mechanisms in protein synthesis. J Mol Biol, 1961, 3: 318-356.

[8] Jensen K F, Bonekamp F, Poulsen P. Attenuation at nucleotide biosynthetic genes and amino acid biosynthetic operons of *Escherichia coli*. TIBS, 1986, 11: 362-365.

[9] Kornberg R D. Chromatin structure: a repeating unit of histones and DNA. Science, 1974, 184: 868-871.

[10] Millei J H, Rcznikoff W S. The operon. New York: Cold Spring Harbor Laboratory, Cold Spring Harbor, 1978.

[11] Molgaard H V. Assembly of immunoglobulin heavy chain genes. Nature, 1980, 286: 657-959.

[12] Nawa H, et al. Tissue-specific generation of two preprotachykinin mRNA from one gene by alternative RNA splicing. Nature, 1984, 312: 729-734.

[13] Oxender D, Zurawski G, Yanofsky C. Attenuation in the *E.coli* tryptophan operon: role of RNA secondary structure involving the tryptophan codon region. Proc Natl Acad Sci USA, 1979, 76: 5524-5528.

[14] Resenfeld M G, Mermod J J, Amara S G, et al. Production of a novel neuropeptide encoded by the calcitonin gene via tissue-specific RNA processing. Nature, 1983, 304: 129-135.

[15] Sancar A, Franklin K A, Sancer G B. *Escherichia coli* DNA photolyase stimulates uvrABC excision nuclease *in vitro*. Proc Natl Acad Sci USA, 1984, 81: 7397-7401.

[16] Sano K, Matsu K. Structure and function of the *trp* operon control regions of *Brevibacterium lactofermentum*, a glutamic-acid-producing bacterium. Gene, 1987, 53: 191-200.

[17] Zipser D, Beckwith J. The Lac operon. New York: Cold Spring Harbor Laboratory, Cold Spring Harbor, 1977.

第5章　基因组的表观遗传修饰

　　一个多细胞生物体的不同类型细胞都源自同一个受精卵,它们的基因型是完全一样的,然而它们的表型是各不相同的,这是由于经历发育和分化的不同类型的细胞之间存在着基因表达模式(gene expression pattern)的差异。也就是说,决定一个多细胞生物体的多种多样不同细胞类型的不是基因本身,而是决定特定细胞结构和功能的基因表达模式。在整个生命过程中,通过细胞分裂来传递和稳定地维持具有组织和细胞特异性的基因表达模式对于整个多细胞生物体的结构和功能协调至关重要。

　　基因表达模式在细胞世代之间的可遗传性并不仅仅依赖细胞内DNA的序列信息,基因表达模式的信息标记还包括DNA序列信息之外的表观遗传修饰(epigenetic modification)。已知的表观遗传修饰标记主要包括DNA分子中特定碱基的化学修饰(如胞嘧啶的甲基化等)、组成核小体的组蛋白化学修饰(如组蛋白N端的乙酰化、甲基化、磷酸化、泛酸化等)和染色质构型重塑(chromatin remodeling)。在胚胎发育和分化过程中,建立和删除表观遗传修饰标记的编程与重编程涉及大量的酶、修饰蛋白复合体,以及种类和功能极为复杂多样的非编码核糖核酸(non-coding RNA, nc-RNA)参与的细胞和分子机制。

　　通过有丝分裂或减数分裂来传递非DNA序列信息的现象称为表观遗传(epigenetic inheritance)。表观遗传调控(epigenetic regulation)是指不依赖DNA序列改变而对基因转录和翻译进行动态调控,其核心问题是组蛋白的化学修饰、DNA甲基化、依赖ATP的染色质重塑、组蛋白变体以及非编码RNA等表观遗传因子参与调节染色体结构的建立、维持和动态变化。表观遗传学(epigenetics)则是研究不涉及DNA序列改变的基因表达和调控模式的可遗传变化,或者说是研究从基因演绎为表型的过程和机制的一门新兴的遗传学分支。表观遗传的异常会引起表型的改变、机体结构和功能的异常,甚至疾病的发生。表观遗传学正在成为遗传学的一个重要组成部分。

§5.1　表观遗传修饰的标记

　　研究得最清楚的也是最重要的表观遗传修饰形式是DNA甲基化(DNA

methylation）。DNA甲基化主要是基因组DNA上的胞嘧啶第5位碳原子和甲基间的共价结合，胞嘧啶由此被修饰为5-甲基胞嘧啶（5-methylcytosine, 5-mC）。哺乳动物基因组DNA中5-mC占胞嘧啶总量的2%~7%，绝大多数5-mC存在于CpG二联核苷（CpG doublets）中。哺乳类动物基因组中的CpG二联核苷出现的频率远低于4种碱基随机排列所预期的频率，但对蛋白质编码基因而言，CpG二联核苷并不呈现基因组总DNA中的低频率。在结构基因的调控区段，CpG二联核苷常常以成簇串联的形式排列。结构基因5′端附近富含CpG二联核苷的区域称为CpG岛（CpG islands）。

约40%的哺乳动物细胞的蛋白质编码基因的启动子中含有CpG岛。基因调控元件（如启动子）所含CpG岛中的5-mC会阻碍转录因子复合体与DNA的结合，所以DNA甲基化一般与基因沉默（gene silence）相关联；而非甲基化（non-methylated）一般与基因活化（gene activation）相关联；去甲基化（demethylation）则往往与一个沉默基因的重新激活（reactivation）相关联。

基因的甲基化型（methylation pattern）通过DNA甲基转移酶（DNA methyl-transferase, DNMT）来维持。DNMT将S-腺苷甲硫氨酸（S-adenosylmethionine, SAM）上的甲基转移至胞嘧啶核苷酸的第5位碳原子（图5-1a）。在哺乳动物细胞中，已经发现了三种具有催化活性的DNMT，即Dnmt1，Dnmt3a和Dnmt3b，其中，Dnmt1主要在DNA复制中维持DNA甲基化型的存在，而Dnmt3a和Dnmt3b是不依赖半甲基化DNA分子中的甲基化模板链而从无到有合成5-mC的从头甲基化酶（de novo methylase）。除此之外，哺乳动物基因组DNA甲基化型的建立、维持和改变还涉及DNA去甲基化酶（DNA demethylase）。当一个甲基化的DNA序列复制时，新合成的DNA双链呈半甲基化（hemimethylation），即只有母链有完整的甲基化标记，这时其互补链会经Dnmt1的催化而在与母链上5-mC对称的位置上使相应的胞嘧啶甲基化（图5-1b）。DNA甲基化型在DNA复制中的维持机制是表观遗传学的重要基础。

组成染色体中核小体八聚体核心的组蛋白H2A、H2B、H3和H4的氨基端尾部均可以通过多种酶反应被多种化学加合物所修饰，如乙酰化、甲基化、磷酸化和泛素化等。组蛋白的这类结构修饰可使染色质的构型发生改变，称为染色质

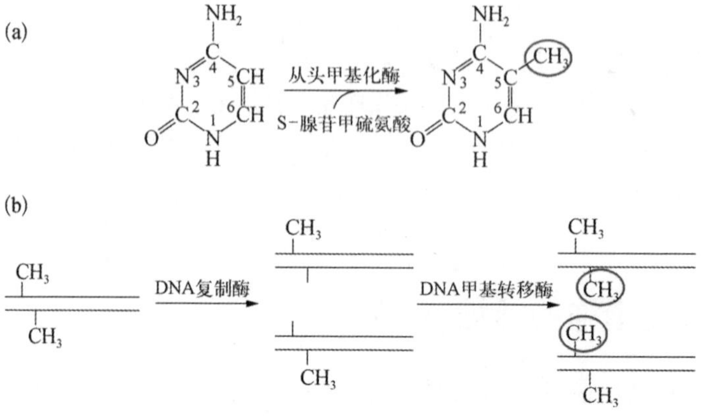

图5-1　胞嘧啶甲基化及甲基化型的维持机制
（a）胞嘧啶甲基化反应；（b）DNA复制后甲基化型的维持

构型重塑。组蛋白中不同氨基酸残基的乙酰化一般与活化的染色质构型常染色质（euchromatin）和有表达活性的基因相关联；而组蛋白的甲基化则与浓缩的异染色质（heterochromatin）和表达受抑的基因相关联。染色质构型重塑受专一性酶系调节，并和DNA甲基化相互作用。组蛋白氨基端的不同修饰形成的组合，构成了可被转录复合物识别而能调控个体发育中基因表达的组蛋白密码（histone code）。例如，组蛋白H3的第9位氨基酸赖氨酸（H3K9）在组蛋白乙酰化转移酶（histone acetytransferase, HAT）作用下的乙酰化修饰是和基因活性表达相关联的，一旦经组蛋白脱乙酰酶（histone deacetylase, HDAC）作用而脱去乙酰基，又经组蛋白甲基转移酶（histone methyltransferase）作用在同一位置加合上甲基，则会形成异染色质蛋白H1（heterochromatin protein 1, HP1）或其他抑制性染色质因子的结合位点。HP1的结合转而会导致DNA分子上特定CpG岛的甲基化和稳定的基因沉默。研究还表明，组蛋白甲基化可以与基因抑制相关，也可以与基因的激活相关，这往往取决于被修饰的赖氨酸处于什么位置。例如，上述的H3K9甲基化最终导致了基因的沉默；然而，位于组蛋白H3第4位的赖氨酸（H3K4）或第36位的赖氨酸（H3K36）的甲基化则与基因的转录激活相关联。组蛋白的修饰对基因表达的影响展示了生物系统的复杂性，所以，染色质蛋白并非只是一种包装蛋白，而是在DNA和细胞其他组分之间构筑了一个动态的功能界面，DNA甲基化和以组成核小体核心八聚体的组蛋白尾部氨基酸的化学修饰为特征的染色质结构重塑就是两种重要的表观遗传机制。

组蛋白和DNA组成的核小体是染色质的基本结构单位，组蛋白尾部的化学修饰及其组合的差异和DNA甲基化一样都是表观遗传标记，因为组蛋白的不同修饰组合能通过对蛋白质的特异性结构域的识别来招募将会改变染色质结构活性、促进或抑制基因表达的功能性蛋白质或有非编码RNA参与的蛋白复合体，会深刻地影响染色质结构与基因表达水平。有人为此专门把组蛋白的不同修饰组合称为组蛋白密码。如果说DNA和RNA上编码蛋白质序列的是基因遗传密码，那么组蛋白密码则是决定基因表达的第二密码。可以设想，核小体中有四种组蛋白，每一种组蛋白的N端都有许多可被修饰的位点，每一个位点又可以发生多种不同的化学修饰。组蛋白不同修饰组合的可能性是极其庞大的，是有可能满足表观遗传调控需求的。图5-2显示的组蛋白H3部分特征性修饰标记，只是一个例

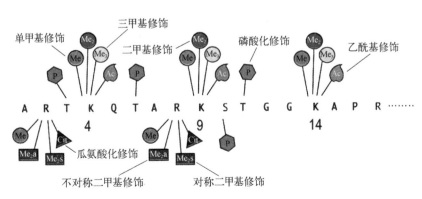

图5-2 组蛋白H3部分特征性修饰标记

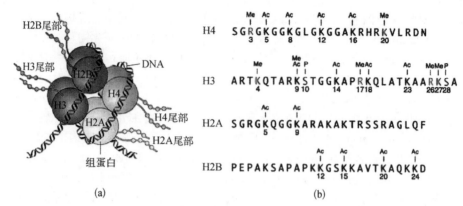

图5-3　**核小体中不同组蛋白尾部化学修饰示意**（引自bmolchem.wisc.edu和www.nyas.org网）
（a）核小体的4种组蛋白尾部；（b）组蛋白N端常见的表观遗传修饰位点
Me：甲基化；Ac：乙酰化；P：磷酸化

子。图5-3显示了四种组蛋白常见的三种表观遗传修饰。本章将进一步讨论被招募的表观遗传调控蛋白质，特别是有长链非编码RNA参与的蛋白质复合物的功能及其作用机制。

　　归纳起来，基因组的表观遗传标记主要有两大类：一是DNA上特定碱基的甲基化；二是组蛋白化学修饰的组合。这两大类表观遗传标记可通过细胞分裂在细胞世代之间传递。表观遗传调控的核心问题就是决定基因转录和翻译模式的表观遗传标记的建立、维持和动态变化。

§5.2　非编码RNA与表观遗传调控机制

　　长期以来，生物学的传统观点一直认为基因表达的调控是以编码蛋白质的基因为中心的，不仅把蛋白质看作基因表达的最终分子产物，也把蛋白质或蛋白质复合物看作基因表达调控的主要分子元件，研究的思路总是循着"DNA→mRNA→蛋白质"这个中心法则。然而，最近10多年的基因组学研究表明，在哺乳动物的整个基因组中编码蛋白质的部分只占1.5%左右，大量非编码蛋白质的DNA转录成了非编码核糖核酸（non-coding RNA, ncRNA）。除了蛋白质合成中提到的核糖体RNA（rRNA）和转运RNA（tRNA）这类持家非编码RNA（housekeeping non-coding RNA）以外，我们对不编码蛋白质的ncRNA知之甚少。本节将重点讨论调控ncRNA（regulatory non-coding RNA）在发育、分化和代谢等复杂而多层次的生物学过程中所起的极为重要的表观遗传调控作用。参与表观遗传调控的ncRNA可根据其长度分为小非编码核糖核酸（small non-coding RNA, sncRNA）和长链非编码核糖核酸（long non-coding RNA, lncRNA）。

5.2.1 小非编码RNA分子的调节

小非编码RNA由20~30个核苷酸(nt)构成,已被公认为是真核基因组表达和功能的关键调节因子。根据小ncRNA分子的起源、结构、所结合的效应子蛋白以及功能作用,可以分为三类:短链干扰RNA(short interfering RNA, siRNA)、微小RNA(microRNA, miRNA)和piwi互作RNA(piwi-interacting RNA, piRNA)。

siRNA来源于完全互补的长的双链RNA分子,经核酸内切酶Dicer加工而成。其作用主要针对外源或入侵的核酸起作用,如病毒、转座子和转基因等,常表现为维护基因组完整性的防卫者。也有报告称某些siRNA能在哺乳动物细胞中介导DNA甲基化和组蛋白修饰,进而导致转录基因沉默(transcriptional gene silencing, TGS)。与siRNA不同,miRNA起源于不完全互补的发夹状双链RNA分子,也要经核酸内切酶Dicer或Drosha加工后成为内源性基因的调节因子。siRNA和miRNA要通过和阿格诺蛋白(Argonaute protein)家族成员AGO1或AGO2结合来发挥表观遗传调控作用。阿格诺蛋白是RNA诱导的沉默复合体(RNA-induced silencing complex, RISC)的催化组分,小RNA分子通过序列互补将具有核酸内切酶活性的阿格诺蛋白导向特异性靶标,导致与该小RNA互补的mRNA降解。piRNA主要在动物生殖细胞发育过程中靶向逆转录转座子。piRNA与siRNA和miRNA有两点不同:一是piRNA的前体不是双链而是单链RNA分子;二是piRNA结合的是与阿格诺蛋白家族进化上有同源的Piwi蛋白成员,如MILI与MIWI2等。

1993年,美国发育生物学家安布罗斯(V. Ambros)等在秀丽线虫(*Caenorhabditis elegans*)中首次发现了第一个具有内源性调控作用的单链小非编码RNA分子 *lin-4*,其功能是通过抑制发育时程基因 *LIN-14* 来控制幼虫正常发育。5年后,梅洛(C. C. Mello)和法艾尔(A. Z. Fire)等报道了外源性双链RNA(dsRNA)可通过RNA干扰(RNAi)机制特异性地沉默基因。1999年,在植物中发现基因的沉默伴随着20~25 nt RNA的出现。此后进一步发现,dsRNA可以直接转换成20~23 nt siRNA。

Dicer是dsRNA特异的RNase Ⅲ家族核酶。内源或外源双链RNA前体分子在细胞内可被Dicer加工成典型的长度约为21 nt的双链分子。然后这个双链产物经过解旋,其中一条链作为指导链与AGO效应子蛋白稳定结合,形成不同种类的RNA诱导沉默复合体RISC,另一条链(过客链)则被丢失。根据沃森-克里克碱基配对原理,指导链识别靶向RNA分子,主要通过碱基互补配对来抑制靶mRNA的翻译或诱导其降解,导致转录基因沉默。最终,RISC可以分别通过抑制转录或翻译、促进异染色质形成,以及加速RNA或DNA降解等机制,从而实现对各种靶基因的表达调控(图5-4)。

迄今已知,大约30%的人基因表达受到miRNA的调节。miRNA可以通过直接靶向DNA、RNA或与组蛋白修饰酶等表观遗传机器而实现调节作用。最早发现miRNA对基因表达有调控作用的实验研究往往涉及恶性肿瘤的发生与发展,这里就以肺癌和前列腺癌细胞为例来简要说明miRNA对基因表达

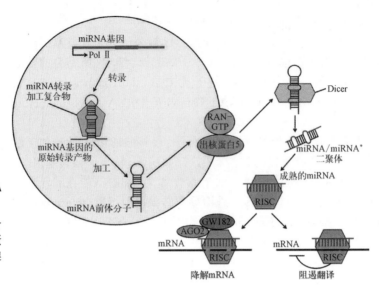

图5-4 siRNA和miRNA 的来源及功能途径

RAN-GTP是结合了GTP的Ras相关蛋白，GW182是一种支架蛋白。

的调控作用。例如，最初在肺癌细胞株中发现，一个包括miR-29a、miR-29b和miR-29c的miRNA家族（miR-29s）可以直接调节DMNT3a和DMNT3b。miR-29表达可破坏从头DNA甲基化，从而导致肿瘤细胞的DNA普遍低甲基化。而在肺癌细胞中，由于肿瘤抑制基因（tumor suppressor gene, TSG）启动子超甲基化，是被表观沉默的。miR-29可使TSG启动子的CpG岛去甲基化使其重新表达，从而诱导肿瘤细胞凋亡和生长抑制。这些发现揭示，miRNA可以通过调节表观遗传过程来调节基因的表达。在急性髓系白血病细胞中，miR-29b除了直接作用于DMNT3a和DMNT3b外，还可以通过对*DNMT1*基因的转录激活子SP1的调控而间接沉默该基因。此外，miR-148a和miR-14b也参与调控DNMT3b的表达，通过结合到*DNMT3b*基因mRNA编码区域的一个特异位点，miR-148家族可以调节这个从头开始合成的DNMT，并与DNMT3b的几个不同剪切变异子的生成有密切关联。另一方面，由于miR-148a本身也受表观遗传的调控，其启动子在不同的肿瘤组织中表现为超甲基化状态。这些证据说明，作为靶向表观遗传机器的miRNA还存在着自我扩增的表观遗传环路。

miRNA也调节HDAC以及在表观遗传调控中起重要作用的多梳抑制复合物（polycomb repressive complex, PRC）基因的表达。HADC4是miR-1和miR-140调节的直接靶点，而miR-449a可与HDAC1的3'-UTR区域结合。HADC1在几类肿瘤细胞中被上调，miR-449a在前列腺癌细胞中重新表达，可使HDAC1水平降低，诱导细胞周期阻滞、细胞凋亡以及衰老表型。多梳抑制复合物PRC2的催化亚基EZH2是组蛋白甲基转移酶，可通过使组蛋白H3第27位氨基酸残基赖氨酸三甲基化（H3K27me3）促使异染色质形成，导致多个肿瘤抑制基因的沉默。在前列腺癌细胞株和原发肿瘤组织中，miR-101在肿瘤发展中表达下调，与EZH2的增加存在负相关。进一步证据表明miR-101的确可以在前列腺和膀胱癌模型中直接靶向*EZH2*。miR-101介导的*EZH2*抑制阻止了肿瘤细胞的增殖和克隆形成。也揭示 miR-101 通过对肿瘤表观基因组的调节而具有某种类似肿瘤抑制基因的作用。miRNA 对表观遗传的调节存在细胞或物种特异性。例如，在小鼠胚胎干细胞中，miR-290 簇直接作用于 *DNMT3* 基因的抑制子 RBL2。在 Dicer 缺失的胚胎干细胞中，miR-290 簇不表达，而 RBL2 却过表达，从而导致染色体端粒重组和端粒的异常延长。若 miR-290 簇重新表达，则可以逆转这种现象。然而，在 Dicer 功能被抑制的人胚肾细胞 HEK293 中，miR-290 簇缺乏对从头 DNMT 的调节作用。最近发现 miR-155 还可作为炎症信号和肿瘤细胞能量代谢之间的桥梁，从一个侧面提示慢性炎症和感染是肿瘤发生的一个重要诱因，约有 1/4 肿瘤发生与炎症相关。

siRNA 通过诱导异染色质的形成，也可以实现对基因表达的调控。对单细胞真核生物，如红色链孢霉（*Neurospora crassa*）的研究表明，编码 H3 Lys9 甲基转移酶的基因是 DNA 甲基化所必需的，即 DNA 甲基化修饰过程是接受来自染色质的指令的。实验进一步表明组蛋白的修饰又会受到 RNA 干扰（RNA interference，RNAi）的指令。在裂殖酵母（*Schizosaccharomyces pombe*）中，含 AGO1 的效应子构成了 RNA 诱导转录沉默（RNA-induced transcription silencing，RITS）复合物，通过结合的 siRNA 可被导向特异的染色体位点，例如，着丝粒重复序列。RITS 复合物与 RNA 多聚酶 II 的直接相互作用可加速新生转录物对 siRNA 的识别。在组蛋白甲基转移酶（HMT）介导下，RITS 复合物的结合可促进组蛋白 H3 第 9 位氨基酸残基赖氨酸（H3K9）的甲基化，进而诱导募集具有染色质结构域的 Swi6 蛋白（HP1 在酵母中的同源蛋白），最终导致染色质浓缩。RITS 对新生转录物结合也可激活 RNA 依赖的 RNA 聚合酶复合物（RDRC），RDRC 利用其 RdRP 亚基（Rdp1）产生次级 siRNA，进而加强和扩散沉默效应。

piRNA 是在哺乳动物中发现的一种单链起源的长度为 24~31 nt 的小 RNA 分子，因能与 Piwi 蛋白偶联，被称为 piRNA（piwi interacting RNA）。Piwi 蛋白是阿格诺蛋白的一个亚家族，已知包括 MIWI、MIWI2 和 MILI，也都是表观遗传调控因子。piRNA 主要以限定模式在哺乳动物的生殖细胞中表达，其功能是在配子形成过程中沉默转座子和重复序列等 "自私性" 遗传元件、维持生殖细胞基因组的稳定性和完整性。2008 年，日本学者仓持宫川（S. Kuramochi-Miyagawa）等证实，缺失 piRNA 相互作用蛋白 MIL1 和 MIWI2 可导致雄性生殖细胞逆转座子从头 DNA 甲基化丧失。提示在哺乳动物生殖细胞中存在 RNA 指导的 DNA 甲基化机制，为基因表达的表观遗传调节通路提供了新的证据。近年来在非生殖器官中也发现了 Piwi 蛋白的高表达，暗示 piRNA 还可能存在更广泛的调控作用。

三种具有表观遗传调控作用的小 RNA 分子的来源和行使功能途径可见图 5-5。然而近年来一系列新的实验提示，除了多种小 RNA 分子外，真核细胞中还存在一个由长链非编码 RNA 分子广泛参与调节，并与组蛋白结构修饰和 DNA 甲基化系统组成的一个表观遗传修饰网络，能动地调控着具有组织和细胞特异性的基因表达模式。机体的表观遗传模式的变化在整个发育过程中是高度有序并严格受控的。

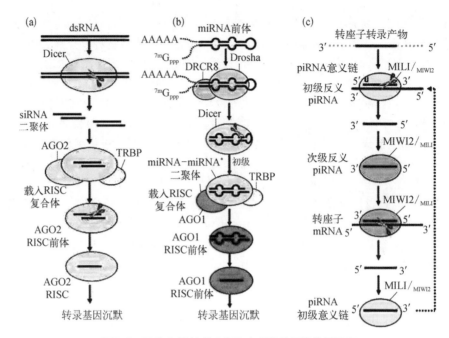

图5-5　三种小RNA的来源和表观遗传调控作用示意

（a）siRNA起源于长链RNA分子，经Dicer酶剪切为21~25 nt的双链RNA片段，Dicer酶和dsRNA结合蛋白将 siRNA二聚体载入阿格诺蛋白（AGO2），然后沉默靶基因;（b）miRNA内源基因产生长度为65~70 nt且含有发夹结构的miRNA前体，经Drosha-DGCR8蛋白复合物加工生成miRNA前体，再经Dicer酶剪切为miRNA-miRNA*二聚体，其中miRNA*为过客链，miRNA为指导链，指导链miRNA载入阿格诺蛋白AGO1发挥沉默靶基因作用;（c）piRNA起源于单链RNA前体，产生的piRNA意义链在性腺发育早期倾向与MILI结合，而次级反义链更倾向与MIWI2结合，次级反义piRNA可能直接裂解转座子的mRNA

5.2.2　长链非编码RNA分子与表观遗传调控

21世纪最初10来年的研究表明，哺乳动物基因组的转录不仅广泛而且极为复杂。哺乳动物基因组中只有1%~1.5%的序列具有编码蛋白质的潜能，却有70%~90%的序列在发育的某个阶段被转录为大量的非编码RNA，其中长度大于100个核苷酸的被定义为长链非编码RNA（lncRNA），有人估计lncRNA总数超过20万。这些lncRNA不仅包括反义转录产物、内含子转录产物和基因间隔序列的转录产物，还包括假基因和逆转座子转录产物。

这么多转录产物是不是都是基因组中的所谓"暗物质"和"转录噪声"，抑或仅仅是编码基因的某种转录产物过客呢？一项名为DNA元件百科全书（encyclopedia of DNA elements, ENCODE）的研究计划的最新报告揭示人基因组调节和结构组成是极其复杂的。例如，任何以前诠释过的基因几乎都有10个左右相互重叠的转录异构体（isoform），这对经典的基因定义提出了严峻的挑战。我们确实应该重新认识RNA，这一大类生物大分子肯定不会只是从DNA到RNA再到蛋白质这个生物信息传递的"中心法则"中"二传手"。本节将概述lncRNA在表观遗传调控过程中的一般作用特点，接下来还将重点讨论lncRNA在基因印

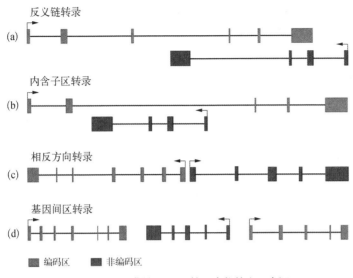

图5-6　长链非编码RNA转录产物的主要来源

　　(a)反义lncRNA(antisense lncRNA),转录自蛋白编码基因的反义链,至少与一个编码蛋白基因的外显子序列重合;(b)内含子lncRNA(intronic lncRNA),转录自蛋白编码基因内含子,且不与任何外显子重合;(c)双向lncRNA(bidirectional lncRNA),转录起始点位于蛋白编码基因的启动子区,分别向上游和下游两个方向延伸成两个独立lncRNA;(d)基因间lncRNA(intergenic lncRNA,lincRNA),转录自不同蛋白编码基因之间的序列,各自有独立的转录调控元件

迹、哺乳动物X染色体失活和基因表达重编程中的关键性作用。

　　尽管我们对lncRNA表观遗传调控机制的了解还非常有限,但已有的研究资料已经表明lncRNA参与了mRNA的成熟和转运、蛋白质的合成、多种功能性蛋白质的招募、染色质结构重塑和基因沉默等基因表达与染色质修饰的各个层面调控。为了便于叙述,我们可以把lncRNA作用的分子机制大致可归纳为4种基本类型。

　　1. lncRNA的第一种作用是信号分子　lncRNA的合成有很强的细胞类型特异性和发育阶段时空特异性,并能对温度变化和细胞应激等迅速做出反应,这些特点表明lncRNA的表达是受到严格调控的,它有可能成为一种有效的信号分子,也有可能作为细胞或机体功能性生物学事件的分子标记。起信号分子作用的lncRNA可以通过与染色质结构状态的调节蛋白协同,在特定的时空节点上调节基因转录的起始、转录产物的延伸和转录中止。与蛋白质相比,RNA具有合成和降解的周期短、对体内外刺激反应迅速等作为生物学事件信号分子的多种优势。

　　2. lncRNA的第二种作用是诱饵分子　研究表明,基因组中的增强子和启动子序列被广泛转录为lncRNA,这类lncRNA在基因转录的正向和负向调节中都起着某种核心作用,作为诱饵分子的lncRNA一旦被转录,随即与被诱的转录因子或染色质修饰因子等特定的蛋白质调控分子相互结合,进而使之脱离原先的功能状态,导致细胞转录组的广泛变化。这一类lncRNA对被诱并与之相结合的效应蛋白而言,就像是一种分子陷阱,抑制了其正在行使的功能。如果真是这样的话,只要敲减与效应蛋白相互结合的lncRNA,就有可能拯救因效应蛋白功能丢失而造成的表型缺陷,这也是鉴定诱饵型lncRNA分子的实验方法。

3. lncRNA的第三种作用是向导分子 这一类lncRNA与蛋白质结合后,随即会将RNA-蛋白质复合物引导至特定的作用靶标。作为向导分子的lncRNA既能通过顺式作用调节邻近的基因,也能通过反式作用调节远处的基因。起顺式作用时,lncRNA向导分子与RNA聚合酶协同调节转录,或者作为小分子调节RNA的互补靶序列发挥调节作用。起反式作用时,向导lncRNA可通过与靶DNA结合而形成RNA：DNA异源双聚体,或RNA：DNA：DNA三聚体,甚至通过识别特殊的染色质表面复合物而调控转录过程。所以,尽管向导lncRNA分子与蛋白质结合所形成的染色质结构变化是局部的,但是它对基因转录的调控是非常广泛的。

由lncRNA引入的基因表达调节组分既可以是多梳蛋白复合物这样基因表达的抑制性复合物,也可以是具有组蛋白甲基化酶活性的MLL(mixed-lineage leukemia)或转录因子TFⅡB(transcription factorⅡB)这样基因表达的激活性复合物,这些功能性蛋白质复合物在基因组中都涉及不同信号通路的许多靶基因,所以,尽管引入的调控蛋白功能不同,向导lncRNA都能越过间隔的DNA序列将调控组分引导至基因靶标,实施基因组的表观遗传调控。lncRNA也可将DNA甲基化酶DNMT3a引导至基因组中的靶标位点造成位点特异性的DNA甲基化。图5-7是lncRNA发挥向导作用的示意图。特定的lncRNA将表观遗传复合物拖拉至染色质进行等位基因和基因座位特异性调控,lncRNA合成后即与PRC2这样的表观遗传复合物相结合并通过DNA结合因子YY1一起定位至染色质的共转录位置。表观遗传修饰随即沉默基因,lncRNA的快速合成和降解防止了它向异位扩散。

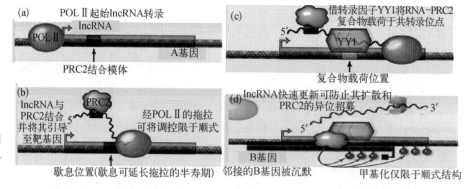

图5-7 lncRNA行使向导作用的示意(改自J. T. Lee)

4. lncRNA的第四种作用是支架分子 在多种生物学信号传递过程中,分子间相互作用的高度特异性和动力学的精确调控是至关重要的,长期以来学者们一直认为支架复合体的主体总是蛋白质。然而,最近的大量研究表明lncRNA也可以作为分子组装的平台。作为支架分子时,lncRNA的各个不同结构域可以和不同功能的蛋白质结合,同时吸引多个效应分子伙伴,因此有可能在时间和空间两个物理向度上满足基因组表观调控的特异性要求,而lncRNA的抑制性和激活性效应分子伙伴可以分别实施不同的转录调控。与鉴定诱饵分子相似,借助RNA

干扰技术敲减这类 lncRNA 支架,则会同时改变多个效应分子伙伴的作用靶标,导致功能的严重扰乱,甚至表型异常。如果仅仅改变效应分子的不同结构域,则可能影响不同的效应分子的靶向及其功能。

　　上述的 lncRNA 功能的划分还很粗浅,事实上一种 lncRNA 分子也可能同时执行多种功能。毫无疑问我们对 lncRNA 作用机制的了解还刚刚开始,对于 lncRNA 在表观遗传调控中的重要作用的研究还方兴未艾。图 5-8 只是 lncRNA 表观遗传调控作用的 4 种基本类型的大致示意图。在顺式作用时,lncRNA 往往有很强的作用靶位特异性,而在反式作用时 lncRNA 则常常作为分子支架,可起共激活因子或共抑制因子作用。图 5-9 则对 lncRNA 的表观遗传调控的生物学效应做了形象化的总结。

信号分子
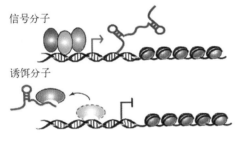

信号分子 lncRNA 的表达能及时反映转录因子(着色椭圆)间的协同作用显示出基因调控信号通路的时间和空间

诱饵分子
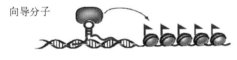

诱饵分子 lncRNA 能与转录因子和其他蛋白质结合,将其拉离染色质或拖入细胞核内另一个亚区;也可作为 miRNA 的诱饵使之脱离作用靶标(未显示)

向导分子

向导分子 lncRNA 能将染色质修饰酶或其他功能性蛋白招募至靶基因,既可顺式调控位于近侧的靶基因也可反式调控位于远端的靶基因

支架分子

支架分子 lncRNA 能聚集多个功能性蛋白质组成修饰组蛋白的核糖核蛋白复合物,也可稳定细胞核内部结构,抑或形成表观遗传调控信号复合体

图 5-8　长链非编码 RNA 行使功能的 4 种表观遗传调控方式示意(改自 K. C. Wang 和 H. Y.Chang)

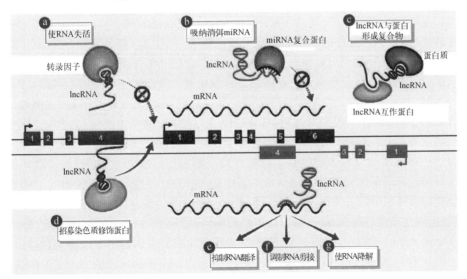

图 5-9　lncRNA 的表观遗传调控功能一览(引自 jonlieffmd.com 网)

§5.3　基因组印迹

哺乳动物是二倍体生物，它的细胞有两套分别来自父亲和母亲且相互匹配的染色体。所以，每个细胞中都有两个具有同样表达潜能的基因拷贝。基因组印迹（genomic imprinting）是针对常染色体的一种表观遗传机制，它能限制两个不同亲本来源的基因中的一个在早期发育特定时间的表达。哺乳动物基因的这种亲本特异性表达假设最初是建立在一系列看来是"负结果"的实验胚胎学研究基础之上的，其中包括未经受精孤雌生殖胚胎发育的失败、核移植实验中产生的含有两个父源或母源原核的胚胎都不能存活、遗传了一个亲本染色体的两个拷贝而缺失另一个亲本染色体的胚胎发育异常或成年个体的表型异常，等等。直到1991年，母源特异性表达的基因 *Igf2r*、父源特异性表达的基因 *Igf2* 和母源特异性表达的非编码RNA基因 *H19* 三个印迹基因（imprinted gene）的发现才确认了亲本特异性表达的假设。基因组印迹也是最重要的哺乳动物表观遗传调控研究模式。

在医学遗传学中，我们往往通过突变来发现新的疾病相关基因。在表观遗传学中，人类基因组中的基因印迹现象也是通过疾病相关的印迹异常被发现的。1956年普拉德（A. Prader）和威利（H. Willi）等医师报道了一种因父源染色体15q11-q13区段缺失而引起的儿童早期发育畸形，患儿肥胖、矮小，并伴有中度智力低下，称为普拉德-威利综合征（Prader-Willi syndrome, PWS）。1968年安格尔曼（H. Angelman）医师又报道了因母源染色体同一区段缺失引起的一种在儿童期以共济失调、智力严重低下和失语等为特征的综合征，称为安格尔曼综合征（Angelman syndrome, AS）。PWS和AS这一对综合征表明父亲和母亲的基因组在个体发育中有着不同的影响，这就是在人类基因组中最早被发现的印迹基因。进一步研究发现，在有些PWS和AS患者中观察到了多种该区段的微小染色体缺失，通过对小缺失的分析发现这段缺失集中的区域有成簇排列的、富含CpG岛的基因表达调控元件，称为印迹中心（imprinting center, IC）。在父源和母源染色体上，这些调控元件的CpG岛呈现甲基化型的明显差异，即父源和母源染色体上IC的甲基化呈现出分化状态，或者叫差异甲基化（differential methylation）。在这个例子中正是两个亲本等位基因的差异性甲基化型造成了一个亲本等位基因的沉默，另一个亲本等位基因保持单等位基因活性（monoallelic activity）。例如，在15q11-q13区有一段定名为SNRPN的长度为430 bp的调控区段，它含有23个CpG二联核苷。在遗传自母源的染色体上的23个CpG二联核苷完全被甲基化，而遗传自父源的染色体的CpG二联核苷则全都为非甲基化。实验进一步表明，这种呈差异甲基化的IC也是该区段的邻接基因的表达调控元件（图5-10）。1997年美国哈佛医学院儿童医院的木住野（T. Kishino）等的研究证实位于该区段的泛素-蛋白连接酶（ubiquitin-protein ligase）的编码基因 *UBE3A* 突变或缺失表达（loss of expression）可以引起AS。AS患者中该基因的缺失表达是由于母源染色体上包括IC在内的染色体片段缺失所致，而PWS患者是由于该区段的多个父源印迹

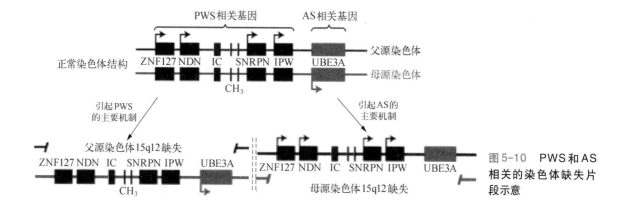

图5-10 PWS和AS相关的染色体缺失片段示意

基因的错误表达所致。这种错误表达的后果是邻近基因启动子的从头甲基化和随后产生的基因沉默。

2011年，陈玲玲（L. Chen）等在研究与人源胚胎干细胞（human embryo stem cell, HESC）命运决定、细胞核亚结构功能，以及基因表达调控过程相关的一些重要的lncRNA时，发现了一类新型长链非编码RNA（sno-lncRNA），这类lncRNA转录自内含子序列，但在剪接过程中它的两端都接上了核仁小分子RNA（small nucleolar RNA, snoRNA）。出乎意料的是，这类两端戴上snoRNA帽的lncRNA竟然与PWS有关联。在PWS综合征的特征性缺失区15q11-q13存在5个长度不等的sno-lncRNA序列，它们含有多个可变剪接调控因子（splicing regulatory factor）Fox2的特异结合位点，通过调节Fox2在细胞核内的局部浓度，进而影响Fox2对特异mRNA底物的选择性剪接调控（图5-11）。这项研究为进一步揭示这一类lncRNA在PWS综合征发病机制乃至基因迹中的作用提供了新的研究思路。

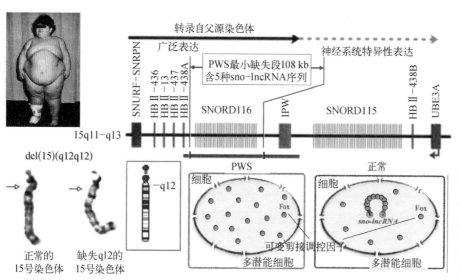

图5-11 普拉德-威利综合征（PWS）染色体15q12的特征性108 kb缺失片段内含5种sno-lncRNA序列，造成患者多潜能细胞内sno-lncRNA分子的缺失（改自Q. F. Yin）

最初发现的另一个疾病相关印迹异常是贝克威思–怀德曼综合征（Beckwith-Wiedemann syndrome, BWS）。它是一种过度生长综合征（overgrowth syndrome），常伴有肥胖和先天性脐疝等症状，并有儿童期肿瘤易患倾向。它起源于染色体11p15.5区段的多种能造成该区段印迹基因表达失衡的遗传学和表观遗传学调节机制异常。在该区段的一个长约1 Mb（相当于1 000 kb）的片段中至少有12个成簇排列的印迹基因（imprinted gene），其中有些呈父源等位基因表达模式，另一些呈母源等位基因表达模式，这些基因分属两个印迹结构域（imprinted domain），它们的印迹状态分别受控于两个印迹调控区（imprinting control region, ICR）。在第一个印迹调控区，主要有印迹基因胰岛素样生长因子2（insulin-like growth factor 2, IGF2）基因、H19基因，和一个富含CpG岛的差异甲基化区域（differentially methylated region, DMR），三者的排列次序是5′-IGF2-DMR-H19-3′。IGF2是一种父源等位基因表达的胚胎生长因子，它的表达上调对BWS的病理过程非常重要。H19是一种母源等位基因表达的pol Ⅱ转录子，是不翻译为蛋白质的长链非编码RNA，它在细胞内的丰度很高，研究提示H19的突变不仅与BWS的发病有关，还与婴幼儿最常见的肾母细胞瘤（Wilms tumor）密切相关。DMR是一个印迹调控区，它借助差异甲基化，以及它特有的CCCTC位点来结合含有11个锌指的染色体屏障调节蛋白CTCF，对IGF2和H19进行交互易换式的印迹调节（reciprocal imprinting regulation）（图5-12）。H19和IGF2的表达要竞争位于H19基因 3′下游的一个增强子。在母源染色体上DMR1是非甲基化的，它允许锌指蛋白CTCF与它相结合，从而隔断了IGF2和位于H19下游的增强子，所以该增强子只活化H19的转录。在父源染色体上DMR1是甲基化的，它不仅使H19基因沉默，使CTCF也因此不能与之结合，结果是父源IGF2基因在增强子作用下活化表达。在这个印迹调控区，相对增强子作用而言，DMR1起了一个染色质屏障作用，被称为隔离子（insulator），在印迹中起关键调控作用。

此外，该区段的第二个印迹调控区也对包括编码细胞周期素依赖的激酶抑制蛋白的基因CDKNIC（p57^{KIP2}）和电压依赖钾离子通道蛋白基因KCNQ1在内的多个与细胞分裂周期相关的基因进行类似的调节。如图5-13所示，染色体11p15区域有两个功能上相互区分的结构域，第一结构域包括上述的印迹基因H19和IGF2。IGF2是在胚胎期父源基因表达的胰岛素样生长因子，H19是母源表达的

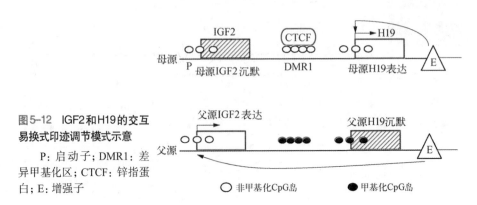

图5-12 IGF2和H19的交互易换式印迹调节模式示意

P：启动子；DMR1：差异甲基化区；CTCF：锌指蛋白；E：增强子

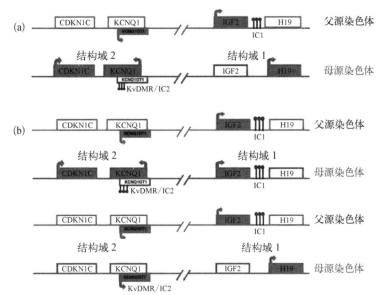

图5-13　染色体11p15区域与BWS相关的印迹基因簇病理结构示意（改自R. Weksberg）

（a）染色体11p15的印迹基因簇正常结构示意；(b)BWS患者11p15的印迹基因簇的两种异常结构示意。图中红色为母源表达的等位基因，蓝色为父源表达的等位基因，着色实框为表达的基因，空框为沉默的基因。

lncRNA。与H19相关的印迹中心IC1一般在父源染色体上是甲基化的，而在母源染色体上是非甲基化的。因此，H19基因在正常状态下呈现母源表达，*IGF2*基因呈现父源表达。第二结构域包括CDKNIC、KCNQ1，以及从KCNQ1基因序列转录的KCNQ1OT1。第二结构域的印迹中心IC2包含了KCNQ1OT1启动子的差异甲基化区KvDMR，KCNQ1OT1是一个父源表达的lncRNA，它对第二结构域中母源表达的印迹基因进行顺式调控。

在贝克威思-怀德曼综合征的状态下，至少有两种不同的印迹异常。图5-13b分别显示了第一结构域中母源染色体上的IC1被甲基化，导致lncRNA H19失表达和第二结构域的KvDMR发生了去甲基化，使KCNQ1OT1得以表达，同时也降低了*CDKNIC*基因的表达。KCNQ1OT1是存在于核仁的长约91 kb的lncRNA，能与组蛋白甲基化酶G9a和多梳蛋白抑制复合物PRC2结合，在KCNQ1的印迹沉默中起关键作用，而KCNQ1OT1的5′端有一个长度为890 bp专门调节体细胞差异性甲基化的区域，并以此介导KCNQ1OT1和染色质或DNA甲基转移酶DNMT1的相互作用，研究也表明KCNQ1OT1的表达与肿瘤的发生、发展密切相关。

比较基因组学分析还表明，在人染色体14q32区，也有一个与11p15区的Igf2/H19印迹域非常类似的印迹基因DLK1/GTL2印迹域。DLK1编码一个含6个表皮生长因子重复基序的跨膜蛋白，也呈父源等位基因表达模式，位于DLK1下游的GTL2也编码不被翻译为蛋白质的长链非编码RNA，两者之间也有CTCF特异结合位点（图5-14）。所以BWS提供了一个具有一定典型意义的研究印迹机制的模型，尽管印迹的机制还有多种模式，如正义和反义RNA竞争模式，启动子特异性的交互印迹模式和双印迹中心模式等（图5-15）。但Igf2/H19模式或者说增强子/染色体屏障调控模式，的确有助于了解基因表达的协调机制，及其在生

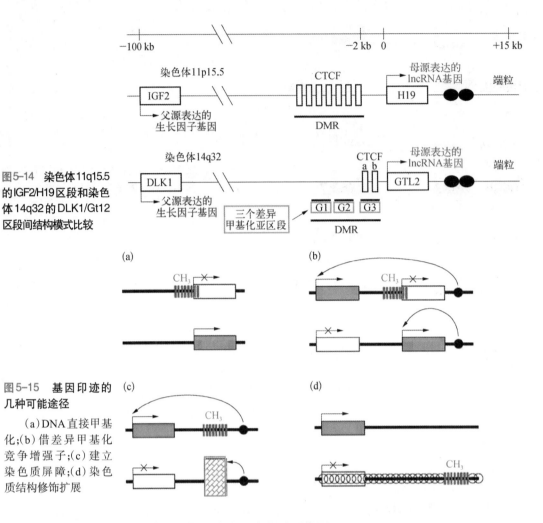

图5-14 染色体11q15.5的IGF2/H19区段和染色体14q32的DLK1/Gt12区段间结构模式比较

图5-15 基因印迹的几种可能途径

（a）DNA直接甲基化；（b）借差异甲基化竞争增强子；（c）建立染色质屏障；（d）染色质结构修饰扩展

长发育和抑制肿瘤发生中的重要作用。

分布于基因组的不同区域印迹基因大多成簇排列，其中相当一部分与疾病的发生相关。虽多数印迹基因的作用机制尚不清楚，然而几乎都与DNA甲基化型的异常相关联，也都涉及多种与染色质结构修饰有关的功能蛋白质，以及与这些蛋白质互为分子伙伴的lncRNA。这些分子复合物通过复杂而有序的正向或负向、顺式或反式作用实现了广泛的表观遗传调控。

值得注意的是涉及不同亲本来源的印迹基因的DNA甲基化型都是在生殖细胞成熟过程中建立的（图5-16）。也就是说，基因组印迹是性细胞系的一种表观遗传修饰，这种修饰有一整套分布于染色体不同部位的印迹中心来协调，印迹中心直接介导了印迹标记的建立及其在发育全过程中的维持和传递，并导致以亲本来源特异性方式优先表达两个亲本等位基因中的一个，而使另一个沉默。哺乳动物中的这种等位基因特异性表达的调控机制往往是与胎儿的生长发育和胎盘的功能密切相关的。虽然印迹基因的数量仅占基因总数的1%左右，但对于胚胎发育中胚胎和胎盘组织的基因表达调控非常关键。本节开始提到的哺乳动物孤雌

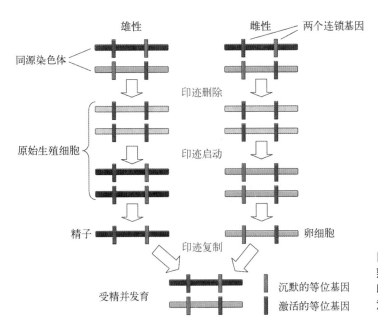

图5-16　**生殖细胞成熟和受精过程中基因印迹的删除和重建示意** (仿自 J. F. Griffiths)

生殖的不可能,以及通过哺乳动物体细胞核移植来克隆动物的实验频频失败的原因之一,很可能是缺少来自精子和卵细胞的大量印迹基因之间的表达协调。

§5.4　基因表达的重编程

哺乳动物的发育是一个高度有序的生物学过程,是从一个全能的受精卵开始,到建成一个由200多种具有组织和细胞特异性的、结构和功能各异的细胞组成的整体的过程。组成机体的各个组分之间的协同能执行精细、复杂且相互协调的功能,如物质和能量代谢,对病原生物的抵御和免疫能力的获得,高级神经系统功能网络的建立,两性生殖细胞的发生、成熟和受精后的新生命孕育,以及与复杂多变环境之间的相互作用等。对于一个生物机体来讲,所有结构和功能各不相同的细胞虽具有完全一样的基因组,却有着很不一样的基因表达模式。与组织和细胞特异性的基因表达模式的建立和维持相关的细胞信息,必须是可以通过细胞分裂而遗传的,DNA甲基化和DNA相结合的组蛋白的结构修饰等表观遗传修饰标记对于稳定且可遗传的染色质构型的维持和基因表达的调控起着重要的作用。那么,在发育和分化过程中建立的不依赖基因组序列的基因表达模式,或者说基因组的表达程序是不是在发育和分化过程中也应该具备被删除和重建的潜在可能性呢?

1962年英国发育生物学家格登(J. B. Gurdon)将美洲爪蟾(*Xenopus laevis*)蝌蚪的小肠上皮细胞核移植至去除了细胞核的卵,结果发现一部分卵依然可以发育成蝌蚪,其中一部分蝌蚪还可以继续发育成为成熟的爪蟾。格登的发现证实,一个已经完成结构和功能分化的上皮细胞核也能够借助去核卵细胞发育成为一个蝌蚪，进而发育成一只成熟的爪蟾。这也是利用体细胞在实验室克隆动物的第一次成功。

1997年英国科学家威尔穆特（I. Wilmut）和K.坎贝尔（K. Campbell）应用与格登类似的核移植技术，将一只6岁成年母羊的乳腺上皮细胞核移植至去核卵细胞，获得了哺乳动物体细胞克隆的第一次成功，迎来了名为"多莉（Dolly）"的克隆绵羊的诞生。这件事雄辩地证明：一个来自成熟的哺乳动物的高度分化的体细胞仍然保持发育成为完整个体的能力，也就是说细胞的分化并没有造成不可逆的遗传物质修饰。哺乳动物细胞的分化是通过基因表达水平的一系列有序演化，以及细胞核和细胞质内环境的相互作用来实现的。然而体细胞核移植的成功率极低，至少有1/3的克隆动物胚胎因胎盘发育异常而早期流产。出生后24 h内，又有大量克隆动物死于呼吸异常、出生时体重超重、心血管系统缺陷、器官增大或畸形等。即使度过了胚胎期和围产期而存活下来的动物还会频频出现免疫系统、中枢神经系统和消化系统缺陷或异常。2003年2月14日，年仅6岁的多莉羊也因不断恶化的肺部疾患被实施安乐死。

2006年，日本京都大学山中伸弥（S. Yamanaka）小组通过逆转录病毒载体将Oct4、Sox2、Klf4和c-Myc 4个转录因子导入成年小鼠的成纤维细胞，获得了与胚胎干细胞非常相似的诱导型多潜能干细胞（induced pluripotent stem cell, iPSC），表明已分化细胞的命运不是不可逆转的，进一步证实已经分化的哺乳动物体细胞有可能通过实验性的重编程（reprogramming）获得发育成为完整个体的发育潜能。此外，iPSC的诱导成功还使利用胚胎干细胞进行基础和临床的科学研究走出了伦理学困境，也为将患者的体细胞经过细胞体外操作逆转为iPSC后重新植入患者体内创造了条件。尽管，要让iPSC真正造福人类还要克服重重困难，还有很长的路要走，但山中伸弥的工作是一个里程碑。2012年，他和格登一起分享了诺贝尔生理学或医学奖。

图5-17从发育进程角度显示了细胞水平重编程技术路线。必须强调的是，

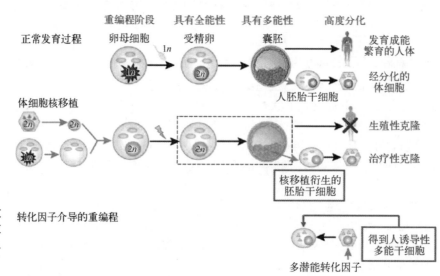

图5-17 正常发育过程和细胞重编程技术路线比较（改自U. Grieshammer）

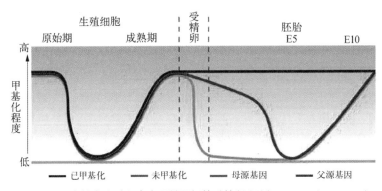

图 5-18　个体发育过程中表观基因组的重编程（引自 W. Reik 和 J. Walter）

早期原始生殖细胞在沿着生殖系管腔移行时，原属体细胞型的表观遗传修饰（基因组印迹）会被删除。在生殖细胞发生与成熟过程中表观遗传标记重新建立（蓝线表示精子分化，红线表示卵细胞分化）。受精后会进行除印迹基因以外的表观遗传修饰的删除与重建，重建后的表观基因组在组织特异性定型后被稳定地维持。

将体细胞核移植或者其他可能出现的技术用于人体的克隆复制都是违反最基本的伦理原则的，是应该绝对禁止的。

在自然条件下，基因组的表达程序在个体发育中也有一个被删除和重建的重编程过程。早期原始生殖细胞（primordial germ cell, PGC）携有体细胞样的表观遗传型，在 PGC 进入性腺前后，这个表观基因组开始被删除。随之性别特异性和序列特异性的表观遗传型在两性生殖细胞中被建立。在受精过程中，精子进入成熟的卵细胞后，精卵融合形成的受精卵基因组在卵细胞质的生理环境中，会启动与胚胎发育相关，且有严格时空特异性的基因表达程序，即删除在生殖细胞成熟过程中建立的除印迹基因以外的全部表观遗传修饰标记，重新建立胚胎发育特有的表观基因组（epigenome）（图 5-18）。也就是通过系统重建表观遗传修饰为胚胎发育中的基因表达重新编程。只有经过重新编程的表观基因组才具有发育的全能性，满足胚胎所有细胞发育和专一性分化的需要，才能为胚胎发育和分化发出正确的指令，小鼠胚胎的重新编程在着床前就完成了。胚胎发育中表观基因组重新编程的误差将会导致多种表观遗传缺陷性疾病。然而克隆动物的表观基因组更接近来自成年动物的供核细胞，这很可能是体细胞核移植克隆实验成功率极低的主要原因，也就是说体细胞核的重新编程往往难以完全成功。

另一个值得注意的问题是表观遗传修饰的重新编程对环境变化非常敏感。例如在动物实验中，改变胚胎培养液会引起异常甲基化和印迹基因 *IGF2* 和 *H19* 的表达失调，甚至造成印迹性疾病。有人还因此系统检查了人工辅助生育中的情况，因为辅助生育技术在配子生成和胚胎发育早期干预了生殖细胞，而这个时期正是表观遗传编程获得和维持的关键时期。奥斯塔维克（K. H. Orstavik）等曾报道经卵细胞胞质精子注射（intracytoplasmic sperm injection, ICSI）辅助后出生的儿童中，PWS/AS 和 BWS 发生率呈现增高的现象，并在患儿中检测到包括 *H19*、*IGF2* 在内的多个印迹基因表达异常。这些结果提示有必要对经辅助生育技术孕育的孩子做表观遗传学监测。

从1992年开始，简尼希（Q. Jaenish）运用遗传工程小鼠较为全面地探讨了重新编程问题。他发现如果将小鼠建立和维持DNA甲基化的DNA甲基转移酶的基因剔除，突变小鼠胚胎的多个器官会出现一系列异常表型，并都在胚胎发育早期夭折。实验有力地证明甲基化对于胚胎存活是很重要的。此后，简尼希一直以基因剔除的突变小鼠来研究表观遗传问题。在多莉羊问世后一年，他就成功地克隆了小鼠，并以此为工具来研究表观遗传学。他的实验表明，核移植克隆成功率极低的原因并不是遗传学问题，而是由于基因组表观遗传状态重新编程的失败。他还认为"所有的克隆（动物）都是不正常的。存活下来或活得稍长的克隆动物只是比早死的少一些异常而已。然而，他认为克隆技术却是研究表观遗传学的最公允的实验"。

§5.5　哺乳动物X染色体失活机制

早在1961年，莱昂（M. F. Lyon）就提出了关于雌性哺乳动物体细胞的两条X染色体中会有一条发生随机失活的假说，并认为这是X染色体连锁基因的剂量补偿机制。研究表明在给定的体细胞有丝分裂谱系（cell lineage）中，有一条X染色体是完全失活并呈异染色质状态，而在另一个细胞谱系中同一条X染色体又可以是活化的且呈常染色质状态。在这两种状态中，X染色体的DNA序列虽然是完全一样的，但一旦失活状态建立，就会在细胞谱系中稳定地遗传下去。所以，X失活是典型的表观遗传现象，而且是以整条染色体为靶标的表观遗传修饰的一个特例。多年来X失活的细胞生物学和分子生物学机制一直是表观遗传学研究的重要对象。

1996年，彭尼（G. D. Penny）等对X失活现象进行了深入的研究，发现X染色体的Xq13.3区段有一个X失活中心（X-inaction center, Xic）（图5-19）。X失活是从Xic区段开始启动，然后扩展到整条染色体。Xic长约1 Mb，包括4个已知基因：*Xist*、*Xce*、*Tsix*和*DXPas34*。第一个是X染色体失活特异性转录子（X-inactive specific transcript, Xist）基因，它是X染色体上启动转录最早的基因，但它的转录产物没有开读框架（ORF），所以不编码蛋白质。两条X染色体的*Xist*基因都能从上游启动子启动Xist RNA的稳定转录，但随后只有一条X染色体产生的Xist RNA将这条染色体自身整体包裹，并启动异染色质化和失活过程。而另一条X染色体转录的Xist RNA会很快裂解，这条染色质则呈常染色质状态，整条染色体上的基因都具有表达活性。值得注意的是Xist RNA在失活的X染色体表面呈现锚钉样排列，提示它可能与染色体上特定的蛋白质相结合而形成稳定的结构。

从图5-19可见，Xic区段的第二个基因*Xce*（X-chromosome controlling element）

图5-19　X染色体失活中心的结构及功能调控示意

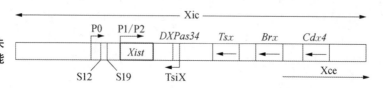

在基因组中的组成与X染色体的随机失活中的选择有关,当Xce处于纯合状态时,在体细胞中的X失活是完全随机的,而在杂合态时,失活就不是完全随机的。Xic区段的第三个基因Tsix是位于Xist下游的瞬时调控元件。最近发现Tsix中包含CTCF的结合位点,提示CTCF与Tsix可能协同起着Xist的外源开关功能。Xic区段的第四个基因DXPas34富含CpG,包括一个15 kb的微卫星重复序列,提示对X失活有一定调控作用。失活X染色体有两个显著特点:一是组蛋白H4不被乙酰化;二是CpG岛的高度甲基化,特别是X染色体失活特异性转录子是不编码蛋白质的非编码RNA(nc-RNA),这种nc-RNA在表观遗传修饰中的作用引起了广泛的注意,也已经成为表观遗传学研究的一个重要内容。

最近几年利用胚胎干细胞对X染色体失活的研究,促进了对lncRNA在X染色体失活过程中的重要作用的了解。研究表明,雌性体细胞X染色体的随机失活始于对X染色体的计数和对未来活性或失活X染色体的选择,以即将失活X染色体的Xist基因转录的非编码RNA的上调为标志。任何X染色体被失活的概率随着X染色体对常染色体的比率增加而增加,提示X染色体编码的激活子参与了X染色体随机失活的计数过程。为了启动X染色体失活,Xist必须超越Tsix参与设定的阈值。在抵消Tsix过程中,X染色体编码的激活子对Xist表达具有剂量依赖性激活作用;常染色体编码的抑制子则表现为对Xist的剂量依赖性抑制作用。已有证据表明:在细胞核内,X染色体编码的激活子浓度确实可以触发X染色体失活。2009年,格里努尔(J. Gribnaul)等发现:X连锁基因Rnf12编码的E3泛素连接酶RLIM能以剂量依赖的特点反式激活Xist。因此,雌性体细胞可以通过调节RLIM蛋白表达量去失活其中一条X染色体(图5-20a)。Rnf12位于Xist上游550 kb处。作为激活子,RLIM蛋白可以通过直接激活Xist或者间接干扰Tsix顺式调节位点以及其他调控元件(如Xce)而起作用。当激活作用超越抑制作用时,Xist的RNA被转录,从而启动X染色体失活,因此也顺式关闭Rnf12的一个等位基因。

在小鼠胚胎干细胞分化过程中(图5-20b),正负信号必须在调控位点被整合,只有信号强度达到刺激阈(虚线)时Xist才能表达。在未分化的细胞中,Oct4和Nanog等多潜能因子可以阻止Xist的表达;在分化早期阶段,多潜能因子被下调,整合的Xist刺激逐渐增强并在雌性细胞中超过激活阈值;此外,与雄性体细胞相比,雌性体细胞中还包含较多的X染色体连锁的Xist激活子;加之在该阶段发生的同源配对(灰色箭头)打破了Xist之间的对称,阻止了Xist两个等位基因同时被激活的趋势。在分化晚期,Xist RNA介导的顺式沉默下调X染色体连锁的激活子,导致刺激信号减弱,最终使得X染色体上的基因活性在雌雄个体细胞内达到平衡。

显然Xist RNA在X染色体失活过程中起着信号分子的作用,它由拟失活的X染色体表达,并包裹住转录该lncRNA的X染色体,导致整个X染色体上基因表达的抑制。Tsix是与Xist重叠的另一个lncRNA,能以顺式作用抑制Xist RNA的表达。而在X染色体失活过程中逐渐表达和积累的lncRNA Jpx则能激活失活X染色体上Xist RNA的表达。Xist、Tsix和Jpx这三个在失活X染色体上转录的

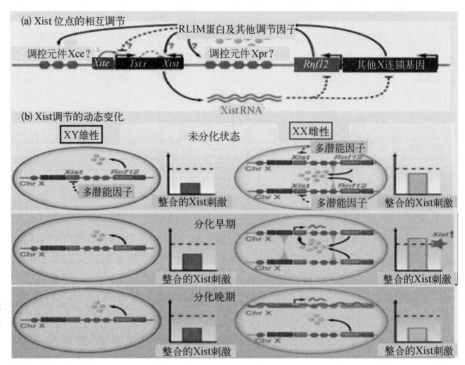

(a) Xist 位点的相互调节

RLIM蛋白及其他调节因子

调控元件Xce？　　　　　　　Xite　Tsix　Xist　　调控元件Xpr？　　　Rnf12　其他X连锁基因

Xist RNA

(b) Xist调节的动态变化

XY雄性　　　　　未分化状态　　　　XX雌性

多潜能因子

Chr X　Xist　Rnf12

多潜能因子　　整合的Xist刺激

Xist　Rnf12　多潜能因子

Chr X

Rnf12

多潜能因子　　整合的Xist刺激

整合的Xist刺激

分化早期

Chr X

整合的Xist刺激

Chr X

Chr X

Xist

整合的Xist刺激

分化晚期

Chr X

整合的Xist刺激

Chr X

Chr X

整合的Xist刺激

图5-20　胚胎干细胞中Xist位点介导X染色体失活过程示意（改自E. P. Nora）

lncRNA暗示对相应基因组区域的基因沉默被启动（图5-21a、b）。然后，通过诱饵、向导和分子支架作用来招募功能性蛋白质或蛋白复合物完成整条X染色体的失活（图5-21c）。

尽管我们对X染色体失活分子机制的研究有了长足的进步，但新的问题总是层出不穷。例如，在详细分析Xist招募PRC2复合物时，不仅获得了这两种大分子直接结合的实验证据，也发现在拟失活的X染色体上频频出现的另一种蛋白质多梳招募因子（polycomb recruitment factor）起着帮助对PRC2复合物的招募，随后使组蛋白中被甲基化的H3K27me3组分增加（图5-22）。

随着实验方法的不断改进，学者们发现X染色体失活的实际情况比想象的还要复杂。通过对*Xist*基因的结构修饰，如在*Xist* 5′端的微小插入*Xist*[IVS]，或者*Xist*的倒位插入*Xist*[IVN]都会显著影响失活的进程和结果。图5-23只是Xist的多个结构域与核小体抑制复合物之间多因素多环节交互作用的示意图。

英国牛津大学的布罗克多夫（N. Brockdorff）在莱昂假设发表50周年时曾经告诫说：对于X染色体失活这件事，我们应该理清哪些是已经搞清楚的，哪些是还不那么清楚的，哪些是我们自以为清楚了，而实际上是一种错误的认识，因而也还是不清楚的。其实，后一种认识让我们更难摆脱似乎已经建立了科学法则的虚幻而去探索正确的认识。所以，作为基因组表观遗传调控的经典模型，有关X染色体失活分子机制的研究今后无疑仍将是表观遗传学研究的重要内容。

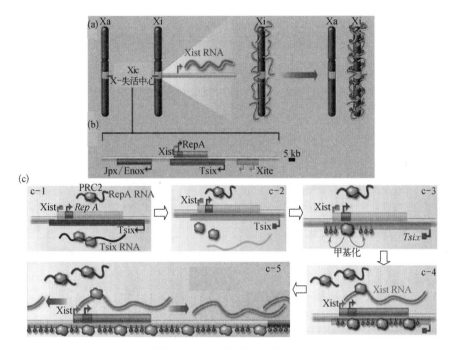

图5-21 **X染色体失活相关的lncRNA**（改自J. T. Lee）

（a）lncRNA Xist从失活的X染色体（Xi）上的失活中心Xic转录，Xist RNA覆盖整条X染色体，并通过组蛋白和DNA的表观遗传修饰导致基因沉默；（b）Xic的核心区域及其包含的多种lncRNA；（c）Xi上的lncRNA和蛋白质的相互作用：c-1，Tsix的作用是阻挠PRC2-RepA荷载至染色质而引起X染色体失活；c-2，Tsix的失表达可释放PRC2；c-3，PRC2-RepA荷载至染色质并使拟失活的Xi甲基化；c-4，Jpx RNA的合成伴同Tsix的合成停止导致Xist RNA的表达启动，Xist RNA随即与PRC2结合；c-5，PRC2-Xist在拟失活的X染色体上向两侧扩展延伸，最终导致整条X染色体甲基化

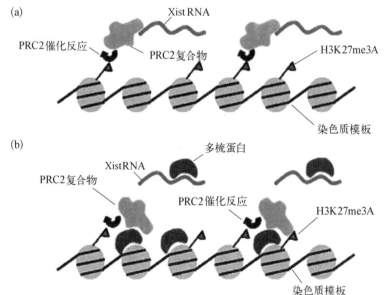

图5-22 **Xist招募PRC2的两种模式**（改自N. Brockdoff）

（a）直接招募；（b）通过多梳蛋白间接招募

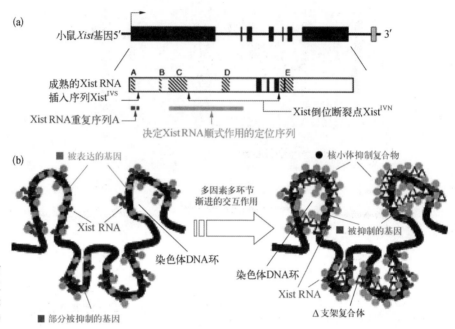

图5-23 Xist不同结构域与核小体抑制复合物之间交互作用示意（改自 N. Brockdorff）

§5.6 表观遗传与疾病

随着表观遗传学研究的深入，我们理解正常和异常的基因表达越来越离不开表观遗传调控机制分析。表观遗传调控取决于多层次表观遗传修饰的相互作用，由表观遗传修饰异常引起的疾病主要可分为两大类：一类是在发育的重新编程过程中造成的特定基因表观遗传修饰的异常，有人称之为表观突变（epimutation）；另一类是与表观遗传修饰的分子机器结构与功能相关的蛋白质编码基因有关的，如DNA甲基转移酶基因或差异甲基化CpG岛结合蛋白CTCF基因的突变或表观突变。

1983年哈格贝里（B. Hagberg）等以35例临床资料为基础报道了一种遗传性进行性神经系统疾病，患者均为女性，在出生后7~18个月就出现发育停滞，随后出现高级脑功能的迅速恶化和严重痴呆等症状，家系分析显示这是一种X连锁基因突变所致。文献检索表明，在1966年雷特（A. Rett）曾经报道过一种称为脑萎缩性高氨血症（cerebroatrophic hyperammonemia）的神经发育异常疾病，其症状与这种遗传性疾病十分相似，哈格贝里就把这种遗传病命名为Rett综合征（Rett syndrome, RS）。研究表明Rett综合征的致病基因是位于Xq28的McCP2蛋白质（methyl-CpG-biding protein 2）的编码基因McCP2。McCP2是一种甲基结合蛋白（methyl-binding protein, MBP），能专一性地识别甲基化的CpG岛并与之结合，其功能是作为分子榫头将染色质修饰复合物（chromatin-modifying complex, CMC）和DNA甲基化区域连接在一起以阻遏基因的转录。Rett综合征患者的McCP2基因突变集中在甲基化CpG结合域和转录阻遏域。显而易见，这类突变会严重干扰表观遗传修饰的正常功能。值得注意的是McCP2

基因的表达谱是比较广泛的,所以,突变所造成的病理作用为什么只局限于脑内神经细胞的机制还有待于研究。

ICF综合征(immunodeficiency-centromeric instability-facial anomalies syndrome)是一种罕见的常染色体隐性遗传病,它是一种变异性免疫缺陷病,主要病症是不同程度的免疫球蛋白缺陷,并伴以面部畸形和智力低下。多个研究小组独立发现,该病是DNA从头甲基化酶DNMT3B编码基因的突变所致。患者至少有两种同型免疫球蛋白的减少或缺失,并造成细胞免疫缺陷。此外,患者淋巴细胞分裂中的1号、9号和16号等多条染色体的环着丝粒区域的异染色质不稳定性也明显增高,位于该区域的一种通常是被甲基化的异染色质组成成分的卫星DNA序列Ⅱ和Ⅲ(satellites 2 and 3)有典型的低甲基化,在ICF患者中甚至完全是非甲基化的。这些卫星DNA序列被认为与着丝粒的功能和动基体(kinetochore)的装配有关。还有人发现ICF患者的失活X染色体上的CpG岛和两个重复序列家族*D4Z4*和*NBL2*也出现了DNA失甲基化。这些变化与基因组中5-mC水平降低和某些染色体着丝粒周围区域重复序列的低甲基化是相互吻合的。基因芯片的表达分析还显示,患者淋巴细胞中部分与免疫功能调节相关的基因表达水平下调,但未观察到这些基因启动子区甲基化型的变化,提示ICF综合征中*DNMT3B*基因的突变可能通过降低转甲基活性而减少了对基因转录的阻遏作用,从而间接影响了淋巴细胞部分基因的表达模式。

埃利希(M. Ehrlich)等发现,虽然DNMT3B与组蛋白脱乙酰化酶、异染色质蛋白1(heterochromatin protein 1, HP1)、其他的DNA甲基化酶、染色质重塑蛋白、染色质凝聚复合物,以及其他核蛋白都有广泛的功能关联,但DNMT3B催化活性的部分丧失仍被认为是主要的病因。他们还发现ICF患者多涉及转录调控、细胞凋亡和机体免疫反应信号通路的一系列基因的RNA转录水平都与正常人有显著的差异。这些基因可能因DNA甲基化程度降低而调控失常,以致造成患者免疫缺陷和其他症状。埃利希等提出一种假设,认为1号染色体和16号染色体长臂异染色质区的卫星DNA序列Ⅱ的低甲基化通过反式作用封闭了转录因子,并改变了染色质的结构或者非编码RNA的表达,从而引起了这一系列基因表达失常。有人曾经将人的*DNMT3B*编码基因分离后导入酿酒酵母(*Saccharomyces cerevisiae*)并使其高表达,转基因酿酒酵母因多种代谢酶基因表达异常而导致生长受抑,这个实验暗示*DNMT3B*突变确实可能引起基因表达调控失常,也在某种程度上佐证了埃利希的假设。

脆性X综合征(fragile-X syndrome, FXS)是一种以智力低下为主要症状的遗传性智力障碍综合征,疾病相关基因是位于Xq27.3的脆性X智障基因(fragile X mental retardation-1, *FMR1*),长3.8 kb,由17个外显子编码的蛋白产物被命名为脆性X智力低下蛋白(fragile X mental retardation protein, FMRP),*FMR1*基因5′端非翻译区包含一个CGG重复序列,后者上游250 bp处有一个CpG岛。*FMRP*基因最常见的突变是5′端非翻译区中CGG三核苷酸重复序列的异常扩展,一般正常人的(CGG)$_n$重复序列最多为50拷贝左右,扩展至55~200拷贝时称为前突变(premutation),扩展至200~2 000拷贝时称为完全突变(full mutation),

这种(CGG)_n拷贝数的异常扩展是随着世代而不断进行的，又称为动态突变（dynamic mutation）。研究表明(CGG)_n重复序列扩展可使上游启动子区域的CGG中CpG岛及附近的序列发生不同程度的甲基化，严重时造成 *FMR1* 基因转录失活及其蛋白产物FMRP表达缺失。*FMR1* 基因的沉默还涉及染色质构型的改变，而染色质的浓缩进而使扩展的(CGG)_n重复序列的遗传稳定性增加。脆性X综合征患者临床表现为不同程度的智力低下，也可伴有孤僻、焦虑等精神疾病症状，男性患者的症状重于女性。

图5-24a是 *FMR1* 基因5′端非翻译区中CGG三核苷酸重复序列数及其甲基化程度对该基因转录和翻译影响的理论假设，图5-24b是FXS患者和正常人，以及男性和女性 *FMR1* 基因前突变基因携带者的mRNA与FMRP表达量的实测数据分布图。两组数据都显示前突变基因携带者的 *FMR1* 基因很少完全沉默，FMRP表达量也基本正常或略有降低，然而转录的mRNA数量明显高于正常值。转录的增加还呈现出与(CGG)_n序列重复数的多少有相关性。*FMR1* 基因的mRNA与FMRP表达量的测定现已成为脆性X综合征的临床诊断和预后的常规方法。

韦尔勒（D. Wohrle）等的鼠源胚胎肿瘤细胞的FMR1转基因实验也为CCG重复序列甲基化在脆性X综合征发生中的分子病理学作用提供了新的线索。当将携有CCG重复延伸并甲基化的脆性X染色体转入肿瘤细胞后，会导致去甲基

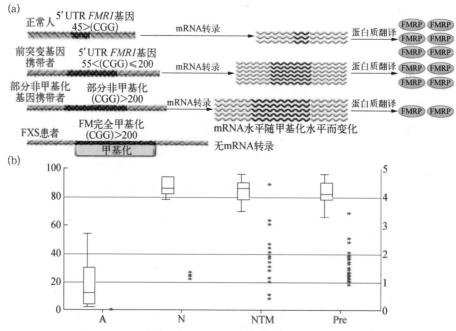

图5-24　**FXS患者与前突变携带者以及正常人的相关基因表达水平示意**（改自 L. Rodriguez-Revenga 等）

A, FXS患者；N, CGG拷贝数正常者；NTM, *FMR1* 前突变男性携带者；Pre, *FMR1* 前突变女性携带者；图中黑色横线代表FMRP水平及其变化范围；★代表 *FMR1* 的mRNA水平

化和*FMR1*基因转录的重新激活,并增加
(CCG)$_n$重复序列的遗传不稳定性。为了
证实肿瘤细胞中确实发生了去甲基化反
应,用能诱导去甲基化反应的5-氮脱氧胞
苷(5-aza-2′-deoxycytidine)处理脆性X细
胞,结果使*FMR1*基因和乙酰化组蛋白H3
和H4重新联结,转录也重新被激活(图
5-25)。这表明脆性X综合征患者的
*FMR1*基因沉默最初起因于延伸重复序列
的甲基化,这也是研究得最清楚的一种因
特定DNA序列表观遗传修饰异常而导致
的一种疾病表型。

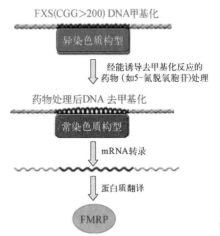

图5-25　**FXS的实验性治疗示意**

　　除了脆性X综合征(FXS)之外,三核苷酸重复导致的疾病还有一种迟
发性神经退行性疾病脆性X震颤性共济失调综合征(fragile X tremor ataxia
syndrome, FXTAS),以及亨廷顿病(Huntington's disease)和脊髓小脑型共济失调
(spinocerebellar ataxia, SCA)等。近来的研究表明某些lncRNA的正常表达及其
功能也会受到三核苷酸重复的影响并与疾病表型相关联。例如,转录自*FMR1*基
因的两种lncRNA FMR4和ASFMR1的表达模式与*FMR1*基因相似,即在FXTAS
患者中高表达,而在FXS患者中表达受抑,FMR4和ASFMR1的表达模式与这两
种疾病之间的内在联系尚待进一步研究。体外实验研究表明,FMR4在人体细胞
中有抗凋亡功能,很可能在神经元及其子裔细胞发育过程中受到FMR4的保护而
免遭凋亡。也许*FMR1*基因与FMR4和ASFMR1相互合作于一个RNA-蛋白质
网络,而这个调控网络的阻断则可能会影响大脑的正常功能,这也为解释FXS和
FXTAS患者之间的症状差异程度提供了新的思路。由此可见,lncRNA的重复序
列的延伸和蛋白质编码基因的重复序列的延伸都与某些神经系统疾病有关联。
此外,我们有理由设想这一类lncRNA的突变或者表达调控异常也可能导致疾
病,相关的分子机制也应该是疾病表观遗传学研究的重要内容。

　　1981年威茨拉尔(D. J. Weathrall)等报道了地中海贫血和智力低下的联
系,随后证实这并非患者同时患有两种疾病,而是一种X连锁疾病,被称为X
连锁α地中海贫血/智力发育迟滞综合征(X-linked alpha-thalassemia/mental
retardation syndrome, ATR-X)。*ATRX*基因突变会引起特征性的发育异常,如
严重的智力低下、面部变形、α地中海贫血、泌尿生殖道畸形,甚至出现性反转表
型。前期的研究表明*ATRX*基因编码的蛋白质可能是一种转录调节因子,通过
修饰染色质的局部结构来调节转录。在细胞分裂间期和中期,ATRX蛋白质定
位在着丝粒附近的异染色质区。在ATR-X综合征患者中发现一些高度重复序
列的甲基化型改变,包括编码核糖体RNA的rDNA重复序列,Y染色体特异的
卫星DNA和亚端粒区重复序列等区域甲基化的严重减少,提示ATRX编码的蛋
白质功能可能起着将DNA甲基化和染色质重塑这两类表观遗传修饰连接在一
起的作用。

　　曾经在超过180个ATR-X患者家系中发现了113种不同的基因突变，但这些突变究竟如何造成α珠蛋白这样的基因表达异常的确切机制一直是不清楚的。2010年劳（M. J. Law）等通过系统分析证实ATRX蛋白质在小鼠和人类基因组中主要与染色体端粒区域和常染色质上的串联重复序列结合，发生了突变的ATRX蛋白则会引起诸如α珠蛋白这类与串联重复序列有关联的基因调控异常，进一步分析还提示靶基因表达调控失常的程度取决于与其关联的串联重复序列的长度。已知基因组中的许多串联重复序列都是富含鸟嘌呤G并能在活细胞内形成非B型DNA结构，如G-四聚体构型（G-quadruplex），而劳等的实验证实ATRX蛋白在体外能与多种呈现G-四聚体构型的DNA（G4）结合，相比B型DNA结构，ATRX蛋白更倾向于与G4 DNA结合，尤其是与若干在ATR-X综合征患者中呈现表达异常基因邻近的富含鸟嘌呤G的串联重复序列相互结合。ATRX蛋白C端有一个与染色质重塑解旋酶SNF2（sucrose non-fermenting 2）同源的解旋酶样结构域，N端有一个ADD（ATRX-DNMT3-DNMT3L）结构包含了一个植物锌指蛋白同源结构域（plant homo-domain zinc finger, PHD），它能与组蛋白H3的变异体H3.3的尾部相互作用，而H3.3的分子伴侣就是能结合ATRX的DAXX蛋白（death domain-associated protein）。已被分析的突变分布表明，与ATR-X综合征相关的ATRX基因突变大多数发生于C端和N端的这两个区域。据此他们提出了一种工作假设，在正常情况下，ATRX蛋白会与靶基因中呈现G4结构的DNA相互结合，协同DAXX、H3.3使G4 DNA转变为B型结构，并调控靶基因使之正常表达。然而，ATR-X综合征患者中发生了突变的ATRX蛋白不再具有将靶基因邻近的富含鸟嘌呤G的串联重复序列由G4 DNA转变为B型结构的能力，导致靶基因表达失控。此外，有研究提示ATRX和H3.3在一起还有维持染色体上转录活性区和非转录区之间边界的作用。所以，正常ATRX蛋白的丧失也许会造成无转录活性的异染色质区的延伸，甚至沉默邻近区域α珠蛋白这样的基因。劳等的发现不仅为阐明ATR-X综合征的发病机制提供了新的思路，还进一步暗示基因组中的重复序列很可能并不只是没有任何功能的简单重复。通过X连锁α地中海贫血/智力发育迟滞综合征的发病机制研究，可以清楚地认识到基因的表达几乎涉及表观遗传修饰对于控制基因转录和染色体结构稳定的每一个环节，表观遗传信号甚至可以通过具有阻遏特定基因转录的双链RNA分子在细胞间的传递来影响邻近细胞的基因表达。表观遗传调控对相关疾病的深入研究必将有助于阐明参与表观遗传调控的众多分子元件的结构与功能，以及整个基因组表观遗传调控机制（图5-26）。

　　诚然，目前对于表观遗传修饰在疾病发生中作用的研究还处在初级阶段，我们的认识还很不全面，已经有的一些认识可能还不符合实际情况，但是霍利迪（R. Holliday）等已经提出了表观遗传病（epigenetic disease）的概念，其中包括多种复杂的遗传性综合征、印迹综合征、免疫性疾病和中枢神经系统发育紊乱等，还包括衰老和癌症。关于癌症的表观遗传学问题，将在有关肿瘤的分子遗传学分析的章节中做专门讨论。图5-27汇集了表观遗传的多方向、多层次信息及其与疾病的关联生物信息涉及遗传和表观遗传两个层面。

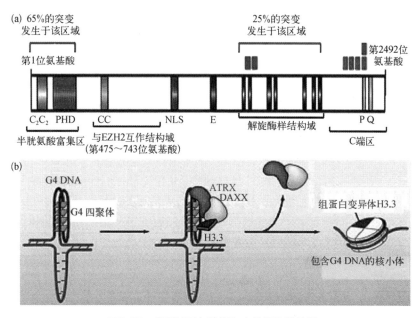

图 5-26　ATRX蛋白结构和功能相关的特征

（a）ATRX蛋白各个功能结构域和 *ATRX* 基因突变高发区段；（b）关于ATRX蛋白协同DAXX蛋白以及组蛋白变异体H3.3使四聚体DNA转变为正常的B型二聚体结构的假设示意（改自 I. Whitehousei 和 T. Owen-Hughes）

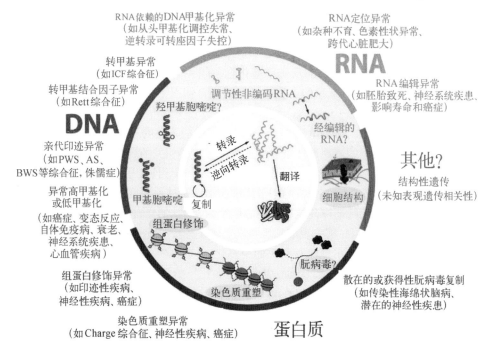

图 5-27　表观遗传的多方向、多层次信息及其与疾病的关联生物信息涉及遗传和表观遗传两个层面（引自 R. Chahwan）

　　图的中央显示分子生物学的中心法则：遗传信息从DNA到RNA再到蛋白质。其次是基因组不同层次的表观遗传修饰，包括了解得比较清楚的DNA甲基化、组蛋白修饰、染色质重塑，以及尚待进一步研究的细胞结构的表观遗传修饰，这一系列从分子到染色体再到细胞的修饰同样是充分了解生物表型的根本问题。在最外层列出了表观遗传信息调控与疾病发生、发展及防控相关的表型。分子医学面临的挑战是阐明遗传学和表观遗传学之间错综复杂的关系，逐步增进疾病的预防、诊断和治疗。

§5.7 表观遗传与衰老

分化细胞的稳定性是高等生物的基本特征之一，无论是神经元这类特化的分裂后细胞（post-mitotic cell），还是成纤维细胞或成骨细胞这样处于不断分裂的细胞（dividing cell），都具有稳定的特征性表型。然而，在衰老的过程中某些细胞会发生年龄相关的变化，例如染色体端粒的长度变化是衰老的一个细胞学指标。又如，与DNA损伤修复通路相关的基因表达会随着衰老过程发生某种规律性变化。而表观遗传，特别是基因组DNA甲基化谱（methylation profiles）变化的位点和程度与个体的生理年龄密切相关，并与年龄相关的代谢性疾病和癌症相关联。

同卵双生子的基因组是一样的，但随着年龄的增长，他们之间的甲基化标记会出现越来越明显的差异。同卵双生子之间的这种与年龄增长相关的甲基化标记的差异称为表观遗传学漂变（epigenetic drift）。图5-28显示的是应用比较基因组技术分析年龄不同的同卵双生子的1、3、12和17号染色体DNA差异甲基化，图中红色和绿色条带分别代表甲基化水平增高和甲基化水平降低事件，黄色条带则代表红色和绿色相等。图5-28a显示一对3岁同卵双生子之间非常相似的甲基化型，而图5-28b显示一对50岁同卵双生子的中期染色体DNA之间显示较多甲基化程度差异区域。染色体模式图两侧的红、绿色框分别为DNA甲基化型呈现显著差异的染色体区域。实验提示基因组相同的双生子随着年龄增长而产生更多的DNA甲基化差异，也提示衰老过程可能伴随着表观遗传调控异常增加的机会。

某个CpG岛的从头甲基化会关闭一个基因，丧失与这个基因相关的生理功能；同样，甲基化的丢失也会激活正常情况下沉默的基因，造成不恰当的异位表达（ectopic expression）。虽然在一个组织中发生异常甲基化的细胞只占少数或极少数，但却能使组织或器官呈现出表观遗传上的异质性和镶嵌性，这种在衰老过程中获得的表观遗传镶嵌性正是许多年龄相关的局灶性疾病的一个重要病因。

动脉粥样硬化和肿瘤一样也是一种局灶性增生疾病，有遗传学病因，也有表观遗传学病因。失控的平滑肌细胞增殖会使血管变窄，最终导致心脏缺血或脑缺血。在动脉粥样硬化患者的心肌组织、动脉粥样斑块和长期在体外培养的血管平滑肌细胞中，都曾观察到雌激素受体α基因（estrogen receptor alpha gene, ERα）的启动子区域出现年龄相关的甲基化。同样的变化会不会影响血管组织中的其他基因还尚待研究。然而，从理论上讲，年龄相关的表观遗传镶嵌性在血管上皮细胞和平滑肌细胞中有可能促进动脉粥样硬化的发展。

随着基因组5-mC检测技术的进步，年龄相关的获得性疾病受到启动子甲基化影响的实验证据越来越多。例如在结肠成纤维细胞中，曾观察到ERα、MLH1（DNA错配修复蛋白1）、MYOD（生肌性转录调节因子）、PAX6（发育相关的成对框基因6）、RARβ2（视黄素受体β2）和IGF2（胰岛素样生长因子2）等编码基因的启动子甲基化和随后的基因功能下降。又如，伴有胰岛素抵抗症状的糖尿病，也是由于胰岛素受体信号转导相关的一系列基因表观遗传异常等原因导致功能下

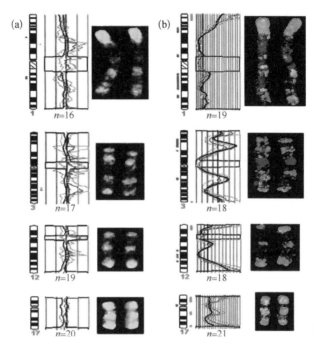

图5-28 应用比较基因组技术分析年龄不同的同卵双生子的染色体DNA差异甲基化（引自M. F. Fraga等）

降,造成不同基因启动子甲基化发生于同一组织的不同细胞中,大大增加了局灶性疾病的异质性,也反映了老年化组织的镶嵌性。实际上,类似的分析已经成为发现疾病相关基因的一条新途径。

表观遗传学漂变告诉我们表观基因组并不是个体基因组的一个固定印迹,而是一个能反映健康状况和生存环境等诸多岁月变化差异的动态结构,它可以部分解释个体的衰老速率。2013年美国加州大学圣地亚哥分校伊德科(T. Ideker)和中国四川大学华西医院张康(K. Zhang)课题组合作研究了人类全基因组甲基化谱与衰老的关系。整个研究对年龄介于19~101岁的656人的全血样本的DNA及其分布于全基因组的45万个以上的CpG标记进行分析,结果显示个体的DNA甲基化(DNA methylation)与衰老速率(aging rate)之间存在一定的数量关联,并在此基础上提出了一个利用个体的甲基化组来测量个体生物学衰老速率的定量模型。研究还发现与衰老速率相关的个体甲基化组是受制于性别和遗传变异的。此外,个体所处的环境和生活方式(吸烟、酗酒、饮食和运动等)也会驱动表观基因组随着衰老进程而发生持续的变化。鉴于基因组甲基化直接关系到基因表达,课题组分析了年龄介于20~75岁的488人的全血样本能显示的基因表达谱,发现有326个基因的表达与衰老相关联。更值得注意的是具有年龄相关表达谱的基因群与年龄相关的甲基化标记之间存在显著的相似性,这提示年龄相关的甲基化组变化也可能是基因表达模式功能性变化的。

认识到表观基因组在发育、生长和衰老过程中存在着一个动态变化的过程,以及体细胞的表观基因组有重新编程的可能性,不仅有助于我们以新的观点来探索老年病的病理机制,发展和建立新的诊断方法和药物干预的新途径,以及更加准确地评估老年病的发病危险性，还为通过环境和生活方式的改变来延缓老年病的发生和减轻老年病的严重程度提供了理论依据。然而，将这些概念付诸实践之前还必须解决三个问题：① 确定表观遗传修饰与特定生理或病理指标的相关性；② 证实将这些指标作为鉴别诊断的潜在可能性和技术可行性；③ 通过一定规模的流行病学调查来验证实验室内的表观遗传病理发现在人群中的真实性。

§5.8 表观遗传的生物学意义

5.8.1 小鼠 *Agouti* 基因的表达调控

我们可以用实例来说明表观遗传修饰的生物学意义及其对生命科学和医学工作者的启示。2003年，基尔特勒（L. Jirtle）和沃特兰（R. A. Waterland）用 *Agouti* 小鼠做了一个表观遗传学的经典实验。*Agouti* 基因 A 编码一种旁分泌的信号分子使毛囊黑色素细胞从合成黑色素转为合成黄色素。在鼠毛生长的中间阶段，A 基因的一过性短暂表达在每根鼠毛的毛尖下方形成黄色条带，使野生型 *Agouti* 小鼠呈现特征性的棕褐色，如图 5-29a 中间插图。实验者在 A 基因 5′ 端上游插入了一个源自逆转座子（retrotransposon）的 IAP（intracisternal A particle）序列，使 A 基因受隐含在 IAP 中的启动子调控而持续异位表达，造成毛色变黄（图 5-29a），插入了 IAP 的 A 基因称为 A^{VY}（*Agouti* viable yellow gene allele）。然而，IAP 启动子区域 CpG 岛的甲基化又会使有些细胞中的 A^{VY} 基因表达受抑，甚至沉默。这种表观遗传差异往往发生在胚胎发育早期，所以，即使在近交系同窝仔鼠中，A^{VY} 小鼠也会出现不同的表型，从以黄色为主到杂以大小不等的棕褐色斑块。在造成毛色广泛变异的同时，还造成同窝仔鼠在脂肪代谢、葡萄糖耐受和肿瘤易感性等方面的差异。

实验的对象是基因型为 a/a 的隐性纯合母鼠及其孕育的基因型为 A^{VY}/a 的仔鼠。孕鼠分为两组，实验组孕鼠除喂以标准饲料外，从受孕前两星期起还增加富含甲基的叶酸、乙酰胆碱等补充饲料，而对照组孕鼠只喂饲标准饲料。结果实验组孕鼠产下的仔鼠大多数在身体的不同部位出现了大小不等的棕色斑块，甚至出现了以棕褐色为主要毛色的小鼠（图 5-29b、c、d）。而对照组孕鼠的仔鼠大多数为黄色，并对肥胖、糖尿病和肿瘤易感。分析表明喂以富甲基饲料的孕鼠所产仔鼠的 IAP 启动子区域中 CpG 岛的甲基化平均水平远高于对照组，转录调控区的高甲基化使原本该呈异位表达的基因趋于沉默，毛色也趋于棕褐色。当然，由于种间差异，小鼠实验不能简单地外推到人，但这并不能降低这个实验的理论价值，即诸如营养这样的环境因素虽不会引起 DNA 序列的改变，却可以通过改变基因的甲基化型而改变其表观遗传型，造成明显的、可遗传的表型效应。

Agouti 小鼠的实验有着深刻的理论启示。① 实验表明，表观遗传修饰的环境因子敏感性也许可以用来解释遗传学上完全一样的个体（如双生子），在不同的环境中可以产生明显的表型差异，也提示表观遗传修饰的可遗传性在基因和

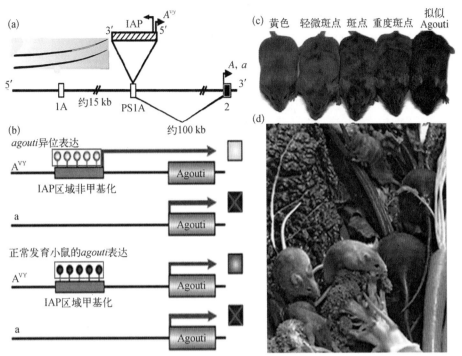

图5-29 **富甲基饲料对孕鼠后代表型的影响**

环境的相互作用中起着重要的作用。② 实验表明，在小鼠基因组的可转座因子插入位点的异常甲基化会引起小鼠在细胞水平上的表观遗传镶嵌性，扩大了表型变化的范围。这一点对人类来讲也是有深刻意义的，因为可转座因子这类在进化过程中由外来DNA演化而来的所谓"寄生因子"，占人类基因组的35%以上组分。这些寄生DNA序列大多数是被甲基化的，被沉默的。但也有一些处于低甲基化或非甲基化状态。现已在约4%的人类蛋白质编码基因中发现了可转座因子序列，甚至还发现不少基因的转录也像A^{VY}/IAP的异位表达那样起始于可转座因子隐含的启动子区域。所有这些都在暗示哺乳动物基因组中的可转座因子可能赋予机体相当大的表型可变性，也就是说，每一个哺乳动物个体可能因此成为表观遗传的镶嵌体，也因此更容易在保持基因组稳定的前提下提高机体对环境的适应能力，这对于个体发育和物种演化都具有十分重要的生物学意义。

5.8.2 长链非编码核糖核酸的表观遗传调控作用的生物学意义

非编码RNA在表观遗传调控中起着某种核心作用。DNA甲基化、染色质结构重塑和组蛋白化学修饰进程中都有lncRNA和功能性蛋白质与它协同。例如，DNA甲基化涉及多种DNA甲基化酶（DNA methylferase），染色质结构重塑则有核小体重塑因子（nucleosome remodeling factor, NURF）等参与，组蛋白的各种化学修饰都需要特定的功能蛋白质，如组蛋白脱乙酰化酶（histone deacetylase, HDAC）、组蛋白乙酰转移酶（histone acetyltransferase, HAT）、组蛋白甲基转移酶

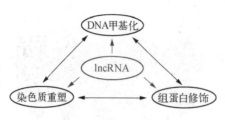

图5-30 长链非编码RNA在表观遗传调控中的关键作用

（histone methyltransferase, HMT）等。实际上表观遗传调控在某种程度上是决定生物体的复杂程度的分子机制，基因型和环境因素共同决定生物表型的最大协调因子就是表观遗传调控，甚至基因型相同的个体可以因环境因素的变化而通过表观遗传调控展现出不同的表型，实现与环境最大限度的协调。此外，作为生命活动的调控元件，无论从周转速度或调控效率来看非编码RNA与蛋白质是完全可以互相媲美的两种大分子。

在很长一段时间里，我们总是把基因组的大小，或者基因数目的多少作为一种生物的生物学复杂程度的指标。然而，在表5-1里，我们可能会有新的发现。表5-1列出了7种模式生物的基因组大小、基因总数，以及基因组中非编码蛋白质的DNA序列在整个基因组中所占的比例，同时将人类基因组的这几个参数也列在表内。显而易见，非编码序列在基因组整个基因组序列所占比例（ncDNA/tgDNA）似乎比基因组大小和基因数目更加适合作为生物复杂程度的一个指标。最近十年的研究不仅表明ncDNA/tgDNA这个参数更能反映生物的复杂程度，与其说生物体之间存在的物种特异性差别起源于物种间非共享的数千个基因，还不如说更多地起源于非编码区。这也提示生物的基因组中涉及功能调控的组分随着生物的演化过程会有一个比结构组分更快、更急剧的增长，在基因功能调控网络中的作用也越来越显得重要。例如2013年美国麻省理工学院的扬（R. A. Young）实验室系统研究了人和小鼠的胚胎干细胞中RNA的来源，发现胚胎干细胞中绝大部分的lncRNA转录自编码蛋白质的基因区域，这些lncRNA与mRNA以相反的方向相向转录出lncRNA/mRNA对，在胚胎干细胞向内胚层发育的过程中两种RNA的合成互相调控高度协调，在而后的发育阶段，许多lncRNA被细胞外胞体（exosome）降解。对胚胎干细胞中lncRNA/mRNA对，以及在胚胎发育早期一度大规模合成的lncRNA的深入研究将会有助于阐明细胞命运决定和发育分化的机制。

表5-1 模式生物与人类基因组、基因数和非编码蛋白质的DNA序列在基因组中所占的比例

模 式 生 物	基因组大小	基因数	ncDNA/tgDNA
大肠杆菌（*Escherichia coli*）	约4.6 Mb	4 288	0.122
酿酒酵母（*Saccharomyces cerevisiae*）	约12 Mb	6 000	0.295
红色链孢霉（*Neurospora crassa*）	约43 Mb	约10 000	0.624
拟南芥（*Arabidopsis thaliana*）	约125 Mb	25 500	0.712
隐杆秀丽线虫（*Caenorhabditis eleggans*）	约97 Mb	19 049	0.742
黑腹果蝇（*Drosophila melanogaster*）	约120 Mb	约13 600	0.810
小鼠（*Mus musculus*）	约2500 Mb	23 786	0.950
人（*Homo sapiens*）	约3000 Mb	约22 000	0.983

注：ncDNA/tgDAN为基因组中非编码序列所占比例。

在第2章最后一段,我们曾经提到:"其实蛋白质和核酸,以及不同蛋白质之间错综复杂的相互作用网络就是基因表达调控的核心所在。如果把复杂的生命活动比作一部演奏中的交响乐章,那么蛋白质和核酸之间的互相识别,也许就是指挥和演奏家之间的信息识别和交流。"现在我们是不是应该进一步充分认识RNA在生命交响乐中的关键角色了呢? 更有意义的是,RNA协同蛋白质通过表观遗传调控网络对基因组功能的展现有着一定的能动作用(图5-30)。

5.8.3 世代之间的表观遗传

贯穿生物体一生的表观遗传变化有没有可能在基因组中留下可遗传的标记呢? 2008年的一项研究暗示了亲代至子代的表观遗传变化的传递是有可能的,这种现象称为世代间表观遗传(intergenerational epigenetic inheritance)。赫曼(B. T. Heijmans)等在2008年的报告称,对现已处于老年,但都出生于1944—1945年那个荷兰的饥饿之冬(The Dutch Hunger Winter)的人群的流行病学研究提示,在那个饥荒年代受孕的人与受孕于那个饥荒年代之前或之后的兄弟姐妹有着不一样的表观遗传标记,这些不一样的标记导致胰岛素样生长因子2(IGF2)表达量下降,并一直影响着在饥饿状态下孕育的儿童的生长。值得注意的是,这些表观遗传标记在被累及的个体身上维持了数十年。这些观察暗示世代间表观遗传的可能性,但是这种修饰也有可能发生于饥饿条件下的子宫而不是发生在生殖系。所以,人类中的世代间表观遗传问题还要进一步深入研究。

然而,在模式生物系统中确实观察到了世代间表观遗传的有说服力的证据。例如,富兰克林(T. B. Franklin)和芒叙(I. M. Mansuy)在2010年的一篇有关小鼠的报告中显示,一种环境引起的雄鼠侵略性行为会造成它的子裔小鼠同样的特征性行为。非常有意义的是,子裔小鼠的特定基因的甲基化型确实发生了变化。这类跨越世代的实验研究都在提示环境所形成的选择压力有可能传递至子细胞和子裔个体。

从这里我们还可以衍生出另外一个性质完全不同的问题,表观遗传修饰会不会导致遗传密码的改变? 我们知道,甲基化的胞嘧啶(C)可以通过脱氨作用而演变成胸腺嘧啶(T)。在人类基因组中将近80%的甲基化位点发生在CpG序列上的C位点,当甲基化的C经水解反应脱氨就可转变为T,这样原来的DNA序列就被改变了。循着"CpG→C^{m}pG→脱氨→TpG→持续、稳定的变异"的进程,DNA序列就发生了永久性改变。这也许会改变该序列衍生的mRNA及其编码的蛋白质,或者使相应的调控lncRNA不能与之结合,造成表观遗传调控失效,而结构发生了改变的蛋白质仍然可能在不受调控的条件下继续合成,甚至会因构型改变而接受另一个或另一组lncRNA的错调控。在自然条件下,这个从C到T的转换过程是随机的,然而大量的实验研究表明CpG序列上的甲基化C位点由C至T的转换速率比非甲基化的C位点要快2倍左右。这就提示基因组中的CpG岛区域的甲基化胞嘧啶脱氨反应很可能是有偏倚的、不完全随机的,这一点在生物演化中也许有重要意义。

§5.2节曾经讨论过lncRNA可以将DNA甲基化酶DNMT3a引导到基因组

中的靶标位点造成位点特异性的DNA甲基化，而DNA特定位点的甲基化又会增加突变的机会，那么是不是可以进一步设想lncRNA的参与有可能驱动某些遗传变异呢？还可以设想能不能用这个机制来解释生物物种内普遍存在的单核苷酸多态（single nucleotide polymorphism, SNP）呢？还有，如果一个基因靶位频频被lncRNA作为甲基化的靶标，再经过水解脱氨作用，似乎有可能使这一段DNA双链形成更大比例的A-T碱基对，遗传密码的这种稳定而又可遗传的变化也会使其编码的蛋白质结构和功能发生变化，甚至完全不能正常转录。假如这些可能性确实存在，我们就有理由认为lncRNA引导的DNA甲基化在基因组的演化中起着积极的作用。我们还可以从另一个角度来考虑lncRNA在生物演化中的可能作用，一旦lncRNA自身发生了变异，它也可能导致DNA-蛋白质正常关联的丧失，发生变异的lncRNA会将另外一种功能性分子引导到原先设定的特征性基因靶标，造成细胞代谢的紊乱。那么，这种"异常"是不是也有可能在自然选择的作用下一步一步保留更适应环境的表观遗传改变和突变，甚至积累更加有利的变异组合催生出一个新的lncRNA调控网络，并激发出信号通路下游效应分子新的潜能呢？这是不是lncRNA在基因组的演化中可能起的另一种积极的作用呢？

细胞生长代谢的工作机制及其调控网络是纷繁复杂的，它既受到基因组的严格调控，又对细胞内外环境变化高度敏感。上述讨论只是让我们进一步认识到，部分环境变化有可能通过表观遗传机制增加生物体的复杂性，赋予生物种群在新的环境中有更多的适应机会。尽管表观遗传机制造成的可遗传变异与基因突变都不是定向的，它还是在某种程度上为环境压力导致生物种群变异范围的扩大提供了基因突变以外的另一种可能的解释。

5.8.4 思考与启示

人类基因组和多种模式生物基因组测序计划的完成为诠释基因组功能奠定了基础，也为研究在基因功能表达中起着某种决定作用的表观遗传学开拓了广阔空间。与高度稳定的基因组相比，表观基因组处于亚稳定或准稳定状态，它是可遗传的，但它在一定条件下也是可逆的，在个体发育和生殖细胞形成过程中是经历重新编程的，即使高度分化的成年哺乳动物体细胞也有重分化或再分化的潜在可能。在表观遗传研究过程中，还形成了表观遗传修饰、表观遗传突变、表观等位基因（epialleles）、表观基因组、表观基因组学（epigenomics）、表观遗传病和表观基因治疗（epigenetic therapy）等一系列科学概念。这些概念和思想已经成为哺乳动物克隆技术的改进和干细胞移植技术用于临床等应用性研究的理论先导。从技术上讲，表观遗传研究促进了一大批分析和监控技术的发展，如基于亚硫酸氢盐能选择性地使胞嘧啶核苷脱氨，而不作用于5-甲基胞嘧啶的性质，发展和建立了基因组DNA的5-mC测序技术和限制性标记基因组筛选技术（restriction landmark genomic scanning, RLGS）。还有甲基化敏感的任意引物PCR技术（methylation sensitive arbitrarily-primed PCR, MS-AP-PCR）、差异甲基化杂交（differential methylation hybridization, DMH），以及专门分析单个DNA分子上若干个CpG岛上呈串联状时完全甲基化的甲光（MethyLight）技术。甲光技术的最大优势是能以万分之一的灵敏度在大量非甲基化和部分甲基化DNA序列的背景上检测出一连串CpG岛全甲基化的DNA。尤其值得一提的是，甲基化型分析可能发展为理想的检测或诊断技术有两大优势：① 甲基化型既能反映有关基因功能状态及与此相连的多种疾病相关的丰富信息，又具有简单的"二元化"性质，即令甲基化为"0"，非甲基化为"1"，就可以进行数字化处理，便于开展大规模和自动化监测分析；②DNA分子十分稳定，有可能将它和DNA的SNP分析等置于同一个技术平台。同时它又比RNA和蛋白质更便于保存和运输，并可对已用石蜡、甲醛或乙醇预处理的样本进行分析，可以开发出以往储备的大量病理学资源。此外，最近基于染色质免疫共沉淀（chromatin immunoprecipitation, CHIP）的技术也已开始用于染色质修饰因子和结合因子的高通量检测，开始发展和建立以组蛋白结构重塑为靶标的表观遗传修饰分析系统。然而，表观遗传修饰相关酶系的发现、鉴定和功能研究仍是今后取得突破的关键。作为人类基因组计划的外延，1999年12月包括德国、法国、英国和美国多家学术机构和公司的人类表观基因组合作组织正式启动了人类表观基因组计划（Human Epigenome Project, HEP）。计划的第一阶段是全面解析人6号染色体上的主组织相容性复合体（major histocompatibility complex, MHC）整个区段的甲基化变异的位点。MHC区段约含150个活性基因，其中多数与免疫识别有关，也与许多人类疾病相关联。目前已鉴定了该区段内的4 500个可发生甲基化的位点，其中有些位点的信息有望为阐明某些类型的自体免疫病提供新的思路。该计划还通过对大量患者和对照群体的组织样本筛选来寻找与疾病状态有强相关的特异的甲基化指纹。

最后必须指出，表观遗传研究丝毫没有降低遗传学或基因组学的重要性，恰恰相反，表观遗传学是在以孟德尔式遗传为理论基石的经典遗传学和分子遗传学母体中孕育的、专门研究基因功能实现的一种特殊机制的遗传学分支学科。

参 考 文 献

[1] Ambros V. A hierarchy of regulatory genes controls a larva-to-adult developmental switch in *C. elegans*. Cell, 1989, 57: 49−57.

[2] Ambros V, Lee R C, Lavanway A, et al. MicroRNAs and other tiny endogenous RNAs in *C. elegans*. Curr Biol, 2003, 13: 807−818.

[3] Aravin A A, Naumova N M, Tulin A A, et al. Double-stranded RNA-mediated silencing of genomic tandem repeats and transposable elements in *D. melanogaster* germline. Curr Biol, 2001, 11: 1017−1027.

[4] Beck S, Ole K A. Epigenome—molecular hide and seek. Weinbeim: Wiley-Vch Verlag Gmb & Co KGak, 2003.

［5］ Brockdorff N. Chromosome silencing mechanisms in X chromosome inactivation: unknown unknowns. Development, 2011, 138:5057−5065.

［6］ Chahwan R, Wontakal S N, Roa S. The multidimensional nature of epigenetic information and its role in disease. Discovery Medicine,2011, 11:233−243.

［7］ Carthew R H, Sontheimer E J. Origins and mechanisms of miRNAs and siRNAs. Cell, 2009, 136:642−655.

［8］ Djebali S, Davis C A, Merkel A, et al. Landscape of transcription in human cells. Nature, 2012, 489: 101−108.

［9］ Ehrlich M, Sanchez C, Shao C, et al. ICF, an immunodeficiency syndrome: DNA methyltransferase 3B involvement, chromosome anomalies, and gene dysregulation. Autoimmunity, 2008, 41: 253−271.

［10］ Feinberg A P, Oshimura M, Barrett C. Epigenetic mechanism in human disease. Cancer Res, 2002, 62: 6784−6787.

［11］ Feinberg A P, Tycko B. The history of cancer epigenetics. Nat Rev Cancer, 2004, 4: 143−153.

［12］ Franklin T B, Mansuy I M. Epigenetic inheritance in mammals: evidence for the impact of adverse environmental effects. Neurobiol Dis, 2010, 39: 61−65.

［13］ Fire A, Xu S, Montgomery M K, et al. Potent and specific genetic interference by double-stranded RNA in Caenorhabditis elegans. Nature, 1998, 391: 806−811.

［14］ Grieshammer U, Shepard K A, Nigh E A, et al. Finding the niche for human somatic cell nuclear transfer. Nature Biotechnology, 2011, 29: 701−705.

［15］ Griffiths A J F, Wessler S R, Richard C, et al. An introduction to genetic analysis. 8th ed. New York: W.H. Freeman and Company, 2005.

［16］ Hannum G, Guinney J, Zhao L, et al. Genome-wide methylation profiles reveal quantitative views of human aging rates. Molecular Cell, 2012, 49: 359−367.

［17］ Heijmans B T, Tobi E W, Stein A D, et al. Persistent epigenetic differences associated with prenatal exposure to famine in humans. Proc Natl Acad Sci USA, 2008, 105: 17046−17049.

［18］ Huang C , Sloan E , Boerkoel C F. Chromatin remodeling and human disease. Curr Opin Genet Dev, 2003, 13: 246−252.

［19］ Jonkers I, Barakat T S, Achame E M, et al. RNF12 is an X-encoded dose-dependent activator of X chromosome inactivation. Cell, 2009, 139: 999−1011.

［20］ Kelly T L J, Trasler J M. Reproductive epigenetics. Clin Gemet, 2004, 65:247−260.

［21］ Laid P W. The power and promise of DNA methylation markers. Nat Rev Cancer, 2003, 3: 253−266.

［22］ Law M J, Lower K M, Voon H P, et al. ATR-X syndrome protein targets tandem repeats and influences allele-specific expression in a size-dependent manner.

Cell, 2010, 43: 367−378.

［23］ Lee J T. Epigenetic regulation by long noncoding RNAs. Science, 2012, 338: 1435−1439.

［24］ Lewin B. Genes Ⅷ. New Jersey: Pearson Education Inc, 2004.

［25］ Murrell A, Heeson S, Cooper W N, et al. An association between variants in the *IGF2* gene and beckwith-wiedmann syndrome: interaction between genotype and epigenotype. Hum Mol Genet, 2004, 13: 247−255.

［26］ Nora E P, Heard E. X chromosome inactivation: when dosage counts. Cell, 2009, 139: 865−867.

［27］ Nora E P, Lajoie B R, Schulz E G, et al. Spatial partitioning of the regulatory landscape of the X-inactivation centre. Nature, 2012, 485: 381−385.

［28］ Rakyan V K, Preis J, Morgan H D, et al. The marks, mechanisms and memory of epigenetic states in mammals. Biochem J, 2001, 356: 1−10.

［29］ Reik W, Dean W, Walter J. Epigenetic reprogramming in mammalian development. Science, 2001, 293: 1089−1093.

［30］ Reik W, Walter J. Genomic imprinting: parental influence on the genome. Nature Reviews Genetics, 2001, 2: 21−32.

［31］ Rodriguez-Revenga L, Madrigal I, Blanch-Rubió J, et al. Screening for the presence of FMR1 premutation alleles in women with fibromyalgia. Gene, 2013, 512: 305−308.

［32］ Sigovaa A A, Mullen A C, Molinieb B, et al. Divergent transcription of long noncoding RNA/mRNA gene pairs in embryonic stem cells. Proc Natl Acad Sci USA, 2013, 110: 2876−2881.

［33］ Vogel F, Motulsky A G. 人类遗传学—问题与方法. 罗会元, 主译. 北京: 人民卫生出版社, 1999: 361−383.

［34］ Vu T H, Hoffman A R. Comparative genomics sheds light on mechanisms of genomic imprinting. Genome Res, 2000, 10: 1660−1663.

［35］ Wang K C, Chang H Y. Molecular mechanisms of long noncoding RNAs. Molecular Cell, 2011, 43: 904−914.

［36］ Waterland R A, Jirtle R A. Transposable elements: targets for early nutritional effects on epigenetic gene regulation. Mol Cell Biol, 2003, 23: 5293−5300.

［37］ Weksberg R，Shuman C，Beckwith J B. Beckwith-wiedemann syndrome. European Journal of Human Genetics, 2010, 18: 8−14.

［38］ Whitehousei L, Owen-Hughes T. ATRX: put me on repeat. Cell, 2010, 143: 335−336.

［39］ Yin Q F, Yang L, Zhang Y, et al. Long noncoding RNAs with snoRNA ends. Mol Cell, 2012, 48: 219−230.

第6章 哺乳动物体细胞遗传分析

　　体细胞遗传学是以离体培养的体细胞为基本实验材料来研究真核生物,尤其是哺乳动物和人类基因组的结构和功能的遗传学分支学科。

　　很长时期以来,我们关于生命活动分子机制的研究,都是利用原核生物或者真菌这样的低等真核生物作为实验材料的,原因是这些生物生长周期短,易于获得大的群体,便于进行可控的实验研究。所谓分子遗传学,过去几乎由细菌和病毒遗传学衍生而来。然而,随着哺乳动物体细胞遗传学的发展,特别是体细胞遗传学和DNA重组技术的结合,使遗传学家开始拥有一种能剖析高等真核生物,包括哺乳动物和人类自身的基因组的强有力的研究手段。人们不必经过有性繁殖和世代交替过程,就能直接在细胞和分子水平上,研究和分析哺乳动物和人类基因组的结构和功能,并且还能把研究成果应用于医学研究和临床实践的许多领域。体细胞遗传学已经成为医学科学的一门重要基础学科。

　　本章先简要回顾一下体细胞遗传学发展的简史,然后从突变研究、细胞融合和基因转移等方面来介绍体细胞遗传学和体细胞分子遗传学研究的进展,包括由体细胞遗传学衍生的干细胞生物学。

§6.1 体细胞遗传学简史

　　早在20世纪40年代,哺乳动物细胞在体外连续培养成功之后不久,就有人开始摸索获得单细胞起源的细胞培养物的可能性。40年代末,人肿瘤细胞来源的HeLa细胞建株成功,大大推动了细胞营养和株系建立等方面的研究。抗生素的广泛应用克服了细胞体外培养极易被细菌污染这个技术障碍,使得体外培养细胞成为一种很容易得到的实验材料。然而,所有这些都不足以成为体细胞遗传学的起点。利用体细胞进行遗传分析的先决条件是发展和建立一种简便、快速而又可靠的技术,来形成由单个细胞经无性繁殖衍生而来的、在遗传上纯一的细胞群体。1955年,美国的派克(T. T. Puck)和玛罗斯(P. Marous)成功地获得了第一个单细胞克隆,为建立遗传上纯一的细胞群体和体细胞的定量研究奠定了基础。不久,他们又发明了从动物和人体直接取样建立细胞克隆的技术,在实验材料上打开了在医学研究中应用体细胞遗传学的大门。

　　哺乳动物体细胞遗传研究是从染色体分析开始的。1952年徐道觉（T. C. Hsu）发明了染色体制片的低渗处理技术，这一方面为蒋又兴（J. H. Tjio）等确定人的染色体数目和辨认各个染色体提供了有效的实验手段，另一方面也为20世纪60年代兴起的哺乳动物体细胞遗传学的染色体分析和医学细胞遗传学开了个头。70年代的染色体分带技术和80年代的染色体高分辨显带技术都是在此基础上发展起来的，目前都已成为临床医学遗传学的重要研究技术。

　　20世纪60年代，法国学者巴尔斯基（G. Barski）等发现体外培养的小鼠细胞能自发融合。日本学者冈田善雄（Y. Okada）又发现仙台病毒（Sendai virus）可促进细胞融合，提高同种和异种细胞的融合率。可惜的是巴尔斯基和冈田善雄都没有将细胞融合现象和促进融合的技术用于体细胞的遗传分析。真正将细胞融合作为遗传研究的方法提出来的是美国的哈里斯（H. Harris）和沃特金斯（J. F. Watkins），他们用小鼠不同株（系）肿瘤细胞间的杂种细胞，以及人-鼠杂种细胞所做的实验研究，被公认为是在体细胞水平进行遗传重组分析的开拓性工作。

　　体细胞遗传学的另一个重要成就是体细胞的人工诱变研究。1968年，朱孝颖（E. H. Y. Chu）和马林（H. V. Malling），还有高法恬（F. D. Kao）和派克两个研究小组分别用化学诱变剂诱发中国仓鼠（Chinese hamster）细胞的药物抗性突变和营养缺陷突变成功，开创了哺乳动物体细胞基因突变研究的新阶段。在此基础上，基因突变的定量研究、突变型细胞的生化遗传分析、人类分子病的体外研究，以及突变机制的研究都很快发展了起来。

　　20世纪70年代以来，哺乳动物和人类基因的分离和克隆、DNA重组、基因转移和核苷酸序列分析等技术，在体细胞遗传学中得到了广泛的应用，使哺乳动物和人类基因组的结构和功能表达调控的研究从细胞水平进入了分子水平。

　　1989年徐立之（L. C. Tsui）等从汗腺细胞培养物分离到的mRNA制备的cDNA文库中成功克隆囊性纤维症的疾病相关基因，这是在生物信息学尚未兴起的前基因组时代，针对一个既不知道疾病相关蛋白结构，也没有关于这个蛋白发挥功能的器官或组织的任何线索的条件下，应用定位克隆技术成功克隆，进而搞清楚其蛋白产物结构和功能的第一个人类疾病相关基因。

　　20世纪90年代兴起转基因动物和基因工程动物研究是哺乳动物体细胞遗传研究向整体动物研究的革命性突破。

　　1997年威尔穆特和K.坎贝尔克隆多莉羊成功，引发了关于哺乳动物体细胞发育全能性研究热潮，并催生了胚胎干细胞和诱导干细胞的实验研究和应用研究。

§6.2　体细胞的突变研究

6.2.1　体细胞变异的基础和突变的判定标准

　　用培养细胞进行突变研究的最大优点，是可以在严格控制的实验条件下，多次重复地对哺乳动物和人基因结构和表达直接进行研究。但是，并非体细胞的一切变异都来自基因结构的变异。除了结构基因和调控基因的突变外，造成体细胞变异的原因还有染色体数目和结构的变化、体细胞交换、基因或染色体失活、基因的选择性扩增、基因表达异常，以及核外基因变异等。有些变化，如由表观遗传修饰引起的DNA分子上特异位点的甲基化，虽然并不改变基因的DNA序列，但基因的甲基化型会在甲基化维持酶的作用下，在体细胞中世代相传，这是体细胞突变研究中必须加以注意的。因此，对突变型细胞的鉴定必须是多层次的，谨慎细致的。

根据大多数体细胞遗传学家的意见，确定一个表型变异的细胞克隆是不是源于基因突变，可参考下列标准。

（1）变异型细胞在野生型细胞群体中的发生是随机的。出现概率是极低的，一般为10^{-8}~10^{-6}。

（2）在诱变实验中，变异型细胞发生的概率应和诱变剂的剂量成正相关。在变异细胞群体中，同一类诱变剂也能诱发回复突变。

（3）在非选择性培养基上，突变型细胞的表型是稳定的，而表型饰变造成的变异是不稳定的。必要时应在非选择性培养基上，连续观察变异细胞30~50个群体倍增时间，并在选择性培养基上鉴定其变异性状的稳定性。

（4）把待处理的细胞群体分割成若干个细胞亚群，然后再进行诱变处理，若各亚群中变异型细胞出现频度有显著差异，则可以认为是突变引起的变异。

（5）变异细胞的染色体组型和野生型细胞一样，借以排除染色体数目和结构变异的可能性。

（6）设法探索变异的蛋白产物，如免疫交叉反应物质、热稳定性较差的酶、结构异常的特殊蛋白等。

（7）追溯造成变异的细胞蛋白产物及为其编码的基因。如果有可能，分离和克隆这类基因，并从核苷酸序列分析中确定基因结构的改变。

6.2.2 突变率的生物学意义及其估算方法

基因突变率是每个细胞在一个世代的时间内标志基因发生突变的概率，突变率的单位是突变/（世代·细胞）。值得注意的是突变率的概念必须和突变型频度的概念相区别，突变型频度是细胞群体中突变型细胞的比例，它和突变率有关，但没有时间的概念。突变率是在特定的细胞遗传背景和内外环境条件下，标志基因位点遗传结构稳定性的数量标志，是定量突变研究的核心。多方面的研究表明，细胞基因组的广泛重排，核苷酸代谢缺陷突变，DNA复制、修复和重组酶的缺陷，细胞中各种核苷酸库的相对丰度等因素，都会造成基因突变率的明显改变，这也表明突变率的改变往往具有深刻的生物学意义。

长期以来哺乳动物体细胞群体的基因突变率测定，一直沿用卢里亚和德尔布吕克1943年提出的细菌突变率估算方法。但是已发表的资料表明这样的沿用误差很大，甚至对同一细胞系的同一标志基因的突变率估值有时也可能相差10~1 000倍。为了减少误差，提高哺乳动物体细胞群体基因突变率的估算可靠性和可比性，傅继梁（J. L. Fu）等于1982年在卢里亚和德尔布吕克公式的基础上提出了哺乳动物体细胞突变率估算的参数决定序列，不久又提出了突变率估值的实验修正方法。

卢里亚和德尔布吕克的计算突变率公式是：

$$P_0 = e^{-\mu N}$$

式中，μ是基因突变率；N是细胞群体的大小；P_0是彷徨实验中不出现突变型细胞的培养物在培养物总数中的比例；e是自然对数的底。

利用这个公式测定哺乳动物体细胞的基因突变率，实验所涉及的9个参数如下：

μ：标志基因的突变率；

P_0：不出现突变型细胞的培养物比数；

N_0：实验开始时接种的细胞总数，即细胞群体大小；

C：彷徨实验中细胞培养物的总数；

N：实验结束时每组培养物的细胞群体大小；

K：在C组培养物中出现一个以上突变型细胞克隆的培养物数目；

n：不影响突变型细胞克隆形成的最大接种量，即每个培养皿中的最大允许的细胞接种密度；

D：实验所耗的培养皿总数；

g：细胞总数从N_0到增加到N所经过的群体倍增世代数。

参数确定的顺序如图6-1。先从预备实验或文献复习中估算μ的范围。然后根据图6-2，确定一组可行而又适当的P_0值和N值。从N推算出N_0和g。关键是K值的选择，为了使实验的相对取样误差不大于10%，K必须大于或等于10，图6-2是基于$K=10$绘制的，这样C可直接从图中确定。N是因细胞和标志基因而异的实验测定数值，综合C和n可算出D。D是衡量整个实验的人力和物力消耗的主要参数。这个参数决定顺序使哺乳动物体细胞定量诱变研究的实验设计更为科学，也更为方便。

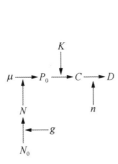

图6-1 哺乳动物体细胞突变率测定的诸参数间关系（引自J.L.Fu）

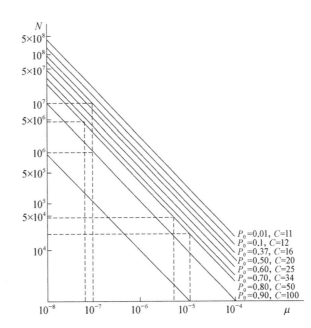

P_0=0.01, C=11
P_0=0.1, C=12
P_0=0.37, C=16
P_0=0.50, C=20
P_0=0.60, C=25
P_0=0.70, C=34
P_0=0.80, C=50
P_0=0.90, C=100

图6-2 在不同的P_0和C值水平上N和μ的关系（引自J.L.Fu）

6.2.3　选择在突变研究中的决定性作用

体细胞突变研究的遗传性状，是由一个遗传上纯一的细胞群体来表现的。要在细胞群体中发现和分离那些出现概率极低的突变细胞，并使之形成性状可见或可测的细胞群，必须根据标志基因所涉及的代谢途径，设计和建立专门的选择系统。对于代谢类似物和药物的抗性突变，或者免疫学上抗原特性的突变细胞，可采用直接群选法，就是在含有一定量的药物或抗血清的培养基上选出突变细胞克隆。至于其他类型的突变，则要用经过富集突变型细胞的间接选择法。常用的有无胸腺嘧啶致死法，致死生长法（lethal-growth method）（又称青霉素法），溴尿嘧啶加可见光法等。图6-3显示了利用溴尿嘧啶加可见光法选择营养缺陷突变型的实验模式。在基本培养

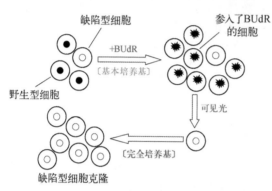

基上，野生型细胞能生长繁殖，并在DNA复制和生长过程中吸收培养基上的溴尿嘧啶，而发生了营养缺陷突变的细胞在基本培养基上不能生长，所以也就不会吸收或摄入溴尿嘧啶。实验的下一步是用可见光照射细胞群体，这时野生型细胞由于摄入的溴尿嘧啶参入DNA而对可见光敏感，最终导致细胞死亡。这

图6-3　溴尿嘧啶加可见光选择法示意（引自 T. T. Puck）

时通过洗涤除去培养液中残留的溴尿嘧啶，将存活的细胞换入完全培养基中培养，即可使没有被可见光杀死的营养缺陷型细胞不断生长并形成营养缺陷型细胞克隆。

对于突变率极低的隐性突变，可以通过代谢抑制和间接选择相结合的方法来筛选，即先选出杂合子细胞，再从杂合子群体中选出纯合隐性突变细胞。§3.5中介绍的乌尔劳布和蔡辛用甲氨蝶呤加氚标记尿嘧啶核苷法，分步选出双氢叶酸还原酶突变细胞就是一个成功的实例。

6.2.4　表型迟缓和选择程序

体细胞诱变实验的关键是给突变型细胞一段表达突变表型的表达期。细胞发生突变后，并不会立刻表现出突变型的表型，而是要间隔一段时间，这种现象称为表型迟缓。在表达期中，细胞经历了两个性质不同的过程：一是诱变剂引起的损伤和结构变异在复制后的DNA分子中得以固定，这个过程和DNA的复制、易误修复（error-prone repair）、重组错位（unequal exchange）、单链断裂，以及DNA小段缺失等细胞反应有关；二是某种为选择剂所作用的标志基因在发生突变前编码合成的正常蛋白产物，及其翻译模板mRNA的数量下降到某种水平，或者是细胞内标志基因的突变型蛋白产物，积累到足以使细胞表现其突变表型。这两个过程都需要一定的时间，然后才能使突变细胞在细胞水平显示该基因突变的作用。只有这两个过程完成之后，即度过了一定的表达期之后，方能用选择剂来选择实验细胞群体中的突变型细胞。图6-4是体细胞诱变实验的一个基本参考模式，在具体工作中可根据细胞和标志基因的性质做些改动。

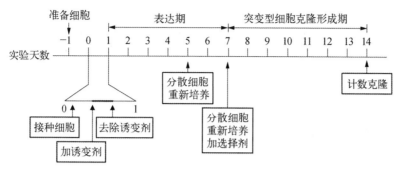

图6-4　诱变实验操作程序流程示意

6.2.5　诱变是实验研究中扩大细胞遗传变异范围的主要方法

　　体细胞诱变实验的成功,大大增加了可供分析和研究的遗传变异的数量和种类。现已分离到的诱发突变的种类,除了药物抗性和营养缺陷型突变外,还有多种重要酶或酶系温度敏感突变,嘌呤和嘧啶合成酶的缺陷突变,DNA修复缺陷突变和多种基因表达调控基因突变。这些诱变后分离到的突变细胞株的建立为融合杂交和基因转移的研究提供了丰富的实验材料。此外,从罕见的临床病例分离到的突变细胞及其有关联的突变细胞株的建立,极大地增进了我们对某些分子病的遗传本质的了解。

　　另一方面,对诱变产生的突变基因或基因产物的研究,也促进了对源于患者的突变细胞的研究,并逐步形成了发展十分迅速的医学分子遗传学新领域。医学分子遗传学的研究主要集中在两个方面:一是遗传病的分子病理学研究;二是遗传性分子病的实验诊断,特别是产前诊断的方法研究。表6-1列举了几种有代表性的血红蛋白遗传病的分子病理变异。表6-2以痛风和蛋白酶抑制缺陷症为例,介绍了两种分子诊断方法。最近几年国内外在这个领域中的进展有望取得遗传病诊断,乃至治疗的重大突破。

表6-1　几种有代表性的血红蛋白异常疾患的分子病理学

基因突变的区段与类别	分子水平的病理变化
β珠蛋白基因外显子替代突变	6
HbA（正常）	……GAA……
	……谷氨酸……
HbS	……GTA……
	……缬氨酸……
β珠蛋白基因外显子密码终止突变	
HbA（正常）	144　145　146　147　148　149
	……AAG TAT CAC TAA|CCT TGC……
	……赖氨酸 酪氨酸 组氨酸 终止
HbS	……AAG TAA……
	……赖氨酸 终止

（续表）

基因突变的区段与类别	分子水平的病理变化
β珠蛋白基因内含子替代突变	
INS1（正常）	……TTGG……TTAG//……
INS1*（拼接信号增加）	……TTAG……TTAG//……

α珠蛋白基因外显子移码突变

HbS（正常）
137	138	139	140	141	142	143	144	145	146	147	148
……ACC	TCC	AAA	TAC	CGT	TAA	GCT	GGA	GCC	TCG	GTA	GC……
苏氨酸	丝氨酸	赖氨酸	酪氨酸	精氨酸	终止						

Hb$_{Wayne}$
137 →C										147	
……ACC	TCA	AAT	ACC	GTT	AAG	CTG	GAG	CCT	CGG	TAG	C……
苏氨酸	丝氨酸	天冬氨酸	苏氨酸	缬氨酸	赖氨酸	亮氨酸	谷氨酸	脯氨酸	精氨酸	终止	

α珠蛋白基因外显子终止密码突变

HbA（正常）
140	141	142	143	144	172
……TAC	CGT	TAA	GCT	GGA	……GAA
……酪氨酸	精氨酸	终止			

Hb$_{Constant-Spring}$
……TAC	CGT	CAA	GCT	GGA	……GAA
……酪氨酸	精氨酸	谷氨酰胺	丙氨酸	甘氨酸	……谷氨酸

α珠蛋白基因内含子缺失突变

INS1（正常）	……//GTAGCCT……
INS1*（拼接信号减少）	……//G＿＿＿＿＿T……

*因为真核细胞基因的转录产物都带有内含子序列，在mRNA成熟过程中，以内含子序列两端的//GT…AG//为拼接信号，拼接信号序列突变会改变mRNA和它编码的蛋白质结构，导致异常血红蛋白的形成。

表6-2　遗传病的分子病理学及其分子诊断方法举例

疾病名称	分子水平的病理变化				诊断方法
痛风（HPRT*缺陷）		50	108	109	110	
HPRT（正常）	……TCGA……	CAG	TCA	ACA……	用特定的内切酶诊断
	……精氨酸	谷氨酰胺	丝氨酸	苏氨酸……	
HPRT（伦敦型）	……TCGA……	CAG	TTA	ACA……	增加一个 *Hpa* I 切点
			亮氨酸		（GTT↓AAC）
HPRT（多伦多型）	……TGGA……	CGA	TCA	ACA……	减少一个 *Tag* I 切点
	甘氨酸				（T↓CGA）
胰蛋白酶抑制剂缺乏症					
（α-AT**缺陷）		341	342	343	用寡核苷酸探针诊断
α$_1$-ATPi^M（正常）	……GAC	GAG	AAA……		
	……天冬氨酸	谷氨酸	赖氨酸……		用2种探针和3种内切酶
					Hin d Ⅲ、*Xba* I
α$_1$-ATPi^Z（异常）	……GAC	AAG	AAA……		与 *Bam* H I 诊断
	……天冬氨酸	赖氨酸	赖氨酸……		

*次黄嘌呤鸟嘌呤磷酸核糖转移酶；**抗胰蛋白酶。

6.2.6 基因突变和体细胞疾病

除了利用患者的体细胞培养物进行遗传性疾病的病理学研究之外，医学分子遗传学研究的另一个重要内容是研究由于体细胞的基因突变所引起的体细胞疾病的分子病理学。恶性肿瘤是最突出的体细胞疾病，将在第8章深入讨论。这里以动脉粥样硬化为例，介绍因体细胞的调控基因突变引起的疾病。

动脉粥样硬化是指动脉内膜有胆固醇、胆固醇酯和磷脂等脂质沉淀，并伴有平滑肌细胞和纤维成分的增生，逐渐发展成局限性斑块，导致动脉管壁增厚，管道变窄和所在器官缺血和缺氧的一种严重心血管疾病。关于动脉粥样硬化的发病机制存在多种不同的学说，目前公认的看法是：造成动脉粥样硬化的重要原因之一是血浆中富含胆固醇的低密度脂蛋白（LDL）及其前体富含甘油三酯的极低密度脂蛋白（VLDL）水平的增高和高密度脂蛋白（HDL）水平的下降。

在通常情况下，细胞会合成内源性胆固醇供生长和增殖之需。当血浆中LDL和细胞表面的LDL受体结合而进入细胞时，内源性胆固醇合成则会受抑。细胞转而利用非内源LDL水解产生的胆固醇，还可将多余的胆固醇酯化后以胆固醇酯的形式储存在细胞内。当LDL与LDL受体的复合物持续不断地进入细胞时，细胞中外源性胆固醇越来越多，这时不仅内源性胆固醇合成停止，还会使细胞表面LDL受体数目减少，以防止细胞内胆固醇的过度积聚。所以"LDL-LDL受体"系统是调节胆固醇的摄取、合成和储存的一个重要途径。

细胞病理学和细胞化学的研究表明，动脉粥样硬化壁斑是由一群胆固醇合成调节严重失控的细胞聚集而成的，这些细胞在LDL过量的情况下，继续进行内源性胆固醇的合成。1973年，本迪特（E. P. Benditt）等用生化遗传学方法，证实的确有部分动脉硬化壁斑是起源于发生了导致胆固醇合成失控的基因突变的细胞及其衍生克隆形成的。从"LDL-LDL受体"系统来分析，这个突变很可能会造成LDL受体结构变异或LDL受体在细胞表面的数量和分布改变，也可能与受体作用系统的某种间介物质有关。

为了获得细胞实验模型，辛讷斯基（M. Sinensky）等筛选了胆固醇合成调节突变型细胞。他在众多的胆固醇结构类似物中，找到了非常特殊的25-羟胆固醇，它与胆固醇之间的结构差异使它虽然不能满足细胞在分裂时对胆固醇特异性参入细胞质膜的生理需要，而它和胆固醇的结构相似，又足以使它在过量时能通过反馈而阻断胆固醇的生物合成。辛讷斯基把经过诱变剂处理的体细胞群体，接种于不含胆固醇而含过量的25-羟胆固醇的培养基上。在这样的条件下，只有能进行内源性胆固醇合成的细胞才能生长和增殖。然而，过量的25-羟胆固醇会阻断调控系统正常的细胞中胆固醇的生物合成，使之濒临死亡而不能增生；相反，调控失常的突变型细胞却能不受培养基中过量的25-羟胆固醇的阻遏而继续合成胆固醇，最终形成突变型细胞克隆。生物学研究证实这些细胞在胆固醇合成调控的某个阶段是有遗传性缺陷的。毫无疑问，这项研究为深入研究胆固醇生物合成调控，提供了非常有价值的细胞实验模型。类似的研究方法还可应用于其他调控突变引起的体细胞疾病的实验病理研究。

体细胞疾病的突变研究还告诉我们，一个作用于单个体细胞的突变要引起临床意义上的体细胞疾病，必须通过突变型细胞增殖而放大突变的效应，并且使由突变型细胞衍生而来的克隆足以导致宏观的病理变化。大量的研究还表明多种严重的免疫系统疾病，也是由体细胞突变所造成的。

§6.3　体细胞的融合研究

6.3.1　细胞融合的发现和融合技术的建立

如果说突变研究使我们更多地了解了变异、变异的产生、变异的本质和变异的后果，那么体细胞融合现象的发现和利用，则为基因组和基因集合之间遗传信息的交换、重组与分离创造了条件，扩大了形成新的基因组合的能力，为体细胞遗传学提供了强有力的分析手段。可以说融合现象的发现是体细胞遗传学发展的一个转折点。

1960年，法国古斯塔夫·鲁西（Gustave Roussy）研究所的巴尔斯基、索里尔（S. Sorieul）和科纳费尔（F. Cornefert）最先观察到体细胞融合现象。他们将形态和染色体结构不相同的两种小鼠肿瘤细胞混合在一起培养几个月后，发现培养物中的极少数细胞具有新的形态和包含着两种肿瘤细胞的染色体的细胞核。实际上这就是杂种细胞。接着，巴尔斯基分离纯化了第一批杂种细胞株，并获得继代成功。此后，他们又得到了由不同的细胞系杂交而成的体细胞杂种。研究表明这些杂种细胞有两种特点：一是具有双亲的遗传特征，即杂种细胞的两套遗传物质都表达了功能；二是随着增殖继代杂种细胞会渐渐丢失一些染色体，这种染色体丢失是随机的，因此有可能得到多种染色体组合不同的杂种细胞。实验还表明，细胞的融合率在自然条件下是极低的，巴尔斯基之所以能选出杂种细胞，是因为在他研究的系统中，某种组合的杂种细胞具有选择优势，比两种亲本细胞生长和增殖都要快。即使如此，积累和分离杂种细胞也花费了几个月之久。要是杂种细胞没有选择优势，在混合培养物中等待杂种细胞的出现将无异于"守株待兔"。

1964年，美国哈佛医学院的利特菲尔德（J. W. Littlefield）设计了一种选择亲本细胞群中杂种细胞的方法，这就是有名的HAT选择法。HAT是一种特殊的选择培养基的名称，它含有次黄嘌呤（hypoxanthine, H）、甲氨蝶呤（aminopterin, A）和胸腺嘧啶（thymidine, T）。HAT选择法的原理如图6-5a。哺乳动物细胞除了能通过生物合成产生代谢必需的核苷酸外，还能通过一种"救援路径（salvage pathway）"直接利用外源核苷酸。这条救援路径的关键酶是次黄嘌呤鸟嘌呤磷酸核糖转移酶（hypoxanthine-guanine phosphoribosyl transferase, HPRT）和胸苷激酶（thymidine kinase, TK）。如果先用甲氨蝶呤阻断细胞中嘌呤和嘧啶的生物合成，再利用融合中双亲细胞的缺陷突变HPRT$^-$和TK$^-$，使杂交后恢复了这两个关键酶功能的杂种细胞能在HAT培养基上生长，而亲本细胞均因酶缺陷而被杀死。

利特菲尔德利用HAT选择系统推算出细胞的自发融合率约为5×10^{-6}。不

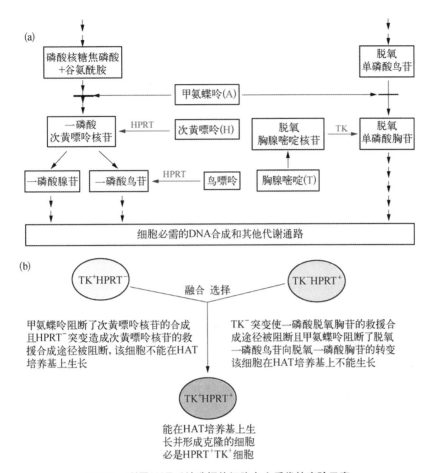

图 6-5　利用 HAT 系统选择体细胞杂交后代的实验示意

（a）HAT 选择系统的分子原理（改自赵寿元等）；（b）细胞杂交过程示意（改自 L. H. Thompson）
图中黑色箭头表示常规合成途径，蓝色箭头表示救援合成途径。

久，埃弗吕西等又设计了半选择法（half-selective system），它只要求一个亲本细胞是缺陷突变，另一个可以是野生型的。例如，将100个野生型细胞和10^6缺陷突变细胞混合培养做融合实验，然后移至 HAT 培养基上。这时缺陷突变细胞（亲本中的绝大多数）会退化消失，只有极少数野生型亲本克隆和杂种细胞克隆出现。再借助两种克隆的形态和染色体组分不同而选出杂种细胞。埃弗吕西等将半选择法用于同种动物的不同细胞株系间的融合实验，也用于种间细胞间的融合，包括人细胞和各种啮齿类动物细胞的融合。

　　遗传分析的一个必不可少的条件是等位基因不相同的细胞之间的杂交和分离，然而要在体细胞群体中，诱发和选择给定基因的突变要比细菌群体困难得多，种间细胞杂交则在一定程度上克服了这一困难。在生物演化过程中，不同的生物会产生一些结构稍有歧异的同工酶，这种结构歧异可用电泳或其他方法来识别和区分。所以，种间杂种细胞可以提供许多可供区别的酶标记，最常用的标记酶是乳酸脱氢酶、苹果酸脱氢酶和 β 葡糖苷酸酶等。

种间杂种细胞的染色体丢失现象比种内杂种细胞更甚。埃弗吕西等发现小鼠和大鼠细胞杂交后，大鼠细胞的染色体会优先丢失，仓鼠和小鼠的细胞杂种优先丢失的是小鼠染色体。1967年，美国纽约大学医学院的韦斯（M. C. Weiss）和格林（H. Green）成功地进行了人细胞和小鼠细胞的杂交，发现杂种细胞的形态与小鼠细胞非常相像。核型分析表明杂种细胞保留了小鼠细胞的全部染色体，而人的染色体只保留了46个中的2~15个。显然，人和小鼠杂种细胞一旦形成就会较快地丢失人源染色体。随着培养时间的延长，丢失的人源染色体越来越多，有些杂种细胞在经过100个倍增世代后只剩下小鼠染色体，而有些则保留了仅有的一个或两个人源染色体。正是这一特性使人和小鼠的杂种细胞很快成了人类遗传学研究的重要工具。

在增加细胞融合率方面，值得一提的是日本大阪大学的冈田善雄等在1963年发现副流感病毒仙台株（又称仙台病毒）能使悬浮的动物细胞聚集成团发生融合。在冈田善雄发现的启示下，牛津大学的哈里斯和沃特金斯在1965年开始用紫外线灭活的仙台病毒来融合各种不同类型的细胞，使细胞的融合率提高100~1 000倍，并扩大了做融合实验的细胞种类（图6-6）。1975年，蓬泰科尔沃（G. Pontecorvo）发现聚乙二醇（polyethylene glycol，PEG）是一种有效的化学融合剂，可用于规模较大的融合研究。

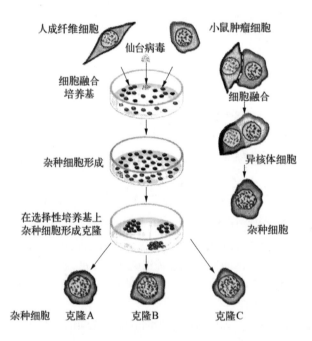

图6-6　细胞融合和杂种细胞选择、克隆形成过程示意/HAT选择法示意（引自F. H. Ruddle和R. S. Kucherlapati）

6.3.2　利用融合细胞定位基因

人基因定位有着重大的生物学意义和医学意义。自从1911年威尔逊（E. B. Wilson）把色盲基因定位于X染色体以来，一直沿用家系分析法来定位基因。到1967年虽已定位了100个基因，但绝大多数是伴性基因，能用家系法定位于常染色体上的基因是屈指可数的。然而,哺乳动物体细胞突变研究和细胞融合技术的发展给基因定位工作带来了革命性的突破。

蓬泰科尔沃在1959年曾设想过用细胞的"无性"融合和分离来进行人基因定位研究。20世纪60年代兴起的体细胞融合技术使蓬泰科尔沃的设想变成了现实,尤其是人-鼠体细胞杂交分析法,已经成为连锁分析的主要材料。

利用人-鼠体细胞杂交做人基因的连锁分析有三个有利条件。

(1)人和鼠的染色体形态各异,易于区分。

(2)种间同类蛋白(如同工酶)的结构歧异是可以在生物化学水平检测分析的,便于用作杂交和分离实验的遗传标记。

(3)杂种子裔细胞优先丢失人源染色体,有可能获得只携有少数几条人源染色体的杂种细胞克隆,甚至有可能获得只携有一条人源染色体的杂种细胞克隆,使基因定位的效率明显提高。

常用的体细胞杂交定位方法有以下几种。

(1)利用人源染色体和标志基因的蛋白产物在杂种细胞中是否同时存在,即是否有平行关系来定位基因。当两种基因产物和同一条染色体有平行关系,这两种基因就有所谓的同线性(synteny),同线性分析是最常用的定位技术。例如,在表6-3中,在杂种细胞株中,异柠檬酸脱氢酶和苹果酸氧化还原酶总是和2号人类染色体平行出现,所以它们之间存在同线性,并可将编码这两种酶的基因定位于2号染色体。同样的,磷酸葡糖变位酶-1、肽酶C和磷酸葡糖酸脱氢酶也存在着同线性,并可同时定位于1号染色体。而核苷磷酸化酶则不在1—5号染色体上。

表6-3 利用杂种细胞作同线性定位基因

		A	B	C	D	E	F	G
杂种细胞中出现的染色体	1	+	−	−	−	+	−	−
	2	−	−	+	−	−	−	+
	3	+	−	+	−	−	+	−
	4	−	+	−	−	−	+	−
	5	−	−	−	+	−	−	+
人基因编码的酶:磷酸葡糖变位酶-1		+	−	−	−	+	−	−
异柠檬酸脱氢酶		−	−	+	−	−	−	+
肽酶C		+	−	−	−	+	−	−
苹果酸氧化还原酶		−	−	+	−	−	−	+
磷酸葡糖酸脱氢酶		+	−	−	−	+	−	−
核苷磷酸化酶		−	−	−	−	−	−	−

(2)利用药物抗性或营养缺陷型标志基因,选择性地在杂种细胞株中保留携有相应的野生型标志基因的染色体,达到基因定位的目的。表6-4列举了四个用这种方法定位的人基因。

表6-4   利用药物抗性和营养缺陷型突变定位的基因

啮齿类亲本细胞	突变基因	定位的人基因	保留的人染色体
小鼠细胞	*HPRT*⁻	*HPRT*	X
小鼠细胞	*TK*⁻	*TK*	17
中国仓鼠细胞	*APRT*⁻	*APRT*	16
中国仓鼠细胞	*glyA*⁻	*SHM*	12

注：HPRT，次黄嘌呤鸟嘌呤磷酸核糖转移酶；TK，胸苷激酶；APRT，腺嘌呤核苷酸核糖转移酶；SHM，丝氨酸羟甲基化酶；glyA，甘氨酸缺陷突变型A。

（3）涉及相关染色体的区域定位的多种方法。例如，图6-7所示的方法就是先利用大段易位把*G6PD*、*PGK*（磷酸甘油酸激酶）和*HPRT*三个基因定位于X染色体的长臂，再利用小段易位把这三个基因更精确地定位于范围极窄的区段。又如，利用腺病毒-12能在人的17号染色体上造成断裂的特性，可以获得一系列含有不同缺失段的融合细胞，通过分析基因产物和缺失的染色体片段间的平行关系，即可把基因定位于某一小段。胸苷激酶（TK）基因就是利用这个方法定位于17号染色体长臂2区的。

美国耶鲁大学的拉德尔（F. H. Ruddle）等设计的克隆嵌板（clone panel）是

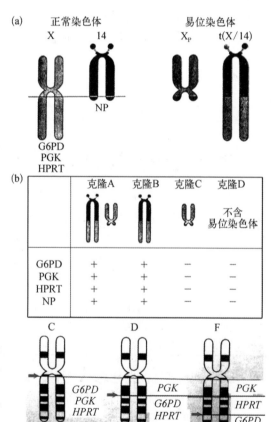

图6-7   利用携带易位染色体的杂种细胞进行基因的区域定位（改自F. H. Ruddle和R. S. Kucherlapati）

红色箭头显示不同细胞系中染色体发生断裂和易位的位点。

利用细胞融合定位基因的重大技术发明。所谓克隆嵌板就是一组精心选择的杂交细胞克隆,选择的条件是使每一个特定的染色体在这组杂种细胞克隆中具有特定的分布型。例如,假定有一种哺乳动物有8对染色体,利用融合细胞随机丢失染色体的性质,可选择出三个克隆,使8种染色体在这三个克隆中各有特殊的分布型,如:

染色体号码		1	2	3	4	5	6	7	8
杂种细胞克隆	A	+	+	+	−	+	−	−	−
	B	+	+	−	+	−	+	−	−
	C	+	−	+	+	−	−	+	−

有了杂种细胞克隆A、B、C组成的克隆嵌板,只要测出某个基因产物在三个克隆中的分布,马上就能把相应的基因定位于特定的染色体上。例如,某一种酶出现于克隆A和C,而不出现于B,则可编码这个酶的基因定位于3号染色体。又如另一种酶出现于克隆C,而不出现于A和B,则可把编码这个酶的基因定位于7号染色体。

克隆嵌板技术还可以衍生出某一染色体的不同片段亚克隆嵌板技术,即构建一个同一染色体的每一个小片段都有特定分布型的次级嵌板,专门进行该染色体不同区域的基因定位。如,高法恬等用染色体断裂剂处理携有人11号染色体的杂种细胞A_L-J1,分离到了带有11号染色体不同片段杂种细胞克隆,建立了由5个细胞克隆组成的嵌板。从理论上讲,这个亚克隆嵌板可把已定位于11号染色体上的基因精确地定位于32个小区段。

融合细胞基因定位技术大大推动了人基因,特别是常染色体基因的定位研究。到1981年9月,已定位的人常染色体基因有345个,其中通过体细胞杂交定位的是202个,占58%以上。

根据基因编码的蛋白质和染色体或染色体片段之间的平行关系来定位基因是体细胞遗传学的重大发展,特别是染色体分带技术和克隆嵌板技术的联合运用,以及某些免疫标记技术的应用,使基因定位工作更臻完善。但是,技术的改进并没有克服这种方法在理论上的局限性。对于绝大多数在培养细胞中不转录和翻译的基因,是不可能追溯性状和染色体的平行关系的。自从重组DNA探针(probe)引入基因定位工作后,情况才起了根本性的变化。从理论上讲,任何基因和DNA片段都可以组入特定的分子载体,形成基因克隆,甚至特定的DNA片段分子克隆,制备相应的探针。那么配合限制性酶谱分析和DNA分子杂交印迹技术(Southern blot),就都可能定位到特定染色体的特定位置上去。图6-8显示了综合运用DNA探针的分子杂交与杂种细胞组合嵌板技术定位人基因的基本程序。

拉德尔等最先利用人α珠蛋白和β珠蛋白的cDNA探针和克隆嵌板技术,成功地把这两个基因分别定位于16号染色体和11号染色体上,当时DNA分子杂交是在液相中进行的,以后又改为在硝酸纤维滤纸上进行,提高了分子杂交的灵敏度和精确性。到1984年底,就已经用这种方法定位了人的珠蛋白基因2

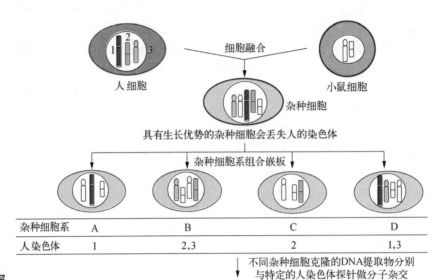

图6-8　利用DNA探针与杂种细胞嵌板作分子杂交技术定位人基因示意

个、免疫球蛋白基因3个、干扰素基因复合体2个、激素基因6个、结构蛋白基因3个、酶基因2个、癌基因10个。其中有些基因已定位于非常狭小的染色体区段，如α珠蛋白基因定位于16pter-p11段，β珠蛋白基因定位于11p1208-p1205。

此外，利用注入了噬菌体基因组的人基因文库，可以分离出种属特异性的DNA重复序列。这些重复序列可作为标记来定位基因，特别是作为人类群体中DNA结构多态性的检测标记。20世纪80年代起种属特异性DNA重复序列标记已经被广泛用于致病基因的定位和分子诊断的研究。

利用DNA探针做基因定位研究的另一种有希望的途径是分子原位杂交（in situ hybridization）。即利用高放射活性标记的分子探针直接把基因定位于染色体的特定部位。应用分子原位杂交技术已把人的胰岛素基因和β珠蛋白基因分别定位于11号染色体非常接近端粒的11p15.5和11p15.4区域，把免疫球蛋白基因的恒定区C$_H$段定位于14q32.3。这种方法可以把体细胞遗传学分析和家谱分析结合起来，应用于遗传病的临床研究和流行病学研究，也为基因的进一步精确定位创造了条件。

1981年在挪威奥斯陆召开的第六届人基因定位国际会议上确定已定位和克隆的基因为319个，1983年在美国洛杉矶举行的第七届会议上这个数目为620个，1985年在芬兰赫尔辛基举行的第八届会议上这个数目为831个，1987年在法国巴黎举行的第九届会议上定位和克隆的基因数目已达到1 208个。1989年在美国纽黑文举行的第十届会议和1991年在伦敦举行的第十一届会议不仅通过对囊性纤维症（CF）、神经纤维症（NE1）、马方综合征、家族性结肠息肉等遗传病基因的定位、克隆与突变机制的研究，以及性别决定基因（SRY）的克隆与性别决定机制等一系列最新成就的确认进一步推动了人基因定位工作，还在人体细胞分子遗传学的理论和技术基础上为实施人类基因组计划（Human Genome Project,

HGP)创造了充分和必要的前提条件。

在这里我们要专门介绍一下由徐立之领衔的研究小组有关囊性纤维症(cystic fibrosis, CF)基因的定位和克隆工作。这项工作告诉我们,从分离基因到识别它所编码的蛋白质,以及它在细胞中的功能,是一个漫长的探索过程。即使基因产物的结构和功能都搞清楚了,要找到有效的治疗方法也还有很长的路。

囊性纤维症是高加索人群中最常见的常染色体隐性遗传病,大约每2 000个新生儿中有一个患儿,群体中携带致病基因的杂合子频率约为1/25。早在1938年,美国医生 D. 安德森(D. H. Anderson)就报道了这种疾病。囊性纤维症患者汗液中盐分极高,消化道和呼吸道多积液,后期会出现多器官功能衰竭。最致命的症状是肺部积聚大量黏液,常常因呼吸道感染而死亡。在20世纪40年代患者的平均寿命不到2岁。从临床角度讲,胸腔的机械性拍击有助于黏液排出,呼吸道感染则可用抗生素来预防和控制,现在患者的生命可以维持到30岁左右,但是生活质量不高。然而,取自患者细胞的生化分析并没有查出任何特定的代谢缺陷或酶的缺失,也查不到突变基因的蛋白产物。直到1989年,徐立之和科林斯(F. Collins)等才成功地分离和克隆了CF的致病基因。一系列的研究最终揭示疾病的起因是一种氯离子跨细胞质膜转运调节蛋白的缺陷,导致盐平衡失调而造成肺部积液。这项研究的重要科学意义在于,这是在生物信息学尚未兴起的前基因组时代,针对一个既不知道疾病相关蛋白结构,也没有关于这个蛋白发挥功能的器官或组织的任何线索的条件下,凭借染色体步查(chromosome walking)和染色体跳查(chromosome jumping)等定位克隆(positional cloning)技术成功克隆,进而搞清楚其蛋白产物结构和功能的第一个人类疾病相关基因。

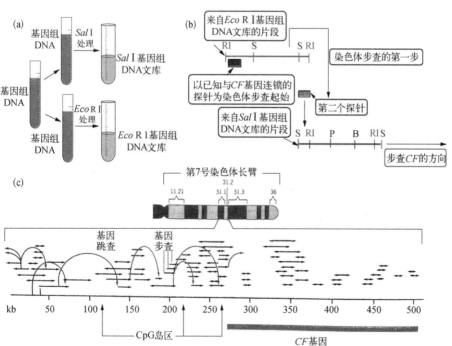

图6-9　*CF*基因步查和跳查实验示意(引自 D. P. Sunstad等)

(a)建立特定限制性内切酶的基因组DNA文库示意;(b)、(c)染色体步查过程示意

所谓定位克隆就是根据基因或DNA片段在基因组图谱中的位置来分离和克隆基因。一般可以用某种内切酶直接处理基因组DNA来制备类似的文库，也可以将来自特定组织或细胞的mRNA通过逆转录获得该组织或细胞的cDNA文库，再经过某一种内切酶处理即可建成由这种内切酶切割片段集合组成的基因组文库，如图6-9a显示的 *Sal* Ⅰ和 *Eco* R Ⅰ基因组DNA文库。染色体步查就是利用分子探针将相互重叠的DNA分子克隆一步一步从染色体的一个位置逐步延伸到更接近目标基因的另一个位置。染色体跳查使用的DNA片段比较大，所以每次延伸的跨度也比染色体步查延伸的范围要长得多（图6-9b、c）。

1982年，徐立之等发现了CF疾病的发生常常与7号染色体上的一个遗传学分子标记之间存在统计学相关。1985年，徐立之等又利用限制性片段长度多态性（RFLP）技术分析了39个CF患者家系，确认7号染色体上一个与对氧磷酶（paraoxonase）基因连锁的DNA多态性片段DOCRI-917与 *CF* 突变基因紧密连锁。这个发现将搜寻 *CF* 基因的范围缩小到基因组的1%，这是克隆 *CF* 基因的第一步（图6-10）。

接着徐立之和柯林斯等利用两个最靠近 *CF* 基因的RFLP片段将 *CF* 基因锁定在一个500 kb的区间，并以这两个RFLP片段作为基因定位克隆起点，这也是该区段物理学作图的起点。在缩小搜索距离的过程中，他们非常重视遗传学和临床医学提供的学术信息，特别是来自三个方面的重要信息：① 人类功能基因的上游往往有一个或多个CpG岛，在 *CF* 基因的上游发现了三个连续的CpG岛；② 功能重要的基因编码区DNA序列，在生物演化过程相近的物种之间往往是保守的。DNA分子杂交印迹表明，用人类 *CF* 基因的外显子序列为探针可以找到小鼠、仓

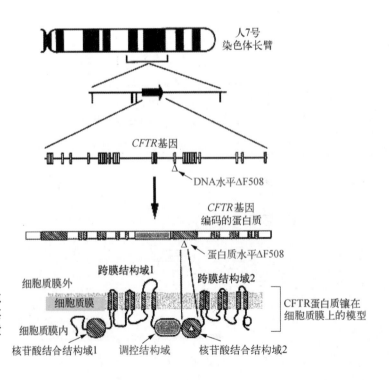

图6-10 *CF* 基因的克隆、CFTR蛋白的主要结构域及其跨细胞质膜模型示意

鼠和牛的相应的外显子；③已知CF与患者肺、胰腺和汗腺的异常黏液有关，因此利用从汗腺细胞培养物分离到的mRNA制备的cDNA文库比较适合用来作为以 *CF* 基因外显子为探针的染色体步查。这是实验成果的关键一步，因为RNA印迹显示 *CF* 基因只在汗腺、肺、胰腺、唾液腺、小肠和生殖腺上皮细胞中表达，如果采用其他组织和器官来源的cDNA文库，就难以鉴定和识别 *CF* 基因。蛋白质印迹实验也提示 *CF* 基因的蛋白产物只在相应的组织中表达。

将候选基因确认为疾病相关基因的决定性步骤，是比较分析正常等位基因与来自不同患者家系的突变等位基因。CF的特别之处是70%的患者突变基因含有相同的三核苷酸缺失，即突变型 *CF* 基因编码的蛋白产物缺失了第508位的苯丙氨酸，这种缺失突变被命名为ΔF508。*CF* 相关基因跨度长达250 kb，含24个外显子，*CF* 的mRNA长约6 500个核苷酸，编码一个含1 480个氨基酸的蛋白质。蛋白质资料库的查询提示 *CF* 基因的蛋白产物与多种离子通道蛋白类似，这些离子通道蛋白在细胞之间形成供离子通过的小孔。*CF* 基因编码的蛋白质也因此被称为囊性纤维跨膜传导调节蛋白（cysticfibrosis transmembrane regulator, CFTR），它在汗腺、呼吸道、胰腺和小肠等器官的细胞之间形成跨膜离子通道，调节细胞内外盐的平衡。CFTR蛋白有两个跨膜结构域（transmembrane domain 1/2 , TMD1和TMD2），两个核苷酸结合结构域（nucleotide-binding domain 1/2, NBD1和NBD2），一个能与腺苷三磷酸（ATP）结合的调节结构域（regulatory domain, R）。虽然确切的调控机制尚不清楚，但实验证据表明，CFTR离子通道是通过一个环磷腺苷依赖的蛋白激酶来活化的。由于CF患者的突变型CFTR的功能丧失，导致相关器官上皮细胞中盐的异常积累，使细胞表面充斥着黏液。

虽然70%的CF患者的突变基因属于ΔF508型，但迄今鉴定确认的 *CF* 基因突变已有1 500多种，突变的类型和分布如图6-11。其中比较常见的只有20种，有些突变型非常罕见，甚至只发现过一个病例。

根据患病的严重程度，一般将 *CF* 基因突变分为5种类型（图6-12）。Ⅰ型突变因蛋白合成提前终止，导致CFTR蛋白几乎完全没有氯离子通道功能。Ⅱ型突

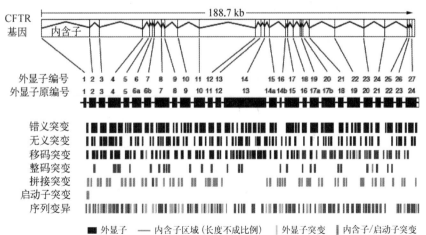

图6-11 已发现的1 500多种 *CFTR* 基因突变的种类及其在基因内的分布（引自L. C. Tsui等）

	正常	Ⅰ型突变	Ⅱ型突变	Ⅲ型突变	Ⅳ型突变	Ⅴ型突变
图解	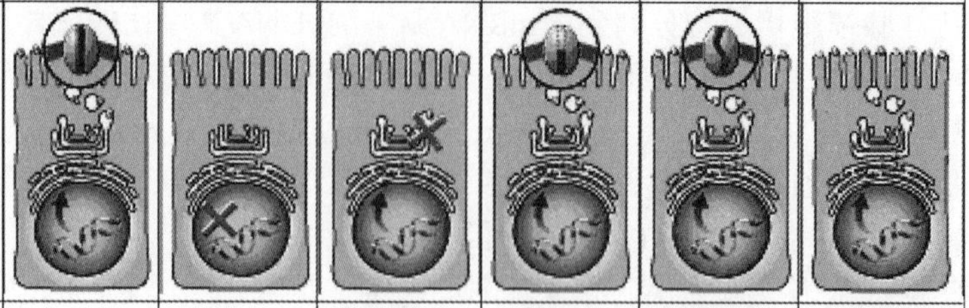 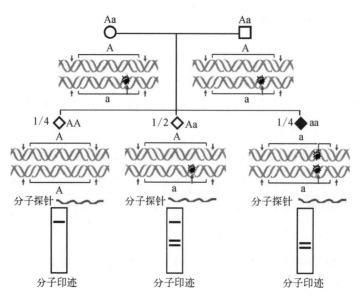					
造成的缺陷		不能合成	转录后加工过程中断	功能调节受阻	传导特性被改变	合成能力下降
突变的类型		无义突变移码突变	错义突变氨基酸缺失（ΔF508）	错义突变氨基酸替代（G551D）	错义突变氨基酸替代（R117H）（R347P）	错义突变氨基酸替代（A445E）剪接错误

图6-12　*CFTR*基因的突变类型及其代表性突变（引自L.C.Tsui等）

变涉及转录后的加工过程中断，使该蛋白不能到达其发挥功能的细胞表面。Ⅲ型突变会造成CFTR作为氯离子进出细胞的调控功能丧失，虽然CFTR蛋白能到达细胞表面的适当位置，却仍然没有调节功能。Ⅳ型突变的CFTR蛋白虽然能到达适当的细胞表面，但氯离子通过还是会受阻，离子传导功能仍存在缺陷。Ⅴ型突变会使功能完整的CFTR蛋白合成下降。多数突变基因都能用DNA印迹做出基因诊断（图6-13）。目前的技术和设备已经把进行基因诊断的最早时间大大提前，甚至在体外培养的受精卵植入前的8细胞期即可精确诊断。

　　这里我们想讲一讲基因诊断相关的伦理问题。譬如有一对年轻夫妇有一个患囊性纤维症的女儿，她必定获得了分别来自双亲的两个突变基因拷贝，所以她的双亲都是携带了一个突变基因的杂合子。如母亲再次怀孕，女孩的父母知道新生儿患同样疾病的概率是25%。保险公司要求对胎儿做基因诊断，诊断结果表明

图6-13　利用限制性片段长度多态性诊断遗传病的原理

　　红色箭头显示核酸内切酶识别和切割位点，紫色星号为突变位点。

胎儿确实是患囊性纤维症患者。保险公司要求打胎,否则不予保险。因为囊性纤维症患者的治疗费用动辄上百万,而保险公司只想保个低水平。孩子的双亲因此状告保险公司,法院判决保险公司败诉。这里涉及的伦理问题是,保险公司有权中止保险或坚持终止妊娠吗? 保险公司有权拒绝对遗传病患者的健康保险吗? 孩子的父母又有什么权利? 他们有权放弃患儿吗? 一旦孩子的父母同意保险公司要求决定放弃患病胎儿,医院有权进行流产手术吗? 如果真的这样做,对病孩公平吗? 所有这些问题都值得我们好好思考。

　　自从 *CF* 基因成功克隆和 CFTR 蛋白结构与功能得以阐明以后,人们非常渴望能通过基因治疗来彻底治愈囊性纤维症。1992年,凯勒(B. H. Keller)等成功构建突变型 *CF* 的转基因小鼠;同年罗森菲尔德(Mellissa A. Rosenfeld)等将 CFTR 野生型基因装入腺病毒载体,滴入大鼠呼吸道,1~2星期后即可获得 CFTR 蛋白的表达;1993年,斯蒂芬(C. H. Stephen)等用脂质体包裹的 *CFTR* 基因治疗突变型 CF 小鼠获得成功。这一系列工作都是遗传病的规范化基因治疗的起点,为 *CF* 基因治疗技术路线的形成奠定了基础。最近有报道称,有实验室以插入了野生型 *CFTR* 基因的感冒病毒为载体,经鼻腔转染鼻上皮细胞,以期通过鼻上皮细胞表达 *CF* 基因的正常蛋白产物来改善 *CF* 缺陷细胞的功能。然而,这样的基因治疗一般都没有获得成功。当然它还是为改善患者的肺部症状看到了一线希望。囊性纤维症在学术刊物上正式报道已有60多年,完成疾病相关基因及其蛋白产物的解析也已经有25年了。然而这种危害了那么多患者,并且还在继续危害更多患者的遗传病的防治现状竟然还处在这样令人无奈的状况。有一位长期从事囊性纤维症研究的科学家不无感慨地说:"这种疾病对科学的贡献远远大于科学对这种疾病(防治)的贡献。"

6.3.3　融合细胞的互补分析

　　1969年高法恬等在关于甘氨酸营养缺陷突变的研究中,首先开创用细胞融合技术来进行营养缺陷细胞的互补分析。这方面的研究以哺乳动物体细胞的腺嘌呤核苷酸生物合成缺陷突变的互补分析最为突出。

　　帕特森(D. Patterson)实验室用了近十年的时间,将从中国仓鼠 CHO-KI 细胞中分离到的大量腺苷酸营养缺陷突变型,一对一地做了融合后的功能互补分析。发现这些突变分别属于9个功能互补群。然后,以分属不同互补群的突变型细胞的提取液作为培养基的补加组分,来研究腺苷酸生物合成的途径和控制每一个反应的酶的编码基因。他们发现所有分离到的缺陷突变 *Ade⁻* 都是结构基因的隐性突变,一个基因的突变只阻断一步反应。唯一的例外是 *AdeI* 可影响两个反应,因为 *AdeI* 编码的腺嘌呤琥珀酸裂解酶分别催化两个生化反应。此外,帕特森实验室分离到了一类新的突变,它们不能与别的 *Ade⁻* 基因功能互补,却能使两种酶同时受抑。这类突变很可能是调控多个结构基因的调控序列的结构变异所引起的。

　　互补分析的另一个突出例子是关于着色性干皮病(xeroderma pigmentosum,XP)的突变研究,这是一个与临床密切结合的基础研究。已知着色性干皮病患者带有 DNA 切补修复的隐性缺陷突变,患者的皮肤细胞对紫外线异常敏感并好发皮肤癌。从患者取得的细胞培养物对紫外线也是敏感的，这些细胞不能切除DNA分子中由紫外线产生的嘧啶双聚体。源于不同患者的修复缺陷突变细胞的融合互补分析明，收集到的XP突变至少分属于9个互补群。此外，有人还发现有些XP细胞的多聚腺苷二磷酸核糖（ADP-ribose）的合成也是有缺陷的。这些研究清楚地表明，涉及着色性干皮病的DNA修复过程是一个多步骤的细胞反应，同时也阐明了XP和其他DNA修复缺陷的生化遗传学基础，为致突变和致癌机制研究提供了哺乳动物细胞水平的实验材料和重要的实验依据。

§6.4 DNA介导的基因转移

6.4.1 概况

在体细胞之间进行基因转移的途径有以下五种。

(1) **细胞与细胞的融合** 形成的杂种细胞或异核体，可以含有两个或多个亲本细胞的完整基因组。种间杂种细胞有排异现象。可应用于基因定位、等位基因间显隐性关系分析、基因表达调控和细胞分化研究。

(2) **质核融合** 即一种细胞的细胞核移植于另一种细胞的细胞质中的融合技术。可用于核遗传物质和核外遗传物质的转移，研究核基因在不同的细胞质背景中的功能表达，用于线粒体基因的定位研究。质核融合也催生了哺乳动物克隆技术的基本思路。

(3) **微细胞介导的基因转移** 微细胞是细胞经细胞松弛素B处理和离心分离后获得的含少量染色体和细胞质的微型细胞。微细胞介导的基因转移，可造成少数几个染色体的转移，可应用于基因定位和基因调控研究。

(4) **染色体介导的基因转移** 可转移单个染色体，有时是特定的染色体。在基因定位和克隆嵌板的建立中有特殊的用途。

(5) **DNA介导的基因转移** 通过体细胞摄取纯化的外源DNA并表达其功能，从而导致受体细胞基因型和表型改变的实验过程。这是1944年艾弗里等进行的细菌转化实验在哺乳动物体细胞遗传学中的推广和衍生。这也是应用最为广泛的基因转移技术，哺乳动物的转基因和基因组修饰技术则是将DNA转移的靶细胞从体细胞扩展到早期胚胎或胚胎干细胞的一种成熟的基因工程技术。

本节主要讨论第5种类型的基因转移研究。早在1962年，萨巴尔斯基（E. H. Szybalska）就企图把野生型的 *HPRT* 基因转移至 *HPRT⁻* 突变型细胞中去，虽然未获成功，却设计了一种非常有用的HAT选择系统。1977年，格拉哈姆（F. Graham）的实验室和威格勒尔（M. H. Wigler）的实验室，分别把原先用于测定病毒DNA传染性的DNA-磷酸钙共沉淀法应用于哺乳动物体细胞的基因转移，导致了源于单纯疱疹病毒的 *TK* 基因转入小鼠L细胞的 *TK⁻* 突变型株的成功。实验步骤是先将氯化钙、标志基因 *TK* 的DNA和中性磷酸缓冲液混合，形成DNA-磷酸钙共沉物。然后把共沉物加入 *TK⁻* 细胞的培养液中。经过一定时间的处理和培养，在HAT培养基上选出 *TK⁺* 的L细胞克隆。不久，*APRT* 和 *HPRT* 的DNA介导的基因实验也先后成功。接着，施嘉禾（C. Shih）等和库珀（G. Cooper）等通过DNA介导的基因转移技术，进行了可导致细胞恶性转化的转化基因（transforming gene）的转移，为分离癌基因奠定了实验基础。

6.4.2 外源DNA在受体细胞中的结构变化

DNA介导所转移的基因在受体细胞中的表达往往是不稳定的。斯坎加斯（G. Scangas）和赫特纳（K. Huttner）等对外源DNA在受体细胞中的结构及其稳定性做了系统的研究。

体外培养的哺乳动物细胞的DNA转化实验需要三个组分：供体DNA、缓冲培养基和带有遗传学标记的受体细胞。若要提高转化效率，就要使转化的标志基因和大分子DNA载体结合以增大供体DNA的分子量，同时还必须使用刚培养的新鲜受体细胞。转化后得到的受体细胞可以有一个或多个外源DNA拷贝，但在受体细胞的分裂过程中，有些DNA片段会随机丢失。在稳定的转化细胞（transformed cell）形成之前，转移基因先和大分子的载体DNA组成一个分子量介于50~170 kb的转移基因组（transgenome）。在分裂过程中，转移基因组仍有丢失的可能，只有当转移基因组整合于受体细胞的染色体后，才会形成稳定的转化细胞。不同的转化细胞克隆具有各自偏好或倾向的整合位置。还有人发现，当多个拷贝的外源DNA被导入细胞后，会随机地聚集在寄主细胞基因组的一个或很少几个位点，并通过哺乳动物体细胞内能有效介导同源重组的酶系统将多个外源DNA组成首尾相连的多聚体（ head-to-tail concatemer），这或许会使外源DNA整合于染色体的概率有所增加（图6-14）。

在DNA介导的基因转移中起决定作用的技术因素还是选择。如果没有一个能在数以亿计的受体细胞中，识别和选择转化细胞的选择系统，是难以进行转化实验研究的。这势必会限制许多找不到适当的选择系统，而又有重要生物学意义的基因的转化研究。20世纪80年代中期，有人开始探索非选择性标记和选择性标记一起转移的可能性。研究表明，如果将非选择性标志基因用量加大，使它和选择性标志基因的比例达到10^2~10^4，那么两者同时转移的机会可提高50%~80%。选择性标记和非选择性标记共同转移的现象称为共转移（co-transfer）或并发转化（ cotransformation ）。共转移技术为分离、转化和研究数目众多的非选择性基因创造了实验前提。1983年，拉布丹-孔布（C. Rabourdin-Combe）和马赫（B. Mach）采用共转移技术成功转移并在受体细胞中获得表达了大鼠细胞表面抗原HLA-DR，这为并发转化中的非选择性基因在受体细胞中表达提供了有价值的实

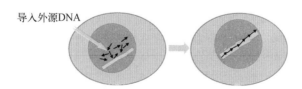

图6-14 **多个拷贝的外源DNA (黑色箭头所示) 在体细胞核内整合过程示意**（改自M. R. Capecchi等）

例。在第8章要讨论的癌基因转化实验中也要广泛应用基因共转移技术。

总起来看，DNA介导的基因转移是一个多阶段过程。外源DNA进入受体细胞后先部分降解，有些DNA分子会借助细胞内源性同源重组酶连接成有一定方向的大分子，再和大分子载体DNA相连而形成一个能接受调控并能表达的转移基因组，最后整合于受体细胞的染色体成为细胞基因组的新组分。这时的受体细胞才会成为具有稳定的基因型和表型的转化细胞。

6.4.3　利用基因转移研究真核细胞基因的调控

分子生物学和生物化学技术已经能够在分子水平上对基因的结构编码序列和调节控制序列进行化学修饰，如切割、拼接、甲基化等。用这些经过结构改造的基因做DNA介导的基因转移实验，无疑将会成为研究基因在信息转录、RNA加工、翻译和蛋白质结构修饰等阶段表达调控的有力工具。早在20世纪80年代，就有人用经结构修饰的人生长激素基因、鸡卵清蛋白基因和兔的β珠蛋白基因做DNA介导的转移实验。

除了磷酸钙共沉法之外，在DNA介导的基因转移研究中常用的实验系统还有直接把供体DNA注入受体细胞的核内或特定的细胞器（线粒体）的微注射技术，也有以人工制备的磷脂囊泡（脂质体）或红细胞壳膜包裹供体DNA来转移目标基因的编码区和调控序列的技术。这些向哺乳动物细胞转移DNA的实验技术和DNA重组技术相结合，极大地促进了真核基因表达调控研究的发展。

从哺乳动物体细胞遗传学的产生和发展，以及几个主要学科生长点的进展，可以看到遗传学家们怎样从分离和研究基因的变异到人工干预变异的组合，直到通过种种途径来构筑新的基因组。同时，我们也可以看出真核生物和原核生物的根本区别似乎并不在于基因的数目多少，而是在于结构基因表达的调控，以及和这种基因有序而自律调控相适应的整个基因组的新的组织系统。

哺乳动物体细胞遗传学的理论研究是和广泛而深入的临床应用研究密切相连的。譬如，用骨髓瘤细胞和产生抗体的B淋巴细胞融合后，经过适当的选择获得可分泌特异性抗体的单克隆抗体的瘤株的单克隆抗体技术，这既是细胞融合研究的杰出成就，也为体细胞遗传学的临床应用开拓了全新的领域。如果将染色体分离技术和单克隆抗体技术结合起来，获得专门分泌针对某一特定染色体上的特定基因编码的细胞表面抗原的瘤株，就有可能把带有这个染色体的细胞群和不带该染色体的细胞群分离开来。类似的技术还能进一步把造成膜抗原或膜蛋白合成水平升高或下降的调控异常细胞分离出来应用于医学基础研究和临床研究。

体细胞遗传学研究的最终目标并不是试管中的细胞，而是有助于阐明人类基因组的结构和功能表达机制。体细胞遗传学的研究还会有助于医学科学家对具有病理学意义的遗传结构变异和功能表达异常进行更有效的干预，人体多能干细胞及其相关研究就是最有显示度的研究领域。

6.4.4　逆向遗传分析与遗传工程小鼠

如果以能发育、演化成为生殖系的细胞作为基因转移的靶细胞，就可能将细胞水平的转基因研究发展为转基因动物或转基因植物,即整个动物或植物的每一个细胞都携带特定的转基因,这是一个全新的研究领域。

遗传学的研究通常是从生物体的突变分析着手的,通过观察与分析自发的或诱发的突变个体的表型改变来识别突变基因造成的异常或病变,进一步来识别与突变基因等位的正常野生型基因的结构与功能。然而,随着研究的深入,这样一种研究思路的局限性慢慢地显现出来了。例如,在许多胚胎期或发育早期造成致死表型的突变很可能是因为阻断了重要的发育或代谢途径而导致携有突变基因的个体夭折。遗传学家敏锐地认识到,分离和研究这类基因对于阐明生长、发育、疾病、衰老乃至生物演化等生物学和医学科学的基本问题至关重要,并由此开始探索新的研究思路。

那么,能不能把传统的思路和实验分析方法倒过来呢? 即不是从分离和观察突变个体的表型来研究基因的功能,而是从已知的突变基因出发来分析它的表型效应,以及基因的结构与功能的关联。遗传学家把这种从构建或导入一个已知的突变出发来研究基因功能的实验方法称为逆向遗传学(reverse genetics),而把传统的、从异常的遗传性变异出发来研究基因的结构与功能的方法称之为正向遗传学(forward genetics)。根据遗传学的思路,运用基因工程技术构建基因组中携有已知结构修饰的生物,并借以研究基因的功能及其编码的蛋白质之间的相互作用,也已成为当今功能基因组学(functional genomics)研究的重要策略,并在生物学的理论研究,医学的基础和临床研究,农业、畜牧业、渔业相关的实验与应用研究,甚至在名犬、名马的育种研究中都取得了令人瞩目的成就。下面就以在技术上最为成熟也最具代表性的遗传工程小鼠为例来介绍转基因及相关技术的研究。

以小鼠为材料进行逆向遗传学研究有三个先决条件:① 在小鼠的基因组中造成预先设定的目标基因突变;② 把经过工程化修饰的突变导入小鼠的生殖细胞系(germ line)使之稳定地遗传至子裔小鼠;③ 对携有突变基因的小鼠进行不同发育阶段、不同组织器官的多层次表型效应分析。这些也就是遗传工程小鼠研究技术体系的主要组成部分。

利用显微注射技术把构建好的外源基因载体DNA注入刚刚受精的小鼠受精卵的雄原核,再将其移入假孕母鼠的输卵管内,任其在子宫中发育,这是将外源基因向小鼠生殖细胞系转移的最直接的途径。载体DNA除了经遗传修饰的目标基因外还包括目标基因表达的调控元件和帮助外源基因整合于原核基因组有关的DNA片段。整合了外源基因的受精卵发育而成的小鼠就是转基因小鼠,其中能表达目标基因的转基因小鼠就会获得新的功能,演绎出新的性状。这种新的性状是与转入的外源基因的结构与功能直接相关联的。1980年戈登(J. W. Gordon)和拉德尔(F. H. Ruddle)获得了第一个转基因小鼠。1982年帕尔米特(R. D. Palmiter)和埃文斯(R. M. Evans)将金属硫蛋白基因的启动子和生长激素的结构基因融合后注入小鼠受精卵。由此发育成的部分转基因小鼠中生长激素的水平比正常小鼠高出几百倍,并获得了一个比正常鼠大一倍的"超级小鼠",引起了轰动,推动了转基因小鼠研究的开展。1987年,库恩(M. R. Kuehn)等将人的一种有关核酸代谢的次黄嘌呤鸟嘌呤磷酸核糖转移酶(*HPRT*)基因成功导入小鼠基因组，开启了在活体内处于功能态的小鼠基因组背景上，分析人特定基因的结构与功能的实验研究。

然而，常规的转基因技术难以控制外源基因在小鼠基因组中的整合位点和拷贝数，从而影响目标基因的表达，甚至使插入区段的内源基因结构破坏或突变失活，严重的可造成转基因小鼠死亡。

1981年，埃文斯（M. J. Evans）、考夫曼（M. N. Kaufman）和马丁（G. R. Martin）等从小鼠囊胚期胚胎内细胞团（inner cell mass）中分离得到具有发育全能性的胚胎干细胞（embryonic stem cell, ES细胞）。后又经过多年摸索，确定了在体外培养、维持、增殖ES细胞，并保持其发育全能性的实验条件。1986年，罗伯逊（E. Roberson）等用ES细胞实现了外源基因经生殖系的传递。而林（F. L. Lin）和史密萨（O.Smithies）等在哺乳动物中实现了位点特异性重组（site specific recombination），又称基因打靶（gene targeting）。基因打靶可以将经过遗传修饰的基因通过同源重组（homologous recombination），以预先设定的位置与方向整合于特定的染色体区段，从而消除外源基因随机插入后由位置效应引起的紊乱。

ES细胞的发育全能性，特别是向生殖细胞系发育的潜能，加上同源重组介导的高度受控的位点特异性重组，就形成了通过ES细胞的小鼠基因打靶技术，它为功能基因组学研究提供了在整体动物水平研究基因功能的重要技术平台。应用该技术建立的遗传工程小鼠品系已涉及数以千计的基因，其中大部分发展成为与人神经系统疾患，骨骼、肌肉发育异常，癌症，心血管疾病，免疫系统疾病，血液病，以及糖尿病等多种代谢疾病有关的疾病模型，极具基础和临床医学研究的价值。ES细胞基因打靶技术也已经成为医学遗传学的常规技术。

图6-15是小鼠基因打靶的基本流程和技术要点。图6-15a显示为了提高目标基因打靶成功的ES细胞的富集效率，在打靶载体与目标基因的某个外显子区段插入正向选择标记新霉素抗性基因（neo^R），在重组区的外侧插入源自疱疹病毒的胸苷激酶基因（HSV-tk）作为负向选择标记。当打靶载体与目标基因配对并通过同源重组打靶成功，目标基因会被打断（只考虑将基因结构打断，而不必考虑该基因是否在ES细胞中表达），同时丢失 HSV-tk 基因。这种细胞的基因型除了目标基因呈异合态（+/−）外，正负选择基因分别为 neo^R 和 HSV-tk，前者呈现对选择剂G418的抗性，后者会拮抗一种能杀死携带HSV-tk而不影响寄主细胞内源TK的细胞的药物FIAU。所以打靶成功的ES细胞可以在含有G418和FIAU的培养基中存活，而在大多数情况，打靶载体会通过非同源重组将整个载体随机插入寄主细胞基因组，致使 HSV-tk 基因与 neo^R 同时保留，如图6-15b。这种细胞不仅没有打断目标基因，还会因 HSV-tk 基因的存在而被FIAU杀死。图6-15c和d分别显示把经过正负双向选择筛选并克隆中打靶成功的ES细胞注入小鼠植入前的囊胚期胚胎，再将此囊胚期胚胎借助外科手术移植至代孕小鼠的输卵管任其移入子宫发育。为了便于从子代中分离到能将突变基因传递至子裔的小鼠，分离ES细胞的小鼠和作为囊胚受体的孕鼠可选毛色区别明显的小鼠品系，一般可从 Agouti 小鼠分离ES细胞，从黑色小鼠采集囊胚，这样，子代中小鼠毛色的嵌合比例可用来评估ES细胞对嵌合小鼠的融入程度。最后，通过嵌合小鼠与

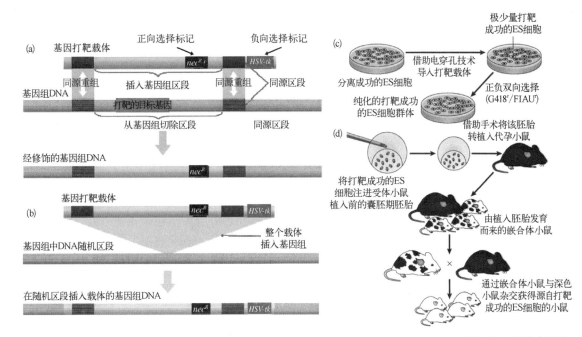

图6-15　**小鼠基因打靶流程示意**(改自M. R. Capecchi)

黑色小鼠的交配繁育的子鼠的毛色来评估ES细胞对生殖系细胞的贡献。

　　ES细胞基因打靶的技术关键是打靶载体(targeting vectors)的设计和构建。打靶载体是用于染色体上特定位点的基因重组和突变的DNA分子构件,它的基本组分是载体骨架、打靶位点两侧的同源重组臂。考虑到DNA转染和基因打靶都是小概率事件,往往还需在载体中组装正向和负向的选择标志,以便有效地筛选符合实验要求的打靶产物。根据打靶的具体要求,在载体上还可以组装报告基因(reporter)或调控元件(regulatory elements),分别执行基因剔除(gene knock-out)、基因敲入(gene knockin)、引入精细突变(fine mutation)和基因捕获(gene trapping)等功能。每一类载体又可细分为若干种,如基因捕获载体又可分为专门捕获基因编码序列(coding sequence)、基因表达增强子(enhancer)、启动子(promoter)、外显子(exon)、内含子(intron)和多聚腺嘌呤加尾信号序列(polyadenylation site)等功能各异的DNA片段的专一性载体。载体的特殊结构不仅决定了打靶后重组等位基因的结构,也决定了由此产生的遗传工程细胞和小鼠的表型分析程序。

　　还有一类可造成时空可调的条件性基因打靶(conditional gene-targeting)的特殊载体。可以设想,从一个特定基因被剔除的ES细胞衍生而来的小鼠,它的每一个细胞都不能行使那个被剔除的基因的功能,而且这种缺失功能状态会从胚胎时期起一直持续终生。如果这个基因在自然情况下应在胚胎早期表达,并在以后各个发育阶段都起着重要的作用。那么,该基因被剔除的小鼠就会致死。为了分析这类基因在各个发育阶段和不同组织器官中的功能,就必须将基因剔除限制于特定的生长发育阶段和组织类型,这就是发展条件性基因打靶的思路。循着这个思路科学家们能够设计出性能独特的条件性基因打靶载体,并建立多种控制打靶的时间（不同发育阶段）和空间（不通组织器官）的实验体系。例如，最常用的Cre-loxP系统。Cre是一种源于噬菌体P1的位点特异性重组酶（site specific recombinase），分子量为38 000，它识别的重组靶序列是由34个碱基对组成的loxP。Cre酶不仅可在原核细胞中介导DNA位点特异性重组，在哺乳动物细胞中也能介导同样的反应，前提是在基因组的某个位置装入loxP序列。所以。只要在ES细胞基因组的特定位点装上loxP，就可以利用Cre酶把外源DNA序列整合于这个特定位点，也可以在这个位点造成设定的结构重排。再进一步，将编码Cre基因与组织特异性启动子组装在一个载体上，就可以实现组织特异性的基因剔除（图6-16）。同样的，将Cre基因置于可经药物诱导的启动子控制之下，如四环素调节系统，即可在适当的时候，用药物诱导Cre基因表达，从而实现在特定时间的基因剔除。应用Cre-loxP系统还可以在野生型或突变型小鼠中做细胞系谱（lineages）的基因示踪研究，绘制出反映细胞在整个胚胎发育过程演化的细胞命

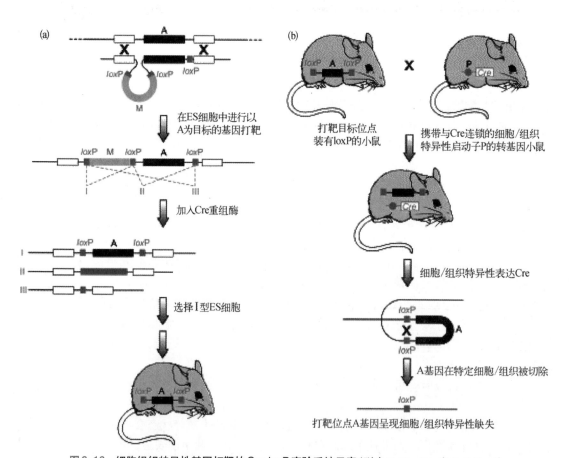

图6-16　细胞组织特异性基因打靶的Cre-loxP实验系统示意（引自 T. Strachan 和 A. P. Read）

（a）先在ES细胞基因组的特定位置装入loxP序列，借以进行以A基因为目标的基因打靶。鉴于Cre酶针对不同位置的loxP序列可能产生携带不同重组修饰的ES细胞，所以需要选择符合设计的ES细胞；（b）将目标基因A两侧装有loxP序列的小鼠与携带了与Cre基因连锁的细胞或组织特异性启动子P的转基因小鼠交配，再选择同时携带两种遗传标记的杂合小鼠来建立能在特定组织或细胞中造成打靶目标A功能丧失的实验小鼠品系

运图。常用的另一种与 Cre-loxP 类似的位点特异性重组系统是源于啤酒酵母的 Flp-FRT 系统。

　　基因克隆（gene cloning）、同源重组、定点突变（site directed mutagenesis）和位点特异性重组的结合，加上巧妙的选择系统，使得设计和构建可在基因组中产生从单碱基替换、微小缺失直到染色体上超过百万个碱基对的大片段的倒位、易位、重复等结构重排的各种打靶载体成为可能，极大地增强了对整个基因组的各类组分的干预能力。1999 年启动并于 2002 年 12 月宣告完成的小鼠基因组测序计划以及相应的新概念和新技术的引入，进一步提高了载体设计的精确性，也更符合医学和药物研究的需要。

　　从生物体的结构和生物学研究层次上讲，细胞是生物最基本的结构与功能单位，也是生物学家研究生命活动的基本材料。有关细胞生长、增殖和衰亡；细胞的物质和能量代谢，基因的复制和染色体的组装，基因的精细结构及其在活细胞中的表达，基因编码的产物之间的相互作用及信号转导（signal transduction）的知识，大多数来自对体外培养细胞长期而系统地观察和分析。然而，体外培养的细胞脱离了机体的血液循环系统、神经内分泌系统和免疫系统等的调节，也不能再现组织器官和各功能系统的分化发育过程。正是在哺乳动物整体水平上应用逆向遗传分析的遗传工程小鼠研究，为我们提供了大量在体外研究中难以获得的新知识，更新了对基因和基因功能的认识，尤其是关于遗传背景和机体内外环境因素对基因突变的表型效应的动态知识。同时，也为医学研究提供了可以进行多种干预性研究的哺乳动物整体模型，并借以在基因结构变化和功能表达水平分析疾病发生和发展过程中的关键性事件。

　　早在 1910 年，美国洛克菲勒医学研究所的劳斯（P. Rous）就曾用鸡的肉瘤组织的无细胞滤液在健康的鸡体内成功地诱发出同样的肉瘤，并据此提出了病毒致癌假设。差不多经历了半个世纪的质疑、争论和实验研究，病毒可以在一定条件下导致恶性肿瘤的学说才被广泛接受。劳斯分离到的病毒被命名为劳斯肉瘤病毒（Rous sarcoma virus）。研究表明劳斯肉瘤病毒的基因组中有一个能编码导致肉瘤蛋白质的基因，它就是世界上第一个被分离和克隆的癌基因（oncogene）*Src*。*Src* 基因及其编码的蛋白质是使劳斯肉瘤病毒感染的寄主细胞转化为恶性肿瘤细胞并维持恶性转化表型所必需的。此后的大量研究还表明，包括小鼠和人在内的绝大多数哺乳类动物的基因组中都存在 *Src* 的同源基因，该基因的结构和功能异常也可能引起恶性肿瘤。那么，在正常的生理条件下 *Src* 基因的功能是什么呢？细胞生物学和动物生理学研究表明，*Src* 基因在小鼠的血小板和神经元细胞中高表达，还发现细胞有丝分裂时，*Src* 编码的蛋白质出现特定氨基酸的磷酸化，提示 *Src* 基因的功能可能与凝血和中枢神经功能相关，也可能与细胞生长和分裂周期的调控有关。然而，应用小鼠胚胎干细胞基因打靶技术制备的 *Src* 基因无效突变的纯合子小鼠在出生后数天内就会死亡，而突变的杂合子小鼠（即两个 *Src* 等位基因中只有一个突变，而另一个正常）则因骨质重建缺陷而造成硬骨症。无论是突变的纯合子还是杂合子都没有出现基于体外实验结果所期望的血小板功能异常和脑组织结构异常。又如，与人视网膜母细胞瘤（retinoblastoma）的易感性直接相关的致病基因 *Rb* 是最早被发现的肿瘤抑制基因（tumour suppressor），该基因编码的蛋白质对细胞生长周期有负调控作用。世界上已有几个实验室得到了 *Rb* 基因剔除小鼠。突变纯合子小鼠会在胚胎期死亡，病理解剖显示胎儿的神经系统和造血系统出现严重病变，突变杂合子小鼠则有强烈的致癌倾向。出乎意料的是，预期的视网膜母细胞瘤并没有发生，出现的却是脑瘤和垂体瘤，原有的一个野生型 *Rb* 基因在瘤细胞中也因体细胞突变而失活。

Src 和 *Rb* 基因剔除实验说明，遗传工程小鼠可以用来证实癌基因激活或抑制癌基因失活会增强机体的致癌倾向。那么，可不可以用类似的模型来回答诸如"乙型肝炎病毒的感染会不会导致肝癌"这样的问题呢？临床观察表明感染了乙肝病毒的患者中，有一部分会患慢性活动性肝炎，继而发展为肝纤维化或肝硬化等慢性肝病，最后可能演化为肝细胞癌。这些由病毒感染的免疫反应引起的肝细胞死亡/再生的重复周期似乎是乙肝病毒导致肝癌的重要途径。通过对乙肝病毒全基因组的转基因小鼠的观察，发现乙肝病毒的大分子外壳多肽的过度表达会引起肝细胞损伤、炎症和再生性增生，并可能使恶变的风险增加。此外，乙肝病毒 *X* 基因的转基因小鼠也会出现从变性肝细胞灶到腺瘤，再演变为肝癌的进行性病理过程。在乙肝病毒转基因小鼠中呈现的这个过程和临床观察到的部分乙型肝炎患者向肝癌演变过程是一致的。

基因剔除不仅可以获得特定基因的失功能突变小鼠来阐明该基因正常蛋白产物的功能，还可以用来获得人类遗传病的模型。一旦某种遗传病的疾病基因被识别和克隆，致病的突变也弄清楚了，就可能借助遗传工程操作造成小鼠同源基因的突变，进而构建相关的疾病模型。据不完全统计，目前已建成的遗传工程小鼠疾病模型已涉及上千种不同的疾病基因，包括中枢和外周神经系统及肌肉病变性疾病，免疫系统和造血系统疾病，骨、软骨和皮肤疾患，以及数十种恶性肿瘤等。这些模型提供了一个处于生长、发育、病变和衰老动态过程中，且可以从疾病演进过程中不同的时间点和特定的组织、器官进行多种干预的解析力极高的技术平台。通过疾病模型可以从基因结构变异和功能表达异常来研究病变的全过程，寻找可能被药物干预的分子靶标，为发展新药提供有价值的思路。不仅如此，这样的疾病动物模型也是从安全性和有效性两方面对药物进行初筛的实验系统。

1984 年梅尔顿（D. W. Melton）克隆了莱施-奈恩综合征（Lesch-Nyhan syndrome）的疾病基因 *HPRT*。莱施-奈恩综合征是一种引起神经和行为异常的伴性隐性遗传病，*HPRT* 位于 X 染色体上，是一个在体内各种组织广泛表达的持家基因，它编码的次黄嘌呤鸟嘌呤磷酸核糖转移酶在人的嘌呤核苷酸代谢的补救旁路中起关键作用。1987 年，胡珀（M. L. Hooper）等为了获得莱施-奈恩综合征的小鼠模型，做了 *HPRT* 基因剔除小鼠，但并未观察到与莱施-奈恩综合征相关的神经系统异常。同年，库恩等的类似研究也得到了同样的结果，随后的医学生化研究表明啮齿类动物与人的嘌呤代谢是不一样的，腺嘌呤磷酸核糖转移酶（APRT）的作用更为重要。1993 年吴（C. L. Wu）和梅尔顿将 APRT 的抑制剂导入 *HPRT* 基因剔除小鼠，确实诱导出了有持续自残行为的小鼠，而这正是莱施-奈恩综合征患者的行为特征之一。从这个例子可以看到不同物种间代谢差异，也可以看到内外环境因子是会影响疾病基因突变的表型效应的。

　　另一个例子是纤维囊肿的疾病相关基因 *CFTR*。1992年有三个研究小组几乎同时构建了 *CFTR* 基因缺陷突变小鼠，其中两个小组用替代型打靶载体剔除了 ΔF508 所在的10号外显子，另一个小组用插入型载体阻断了10号外显子的表达。两种方法产生的突变纯合小鼠的表型不完全一样。用替代型载体获得的10号外显子剔除小鼠很快丧失了环腺苷酸激活的氯离子通道活性，出现类似 CF 患者的远端小肠梗阻而死亡，胰腺和泪腺也有明显病变。而用插入型载体阻断10号外显子的小鼠并未出现典型的临床症状，仅出现少许病理性改变。

　　动物模型之间的表型差异可以归因于对 *CFTR* 基因替代和插入两种遗传修饰的类型不同。插入型修饰虽有可能使10号外显子表达受阻，但10号外显子序列仍然存在，原始转录产物也可能经不同的拼接而生成野生型或拟野生型的 mRNA，这种在编码外显子中的插入突变仍可经拼接而在较低水平形成有功能的全长 mRNA 和蛋白产物的例子是非常值得注意的。

　　事实上，迄今为止从患者身上已经分离鉴定到1 500多种不同种类的 *CFTR* 基因突变，这些突变覆盖了整个基因，每种突变都有不同的病理特征，有的完全不能合成蛋白质，有的合成部分受阻，有的调控紊乱，也有一部分是接近正常表型的。可以设想我们也许不仅仅需要构建一种 *CFTR* 突变的遗传工程小鼠，而是要构建包括各种已发现的突变，和在自然界尚未发现但可能存在突变的一个完整的系列。这样我们就有了一个完整的基因突变谱，而且有了一个能表现患者各种症状的相应的遗传工程小鼠库，这必将极大地推动疾病的基础性研究以及诊断和防治技术更新。再深一层考虑，任何一种疾病的发生、发展和转归都会涉及多种遗传和环境因素之间错综复杂的交互作用，疾病基因的突变谱和遗传工程小鼠库对相关的分析也是有价值的。

　　基因打靶已经产生了许多重要的人遗传病的模型。但多数属单基因疾病，这些疾病的遗传方式是清楚的。如果研究的疾病是涉及多个基因，并明显受环境因素和生活方式影响的复杂病变，动物模型的获得就要困难得多。譬如说原发性高血压是常见病、多发病，其病理过程十分复杂。正常血压的维持与心脏的功能、外周血管系统的状况、总的血量、肾功能，以及离子平衡密切相关。血管紧张肽原酶/血管紧张肽系统也是维持正常血压的重要系统，许多降压药就是这个系统的相关因子，如血管紧张肽转移酶和血管紧张肽受体为作用靶的。显而易见，这种多基因遗传病的动物模型构建不仅要对多个基因一一加以结构功能剖析，而且更难的是如何明确各个因素与高血压之间的因果关系，也就是说要在一次实验中只对单个可变因素的作用进行基因型与表型的相关分析。史密萨等为了验证"血浆中随基因变化的血管紧张肽原Agt的浓度是引起血压升高的一个因素"这个假设而做的基因打靶实验无疑是非常有说服力的。第一步，他们用传统的ES细胞基因打靶技术获得了 *Agt* 基因剔除小鼠。第二步，应用缺口修补基因打靶技术（gap-repair gene targeting）在 *Agt* 基因所在的染色体位置上使正常的野生型 *Agt* 基因的拷贝数重复而加倍，这些基因也置于原有的 *Agt* 基因一样的调控因素之下。通过不同的杂交组合就可以获得 *Agt* 基因拷贝数分别为0、1、2、3、4的遗传工程小鼠。这5种模型小鼠群随 *Agt* 基因拷贝数的增加，血浆中的血管紧张肽原浓度呈现一个稳定的梯度，这个浓度梯度与血压的增高呈显著相关性。这个巧妙的被称为基因滴度（gene titration）的实验表明，只要设计恰当，基因打靶实验就能检测出一个完全独立于遗传背景和复杂环境因子的基因在多基因疾病中的作用，并对这个基因与特定症状出现之间的因果关系做出毫不含糊的判断。

现在不仅能在单个基因水平上构建遗传工程小鼠，还可以通过染色体水平的重排构建疾病模型。譬如，迪乔治综合征（DiGeorge syndrome）是一种在新生儿中发病率为 1/4 000 的严重先天性心脏缺损疾病，伴有甲状旁腺功能减退、免疫功能低下、面目怪异和学习障碍等症状，80% 的患者的 22 号染色体有 3Mb（300 万个碱基对）的大段缺失，涉及 30 个已知的基因。最近巴尔迪尼（A. Baldini）等根据小鼠和人的比较基因组学研究，发现患者缺失的 22 号染色体的 3 Mb 区段与小鼠 16 号染色体上的一个 1.6 Mb 片段是同源的，于是就利用 Cre-loxP 系统，成功构建了该区段缺失并出现典型的迪乔治综合征症状的小鼠模型，为在小鼠中模拟人类的染色体病开辟了一条新的路子。

与大段染色体缺失会引起严重疾患一样，染色体或染色体片段的重复和冗余也会致病。唐氏综合征（Down syndrome）就是由于多了一条 21 号染色体造成的，其中关键的重复区段是长臂 2 区 2 带（21q22.2）。新生儿的发病率高达 1/1 000~2/1 000，患儿智力低下、精神呆滞，常伴有先天性心脏病或血液系统疾病。为了详细分析 21q22.2 区段上各部分基因与发病的关系，史密斯（D. J. Smith）等首先把人的 21q22.2 区段切成一组首尾序列有一定程度重叠的长度约为 2Mb 的片段，然后应用大片段 DNA 转基因技术，建立了一个转基因小鼠组合系；即由一组遗传工程小鼠组成的 DNA 分子叠连群（contig），成为分析唐氏综合征有关的各种染色体异常的"活试管"。

利用遗传工程小鼠所做的研究往往会证实某些假设，也可能会推翻某些假设，但很少是不提供任何信息的无效实验。例如钙调素（calmodulin）是一种与信号转导和多种酶的作用有关的钙结合蛋白。有人发现钙调素基因过度表达的转基因小鼠会在出生后数小时诱导出极早期糖尿病。另外，也有人发现 I 类组织相容性因子 H-ZK[b] 在胰腺 β 细胞中过度表达的转基因小鼠也会衍生出胰岛素依赖性糖尿病，而且不出现预期的自体免疫反应。这类实验结果会启发我们对糖尿病成因的再思考，也会为糖尿病的防治找到新的思路。只要实验是可靠的，逐步积累总会导致有价值的科学发现。

诚然，通过基因捕获（gene trap）可以构建携有随机插入突变的胚胎、干细胞库，但从突变的胚胎干细胞到可以观察性状的突变小鼠系列仍然是繁重和困难的任务。利用乙基亚硝基脲（ethylnitrosourea, ENU）诱发小鼠基因突变则为哺乳动物功能基因组的研究提供了一种新的方法。ENU 是一种能引起单碱基突变的烷化剂，它不依赖细胞内的代谢活化系统就可以通过烷化反应将乙基加合于碱基，造成 DNA 复制中碱基的错配与置换。ENU 在小鼠减数分裂前的精原细胞和胚胎干细胞中的单位点诱变率可达 10^{-3} 数量级。对小鼠全基因组的 ENU 诱变研究已被国外多个实验室用于基因功能研究和疾病模型构建。这些研究有三个显著的特点：① ENU 诱变的分子机制是清楚的，诱变是随机的，几乎能覆盖整个小鼠基因组；② 突变基因的定位充分利用了分子生物学标记和生物信息学数据；③ 突变型筛选和表型分析是高通量大规模的,包涵发育的全过程和几乎所有器官组织,还涉及分子、细胞、器官和整体多个层次。这几点也许可以将 ENU 诱变实验与经典的小鼠遗传学中的诱变实验和表型驱动分析加以区分。一些诱变工具小鼠的开发和多种基因组工程化修饰技术的利用更是大大提高了 ENU 诱变系统的效率。在多种模式生物基因组测序完成的基础上,它已经成为快速产生和大规模筛选疾病模型的又一种有效手段。

如果说基因组研究正在从结构基因组向功能基因组转变,遗传学正在从研究单个基因向基因家族和整个基因组的功能协调研究转变,那么值得注意的一个新生长点是,针对一种遗传性疾病(包括多基因病),构建一个具有不同结构修饰基因的遗传工程小鼠集合来分析基因结构变异与临床症状之间的确切关联,这种关联应该包括质的关联和量的关联。认识到这一点对医学遗传学研究是十分重要的。当然,收集病例和相应的基因样品是根本的、至关重要的。然而,遗传工程小鼠模型提供的技术平台,不仅是研究思路的创新、研究方法的创新,也是生物学与医学新一代研究材料的创新。在新老世纪交替之间它正在悄悄地引发一场医学科学乃至整个生命科学的革命。

人类基因组测序计划的完成,以及大肠杆菌、线虫、果蝇、拟南芥和小鼠等模式生物基因组序列的公布,为我们提供了大量有关生物遗传组成的资料,估算出了每种生物可能编码蛋白质的基因(又称可读框,ORF)的数目,排出了长长的基因名录。然而,基因组序列资料并没有直接演绎出基因组编码的种种 RNA 和蛋白质是以何种方式相互整合来执行细胞生长发育分化功能,以至于形成整个机体的形态、生理和行为等表型特征。基因组及其各个组成的功能研究,或者说功能基因组学的一个重要任务就是要识别和阐明与健康、亚健康和疾病状态相关联的基因的结构与功能,以及处于这种结构和功能态的基因与环境因素的相互作用。

对于基因组序列已知的生物来讲,发现和研究基因功能最有效的方法是运用分子生物学提供的工具和方法,使基因组中的基因逐个失活(loss of function),再分析特定基因失活在分子水平、细胞水平或整体水平上的效应。在酵母 *Saccharomyces cerevisiae* 基因组序列公布后,参与酵母基因组删除研究项目(The *Saccharomyces* Genome Deletion Project)的科学家基于同源重组原理,对酵母全基因组每个有编码蛋白质潜能的 ORF 逐一做系统的缺失突变,最终在总共 6 131 个基因中获得了 5 916 个基因的缺失突变株,突变基因的覆盖率约为 96.5%。这些突变株成为真核生物功能基因组学研究的第一批宝贵材料。

美国 Salk 研究所的埃克特(J. Ecker)小组利用携带了卡那霉素抗性基因的土壤杆菌 *Agrobacterium* T-DNA 作为插入突变的序列标记,对模式生物拟南芥 *Arabidopsis thaliana* 全基因组做插入突变系列研究,获得了 15 万个插入了 T-DNA 的突变株,并对 88 000 多个插入突变做了精确的定位,在拟南芥具有的 29 454 个 ORF 中总共鉴定了 21 700 个基因的突变株。在提供高覆盖率突变库的同时,研究小组还对部分结构基因和调控基因做了较为深入的功能分析。

在模式生物线虫(*Caenorhabditis elegans*)中,常用 RNA 干扰(RNA interference,

RNAi）来使基因失活。RNAi 的作用与经典的基因剔除是类似的。在自然条件下，RNAi 是细胞抵御转移性遗传因子或病毒侵袭的一种保护机制，现已被广泛用于暂时性阻断特定基因的表达，借以分析该基因功能失活后的形态、生理和行为效应。具体方法是将编码针对特定基因的双链RNA 的质粒导入大肠杆菌，然后用这种大肠杆菌喂饲线虫，即可观察子代线虫在胚胎期或幼虫期因特定基因失活而导致的表型效应。卡马特（R. S. Kamath）等应用RNAi阻断了 16 757 个线虫基因（基因总数估计为 19 757）的表达。系列的表型分析表明在进化上越是保守的基因的失活，越容易引起致死效应。阿什拉菲（K. Ashrafi）等还用相似的方法分析了与脂肪代谢的调节相关的基因。

6.4.5　哺乳动物克隆和干细胞研究

除了生物和医学的基础研究与构建疾病模型之外，转基因和基因工程动物还可以用来制备生物反应器，即利用目标基因在转基因动物的特定器官中高表达来获得该基因编码的蛋白质。譬如，将人的凝血因子基因整合于乳牛的基因组，并借助能使外源基因在乳腺组织中高表达的调控元件，使人的凝血因子基因在转基因牛的乳腺中高表达。我们就有可能从乳汁中提取人凝血因子来治疗血友病。这样不仅可以降低从血液制品中提取和纯化凝血因子的成本，还可杜绝血液制品潜在的诸如艾滋病毒或乙型肝炎病毒等病毒感染的风险。也就是说，我们可以通过转基因等基因工程技术来制备专门生产人凝血因子的牛乳腺生物反应器，这个转基因牛吃的是草，挤出来的是含有具有生物活性的人凝血因子的牛奶。这样的生物反应器既有重要的医用价值，又有巨大的经济价值。

当然，转基因牛也有一定的寿限，也会死去，它不会像机器那样永远产奶制药。如果借助两性交配来繁衍后代，则会使转基因牛的子裔因为生殖细胞形成与受精过程中的染色体交换重组和基因重排而丧失外源基因在乳腺中高表达的性状。由此，科学家们开始探索避开有性过程而采用无性繁殖的方法来完整地保留转基因牛的这个生产性状在子代中的表达，这种无性繁殖方法就是哺乳动物的克隆技术。

1996 年 7 月 5 日在英国的苏格兰离爱丁堡市 17 km 的山区小镇上的罗斯林研究所，威尔穆特和 K. 坎贝尔精心培育的全世界第一只克隆羊多莉终于顺利诞生了。1997 年 2 月 27 日，《自然》(Nature) 杂志发表了威尔穆特等的文章"源自胎儿和成年哺乳动物细胞的可存活的后代"引起了科学界的强烈反响和公众的热切关注（图6-17）。

罗斯林研究所的前身是罗斯林动物繁殖研究站，致力于利用转基因动物来生产有药用价值的蛋白质，为了维持转基因动物的遗传稳定性，避免常规的有性生殖繁衍育种会导致极宝贵的生产性状丢失的危险，罗斯林研究所的科学家开始尝试用克隆技术来维持转基因动物品系。他们要做的事情是将一个发育完全、各种性状充分展现的成年动物的体细胞核移植到一个事先去除了细胞核而只含细胞质的卵壳内，并创造条件使接受了体细胞核的卵细胞质启动类似精子进入成熟卵细胞后的胚胎发育过程，再借助代孕母羊完成胚胎发育全程，这个过程称为体细胞核转移（somatic cell nuclear transfer, SCNT）。威尔穆特和 K. 坎贝尔等决定先

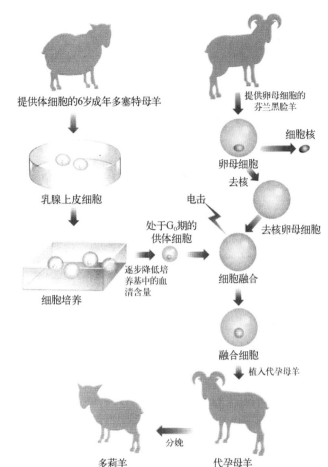

提供体细胞的6岁成年多塞特母羊

乳腺上皮细胞

细胞培养

逐步降低培
养基中的血
清含量

处于G₀期的
供体细胞

提供卵母细胞的
芬兰黑脸羊

细胞核

卵母细胞

去核

去核卵母细胞

电击

细胞融合

融合细胞

植入代孕母羊

分娩

多莉羊

代孕母羊

图6-17 通过体细胞核转移成功克隆多莉的流程示意（引自《彩图科技百科全书》）

用羊来做实验。一个取自6岁成年多塞特母羊的乳腺细胞是细胞核的供体,通过电刺激使这个细胞核与作为细胞质供体的芬兰黑脸羊的去核卵细胞融合,然后注入代孕母羊,最终获得细胞核供体多塞特母羊的克隆羊。他们一共进行了277次实验,终于有一只来自成年绵羊的体细胞的羔羊诞生了。威尔穆特高兴地用他所喜爱的乡村歌手多莉·帕顿(Dolly Parton)的名字命名这只小绵羊。

　　显而易见,克隆动物的思想,特别是克隆哺乳动物的思想的形成是与动物基因组的有目的的改造,或者叫工程化的操作密切相关的,体细胞核移植是一种人为的无性繁殖方式,避免了有性生殖过程中遗传物质的分离和重组,保持了遗传工程动物的遗传稳定性。源自成年母羊乳腺上皮细胞的多莉羊的诞生雄辩地证明,一个成熟的哺乳动物的高度分化的体细胞仍然保持着发育为完整的个体的潜在能力,或者说细胞的遗传物质在分化发育的过程中并没有发生不可逆的修饰,哺乳动物细胞的分化是通过基因表达水平的一系列有序的变化和细胞核与其所处的细胞质环境相互作用来实现的。这是人类认识生命、认识自我的一次重要飞跃。美国普林斯顿大学的分子生物学家西尔弗(L. Silver)把多莉的出现视为一个历史性时刻,他说:"对我来说,现在可以把时间划分为前多莉(pre-Dolly)和后多莉（post-Dolly）时期了。"

多莉羊的克隆成功，确实是一次具有划时代意义的技术突破，然而这并不意味着我们掌握了与哺乳动物体细胞核移植技术相关的一系列科学知识，更没有形成对实践有指导意义的科学理论。正因为科学知识和理论的滞后，目前用核移植技术来克隆哺乳动物仍然处于摸索阶段，一次成功往往伴随着几十次、几百次甚至上千次失败。威尔穆特2002年10月在《自然》杂志发表的评论文章总结了哺乳动物体细胞核移植方面的技术现状。文章说迄今公开报道经核移植克隆成功的哺乳动物已有牛、绵羊、兔、猪、猴、鼠和山羊7种。这一系列实例证实，当成年动物体细胞核置入去核卵细胞质后，控制分化的遗传物质结构修饰有可能被逆转，通过基因组的重新编程使细胞核内的基因组有可能像受精卵那样来调节和控制胚胎发育。然而，文章也指出体细胞核移植的效率极低，至少有1/3被证实怀上克隆胚胎的牛和绵羊最终都流产了，其中多数是胎盘发育异常导致的早期流产。在出生24 h内，又有大量的克隆动物死于呼吸异常、出生时体重超常、心血管系统缺陷、器官增大等。即使在度过胚胎期和围产期而存活下来的动物中，还频频出现免疫系统、脑组织结构和消化系统的缺陷或异常。所以用成年动物的体细胞克隆的哺乳动物成功率是很低很低的。大量的实验资料表明，用体细胞核移植技术克隆动物的成败，在很大程度上取决于细胞核进入卵细胞后，整个基因组表达程序能不能重新编制，并足以启动类似有性生殖中两性配子的细胞核融合后启动的胚胎发育进程。

我们还很不清楚哪些因素会影响重新编程过程。但至少应该包括：① 核移植时体细胞所处的是细胞分裂期还是静止期；② 体细胞取自何种组织，其特化程度怎样；③ 待克隆的动物处于什么发育阶段，是胚胎期，还是出生后的幼年或成年，抑或是老年；④ 接受核移植的卵细胞所处的状态；⑤ 体细胞和卵细胞质融合及启动发育的实验条件；⑥ 克隆的胚胎处于什么样的孕育环境。美国麻省理工学院卢道夫·杰克逊实验室曾经对体外受精发育的小鼠胚胎和经核移植克隆的小鼠胚胎做了10 000个基因表达的对比分析，发现克隆小鼠胚胎约有4%的基因表达异常，其中表达下调的占3.3%，上调的占0.7%，以此推算克隆小鼠胚胎整个基因组中可能有近千个基因表达异常。医学遗传学研究表明，即使单个基因的结构变化或表达异常也有可能引起严重的疾病。可以想象成百上千个基因表达异常将会导致克隆动物胚胎致死、出生后死亡、围产期死亡和成年动物的多系统疾病。如出生时看来是正常的多莉，很早就患上了关节炎等疾病。随着克隆动物种类和数量的增加、存活期限的延长，在克隆动物身上发现的病理性变化还会不断增加。

多莉的克隆成功暗示我们克隆人的可能性不是不存在的。这里不妨先从科学和技术层面来思考一下克隆人的问题。

第一个问题：由6岁的成年绵羊的乳腺上皮细胞的细胞核DNA克隆获得的多莉，它出生时的生物学年龄是0岁还是6岁？ 6年的生长、发育与分化，是否在体细胞的基因组中留下了由年龄引起的结构修饰？ 如与年龄相关的表观遗传修饰。要是这种年龄修饰的确存在，会不会引起克隆动物的早衰和老年性疾病？

　　第二个问题：人细胞与小鼠细胞的一个重要区别是染色体的端粒会随着细胞分裂次数的增加而逐渐缩短，最后使细胞丧失继续增殖的能力，这是因为人的端粒酶活性受到抑制的缘故。一旦端粒酶活性增高，细胞的增殖就可能失控，甚至导致恶性肿瘤。所以，如果由成年体细胞衍生而来的克隆人的染色体端粒酶活性依然受抑，则可能会影响细胞，乃至整个机体的正常寿命。反之，如果细胞中端粒酶活性增高，则细胞有可能发生恶变。

　　第三个问题：人的基因组中有相当一部分基因甚至染色体片段，在精子或卵细胞形成过程中，会因某种结构修饰而不能表达，称为基因印迹（genetic imprinting），分为起源于精子的父源基因印迹和起源于卵细胞的母源基因印迹两种。这种在生物演化中形成的、有规律而又受控的基因失活是机体中基因表达调节的一种重要方式。调控基因表达的这类修饰会经体细胞分裂而传至下一代细胞。源于生殖细胞的基因印迹只有在个体性成熟后的生殖细胞的形成过程中才会删除或重新改变印迹方式。基因印迹的异常往往会导致多种遗传性疾病，所以在克隆人中如何防止基因印迹造成的发育异常或重要基因功能的缺陷，必将是一个严重的挑战。

　　第四个问题：前面曾提到在自然条件下，精子进入成熟的卵细胞后，精卵融合形成的受精卵基因组会启动有严格时空顺序的基因表达程序。它既与受精前卵细胞质的生理生化环境有关，又受刚刚形成的合子基因组上基因表达元件的调控。有理由认为，各种不同的体细胞虽然有同样的基因组，但取自不同组织或器官的体细胞的细胞核所携带的基因组表达的指令信息是不完全一样的，与刚刚发生精卵细胞核融合的合子基因组的表达指令也必然是不一样的。显而易见，将成年个体的体细胞的细胞核移入去核卵细胞的克隆操作，必须立即启动一种与受精过程触发的自然程序相同的早期发育过程，这在生物学上称为重编程（reprogramming）。目前，与哺乳动物核移植相关的重编程技术还很不完善，例如多莉就是277次同样的核移植中仅存的一个"幸运儿"。对于人的克隆来讲，面临的一个最直接也是最严峻的技术难关也许就是核移植后的重编程。

　　第五个问题：在人类群体中，通过有性过程形成的每一个个体都有一个独特的基因组，这种独特性是构成人的尊严和人权的生物学基石。除了由一个受精卵发育而来的双生子以外，每一种基因组在人类群体的基因组库（genome pool）中都只占有一份。这是在自然选择条件下，生物由无性生殖演化到有性生殖后获得的最重要的群体生物学性质。有性生殖中基因重组的随机性是群体多样性的基础，也是种群保持演化潜能的重要前提。生物体从无性繁殖到有性繁殖，付出的代价是丧失了任何一个个体都能独自繁衍数量几乎不受限制的后代的可能性，换来的是种群基因组的几乎不受限制的多样性。如果群体中任何一个个体的基因组被复制，克隆出仍有无性繁殖可能的克隆人，则会增加这个特定基因组在群体基因组库中的频度，造成种群基因组多样性程度的下降。这不仅是一个理论问题，而且可能会产生不可预言的灾难性后果。顺着这样的思路，我们还可以设想若干在生物学层面尚未解决的科学和技术问题。

　　克隆人的技术问题或迟或早总是会得到解决的。真的到了技术层面的问题不复存在时，是否就可以克隆人了呢？技术层面的思考必然要转入伦理学的思考或思辨。

在进行克隆人的伦理思考或思辨时，最容易想到的是有关人类辅助生育技术应用初期的争论。其实，克隆人和辅助生育技术的应用是不能相提并论的，它们是本质上截然不同的两件事。辅助生育技术或是帮助精子或卵细胞成熟，或是帮助精子和卵细胞有效地结合，或是帮助受精卵在适宜的孕母体内正常发育。而克隆人是从已分化的体细胞基因组出发，经核移植这样的无性过程复制一个基因组结构与现存的或已去世的个体完全一样的个体。尽管由于基因组所处的生物内微环境和个体所处的自然和社会环境不同，具有相同基因组的个体可能会有不同的外貌和行为，甚至认知能力的差异，但从基因组水平来讲，具有相同基因型的个体在遗传上是等同的，对群体下一个世代基因组库的贡献也是等同的。所以，克隆人事实上已经侵犯了群体中携有不同基因组的个体将其基因型以自然的、不受强制的人为因素影响的概率传至下一个世代的群体的平等权利。

在关于克隆人的伦理思考或思辨中，常常会想到因意外事故痛失爱子或爱女的双亲，要求由来自爱子或爱女的体细胞克隆出一个完全一样的孩子这样的例子，也曾经有人认为基于这种理由的克隆人是人道的。然而，一旦我们可以为所有痛失爱子或爱女的双亲复制他们失去的孩子时，谁还会把这个孩子看成是他们情感生活中不可替代、在家庭生活中不可或缺的最爱呢？那么现在还活着的男孩或女孩还会是每个家庭各自的最爱或唯一吗？再进一步想，我们现在活着的男男女女不也会陷于类似的境地吗？对于这样一种会把我们带入一种怪异的"情感黑洞"的情景，相信大家一定会不寒而栗的。

与克隆多莉羊的初衷一样，有关克隆人的想法也隐含着对人的基因组进行有目的的修饰，来设计或所谓的"优化"人的遗传结构的情结。如果，有人想把孩子设计得个子更高、五官更端正、脑子更灵活、体魄更健壮，并企图通过遗传操作实施这种设计。那么一旦真的得到了一个甚至一群符合"订单"要求的孩子时，我们将永远失去作为人的尊严，父亲的、母亲的、孩子的，乃至整个人类的尊严。遗传学研究还表明，我们每个人的基因组中都携带了若干个对生长和发育有负面影响的突变基因。在这一点上，人绝对没有优劣之分，不论一个人带有怎样的基因，都应享有同样的尊严。霍金（S. W. Hawking）虽因基因突变而罹患严重的肌萎缩侧索硬化症，却仍然是我们时代最伟大的物理学家之一。况且，遗传变异的存在是人类群体遗传多样性的体现，也是群体演化的重要基础。

关于克隆人想法中隐含的另一个情结是想借此获得个人的"永生"，在一个人寿终正寝之时，克隆出一个一模一样的人。这种想法也是不现实的，因为一个人的个性或人格不单单取决于基因组的结构，还在很大程度上取决于生活环境和社会关系。所以遗传学上的克隆只解决了发育与成长的生物学潜能，并不能决定因教育与教养等社会因素对人的个性和人格形成的影响，这种影响有时是决定性的，不然就会陷入"贼的儿子是贼"一样的荒谬境地。

人类只享有一个共同的基因组，决定了全人类在遗传上的高度共性，而基因组纷繁复杂的多样性决定了每个人基因组的极端个性，人类基因组就是这种高度共性和极端个性的统一体。我们关于克隆人的思考或思辨，无论是技术层面的，还是伦理层面的，都必须通过尊重每一个携有独特基因组的社会成员来维护人类基因组的完整性和多样性，以及在多变且变得越来越不可预测的环境中保持某种演化的潜在能力，并由此来确定我们行为的伦理准则。

"多莉羊之父" K.坎贝尔博士2002年10月来上海讲演时说："坚决反对克隆人。坚决反对！提高人类生活质量才是我们研究动物克隆的目的。"我们不能因为科学与技术研究而使人类的体质、精神或是人格受到任何损害。科学研究和技术应用的自由度必须受制于科学家应有的社会责任感。

伦理思考的结论是，必须禁止利用克隆技术来繁殖人类，同时可以有条件地开展治疗性克隆的相关研究。毫无疑问，我们应重视哺乳动物克隆技术的潜在科学和经济价值，在繁育良种、拯救濒危珍稀动物、建立药用蛋白生物反应器，以及构建复杂疾病动物模型等研究中积极有效地应用该技术。

当然，除了利用克隆技术来繁殖人类之外，哺乳动物的克隆技术还可以在一定的伦理规范指导下用于人类某些疾病的治疗。即将一个成体细胞的细胞核移植入另一个个体的去核卵细胞中，在实验室培养出有发育全能性的胚胎干细胞，进而获得某种细胞、组织甚至器官用于治疗性移植。这里不存在胚胎的子宫植入、妊娠与分娩，所以不是一项生殖技术，而是一种获得与供体细胞核的个体在基因上吻合而不会产生免疫学上排异反应的细胞、组织或器官。相关的动物实验已经在多个实验室开展。为了避免与生殖性克隆相混淆，大多数科学家和医生建议将这种技术称为医用体细胞核移植术或治疗性克隆。它与生殖性克隆根本的区别是，治疗性克隆没有改变治疗对象的基因组结构，也没有改变治疗对象的有性生殖方式，它是一种全新的疾病治疗手段。

早在1938年，施佩曼（H. Spemann）就曾经将一个经历了数次细胞分裂的蝾螈受精卵的细胞核移植至一个刚刚受精但已经去了核的蝾螈受精卵，结果竟然产生了一个完整的蝾螈。这意味着即使经历了多次分裂的胚胎细胞的细胞核仍然保持着多能性，还能分化发育成为成年动物的各种细胞。这也许是动物组织的细胞有可能通过某种发育程序的逆向改变重新成为胚胎样多能细胞这种学术思想的萌芽。

1952年，布里奇斯和金（T. J. King）将蛙的囊胚细胞的细胞核成功地移植至去核的蛙卵细胞。1962年格登利用同样的技术将爪蟾（*Xenopus laevis*）小肠上皮细胞核移植至去核的卵细胞。在726次核移植实验中，最终产生了10个健康的、能游泳的蝌蚪，从而证实蛙的体细胞核可以重编程为类似受精卵的细胞核。2006年，山中伸弥跨出了关键性的一步。他在24种对导致胚胎干细胞发育全能性至关重要的蛋白质中筛选出4种对胚胎干细胞生长和维持发育多能性必要且充分的转录因子，即Oct3/4（octamer-binding transcription factor）、Sox2（sex determing region Y box 2，又称SRY）、Klf4（kruppel like factor）和c-Myc，然后将它们合成一组装入逆病毒载体，通过转基因技术转入成年小鼠的皮肤成纤维细胞，成功地将小鼠的体细胞转变为诱导多能干细胞（induced pluripotent stem cell, iPSC），其间并未涉及受精卵或胚胎。这种iPSC具有分化成为成年小鼠各种类型细胞的潜

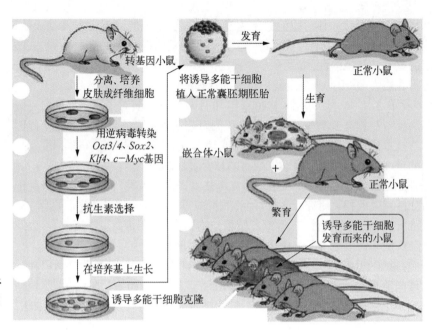

图6-18   建立诱导干细胞来源的小鼠（改自 J. Rossant）

能，并能经生殖系传递（图6-18）。

2007年，他又将同样的4种转录因子成功地将人体皮肤成纤维细胞转变为诱导多能干细胞，这些细胞在形态、发育多能性、细胞表面抗原、基因表达、多能细胞特异性基因的表观遗传学状态，以及端粒酶活性等方面和人类胚胎干细胞都是相似的。山中伸弥还进一步证实，这些iPSC能在畸胎瘤或体外条件下分化成所有三个胚层的细胞。这是从格登等工作以来体细胞核转移研究最具革命性的突破，在基础研究、临床研究，特别是再生医学（regenerative therapies）和新药开发等领域有着不可估量的价值。毫无疑问，这项成果得益于40多年来DNA重组技术和哺乳动物体细胞遗传分析技术的蓬勃发展。格登和山中伸弥还因此获得了2012年的诺贝尔生理学或医学奖。

不同发育阶段的细胞具有不同的发育潜能，其分布可展示为细胞的发育潜能金字塔，如图6-19所示。桑葚期细胞能发育成所有的细胞类型，是发育全能细胞。胚胎干细胞和诱导多能干细胞发育潜能稍低，不能分化为胚盘细胞。组织层面干细胞只能发育成特定组织的细胞，如造血干细胞能发育成多种血液细胞。最下层的干细胞的发育潜能更为有限。

无论人体的内部或外部受到损伤，身体都会激活受伤区域的驻留干细胞（resident stem cell），同时将骨髓干细胞招募至血液再运送到受伤的部位启动修复过程，并表达调低炎症反应的蛋白质和其他一些刺激新的细胞生长的蛋白质，进而招募新的生长因子，然后把自身分化、演变成为与受到伤害的细胞一样的细胞。骨髓不仅仅是造血干细胞（hematopoietic stem cell, HSC）、间充质干细胞（mesenchymal stem cell, MSC）和内皮干细胞（endothelial stem cell, ESC）的丰富来源，也是血小板衍生因子（platelet derived growth factor, PDGF）、碱性成纤维细

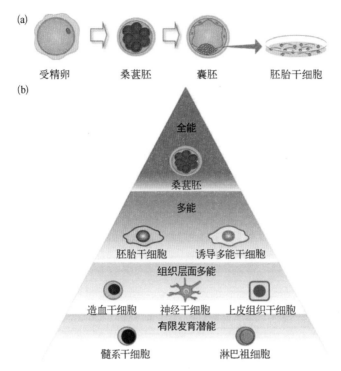

图6-19　**不同发育阶段的细胞具有不同的发育潜能**（改自 H. T. Lin）

（a）将受精卵维持至桑葚期或囊胚期，获取内细胞团的细胞在细胞单层上进行体外培养，并进行胚胎干细胞建株；(b)细胞发育潜能金字塔，桑葚胚期细胞能发育成所有的细胞类型，是发育全能细胞。居于第二层的胚胎干细胞和诱导多能干细胞能发育成除了胎盘以外的各种细胞。居于第三层的组织层面干细胞能发育成特定组织的细胞，如血液干细胞能发育成多种血液细胞。居于最底层的发育潜能受到更为严格的限制

胞生长因子（ basic fibroblast growth factor, bFGF）和血管表皮生长因子（vascular endothelial growth factor, VEGF）等多种生长因子，以及体内损伤修复所需营养的来源。

　　然而，当机体因某种病理原因而阻断这种干细胞修复途径，可能造成严重后果，甚至危及生命，而诱导多能干细胞的研究则为再生医学提供了新的希望。图6-20简要显示了应用源自患者的诱导多能干细胞的产生和可能的应用领域。非常关键的是它不仅规避了人胚胎干细胞带来的伦理问题，还杜绝了异体干细胞移植可能带来的免疫排斥。

　　虽然诱导干细胞存在着演变为癌细胞的潜在可能性，至今还没有涉及诱导干细胞的治疗方案通过临床试验。但是小鼠的实验性治疗途径正在为诱导干细胞进入临床应用创造条件（图6-21）。

　　从分离和在体外条件培养哺乳动物体细胞群体开始的哺乳动物的体细胞遗传分析看，不必经过有性繁殖和世代交替过程，就能直接在细胞和分子水平上研究和分析哺乳动物和人类基因组的结构和功能。而通过特定转化因子组合转入哺乳动物体细胞而获得的诱导多能干细胞却赋予体细胞重新产生整体动物的可

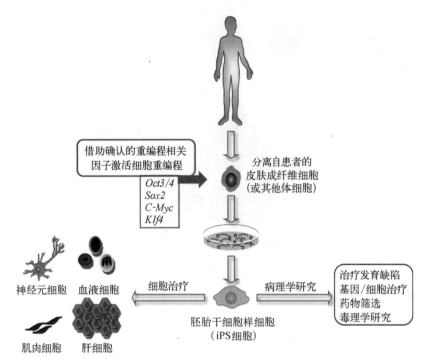

图6-20 源自患者的诱导多能干细胞的产生及其在病理学研究与临床医学、药学、毒理学和治疗方面的应用（引自H.T. Lin等）

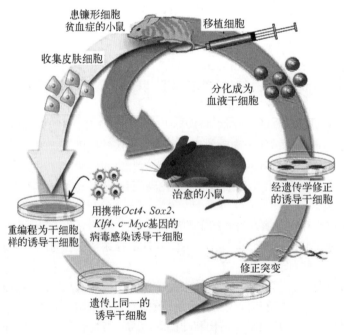

图6-21 利用诱导干细胞治疗遗传性疾病的示意（引自H.T. Lin）

能性。20世纪60年代,当哺乳动物的体细胞遗传分析刚开始时,我们对哺乳动物基因的结构与功能知之甚少,而今我们已经具备了通过诱导多能干细胞对哺乳动物整个基因组进行工程化修饰改造的能力。哺乳动物体细胞遗传学的发展轨迹真可谓是我们始料不及的。大多数自然科学家和工程技术专家,甚至生物学家,在很长一段时期内很少考虑与自己工作相应的伦理问题。然而,科学与技术发展到今天,已经渗透到我们生活的方方面面,我们不得不严肃地思考科学与技术对社会发展的影响,对人与人之间关系的影响,对人自身的社会价值甚至对生物学意义上的人的影响。

参 考 文 献

［1］ Anderson W F. Prospects for human gene therapy. Science, 1984, 226: 401−409.

［2］ Capecchi M R. Targeted gene replacement. Scientific American, 1994, 3: 52−59.

［3］ Capecchi M R. Essay: gene targeting in mice: functional analysis of the mammalian genome for the twenty-first century. Nat Rev Genet, 2005, 6: 507−512.

［4］ Chu E H Y, Malling H V. Mammalian cell genetics. Ⅱ. Chemical induction of specific locus mutations in Chinese hamster cells *in vitro*. Proc Natl Acad Sci USA, 1968, 61: 1306−1312.

［5］ Creagan R P, Carritt B, Chen S, et al. Chromosome assignments of genes in man using mouse-human somatic cell hybrids: cytoplasmic isocitrate dehydrogenase (IDH 1) and malate dehydrogenase (MDH 1) to chromosomes 2. Am J Hum Genet, 1974, 26: 604−613.

［6］ Douglas G R, McAlpine P J, Hamerton J L. Regional localization of loci for human PGM1 and 6PGD on human chromosome one by use of hybrids of Chinese hamster-human somatic cells. Proc Natl Acad Sci USA, 1973, 70: 2737−2740.

［7］ Elsevier S , Kucherlapatt R S, Nichols E A, et al. Assignment of the gene for galactokinase to human chromosome 17 and its regional localisation to band q21−22. Nature, 1974, 251: 633−636.

［8］ Fu J L, Li I C, Chu E H Y. The parameters for quantitative analysis of mutation rates with cultured mammalian somatic cells. Mutation Research, 1982, 105: 363−370.

［9］ Fu J L, Li I C, Chu E H Y. Some factors affecting mutant recovery in v79/ouabain system of mutagenesis study. Acta Academiae Medicinae Sichuan, 1984, 15: 363−370.

［10］ Graham F L, Van del Eb A J. A new technique for the assay of infectivity of human adenovirus 5 DNA. Virology, 1973, 52: 456−467.

［11］ Gurdon J B. The developmental capacity of nuclei taken from intestinal epithelium cells of feeding tadpoles. J Embryol Exp Morphol, 1962, 10: 622−640.

［12］ Gurdon J B. The cloning of a frog. Development, 2013, 140: 2446−2448.

［13］Kao F T, Puck T T. Genetics of somatic mammalian cells. VII. Induction and isolation of nutritional mutants in Chinese hamster cells. Proc Natl Acad Sci USA, 1968, 60: 1275-1281.

［14］Lemna W K, Feldman G L, Kerem B, et al. Mutation analysis for heterozygote detection and the prenatal diagnosis of cystic fibrosis. N Engl J Med, 1990, 322: 291-296.

［15］Lin H T, Otsu M, Nakauchi H. Stem cell therapy: an exercise in patience and prudence. Philosophical Transactions of the Royal Society B: Biological Sciences, 2013, DOI: 10.1098/rstb. 2011. 0334.

［16］Puck T T, Kao F D. Somatic cell genetics and its application to medicine. Ann Rev Genet, 1982, 16:225-271.

［17］Riordan J R, Rommens J M, Kerem B, et al. Identification of the cystic fibrosis gene: cloning and characterization of complementary DNA. Science, 1989, 245: 1066-1073.

［18］Rommens J M, Iannuzzi M C, Kerem B, et al. Identification of the cystic fibrosis gene: chromosome walking and jumping. Science, 1989, 245: 1059-1065.

［19］Rossant J. Stem cells: the magic brew. Nature, 2007, 448: 260-262.

［20］Rossant J. Making a knockout mouse: from stem cells to embryos. Nat Cell Biol, 2013, 15(10): 1133.

［21］Ruddle F H. Linkage analysis in man by somatic cell genetics. Nature, 1973, 242: 165-169.

［22］Ruddle F H. A new era in mammalian gene mapping: somatic cell genetics and recombinant DNA methodologies. Nature, 1974, 294: 115-120.

［23］Scangas G, Ruddle F H. Mechanisms and applications of DNA-mediated transfer in mammalian cells—a review. Gene, 1981, 14: 1-10.

［24］Shay J W. Techniques in somatic cell genetics. New York: Plenum Press, 1982.

［25］Sinensky M. Defective regulation of cholesterol biosynthesis and plasma membrane fluidity in a Chinese hamster ovary cell mutant. Proc Natl Acad Sci USA, 1978, 75: 1247-1249.

［26］Takahashi K, Tanabe K, Ohnuki M, et al. Induction of pluripotent stem cells from adult human fibroblasts by defined factors. Cell, 2007, 131: 861-872.

［27］Thompson L H, Baker R M. Isolation of mutants of cultured mammalian cells// Prescott D M. Methods in cell biology. New York: Academic Press, 1973, 6: 209-281.

［28］Tsui L C. Population analysis of the major mutation in cystic fibrosis. Hum Genet, 1990, 85:391-392.

［29］Tunnacliffe A, Benham F, Goodfellow P. Mapping the human genome by somatic cell genetics. Trends in Biochemical Sciences, 1984, 9: 5-7.

［30］Wilmut I, Schnieke A E, Mcwhir J, et al. Viable offspring derived from fetal and adult mammalian cells. Nature, 1997, 385: 810-813.

第7章　转座因子的结构和功能

经典遗传学告诉我们每个基因在染色体上都有一个固定的位置,叫作该基因的座位。遗传学的这个基本概念在20世纪30年代受到两次冲击。第一次是不在染色体上的核外基因的发现。现已知道核外基因是一些能独立复制,并能独立地表达功能,或和核基因协调表达的DNA分子,如线粒体。第二次冲击是所谓"跳跃基因"的发现,这些基因在染色体上跑来跑去,没有固定的位置,却能操纵和影响其他基因功能的表达,造成基因突变和染色体畸变。跳跃基因的这种奇特的能动性一度使许多遗传学家感到困惑。

§7.1　"跳跃基因"的发现

1938年,罗兹(M. Rhoades)在研究一种墨西哥黑玉米时,偶然在一穗自花授粉的玉米上,非常惊讶地发现这株应该表现出单色玉米粒的显性杂合子后代竟然出现了复杂的分离现象。在这穗玉米上共有三种玉米粒:有色的、无色的和花斑型的,它们之间的比例是12:1:3。经过反复分析罗兹发现原先的玉米基因组中有两个互不连锁的基因A_1和dt同时发生了突变。A_1是一系列决定玉米粒色素基因中的一个,它的隐性等位基因a_1在纯合态时使玉米粒不带色素而成为无色玉米粒。另一个基因dt突变为显性等位基因Dt时,使基因型为a_1a_1的玉米粒出现了花斑型。图7-1是罗兹解释12:1:3分离比的理论假设示意图。

不久,罗兹进一步发现带有Dt基因的玉米中的a_1基因很容易回复成A_1,回复频率之高是难以用通常的回复突变来解释的。他用一种特殊的玉米品系来做研究,这种品系玉米的色素基因A_1或a_1能在花药或叶片上表现出来。当他把基因型为$a_1a_1Dt\_$的植株上带有色素的花药中的花粉取出来,与基因型为A_1a_1dtdt的植株杂交,证实取自有色花药中的花粉带有A_1基因。他假设$a_1a_1Dt\_$之所以成为花斑性状的原因是Dt基因的存在使部分细胞

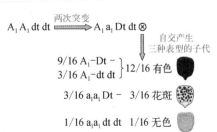

图7-1　**罗兹对玉米花斑型出现的形式遗传学解释**(引自D. T. Suzuki)

中的 a_1 回复为 A_1，从而造成有色细胞和无色细胞互相嵌合的花斑型玉米粒。a_1 是最早被遗传学家发现的不稳定基因，它回复为 A_1 的频率非常之高。然而，a_1 这种不稳定性的高频回复完全依赖于一个不连锁的基因 Dt 的存在，一旦 Dt 消失，a_1 也就稳定了。那么 Dt 是通过什么方式干预 a_1 的表达，造成 a_1 不稳定的呢？对此，罗兹没能提出令人信服的理论解释。

§7.2 麦克林托克模型

20世纪40年代，麦克林托克（B. McClintock）在取得了玉米遗传学的多项重大研究成果之后，开始深入研究一个类似于 a_1–Dt 的基因调控系统。她发现玉米中有一个特殊的解离基因 Ds（dissociation），它的表型使它所在位置发生染色体断裂的概率大大增高。这种断裂可以用细胞学方法，也可以用遗传学方法来检测（图7-2）。她还发现 Ds 的作用是不稳定的，这种不稳定性依赖于一个非连锁的活化基因 Ac（activator）的存在，就像几年前罗兹在黑玉米中发现的 a_1 基因的不稳定依赖于 Dt 的存在一样。

麦克林托克敏锐地意识到，Ac 是一个控制另一个基因功能表达的基因，是一种新的遗传因子类型。她试图做 Ac 的定位研究。但是，她很快发现要定位 Ac 是徒劳的，因为即使在同一品系的玉米中，Ac 基因在不同植株中的位置也不一定相同。使麦克林托克更为意外的是 Ds 基因也会在一条染色体的单臂上跳跃移动，不断改变它嵌入的位置。图7-2显示了一个可在遗传学图上找出 Ds 基因位置的实验系统。

为了弄清楚 Ds 基因的作用方式，麦克林托克做了一个杂交实验：

$$CCDsDsAcAc^+ (\male) \times ccDs^+Ds^+Ac^+Ac^+ (\female)$$

式中，C、c 分别代表有色和无色基因；Ds^+ 表示不带 Ds 因子；Ac^+ 表示不带 Ac 因子。杂交子代的玉米粒颜色与预期的一样，一半为深色玉米粒，一半为深色底上有无色斑的玉米粒（图7-3）。造成深底浅斑表型的原因是在 Ds、Ac 存在下，部分 C 会因此失活。唯一的例外是出现了一颗呈现无色底细斑玉米粒，麦克林托克假设这是因为 Ds 基因嵌入了 C 基因，玉米粒因 C 失活而成为无色，但是由于 Ac 的存

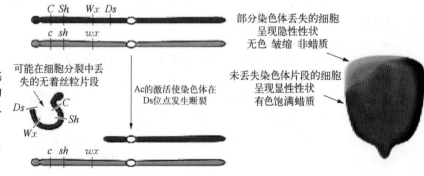

图7-2 玉米中 Ds 基因引起染色体断裂的检测方法（改自 D. T. Suzuki）

c：胚乳无色；sh：皱缩；wx：蜡质玉米

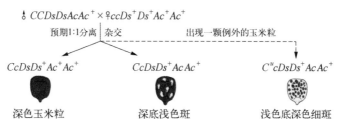

图7-3 **麦克林托克对例外玉米粒的解释**

在造成该无色性状的不稳定,所以用C^u(unstable C)来表示嵌入了Ds的C基因。C^u在Ac存在时,能以较高的频率回复到C,显出了斑斑色点。为了证实这个假设,她设计了一个实验,把Ac基因排出C^u植株的基因组。这样,不带Ac的C^u玉米的无色性状确实稳定了。

上面的叙述说明Ds基因至少有两种作用:① 在它出现的位置引起高频度的染色体断裂;② 插入一个有功能的基因并抑制这个基因功能的表达。同时,Ds的作用又必须受制于另一个基因Ac的存在。用现代遗传学术语来讲,这里展开了一幅功能基因、抑制基因和调控基因之间错综复杂的关系图。图7-4画出了玉米中Ds-Ac调控系统中各种基因之间相互关系的某些特点,也展现了麦克林托克学术思想中最富生命力的某些侧面。

麦克林托克在玉米中还发现了另外一些类似Ds-Ac那样的调控系统,它们各自具有特异的应答关系。每个系统都有一个被调控的目标基因,一个与目标基因不连锁的调节基因,以及一个接受调节基因的指令而导致目标基因不稳定失活态的受体基因。受体基因和调节基因合起来,就是麦克林托克控制因子(controlling element)。值得注意的是受体因子的非自主性,以及它嵌入目标基因的不稳定性都是以调节基因的存在为前提的。当受体因子和调节基因同时嵌入目标基因时,这种不稳定性就成为自主的了。我们可以把这类系统的作用模式归

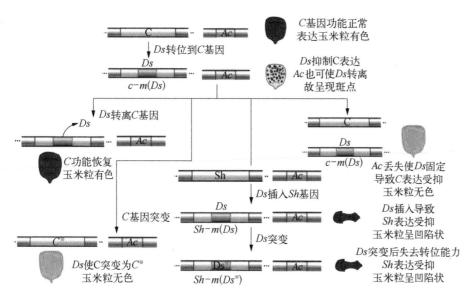

图7-4 **玉米中Ds-Ac系统的作用模式**(引自 I. H. Herskowitz)

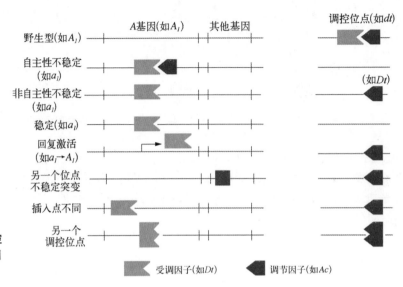

图7-5 麦克林托克控制因子的作用模式（引自 D. T. Suzuki）

纳为图7-5的样子。

麦克林托克和她同时代的 R. 埃默森（R. A. Emerson）、纳尔逊（O.Nelson）和罗兹等以玉米为材料的出色研究，实际上已经揭开了研究高等真核生物遗传调控和基因功能表达的序幕。虽然麦克林托克提出的调控模型是以经典遗传学的术语来阐述的，但它所包含的那种深邃卓越的科学思想一旦与分子遗传学的理论和实验技术相结合，就会放射出令人炫目的光彩。1983年，麦克林托克以81岁高龄荣获诺贝尔生理学或医学奖。

这里我们简略地回顾一下这位科学家的研究生涯，或许会从中得到一些启发。1902年6月16日，麦克林托克生于美国康涅狄格州的首府哈特福德（Hartford）。她在康奈尔大学读书时，就被当时还处于幼年但充满希望的遗传学所吸引，毕业后就加入了这所大学里以 R. 埃默森为首的玉米遗传育种研究工作。康奈尔大学的玉米遗传学派与哥伦比亚大学的果蝇学派是当时并立的两大遗传学研究中心。由于玉米在国民经济中的重要地位，美国政府对康奈尔学派的支持是非常有力的，他们的工作蒸蒸日上富有成果。年轻的麦克林托克在玉米遗传学中的第一个贡献是发现减数分裂前期的玉米染色体比高度浓缩的中期染色体具有更多的形态特征，她证实在这个时期玉米的10对染色体是可以一一加以识别的，而当时的遗传学家几乎都只研究中期染色体。以后，麦克林托克把相类似的方法用来研究链孢霉的染色体，并把细胞学图和遗传学图联系起来研究基因定位。1931年，29岁的麦克林托克用遗传学方法构筑了第一批三体玉米（$2n+1$），这些品系的玉米中的每一个品系都是特定的染色体三体，这项成果大大推进了玉米的遗传育种研究。同年，她又和克赖顿（H. B. Creighton）一起，在玉米中提出了细胞学上的染色体交叉与遗传学上的基因交换之间存在平行关系的实验证据。在这个时期，她取得的另一项重大成果是在玉米染色体的特定区段发现了核仁形成区，并指出核仁形成区内部存在功能不同的亚区。麦克林托克在加入 R. 埃默森研究团队的短短6年中,完成了整个研究室在玉米遗传学研究中所取得的17项重大成果中的9项。

1938年,罗兹发现了玉米中的a_1-Dt系统,麦克林托克大大拓展了这方面的研究工作。她是从不稳定的环状染色体研究开始的,她发现环状染色体是染色体断裂后再愈合的产物,这表明断裂的染色体是可以愈合的。不久,她又发现了双着丝粒染色体和分裂细胞中的染色体桥,在分裂后期染色体桥又因两个着丝粒分别走向两极而断裂,断端的染色体片段在复制后又形成新的环。这种现象就是她命名的裂-融-桥周期(breakage-fusion-bridge cycle),这种周期在玉米胚乳中不停地进行。她预期染色体的反复畸变会造成缺失突变,正是在研究断裂和突变的关系中,麦克林托克发现了Ds-Ac系统。1951年,她在冷泉港生物学专题学术会议上正式报告了关于"跳跃基因"的调控理论。此后,她又发现了多个类似Ds-Ac的系统。不少人认为在细菌的转座因子发现以前,麦克林托克的工作受到了忽视和否定,这不一定是真实的。除了麦克林托克之外,当时以布林克(R. A. Brink)、尼兰(R. A. Nilan)和诺伊弗(M. G. Neuffer)等为代表的一批植物遗传学家,在发展罗兹和麦克林托克的工作方面都取得了很好的成绩。实际上在沃森-克里克模型发表之后,绝大多数遗传学家都卷入了研究分子生物学的新潮流,且大多采用大肠杆菌和病毒为实验材料。另外,研究转座作用的分子遗传学技术当时尚未确立,而细胞遗传学技术又难以深入这方面的研究。尽管如此,麦克林托克早在1956年就明确提出了基因的结构因素和调控因素的区别,这比雅各布和莫诺提出操纵子模型要早5~6年。使这位女科学家感到欣慰的是"转移性调控因子"的概念,已经在许多生物类型中得到了证实,其中包括哺乳动物细胞中逆病毒的长末端重复序列(LTR)激活癌基因这样精彩的例子(详见本章 §7.3节)。

回顾麦克林托克60多年来取得的丰硕成果,我们可以明显地看到她每一个成果之间有一种必然的内在联系,她的每一个成就看来都是前一个成果符合逻辑的发展。这充分反映了她对科学事业的忠诚、孜孜不倦、兢兢业业、刻苦求实的精神和品格。她抓住了一个又一个很可能从别人眼前和手中滑过的细小的异常现象,通过创造性的科学思考不断引入非传统的观点,孕育出新的革命性的学术思想。她不说过头的话,每一篇文章只谈及实验所达到的理解程度。她不盲从他人也决不自负,她总是不断吸收新的思想来充实自己的研究工作。有人也许会想她的成就是否与她选择玉米作为研究材料有关,其实她成功的决定因素无疑是她那敏锐的观察分析能力和锲而不舍、埋头苦干几十年的功夫。

§7.3 原核生物中的转座因子

罗兹、麦克林托克、R.埃默森和纳尔逊等在玉米中的发现,很快在多种生物类型中得到证实,人们为这些能从基因组的一个位置运动到另一个位置上去的遗传因子起了一些很形象的名字，如控制因子（controlling element）、跳跃基因（jumping gene）、能动因子（mobile gene）、流浪基因（roving gene）、转座子（transposon）等。这些名字从不同角度反映了这种遗传因子的特点，其中比较准确又为多数遗传学家接受的名称是转座因子（transposable element）。在原核生物中具有某种特定结构和功能的转座因子又称为转座子。

转座因子在跳跃移动中钝化目标基因，阻断或抑制目标基因的表达，有时还累及邻近的基因，我们可以通过多种途径来发现它们的存在并研究它们的行为。科学家们已在噬菌体、动物病毒、细菌、真菌、昆虫和高等植物中证实了转座因子的存在，在哺乳动物和人类基因组中也发现了具有转座因子特征的结构。在分子水平上了解得最清楚的是细菌和噬菌体中的转座因子。对原核生物转座因子的研究使我们有可能提出一个转座因子作用的分子模型。本节将讨论四类不同的转座因子。

7.3.1 插入序列

插入序列（insertion sequence, IS）最先是在大肠杆菌的半乳糖操纵子（gal）中发现的。半乳糖操纵子是编码与乳糖代谢有关的几种酶的基因集合，它包括紧密连锁的结构基因E（编码透性酶）、T（编码转移酶）和K（编码激酶），以及一个正向控制的操纵基因O。起初有人发现了一种很特别的半乳糖激酶缺陷型细菌，这种突变型细菌发生突变的位置，可以在半乳糖操纵子的任何部位，时而在编码激酶的基因内，时而又在另外两个结构基因内，甚至还可位于操纵基因内。遗传分析表明半乳糖操纵子中的基因次序为：5′-O-E-T-K-3′。实验结果证实在突变型细菌的半乳糖操纵子中所有处于"突变点"的转录下游的结构基因都会因突变而丧失功能，故这种突变被称为极性突变。这类突变有两点值得注意：① 所有这类突变都能回复到野生型，所以不可能是缺失突变；② 这类突变向野生型的回复概率不会因任何诱变剂的处理而增加，所以它既不是碱基替代突变，也不是移码突变。那么，一个突变既不是点突变又不是缺失突变，它又能是什么性质的突变呢？让我们用分子遗传学的方法来分析一下。

用符号 gal^m 代表半乳糖操纵子中的这个突变，用噬菌体λ做溶原性转导，分离得到这个极性突变的DNA片段，用λdgal^m表示。然后，在含放射性元素的无细胞合成系统中，转录出具有放射活性的λdgal^m mRNA片段。分子杂交实验表明，这段放射性mRNA的其中一段核苷酸序列能和极性突变型细菌的DNA形成双链，但是它不能和野生型细菌的DNA的相应片段杂合。这说明突变型的半乳糖操纵子中有一段额外的、在野生型半乳糖操纵子中没有的DNA序列。进一步的研究表明λdgal^m mRNA还能和多种极性突变型细菌的半乳糖操纵子段DNA杂合，只是形成杂交分子段的位置不相同，也就是说同样结构的DNA序列插入了半乳糖操纵子不同位置。如果将来自极性突变菌的λdgal^m和来自野生型菌的λdgal⁺的DNA双链分别热变性后，再放在一起复性，就可以在电子显微镜照片中看到两者形成的λdgal^m/λdgal⁺杂合分子（图7-6a），从照片中可以看到杂合分子的某个

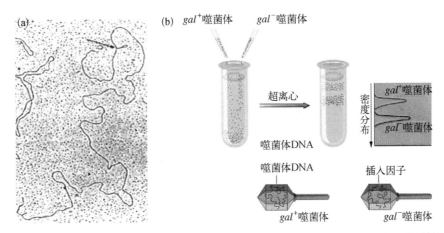

图7-6　(a) λdgal⁺/λdgal⁻杂合双链DNA分子电镜照片，箭头所示的单链环是插入半乳糖操纵子区的IS1A；(b) 利用超离心分离因带有*dgal⁺*或*dgal⁻*两种不同基因而呈现不同密度的λ噬菌体DNA的实验过程示意图（改自 A. Ahmed 和 D. Scxaba）

部位，有一小段突出的单链侧环，这就是λdgal^m存在着一个额外片段的又一证据。如果在制作电镜样本时，加入一个标出分子长度的标志分子，就可以量出这段插入半乳糖操纵子的DNA片段的长度约为800个核苷酸对，现在已精确测定其长度为768个核苷酸对。

归纳起来，大肠杆菌半乳糖操纵子的极性突变实际上是在操纵子的某一位置插入了一段额外的长度为768 bp的DNA片段，这种插入序列的嵌入不但使它所插嵌的目标基因失活，也影响插入位点转录下游的各个结构基因的表达。现已发现的这类插入序列至少有7种，长度都在1 000 bp左右。如IS1：768 bp；IS2：1 327 bp；IS4：1 428 bp；IS5：1 195 bp；IS903：1 057 bp。

还有一个问题是插入序列插入目标基因的方向问题。DNA双链分子的两条链上的碱基是互补但不是一样的。如果让一个DNA双链分子解链变性然后超速分离，就可以把两条互补链分开，根据它们的比重不同，可将两条链分为重链和轻链。退火复性时，只有重链和轻链相互形成互补双链，而两条重链或两条轻链因碱基序列相同而不能形成互补的双链分子。然而，当我们把不同的极性突变菌的λdgal^m的两条重链或两条轻链退火后混合复性，就会在电镜照片上发现一种形状奇特的杂合分子，它有一小段双链区，还拖着四条单链尾巴（图7-7），这表明这两个极性突变菌株的ISI插入方向是相反的。

我们还可以把不同的IS DNA分离出来，制备成放射性标记的探针，用来探测大肠杆菌的环状染色体。这样就会发现野生型细菌的

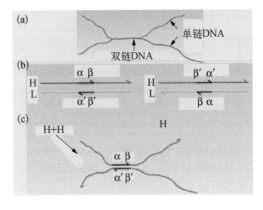

图7-7　两个IS1插入突变菌的*dgal^m/dgal⁺*DNA杂合分子电镜照片摹写图 (a)。(b)、(c) 是图 (a) 的解释。H和L分别表示杂交分子的两条方向不同的互补链，α和β分别表示IS1的两端（引自 A. J. Griffiths）

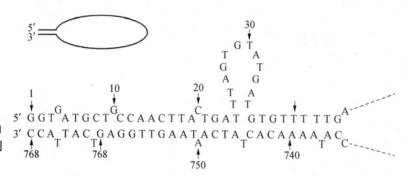

图7-8 插入序列IS1
端部的反向重复序列
（改自 H. Ohtsubo）

DNA分子上原来也有8个IS序列，其中5个是IS2序列，另外3个是其他插入序列。在F质粒、R质粒的环状DNA上也有不同数量的插入序列。所以，我们在不同的IS突变菌中，发现插入序列出现于同一基因的不同部位或者不同的基因，说明IS的确是会跳跃转移，并且具有在寄主细胞基因组的不同位置插入DNA分子的能动因子。

　　不同的插入序列结构不同，功能也不完全一样。例如，IS2比IS1长559 bp，两者的生物学功能也不尽相同。前面曾提及IS1插入大肠杆菌基因组的方向可以是相反的，作用却都是抑制目标基因功能的表达。IS2插入寄主细胞基因组的方向也可以是相反的，但插入方向不同的IS2作用是不完全一样的，它会因插入方向的不同，抑制或促进目标基因及其邻近基因的表达。有人曾测定过在抑制或者促进基因表达的情况下，目标基因及其邻近基因的mRNA和蛋白产物确实发生了变化。这就暗喻IS2很可能隐含了一段与调节RNA聚合酶功能有关联的特定序列，譬如，当IS2以顺方向插入时起促进子或启动子的作用，以反方向插入时起某种终止信号序列的作用。

　　关于插入序列还有一点要说明的是，DNA片段的迁徙转移和所有的生命活动一样是一个酶促反应。研究表明，一些DNA重组缺陷突变型细胞（recA⁻，recB⁻，recC⁻等）仍有IS插入突变发生。所以，有理由认为催化IS插入的重组酶系和同源DNA的重组酶系是不尽相同的。对插入序列的核苷酸序列分析表明，每个插入序列的两端都有反向重复序列（inverted repeat sequences，IR），这无疑是IS插入或脱离寄主细胞基因组的重要结构基础之一（图7-8）。

　　毫无疑问我们对插入序列的认识还有待于深入，但是我们可以认为所谓的IS突变，很可能是IS由于某种原因插进了某个在正常情况下不该插入的位置而造成的异常结果。而正是自然界的这种"异常"为我们打开了一条认识IS的小路，使我们有可能借此来认识正常情况下IS的功能和它的生物学意义。我们还将结合转座子来深入讨论插入序列的作用。

7.3.2 转座子和质粒

　　20世纪50年代，在日本的医院里发生了一次不同寻常的痢疾流行，从患者身上分离到的志贺痢疾菌（*Shigella dysenteriae*）竟然能同时具备对青霉素、四环素、链霉素、氯霉素和对氨基苯磺酰胺等多种抗生素的抗药性。还发现所有的抗药基因以一个抗性基因集团的形式传递,纵向可传递给子裔细菌,横向可以传递给其他对药物敏感的志贺痢疾菌,甚至还可以传递给别的细菌种群。这种具有多重抗药性的病原菌给患者带来了极大的痛苦,给医生带来了极大的困惑。

　　这种现象很快引起了遗传学家的注意,他们发现这个抗性基因集团的行为与细菌中的性因子F十分相像,也是一个能独立复制的环状DNA分子,定名为R质粒。在证实R质粒存在之后,就会很自然地提出几个问题: ① 这些质粒的作用模式是怎样的? ② 质粒怎样获得新的遗传特征? ③ 质粒怎样携带抗性基因在细菌之间转移?

　　如果把R质粒的环状DNA双链分子分离出来,加温变性后慢慢冷却退火,在电镜下可以看到有些复性后的质粒不呈现典型的环状而是特殊的哑铃状,只是两个球不一般大(图7-9)。图中环状部分是单链DNA,而连接两个单链环的是一个双链的"柄",它由两个反向重复序列所形成,研究表明这是一对插入方向相反的IS1。整个R质粒似乎就是两个IS1中间夹了一个抗性基因(图7-10),例如携带卡那霉素抗性基因的是一对IS1,携带四环素抗性基因的是一对IS3。携带质粒中的一个或几个功能基因与一对反向重复序列,构成一个能独立转移的遗传因子叫作转座子(transposon, Tn)。而质粒中除了Tn之外的部分是与抗性基因转移相关的功能基因,所以称为抗性转移功能区(RTF区,resistance transfer function region)(图7-11)。RTF区使质粒能在细菌间的交接中,从一

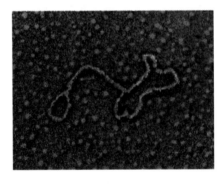

图7-9　质粒DNA变性后重新冷却复性后形成的哑铃状结构的电镜照片(引自 S. N. Cohen)

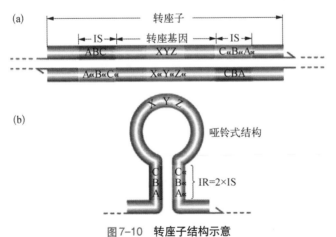

图7-10　转座子结构示意

　　(a)变性前,转座子的双链DNA中有一对反向插入的IS;(b)复性后,反向插入的IS使单链环状DNA发生内部杂合,两个IS成为一对反向重复序列,彼此形成双链,转座子上的功能基因(如抗性基因)成为单链的环

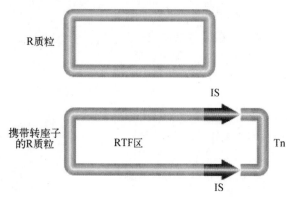

R质粒

携带转座子
的R质粒

IS

RTF区

Tn

IS

图7-11　质粒和插入了转座子的质粒

个细菌转移到另一个细菌中去。一个Tn是一个独立的转移单位，它能从一个质粒跳跃到另一个质粒上去，也可以从质粒跳跃到细菌的基因组上去。下面我们来分析一个转座子跳跃转移的实际例子。

假设转座子Tn3携有氨苄西林抗性基因Ap^R，位于大肠杆菌的质粒R64-1上。令Tn3转移到另一个质粒RSF1010上去，RSF1010也有一个转座子Tn4，携有磺胺的抗药性基因Su^R（相应的敏感基因为Su^S）和链霉素抗药性基因Sm^R（相应的敏感基因为Sm^S）。整个反应可用下式表示：

$$R64\text{-}1(Ap^R/Tn3) \rightarrow RSF1010(Su^RSm^R/Tn4)$$

操作时，先把R64-1的DNA分离纯化，同时用氯化钙处理携有RSF1010质粒的寄主细菌，以增加受体细胞摄取外源DNA的能力。再把R64-1的DNA作为转化DNA，加入含有RSF1010质粒的细菌的培养基中。经过适当的培养后，在含氨苄西林的培养基上选择转化细胞，并分析带有Ap^R基因的杂合质粒的抗药性性状。结果发现了下列四种不同的情况：

$$Ap^RSu^RSm^R \quad Ap^RSu^RSm^S \quad Ap^RSu^SSm^R \quad Ap^RSu^SSm^S$$

怎样解释这个结果呢？对于表型为$Ap^RSu^RSm^R$的转化细胞来讲，Ap^R/Tn3可能插入了受体质粒的环状DNA，但没有影响Tn4上Su^R和Sm^R这两个抗性基因的表达，其余三种表型的出现，则表明携有Ap^R基因的Tn3插入Tn4的不同位置，造成了Su^R或Sm^R基因失活，甚至造成受体质粒RSF1010上的两个抗性基因同时失活。

使用类似的方法，我们可以改造和构筑新的质粒，也可以把Tn转移到细菌的染色体上去。可以设想这种嵌入细菌染色体的转座子是不稳定的，在某种条件下又会游离出来。在这里我们看到一对插入序列就像是重新组合非同源DNA的一种"遗传学按扣"，它们携带了一小段DNA，组成了一个转座子，在一个DNA分子的不同部位，或不同的DNA分子之间跳跃转移，执行着一种或多种我们至今还不甚清楚的功能。只有当它们的活动"出轨"，造成细胞功能"异常"时，才会被我们发现。

转座子所特有的高度能动性的结构基础是什么？DNA分子的电镜观察和核苷酸序列分析表明，所有的转座子两端的核苷酸序列都是反向重复的，称为反向重复序列（inverted repeat sequence，IR）。比如，Tn3的两端有一对长度为38 bp的IR，而接受转座子的目标基因的插入区也有5~9 bp组成的IR，这段IR在Tn插入前并不重复，只是在和Tn插入相伴的DNA复制过程中才合成了另一个拷贝。图7-12显示了目标基因中的IR和Tn中的IR是不同源的。

还有一点要提及的是，有时单个IS序列也可插入DNA分子的某些区段，引起功能基因的钝化或失活，例如，前面提到的dgal^{m}就是一个IS插入。

转座子能动性的分子基础是一对反向重复序列。现已了解这种携有反向重复序列的DNA片段在自然界中广泛存在，有些病毒的原病毒往往也是两端带有

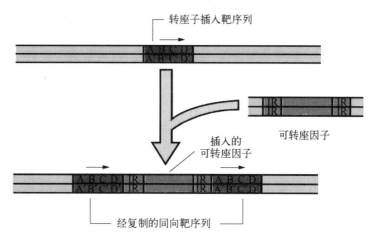

图7-12 **Tn插入目标基因时,目标基因复制IR,形成插入反应后Tn两侧的IR序列**(引自L. Stryer)

端部重复序列的。又如,能引起多种呼吸道疾病的腺病毒,在它的线状DNA分子上就装备了反向重复序列。再如,致瘤的疱疹病毒也被发现带有IR序列。从分子遗传学角度看,研究得最清楚的是逆病毒(retrovirus,又称反转病毒)中的重复序列,下面将专门列题讨论这个问题。

7.3.3 噬菌体Mu

噬菌体Mu是已知的唯一一种可以称为转移因子的噬菌体,它的双链DNA长37 kb左右,比一般的IS序列长得多。噬菌体Mu也能自由地以不同的方向插入细菌的基因组或质粒的任何部位,它不仅可引起插入部位基因的突变,而且这些突变大多是极性突变。Mu的名称即来源于它的致突变特性,Mu就是mutator(突变因子)的缩写。和理化因素诱发的突变不同,由生物因子Mu"诱发"的基因突变是不能用任何一种化学诱变剂来回复的,除非采用某种巧妙的遗传学技术,才能将Mu从插入的部位切除掉。脱除后复活的Mu DNA与插入前完全一样。这至少说明了两点:① 插入并不造成噬菌体Mu遗传物质的丢失;② Mu的DNA分子从寄主DNA上切割脱除的过程是非常精确的。

噬菌体Mu的DNA分子的两端各有一个附着位点,称为attL和attR。值得注意的是Mu DNA的两侧并没有反向重复序列,然而,单链DNA的attL最初的31个碱基和attR最前面的91个碱基之间会形成复杂的二级结构(图7-13)。

噬菌体Mu的复制显然是不同于噬菌体λ的,它是在转移的过程中复制DNA拷贝的。成熟的Mu DNA两端都带有一小段寄主细胞的DNA,称为寄主DNA尾端(图7-14)。在新的一轮转移中,寄主DNA尾端并不插入新的寄主基因组。这段寄主DNA尾端的功能尚不清楚,很可能和Mu DNA转移稳定性有关。

与任何一种转移因子一样,噬菌体Mu也能作为"遗传学按扣"而携带功能性DNA片段,在寄主细胞基因组和质粒DNA分子上游跳跃转移。例如,Mu既可以插入F因子或λ噬菌体,也可以转移这些因子。图7-15表示一对插入方向一致的Mu DNA携带一个完整的λDNA,成为λ插入细菌基因组的分子间介。在某种特定条件下,Mu的插入也可以引起寄主DNA的缺失、重复和结构重排。

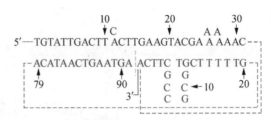

图7-13　单链Mu-DNA两端可能形成的二级结构（改自R. Kahman和D. Kamp）

　　图中数字系碱基序号，5′端显示attL的最初31个碱基，3′端显示attR的91个碱基，红色虚线为attR 21—78号碱基，这段未参与二级结构的形成，蓝色虚线是attL 32—92之间的*Alu*-DNA。

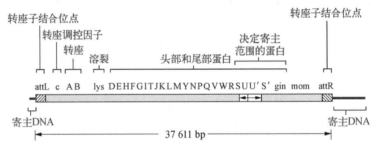

图7-14　噬菌体Mu基因组结构与功能区域分布和寄主DNA尾端示意

图7-15　噬菌体Mu 基因组携带λ基因组时的同向插入结构

7.3.4　逆病毒及其长末端重复序列

　　1910年美国洛克菲勒医学研究所的劳斯用鸡肉瘤组织的无细胞滤液诱发鸡肉瘤成功，并据此提出了病毒致癌假说。差不多经过半个世纪的争论和实验研究，1966年劳斯以85岁高龄获得诺贝尔生理学或医学奖。

　　现在已知劳斯肉瘤病毒是一种RNA肿瘤病毒，它的遗传信息载体是RNA。劳斯病毒感染寄主细胞后，由病毒RNA编码的反转录酶（又称逆转录酶）把RNA分子所载的遗传信息反向转录成单链DNA，进而又在同一种酶的作用下，以反转录产物为样板，复制其互补链，形成双链DNA分子。这个双链DNA分子随即整合于寄主细胞的基因组，以后就在寄主细胞有关酶系的催化下转录出mRNA，翻译出病毒的特异性蛋白质。因为逆向转录是RNA肿瘤病毒感染和复制中的关键性步骤，又是它和其他病毒的主要区别，所以现在多数文献上正式称它为逆病毒或者反转病毒。

　　逆病毒的基因组除了编码逆转录酶的基因*pol*外，还有编码病毒外壳蛋白的基因*env*和编码族特异性蛋白的基因*gag*。此外，往往还有一个在生物演化的进程中源自寄主细胞的癌基因（oncogene），这个细胞原癌基因的内含子已不复存在（图7-16）。在这里我们要进一步讨论的是逆病毒的某些与转移因子十分相似的生物学特性。

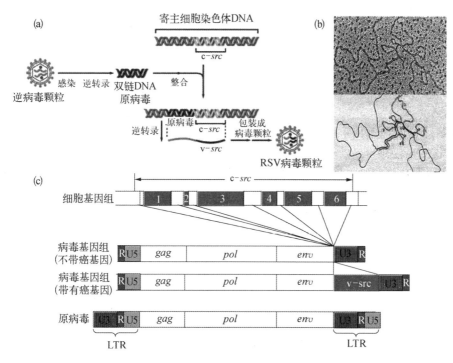

图7-16　(a) 逆病毒整合v-*src*并通过逆转录去除内含子序列可能的演化过程；(b) c-*src*和v-*src*结构比较的电镜照片及其诠释图，注意两种分子之间不能杂合的内含子形成突出的单链环；(c) *RSV*基因组结构变化示意（改自J. M. Bishop等）

当逆病毒的双链DNA分子以原病毒的形式整合于寄主细胞基因组时，它的两端带有一对很长的重复序列，称为长末端重复序列（long terminal repeat, LTR）。这对LTR使原病毒DNA具有类似转座子的能动性。LTR由三部分组成（图7-17），U3是病毒RNA分子3'端的特异序列，U5是5'端的特异序列，中间是一段重复序列R。核苷酸序列分析表明，U3和U5各有一段长度为15 bp的反向重复序列，R段内部也有自身的重复序列。最引人注意的是U3段包含了一套促进和启动真核生物基因表达的功能序列，即Hogness框序TATA这个真核基因转录的起始信号，它位于R段的5'端上游。靠近R段的部分还有多聚腺苷酸出现的信号序列AATAAA。原病毒的两端都有LTR，表明它既能调节病毒DNA的转录，又能调节寄主细胞DNA的转录（图7-18）。如果逆病毒的DNA整合于寄主细胞的

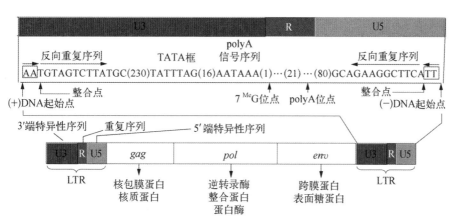

图7-17　LTR对病毒以及寄主基因转录调控作用示意（改自H. E. Varmus等）

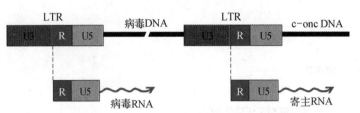

图7-18 LTR对病毒以及寄主基因转录调控作用示意（引自 H. E. Varmus）

癌基因的转录上游，则会明显地促进寄主细胞癌基因的表达。这是关于癌基因表达异常的所谓"激活调控"学说的实验基础之一。另一种学说是癌基因结构改变导致表达的蛋白产物变异和细胞恶性转化。我们将在第8章专门讨论突变致癌学说的分子遗传学问题。

§7.4　真核生物中的转座因子

20世纪中叶麦克林托克的革命性发现，以及一代又一代遗传学家在原核生物和真核生物中的出色工作，使我们认识到转座因子在基因组的构建与扩展，同源重组和表观遗传调控机制的形成与演化进程中起着极为重要的作用。

从逆病毒和其他转移因子的结构分析，我们可以勾画出转移性遗传因子的结构通式：在一个单拷贝的功能基因DNA序列两侧是一对由数百个碱基对组成的同向重复序列。重复序列的端部是由几个碱基对组成的反向重复序列（IR），这对IR往往并不是绝对互补的，因而会形成形状各异的二级结构。一个完整的转移单位的两端是4~6 bp的源于寄主目标基因的插入区序列，插入前寄主细胞基因组中只有一份插入序列，在插入过程中才复制成对。图7-19是上述通式的一个形象的模式图。

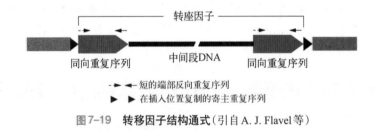

图7-19　转移因子结构通式（引自 A. J. Flavel等）

真核生物能动因子的转座机制与细菌也很相似。

7.4.1　黑腹果蝇基因组中的*P*因子

现在知道麦克林托克在玉米中发现的转座因子*Ac*是DNA转座子（DNA transposon）。第一个在分子水平得到阐明的DNA转座子是黑腹果蝇（*Drosophila melanogaster*）的*P*因子（*P* elements）。

果蝇*P*因子的发现源自一次意外的杂交不育实验。当人们将实验室最常用

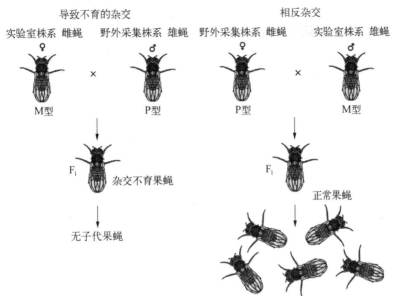

导致不育的杂交   相反杂交

实验室株系 雌蝇   野外采集株系 雄蝇   野外采集株系 雌蝇   实验室株系 雄蝇

M型   P型   P型   M型

F_1 杂交不育果蝇 F_1 正常果蝇

无子代果蝇

图7-20 **黑腹果蝇的 *P*因子导致不育现象的可能原因**(引自A. J. Griffiths)

的黑腹果蝇株系的雌蝇与野外采集的黑腹果蝇株系的雄蝇做杂交试验,发现由此产生的子代果蝇竟然是不育的。而相反的杂交,即野外采集株系的雌蝇与实验室常用的果蝇株系的雄蝇杂交产生的子代果蝇却是正常可育的。那么,这种杂交不育(hybrid dysgenesis)究竟是基因突变还是染色体畸变引起的呢? 我们把杂交中实验室常用的果蝇株系的细胞类型称为M型,把野外采集株系果蝇的细胞类型称为P型。实验中M型雌蝇与P型雄蝇杂交产生的子蝇的生殖系细胞出现了高频率基因突变和染色体畸变,以及染色体不分离等异常现象而不能生育,成为有生物学缺陷的不育果蝇。有趣的是相反的杂交,即P型雌蝇与M型雄蝇杂交产生的子蝇是正常可育的。

值得注意的是大多数果蝇的不育性状是不稳定的,会以很高的频率回复成野生型或变为其他等位基因的突变,这种不稳定性往往限于M型果蝇的生殖系细胞。这种现象和玉米中转座因子插入突变的高回复率极为相似。于是有学者提出了一种假设,认为果蝇的这类杂交不育可能是转座因子插入特定基因致使其失去功能所造成的,那么,这种突变的回复就应该是插入序列被切除的结果。这个假设在果蝇不稳定的白眼突变(white, w)株的成功分离中得到了验证。实验分析证实这个突变株的绝大部分突变果蝇是由于一个称为 *P*因子的转座因子插入了野生型等位基因 *w* 而造成的,而M型果蝇株则完全没有 *P*因子。分析还表明在P型果蝇株的每个基因组中存在着30~50个 *P*因子拷贝, *P*因子长度因中间部分存在不同程度的缺失而不同,它的变化范围从0.5~2.9 kb。现已测得黑腹果蝇完整的 *P*因子长度为2 907 bp,含4个外显子和3个内含子,两侧装有31 bp反向重复序列(图7-21)。图中显示了 *P*因子的4个外显子ORF0、ORF1、ORF2和ORF3,以及3个内含子,两侧的红色三角形为反向重复序列。在体细胞中前3个外显子剪接在一起表达,经翻译后生成分子量为66 000的抑制蛋白能

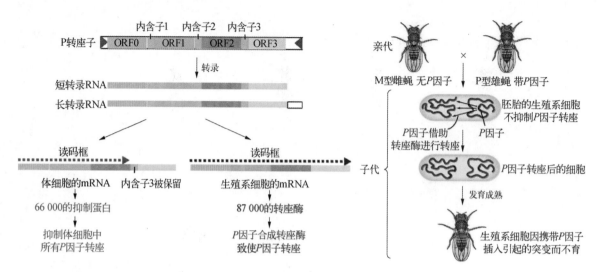

图7-21　**果蝇P因子的结构及其在体细胞和生殖系细胞中的差异性转录、翻译与遗传学效应**（改自A. J. Griffiths等）

抑制所有P因子的转座活性。在生殖系细胞中4个外显子都剪接在一起表达，经翻译后生成分子量为87 000的转座酶，使P因子得以在M型细胞中转座。不育和其他遗传损伤就是基因组中的P因子和分子量为66 000的抑制蛋白在M型细胞中相互作用的后果。

对于杂交不育的解释的假设是，野外采集株果蝇的基因组中除了存在P因子外还有一种抑制P因子转座的抑制蛋白。按照这个模型，P因子不但编码负责自身转座的转座酶，也编码阻遏转座酶合成的抑制蛋白。出于某种未知的原因，实验室株果蝇不含有P因子，所以细胞质中不存在P因子编码的抑制蛋白。当不含P因子的M型雌蝇与携带了P因子的雄蝇交配时，因为精子只提供带P因子的基因组，而不提供含有抑制蛋白的细胞质，来自雄蝇的P因子就处在新形成的没有抑制蛋白的受精卵细胞质中，所以就可以在基因组中进行转座，一旦插入功能性基因引起突变，就可能导致不育等遗传损伤。而P型雌蝇与M型雄蝇杂交时，因由雌蝇提供的细胞质中存在着P因子及其编码的抑制蛋白阻遏了转座的发生，因此不会造成不育。那么，为什么实验室果蝇株不含P因子呢？一个可能的解释是，我们使用的实验室株果蝇是摩尔根等从100年前采集的果蝇样本逐步选育而成的，那个时期的果蝇群体中并不含P因子。然而，在此后的100年中的某个时间，P因子进入了野外的果蝇自然群体。尽管P因子进入果蝇群体的真实情况并不清楚，但研究显示转座子确实能迅速从群体中极少数个体扩散到整个群体，就像携带抗性基因转座子的细菌会将转座子迅速地扩散至原先敏感的细菌群体一样。

P因子插入引起的基因突变还可以用于基因定位的标记工具。P因子的插入会使被插入的基因断裂而丧失功能，并产生异常的表型。如果将P因子的部分DNA序列做成探针，通过分子杂交就能找到断裂的基因，还可以进一步克隆这个基因，这种实验方法称为转座子标记法（transposon tagging）。鲁宾（G. Rubin）和斯波拉廷（A. Spradling）还将P因子用作果蝇的转基因实验工具,开创了果蝇的逆向遗传学(reverse genetics)研究。传统的经典遗传学主要借助自发突变或诱发突变产生的表型变异来定位基因、研究基因的结构和功能、克隆,以及在分子水平上鉴定基因。逆向遗传学则把研究的程序反过来,通过分子生物学技术将突变引入序列已知的基因,再分析突变造成的表型效应,如特定生物学或生物化学反应的阻断,及其引起的异常表型来分析结构与功能的关联。转座因子的插入技术则是逆向遗传学研究的重要工具。现在 P 因子已经成为果蝇遗传学家最感兴趣也是在基因工程实验中最有应用价值的转座因子。

麦克林托克最初在玉米中发现的 Ds-Ac 转座系统中的 Ac 因子两侧也有反向重复序列,并能编码转座酶,所以是能自行独立进行转座的自主型转座子。Ds 因子不能编码转座酶而不能自行转座,所以称为非自主型转座子。当基因组中存在 Ac 因子时,它编码的转座酶能识别并结合于 Ac 或 Ds 的两端,以启动转座过程(注意:Ac 和 Ds 同属一个转座子家族,可以相互识别和相互作用,在玉米中还存在多个不同的转座子家族,参见图7-5)。与 P 因子只能在果蝇基因组中发挥作用不同,Ac 作用的范围可以从玉米扩展到模式生物拟南芥和水稻、大麦等农作物的基因组。实际上 Ac 因子早就成了植物遗传学研究和农作物育种的重要分子工具。

现在看来麦克林托克发现玉米的转座因子也许并不是完全偶然的,研究表明在现今玉米(Zea mays)的总量为 2.3 Gb 的基因组中,几乎85%是转座因子。玉米约有 40 000 个平均长度为 3.3 kb 的基因,这些基因就像由 100 万个转座子和逆转座子组成的汪洋大海中的点点孤岛。

7.4.2 人类基因组中的转座因子

自从在玉米、果蝇、酵母和多种原核生物中发现了转移因子以后,人们最关心的是人类基因组中是不是也存在着这种转移性遗传因子。许多研究中心和实验室都曾经探索过这个问题。这里简单介绍一下美国休斯敦得克萨斯大学的罗伯荪(D. L. Robberson)等早期有代表性的研究工作。罗伯荪等以人类基因组中的 Alu 序列为研究目标,Alu 是施密德(C. Schmid)等在1979年分离到的重复序列家族,因具有 Alu I 的切割序列而得名。Alu 序列长约 300 bp,它是人类基因组中重复程度最高的一类重复序列,约有 50 万份,相当于人类基因组的10%左右。已知的人功能基因的基本结构往往是一个单拷贝序列夹在两个重复序列中间,而多数都是夹在两个 Alu 重复序列中间。如果将人的基因组 DNA 变性后复性,再用切除单链的核酸酶 S1 处理,就可得到大量 300 bp 的 DNA 片段。这个片段经过限制性内切酶 Alu I 处理后就分为 170 bp 和 120 bp 两段。罗伯荪等曾经认为 Alu 所起的作用和 LTR 在转移因子中的作用很可能是相似的。此外,许多实验表明 Alu 序列和 DNA 的复制和核内 RNA 加工过程有关联。

为了验证这个假设,罗伯荪等利用克隆于噬菌体 λ 的两段含 Alu 序列的人 DNA 片段 pλ^{H15A} 和 pλ^{H15B}(图7-22)作为探针来研究人类基因组中 Alu 序列的结构、分布和可能的功能。

图7-22　pλHA15和pλHA15结构示意（引自 B. Calabretta）

A、B是单拷贝的功能基因。

图中"*Alu*-功能基因-*Alu*"这样的结构是符合转移因子结构通式的。有了携有功能基因A或B的探针，就有可能探测出基因组中包括的"*Alu*-A-*Alu*"或"*Alu*-B-*Alu*"结构的数量和位置，并由此推断这样的结构是不是一个类似转移因子的结构。这里要重点介绍以pλ^{H15A}为探针所做研究的几个结果。

（1）在正常细胞和肿瘤细胞的基因组DNA中，与pλ^{H15A}同源的DNA片段的长度不同，相同长度的片段，拷贝数也不尽相同。

（2）源自肝、肺、心、脾、小肠、脑和肾等脏器的细胞中，与pλ^{H15A}同源的DNA片段的长短不一，同一长度的片段，拷贝数也不相同。

（3）取自淋巴细胞白血病、肝癌、骨髓癌等肿瘤的癌细胞中，与pλ^{H15A}同源的DNA片段的长度和拷贝数均不相同。

（4）用限制性内切酶*Eco* R Ⅰ、*Bam* H Ⅰ、*Hin* d Ⅲ和*Bgl* Ⅱ切割后，所得到的与pλ^{H15A}同源的片段中的共同主段长度均为4.8 kb。这暗示这段DNA很可能是一个环状DNA分子，环上有上述各种酶的一个切点，电镜观察也支持这种看法。

（5）用含*Alu*序列的探针探明每个环状DNA分子都有*Alu*重复序列。

综合上述结果，罗伯荪等认为人类基因组中的"*Alu*-功能基因序列-*Alu*"结构是类似转座子的。它在不同的组织细胞与不同的发育阶段都有各不相同的插入部位和数目不等的扩增拷贝数，还可能和肿瘤的发生密切相关。这种以*Alu*重复序列为"遗传学按扣"的转移性遗传因子式结构，大大增加了人类基因组的能动性。

从麦克林托克在玉米中发现转座因子到对原核生物中转座子的深入研究，为系统研究高等植物、动物和人类基因组中转座因子的结构与功能、转座的机制，及其如何影响寄主基因的结构与表达等问题奠定了基础。

近年来的基因组测序计划表明来源于各类转座因子的DNA在人类基因组中约占45%，且有多种结构特征，而编码基因序列仅占1.5%（图7-23a）。根据转座移动方式可以将这些转座子分为逆转座子（图7-23b）和DNA转座子（图7-23c）。逆转座子包括短散布重复元件（short interspersed nuclear element, SINE）如*Alu*、长散布重复元件（long interspersed nuclear element, LINE）如L1和人类内源性逆病毒（human endogenous retroviruses, HERV）。DNA转座子如图7-23c所示的MARINER。其中HERV和LINE具有编码转座所需的基因，所以是自主型逆转座子，而*Alu*和SVA（short interspersed element/variable number of tandem repeat/*Alu*）因没有这些基因被列为非自主型逆转座子。

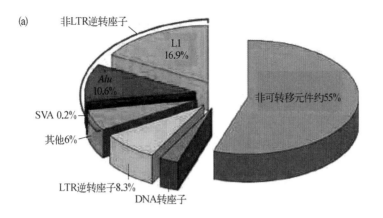

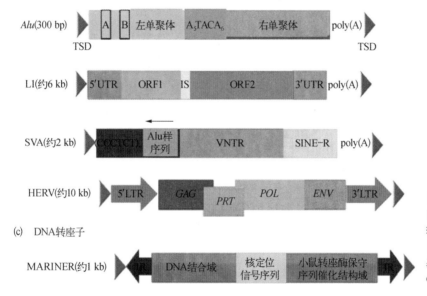

图7-23 (a) 人类基因组中的几类主要的转座因子所占比例；(b)、(c) 各类转座子的基本结构示意 (改自 R. Cordaux 和 Y-J. Kim 等)

　　Alu 由左右两个单聚体组成，中间是一段富含腺嘌呤的序列，左侧单聚体带有内在的 RNA 多聚酶 Ⅲ 启动子 (图中的 A 框和 B 框)。L1 全长约 6 kb，具有编码 RNA 结合蛋白、内切酶和逆转录酶基因的开读框架 (ORF)，两侧带有非翻译区 (UTR)。ORF1 和 ORF2 之间是一段约 60 bp 的基因间隔区 (intergenic spacer, IS)。VSA 有一段 (CCCTCT)$_n$ 六聚体，还有 *Alu* 样 (*Alu*-like) 序列和数目可变的重复序列 (VNTR)，以及短的散布因子 R (short interspersed element-R, SINE-R)，图中还在 *Alu* 样序列上方用箭头显示出 *Alu* 序列的方向。HERV 具有编码用于病毒感染的属特异性抗原的基因 *gag*、编码蛋白酶的基因 *prt*、编码多聚酶的基因 *pol* 和编码外壳蛋白的基因 *env*，两侧装有长末端重复序列。DNA 转座子 MARINER 具有能编码带有 DNA 结合结构域和催化结构域的转座酶的基因，两侧装着反向重复序列 IR。所有的转座因子的两侧都携带在整合过程中

装上的插入靶位复制序列（target site duplication, TSD）。

研究数据表明，人类基因组中的自主型无LTR逆转座子（如LINE）长度为1~5 kb，拷贝数为20 000~40 000，占基因组的21%；非自主型无LTR逆转座子（如SINE）长度为100~300 bp，拷贝数为1 500 000，占基因组的13%；DNA转座子也分自主型和非自主型，自主型DNA转座子长度为2~5 kb，非自主型DNA转座子长度为80~3 000 bp，两者合计拷贝数约为300 000，占基因组的3%。显而易见，转座因子在人类基因组中的分布非常广泛，几乎深入到每一个结构基因内部。我们可以用一个生动而形象的实例来说明。尿黑酸-1, 2-双加氧酶（homogentisate 1, 2-dioxygenase, HGO）是一个典型的疾病相关基因，它的缺陷可导致尿黑酸尿症。图7-24显示了人类HGO基因中的重复序列，值得注意的是分布在基因区的转座子都位于内含子中，所以转座子序列在原始转录产物中的剪接过程中都会和内含子序列一起被切除。这种安排可能是生物演化的结果，最初插入外显子的转座子序列很可能在生物演化过程中被"负选择"掉。

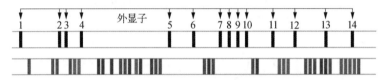

图7-24 人HGO基因中重复序列的种类及其分布示意（仿自B. Granadino等）

图中上部显示了HGO基因外显子位置，下部显示了重复序列Alu（蓝色）、SINE（紫色）和LINE（绿色）的位置。

转座因子在基因组中的转座方式主要分两种。DNA转座子采用切割-粘贴（cut-and-paste mechanism）转座模式。转座子先利用自身编码的转座酶识别转座子两侧特异性序列，接着与靶DNA结合形成转座小体，最后转座酶切割供体DNA和靶DNA，并将转座子整合至靶位完成转座（图7-25）。整个转座过程并不涉及转座子的复制，所以DNA转座子在寄主基因组中的拷贝数不会大幅度扩增。需要注意的是，DNA转座子的准确切离（precise excision）是转座子原先所在基因恢复功能的先决条件。

逆转座子的转座不以切割原转座子为前提，而是以其RNA转录产物为介导，经过逆转录为DNA拷贝，再转座至新的靶位。因为单个逆转座子可以转录出许多RNA，又可逆转录出多个DNA拷贝扩散至寄主基因组，插入后的转座子又是稳定而持续的，不易再被切除，因此在转座过程中会增加其在基因组中的拷贝数。

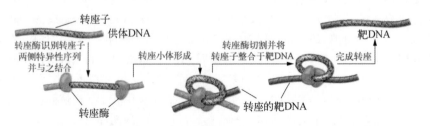

图7-25 DNA转座子的"切割-粘贴"转座模式示意（改自A. Changela等）

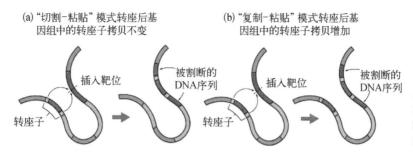

(a) "切割-粘贴"模式转座后基因组中的转座子拷贝不变

(b) "复制-粘贴"模式转座后基因组中的转座子拷贝增加

插入靶位 被割断的DNA序列 转座子

插入靶位 被割断的DNA序列 转座子

图7-26 **两种类型转座子的转座模式直接影响它们在寄主基因组中的拷贝数**(改自L. Solomon)

这种转座方式又称为复制-粘贴(copy-and-paste mechanism)转座模式。显然逆转座子的转座机制是导致它们在寄主基因组中数量极多的重要原因。图7-26显示了两种转座模式的主要差别。

差不多10年前遗传学家会通过对转座因子插入特定基因来研究转座因子对基因表达调控的影响,现在已经有可能分析转座因子对整个基因组调控的作用。研究发现转座因子含有多种调节序列,如启动子、增强子、多聚A信号序列、隐蔽的剪接供体和剪接受体序列等,这些调节元件都可能改变邻接基因转录产物的构型。

图7-27是转座因子插入方式或位置不同造成的寄主基因组结构变异和基因表达异常示意图。一般转座子通过对寄主基因组内插入靶点的特定序列5'-TTAAA-3'的识别实现典型的转座因子插入(图7-27a),有时也有可能发生转座因子的非典型插入(图7-27b);两个转座因子之间如发生非同源端部融合(non homologous end joining, NHEJ)则会造成涉及几个碱基对的微型缺失(图7-27c);转座因子也可能造成染色体内部或染色体之间的非等位基因间同源重

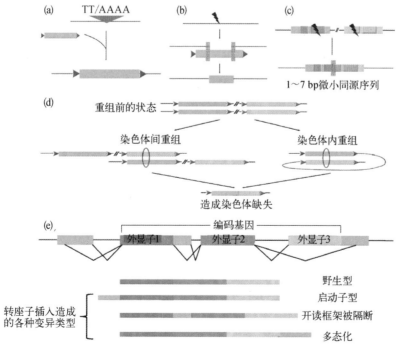

图7-27 **转座因子插入方式或位置不同造成的寄主基因组结构变异和基因表达异常示意**(改自Y. J. Kim)

灰色和粉红色三角形代表插入靶位重复序列;黑色线条代表转座子不同的剪接方式;灰色线条表达间隔区域;椭圆形圈内是同源重组区域;粉红色框是微小同源序列区。

组（nonallelic homologous recombination, NAHR），致使相关染色体产生缺失（图7-27d）；此外，由于插入寄主基因组的位置不同，转座子插入后组合成的序列可转录出不一样的转录产物，经剪接后或可形成开读框架正常的mRNA，也可能产生多种异常结构，导致寄主基因表达受阻（图7-27e）。

在了解人类基因组中转座因子的结构以后，我们最关心的是几乎占了整个基因组一半的转座子或转座子样结构究竟有什么功能？它们的结构或功能异常又会造成什么样的后果？会不会影响健康，甚至导致疾病？

7.4.3　转座因子与疾病

显然，无论是逆转座子还是DNA转座子，经转座插入基因或基因间序列都有可能改变细胞的基因结构或表达，增加基因组的不稳定性，甚至造成基因突变和染色体畸变。转座子也就有可能因某些原因而成为插入型生物诱变剂，也就有可能因此成了遗传病和肿瘤的致病因素。

转座子在人类基因组中的异常转座引起与疾病有关联的表型的报道虽然还不多，但是，已有的研究确实表明人类基因组中的转座因子会产生大量的遗传学变异。初步的流行病学调查提示，每20~200个新生儿中就有1个被预测携带一个新的转座因子插入。沃热霍夫斯基（I. Vorechovsky）曾经对先前研究过的与51种疾病相关的78个基因中的转座因子，发现其中有40例存在转座因子，且多数与*Alu*的隐含外显子（cryptic exon）相关。通过对实验数据的分析，他提出除了转座因子中的隐含启动子外，还必须注意因突变而诱发隐含外显子在疾病发生发展中的病理学分析。

表7-1列出了人类基因组中几种与转座子相关联的疾病涉及多种不同系统的遗传病，它们的疾病相关基因、转座子类别和转座机制均已被证实。这就清楚表明，疾病相关基因中的转座子插入也可能是致病的重要原因，使我们关于遗传性疾病诊治的传统思路有所拓展。

表7-1　人类基因组中的转座子引起的与疾病关联的表型

受累基因	疾病	转座因子	机制
NF1	多发性神经纤维瘤（neurofibromatosis）	*Alu* Ya5	内含子/跳转
BCHE	胆碱酯酶缺乏症（acholinesterasemia）	*Alu* Yb8	外显子插入
F9	血友病B（hemophilia B）	*Alu* Ya5	外显子插入
CASR	家族性低钙尿症高钙血症（familial hypocalciuric hypercalemia）	*Alu* Ya4	外显子插入
ADD1	亨廷顿病（huntington disease）	*Alu*	内含子
Factor VIII	血友病A（hemophilia A）	L1	外显子插入
APC	家族性腺瘤性息肉病（FAP）	L1	外显子插入
Dystrophin	肌营养不良（muscular dystrophy）	L1	外显子插入
Globin	β地中海贫血（β-thalassemia）	L1	内含子
RP2	视网膜色素变性（retinitis pigmentosa）	L1	内含子
Fukutin	肌营养不良（muscular dystrophy）	L1	内含子/跳转

注：资料来源于R. E. Mills等（2007）。

研究还提示体细胞中的转座因子插入可能作用于特定基因而促进恶性肿瘤的起始和发展。例如通过PCR检测，证实肺癌中至少存在9种体细胞水平的转座因子插入。相当一部分的插入片段两侧带有转座子序列。有人证实在被检测的20例肺癌中有6例（30%）至少新增1个L1插入事件。序列分析提示，L1一旦插入就可能促进人类肿瘤中常见的大规模染色体重排。这种因转座子引起的大尺度DNA重排在基因点突变、DNA损伤修复、染色体畸变之外，提供了一种癌症基因组突变的新机制。无疑L1插入事件高频率出现在肺癌基因组中应该引起我们的关注。最近有人提出，家族性肿瘤敏感可能与癌症相关的转座因子谱有关，认为生殖细胞和体细胞中的转座因子插入在肿瘤发生发展进程中可能存在协同作用问题。

神经系统疾病是转座子插入与疾病关联研究的又一个热点，2013年美国神经科学年会专门讨论了转座因子与中枢神经系统疾病的关系。

2012年美国国立卫生研究院伯克（J. D. Boeke）研究组和约翰·霍普金斯大学的奥唐奈（K. A. O'Donnell）研究组合作利用工具性转座子睡美人（sleeping beauty）的插入突变实验，发现了肝癌相关的三个抑癌基因：核受体共激活因子（neclear receptor coactivator, *Ncoa2/Src*）、锌指转录因子（zinc finger transcription factor, *Zfx*）和β小肌养蛋白（β-dystroobrevin, *Dtnb*）。这是在医学领域中以转座因子为生物诱变剂进行逆向遗传学研究的范例。随着遗传作图、诱发突变、克隆基因和构建转基因生物等转座子技术的逐步成熟与检测技术的进步，将为转座因子和转座过程研究提供前所未有的新机会。毫无疑问，激活和未激活的转座因子的"扰乱"会更频繁地出现于人类遗传学和医学遗传学领域。

§7.5 转移因子的生物学意义

转座因子在基因组中分布之广，种类之多，它们的转座涉及基因结构和染色体结构的改变，以及它所拥有的调控寄主细胞基因功能表达的潜能，暗示转座因子在各种类型细胞的基因组结构的组织和聚集、变异和演化、基因表达的调节和分化中扮演了非常重要的角色。它之所以在初看时给人以莫明其妙的感觉，是因为我们发现它的时候往往是它插入基因、钝化基因并给寄主细胞带来麻烦、造成缺陷，甚至把细胞推向恶变的时候。其实，从孟德尔开始的遗传学研究，都是从基因的结构和功能的异常开始的，科学家们抓住这些"异常"，透过这些"异常"现象曲曲折折反映出来的本质，逐步增进了对基因的正常结构和功能的认识。那么，转移性遗传因子给了我们什么启示呢？

7.5.1 转座因子有助于基因组新的功能性组分的构建

随着果蝇、小鼠、拟南芥、水稻和人等多种不同类型生物的全基因组测序计划的完成，我们知道了高等生物基因组中有不同类型的重复序列，其中有些与转座子相似，最值得注意的是这些序列的数量竟然占了真核生物DNA的很大部分。

人类基因组中转座因子的DNA总量比编码基因DNA数量多20~30倍。其中完整的和部分缺失的*Alu*序列占基因组的10%，*Alu*序列或位于基因的两侧，或位于内含子中间，形成"*Alu*–功能性DNA片段–*Alu*"这样几乎遍布整个基因组的特殊结构。*Alu*和L1等插入序列在人类基因组中的大量存在表明自然选择至今没有严格地作用于这些转座子，也暗示着它们对人类的生存可能有某种重要意义。其中很可能隐含着基因组演化中基因结构元件的移动和组合的重要机制。例如，相当数量的转座因子插入基因组的异染色质区或编码基因的内含子区，这些区域也许是转座因子在生物演化过程中避免"负选择"的避难所，然而，是不是也可能是孕育新基因的温床呢？

转座因子及其编码的酶有非常精确的序列识别能力和从供体位点上准确地切割下来的能力，而对插入靶位却很少有序列特异性要求，甚至没有特异性要求，这种特性造就了它们在真核生物基因组的发展形成中的特殊且不可替代的重要地位。

转座因子的转座会造成插入突变，产生新的转座因子，在转座中催生新的基因，转移新的基因，转座子的不精确切离造成寄主基因突变，通过转座因子之间的重组则可能诱导染色体结构变异，以及转座因子转录产物的多态现象（图7-27）。所有这些看似异常的现象都在暗示转座因子在新基因的创造和原有基因的结构修饰，以及基因编程和重编程的进程中起着创造性作用。近年来的研究确实发现许多转座子和逆转座子携带了在转座过程中捕获的编码基因片段或与基因表达调节相关的DNA片段。例如，玉米的R基因编码的转录因子是花青素（anthocyanin pigments）合成所必需的，在R–r这对等位基因中包含了4个串联排列的重复序列，只有一个是完整的编码序列，另外几个是被截短的片段，把它们隔开的是正向和反向插入的*Doppia*转座子。其中完整的编码序列为玉米编码花青素，几个被截短的片段则支持种子中的色素表达。

有人甚至提出，与基因组的大小直接相关的并不是编码基因和调控基因的数量，而是基因组中源自转座因子的DNA数量。事实上，基因组较大的生物确实具有较多类似转座因子序列，基因组较小的生物的类似转座因子的序列也确实较少。

7.5.2 转座因子有助于寄主基因或基因群的调控

从热休克到电离辐射这样不可预测的事件都会引起基因组高度程序化的反应，以便最大限度地降低应激可能造成的损伤，麦克林托克为此创造了一个新的专业名词——基因组休克（genomic shock）。在休克应激机制的形成过程中转座因子可能起着十分重要的作用。研究表明，免疫系统中实现DNA水平的V-（D）-J重排的重组酶是从转座酶演化而来的，因此我们可以用哺乳动物免疫细胞中特异性DNA重排机制与转座因子的关联为例来说明这个问题。

为了产生对应不同抗原的抗体，B细胞和T细胞的免疫球蛋白基因区段排列着多个可变区（variable region, V）、歧异区（diversity region, D）和连接区（joining region, J），这些区域之间在DNA水平上的不同重排产生了遗传学上

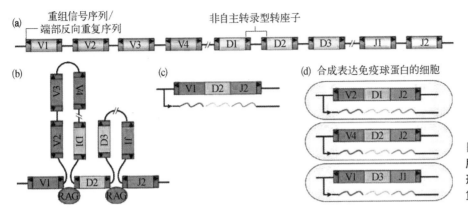

图7-28　B细胞和T细胞经过V-(D)-J跃迁形成特异性DNA分子重排(改自R. K. Slotkin)

的多样性。每一个片段都相当于一个外显子，它的两侧都装有特定的反向重复序列，称为重组信号序列(recombination signal sequence, RSS)，这些反向重复序列类似于DNA转座子的端部反向重复序列(terminal inverted repeats, TIR)。一个两侧装有RSS的内含子的结构可被看作非自主型转座子。负责DNA重组的两个基因*Rag1*和*Rag2*编码的主要蛋白质是转座酶，它们识别位于免疫球蛋白基因内编码序列两侧的RSS反向重复序列(图7-28a)。在每一个B细胞或T细胞前体细胞中，RAG蛋白识别并结合于不同的RSS连接端，进而切除内含子区域，这或可被认为是非自主型转座子的切除过程(图7-28b)。随后就形成了一个与未经修饰的基因组序列不同却包含了编码序列的免疫球蛋白基因(图7-28c)。因为每个免疫细胞中与RAG转座酶作用的RSS序列是不一样的，或者说是各具特征的，由此产生的切除事件也是不一样的，所以不同的免疫细胞具有编码不同免疫球蛋白的潜能(图7-28d)。这样，经过切除剪接以后，重新排列的免疫球蛋白基因就能转录和翻译出对应不同抗原的抗体了。

　　转座因子及转座酶在免疫系统中实现DNA水平的V-(D)-J重排过程中的重要性，暗示转移性遗传因子在个体发育中有可能是十分活跃的，它在一定程度上或一定范围和时间段内，可能起着某种聚集和构筑协同表达的"基因集团"的媒介作用。

　　实验表明转移因子的跳跃和转移与一般的基因重组是由不同的酶系所催化。那么，这两套涉及DNA重排的功能系统是不是代表着相辅相成的两种重新排列和组合遗传物质的基本方式呢？一般的重组解决同源遗传物质间的交换重组问题，转移因子的转座有可能解决非同源遗传物质间的结构重排问题。有时转移因子还可能起着物种之间基因交流的桥梁作用。

　　病毒和真核生物基因组的关系跟噬菌体、质粒和细菌基因组的关系十分相似，那么病毒除了起致病、致癌作用外，在正常情况下是不是对寄主细胞有某种积极的贡献？例如，真核生物基因结构的改变、基因功能的表达、基因数量的扩增等，是不是在某种条件下也有借助于某些病毒，或者具有病毒样结构的转座因子的地方呢？这并不是完全不可能的。人和高等动物的某些生理功能，如消化吸收、维生素合成和微量元素的吸收不是也在不同程度上求助于某些消化道寄生菌吗？肠道菌系平衡失调甚至还会引起疾患。近年来兴起的宏基因组学（metagenomics）就是着眼于生存于同一个环境中的不同的生物及其基因组之间错综复杂的相互关系的一个生命科学新领域。在生物演化的漫长进程中，转座因子的确具有某种潜能来参与重新构建生殖系细胞或体细胞的基因表达网络。

7.5.3 转座因子有助于形成表观遗传调控机制

表观遗传机制是怎样演化而来的？这个问题最为确切的答案可能就基于真核生物行使着远比原核生物复杂且精细得多的表观遗传机制，包括阻遏蛋白复合体、组蛋白甲基化、RNA干扰、重组调控复合体和植物中特有的RNA指导的DNA甲基化等。这一系列机制都涉及染色体的结构状态和基因表达的调控（图7-29）。

以动物为材料的实验也提示转座因子与表观遗传调控密切关联。如果将红眼基因（red, r）通过转基因技术插入黑腹果蝇4号染色体的不同位置，就会发现转基因插入位点与转座因子的距离直接决定了产生特征性位置效应性色斑（position effect variegation, PEV）的程度。实验中转基因插入染色体的位置可以接近转座因子所在区段，也可以接近功能性基因所在区段，实验中果蝇呈现的表型因转基因插入位置不同而不同。图7-30用红色三角形表示转基因果蝇的眼睛呈红色，用斑驳的三角形表示转基因果蝇的眼睛带不均匀的色斑。我们可以发

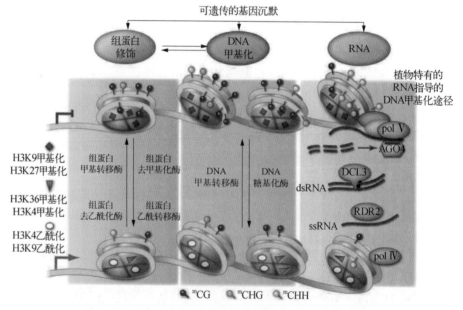

图7-29　**各种表观遗传调控机制作用模式**（改自 C. Miguel 等）

植物特有的 RNA 指导的 DNA 甲基化（RdDM）涉及两种植物特异性 RNA 多聚酶（pol Ⅳ 和 pol Ⅴ），一种 RNA 依赖的 RNA 多聚酶（RDR2），一种切割双链 RNA 的酶（DCL3），以及一种 Argonaute 家族的 RNA 结合蛋白（AGO4）。^{m}CG、^{m}CHG 和 ^{m}CHH 是基于 ^{m}CPG 的前后序列不同的胞嘧啶甲基化形成。

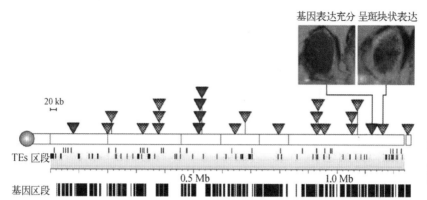

图7-30 *P*转座子插入位置对果蝇红眼基因表达的影响示意（改自R. K. Slotkin等）

现，凡是插入位置靠近基因组中功能活跃的基因区段的转基因*r*的表型是红眼，而插入位置靠近转座因子或完全插入转座因子序列的转基因*r*的表型就会呈现出程度不等的色斑。实验还提示果蝇4号染色体的大部分区域由异染色质组成，基因则主要聚集于散在的基因岛（gene islands），也提示插入这些区域的转基因很可能因受到异染色质区持续的表观遗传调控而呈现不同程度的沉默。

回顾第5章讲到的一个例子，将源自逆转座子的内质网潴泡内A颗粒（intracisternal A-particle, IAP）插入小鼠的*Agouti*基因，IAP携带的隐含启动子就会启动*Agouti*基因的异位转录表达，而该启动子区域中CpG岛的差异甲基化则会造成部分细胞中的*Agouti*基因表达受抑，甚至完全沉默，使小鼠的毛色出现从以黄色为主到杂以大小不等的棕褐色斑块的复杂表型（图5-29）。

哺乳动物DNA甲基转移酶基因克隆成功时，学者们立刻意识到这与原核生物的限制修饰酶的甲基转移酶结构域是相似的。真核生物表观遗传调控机制在生物演化上的起源基础是细菌区分内源DNA与噬菌体感染或水平转移的外源入侵DNA的一种保护机制。真核生物和原核生物都广泛存在胞嘧啶甲基化，真核生物还进一步在细菌的限制-修饰系统基础上，通过衍生出新的识别和结合机制而演化成更为完整的表观遗传修饰系统。与DNA甲基化机制演化平行的是组蛋白修饰酶和基于RNA的沉默机制，如RNA干扰。细胞内可扩散的RNA小分子是以基因组的转录产物为靶标的最为重要的基因沉默机制的执行者，这意味着新的逆转座因子不能借助转座来逃避真核基因组对它的调控，也就不可能引起染色体或基因组的结构和功能紊乱。

真核生物对付转座因子可能造成"扰乱"的各种机制聚焦的核心问题就是调动一切手段来减少DNA复制和DNA损伤修复中位置不准确或错误的DNA重组，以确保基因组和染色体的稳定。无论植物还是动物都用表观遗传机制调控基因组内转座因子的扩增。另一个关键问题是基因组必须有能力通过多种机制来实现生长和发育过程中不同基因的差异性表达，而最为稳定的机制也就是包含DNA甲基化和组蛋白修饰，以及可扩散RNA为介导的转录调控机制。在生殖细胞发生过程中一个重要的表观遗传重编程事件是导致两性配子的基因表达模式差异的基因印迹现象，而近期有研究表明，转座因子也在其中扮演了某种核心作用。现在这些机制已经成了一套紧密关联的调控网络。有的学者甚至认为，转座因子在真核生物基因组中的不断积累就是为了保留和改善表观沉默机制。

非常有趣的是真核生物基因组用来阻遏和抵御转座因子转座和扩增的一套方法，竟然在生物演化过程中发展成了对自身基因组的结构扩展和功能完善至关重要的一整套调控机制，例如某些哺乳动物染色体复制必需的端粒酶与逆转座子编码的逆转录酶从生物演化角度可以讲是"亲戚"。此外，染色体的中心粒不仅自身由大量重复序列组成，它的四周也围聚着许多转座子。大自然的造化有时真的令人匪夷所思。

真核基因组中存在的大量转座因子显然并不是过去被某些人称为的"自私的垃圾DNA"，恰恰相反，转座因子很可能对寄主的生存和生物演化有着广泛而深远的积极作用。总之，转移性遗传因子的存在大大增加了真核生物基因组的能动性，这必定与真核生物的分化、发育、变异和演化密切相关。我们对转移因子的了解还在继续深入的过程之中，虽然我们知道了一些转移因子的结构和功能，提出了一些作用模式，还设计出了多种遗传工程战略战术和广泛用于实验研究的工具性载体分子，但是我们也要清醒地看到，所有这些比起转移因子的发现所提出的新问题，还只是刚刚起步。

参 考 文 献

[1] Adams M D, Sekelsky J J. From sequence to phenotype: reverse genetics in *Drosophila melanogaster*. Nature Reviews Genetics, 2002, 3:189−198.

[2] Bishop J M, Varmus H. Functions and origins of retroviral transforming genes// Teich R, Weiss N, Varmus H, et al. RNA tumor viruses. New York: Cold Spring Harbor Laboratory, Cold Spring Harbor, 1982: 999−1108.

[3] Calabretta B, Robberson D L, Barrera-Saldana H A, et al. Genome instability in a region of human DNA enriched in *Alu* repeat sequences. Nature, 1982, 296: 219−225.

[4] Cohen S M, Shapiro J A. Transposable genetic elements. Copyright© 1980 by Scientific American, Inc.

[5] Cordaux R, Batzer M A. The impact of retrotransposons on human genome evolution. Nature Reviews Genetics, 2009, 10: 691−703.

[6] Cordaux R, Lee J, Dinoso L, et al. Recently integrated *Alu* retrotransposons are essentially neutral residents of the human genome. Gene, 2006, 373: 138−144.

[7] Fedoroff N V. Transposable elements, epigenetics and genome evolution. Science, 2012, 338: 758−767.

[8] Flavell A J, Brierley C. The termini of extrachromosomal linear copia elements. Nucleic Acids Res, 1986, 14: 3659−3669.

［9］ Granadino B, Beltrán-Valero de Bernabé D, Fernández-Cañón J M, et al. The human homogentisate 1,2-dioxygenase (HGO) gene. Genomics, 1997, 43: 115−122.

［10］ Griffiths A J F, Wessler S R, Lewontin R C, et al. An introduction to genetic analysis. New York: Freeman,W H and Company, 2005.

［11］ Hancks C D, Kazazian Jr H H. Active human retrotransposons: variation and disease. Curr Opin Genet Dev, 2012, 22: 191−203.

［12］ Herskowitz I H. Genetics. 1st ed. Boston: Little, Brown, 1962.

［13］ Kahman R, Kamp D. Nucleotide sequence of the attachment sites of bacteriophage Mu DNA. Nature，1979, 280: 247−250.

［14］ Kim Y J, Lee J, Han K. Transposable elements: no more 'junk DNA'. Genomics & Inform, 2012, 10: 226−233.

［15］ McClintock B. Chromosome organization and gene expression. Cold Spring Harbor Symp Quant Biol, 1951, 16: 13−57.

［16］ Miguel C, Marum L. An epigenetic view of plant cells cultured *in vitro*: somaclonal variation and beyond. Journal of Experimental Botany, 2011, 62: 3713−3725.

［17］ Mills R E, Bennett E A, Iskow R C, et al. Which transposable elements are active in the human genome? Trends Genet, 2007, 23: 183−191.

［18］ O'Donnell K A, Keng V W, Yorkf B, et al. A sleeping beauty mutagenesis screen reveals a tumor suppressor role for Ncoa2/Src-2 in liver cancer. Proc Natl Acad Sci USA, 2012, 109: 7966−7967.

［19］ Ohtsubo H, Ohtsubom E. Isolation of inverted repeat sequences, including IS1, IS2, and IS3, in *Escherichia coli* plasmids. Proc Natl Acad Sci USA, 1976, 73: 2316−2320.

［20］ Reilly M T, Faulkner G J, Dubnaur J, et al. The role of transposable elements in health and diseases of the central nervous system. Journal of Neuroscie, 2013, 33: 17577−17586.

［21］ Robberson D L. et al. Genome rearrangements and extra-chromosomal circular DNAs in human cells//Robberson D, Saunders G F. Perspectives on genes and the molecular biology of cancer. New York: Raven Press, 1983.

［22］ Stotkin R K, Martienssen R. Transposable elements and the epigenetic regulation of the genome. Nature Reviews Genetics, 2007, 8: 272−285.

［23］ Stryer L. Biochemistry. San Francisco: W H Freeman and Company, 1981.

［24］ Suzuki D T, Griffiths A J F, Lewontin R C. An introduction to genetic analysis. 2nd ed. San Francisco: W H Freeman and Company, 1981.

［25］ Varmus H E. Form and function of retroviral proviruses. Science, 1982, 216: 812−820.

［26］ Vorechovsky I. Transposable elements in disease-associated cryptic exons. Human Genetics, 2010, 127: 135−154.

第8章 肿瘤分子遗传学进展

曾经有许多文献讨论过癌细胞与正常细胞的区别,涉及细胞形态、代谢特性、生长行为、增殖速度、表面抗原、膜蛋白,以及对某些生长因素的需求等方面。在这么多的差异中,究竟哪一种是癌变的本质? 哪一种反映了问题的核心?

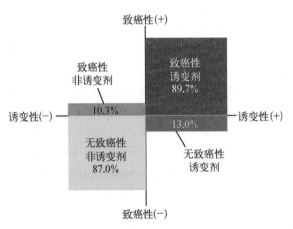

图8-1 化合物的动物致癌性和细菌致突变性之间的相关

1970年前后,著名的生化遗传学家埃姆斯(B. Ames)领导的实验室,用沙门菌(*Salmonella typhimurium*)的组氨酸缺陷突变型的回复突变实验研究了许多致癌物的诱变性,发现化合物的致突变性和致癌性之间相关程度非常高(图8-1),提示致癌过程的最终靶分子是DNA。这种观点的实质就是,认为细胞恶性转化的必要前提是遗传物质的损伤和基因结构的改变。此后,具有引起细胞恶性转化能力的DNA片段,即所谓的癌基因(oncogene)及其编码的蛋白就成了肿瘤分子生物学研究的重要内容。

细胞异常快速增殖是肿瘤的一个显著特征。然而,对于多细胞生物机体而言,器官及其组织中细胞总数的稳定是至关重要的,这涉及细胞增殖和细胞程序性死亡,即凋亡之间的平衡,还与DNA损伤修复密切相关。一旦同一个细胞积累了多个与增殖、凋亡和DNA损伤修复关联的基因突变,或者因表观遗传修饰而改变了这些基因的正常表达,都有可能导致细胞数目的异常,甚至恶性肿瘤的发生。这个思想的核心理念就是细胞恶性生长的根本原因是机体相关器官和组织细胞中癌基因、肿瘤抑制基因和DNA损伤修复基因等调控细胞数量的基因突变或表观遗传修饰异常,或者说细胞增殖加快只是肿瘤的表象,而肿瘤的本质是细胞增殖机制因遗传或表观遗传异常而失控。

本章将从癌基因的发现出发一步一步阐述肿瘤分子遗传学的萌芽和发展历程。

§8.1 肿瘤病毒和癌基因

正常细胞变为具有癌细胞生长特性的细胞的过程称为恶性转化,细胞的自发恶性转化率是很低的,但是某些理化因素和肿瘤病毒会以很高的频率导致正常细胞恶性转化。本节主要讨论病毒致癌问题。

第6章提到过的劳斯肉瘤病毒是一种能导致细胞恶性转化的RNA肿瘤病毒。1970年有人分离到了劳斯肉瘤病毒的一种突变型,它能正常地复制和增殖并完成病毒的发育周期,但却丧失了使寄主细胞发生恶性转化的能力。生化分析表明这种突变型病毒的RNA的分子量比野生型病毒的RNA分子要小些,是一种缺失突变型。缺失的RNA片段是和病毒增殖无关而与导致寄主细胞恶性转化直接相关。这一段就是"癌基因",长度约占原病毒基因组的15%,相当于1 350 bp。可编码含450个氨基酸的蛋白质。用常规的分子生物学技术可以分离到这段RNA的互补DNA(图8-2)。如果以分离到的病毒癌基因(*v-onc*)为分子探针,就可以在人类基因组中找到与*v-onc*同源的细胞原癌基因(protooncogene,*c-onc*)。

癌基因是怎样引起寄主细胞恶性转化的呢? 有人利用鸟类肉瘤病毒的温度敏感突变型进行了实验研究。在限制性温度条件下,突变型病毒可以复制增殖但不能转化寄主细胞,在允许温度条件下,复制和转化两个过程都能进行。研究表明这种温度敏感突变型肿瘤病毒引起的成纤维细胞恶性转化是完全可逆的,只需把细胞培养物从允许温度移至限制温度,转化细胞又会回复为正常细胞。对比温度变化前后的细胞,发现两者的不同在于转化细胞有癌基因编码的蛋白产物,而

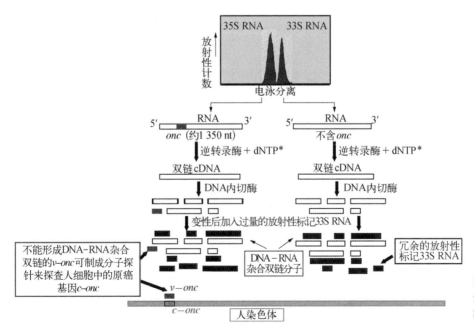

图8-2 **从病毒基因组分离癌基因的实验路线示意**

正常细胞没有这种蛋白质。这表明发生了温度敏感突变的病毒基因就是编码这种致癌蛋白的癌基因。实验分析结果表明病毒癌基因编码的蛋白质是一种能造成肉瘤的蛋白，定名为肉瘤生成蛋白（sarcoma-producing protein），这个癌基因也因此被定名为 src。src 是第一个被分离的癌基因，也是第一个了解基因产物的癌基因。

进一步的研究表明，src 基因的功能表达不仅是建立细胞的"转化态"所必需的，也是维持转化态所必需的。src 基因编码的蛋白质分子量为 60 000，具有酪氨酸激酶活性，正式名称是 pp60^{src}。在鸟类肉瘤病毒转化的细胞蛋白质中，磷酸化酪氨酸的含量为未转化细胞蛋白质的 10 倍，表明转化细胞蛋白质中磷酸化酪氨酸含量也许和转化表型密切相关。

到 20 世纪 80 年代中期，科学家们运用重组 DNA 技术已经分离和克隆了 20多种病毒癌基因，每一种癌基因都编码干扰细胞正常代谢和增殖的蛋白质。这些癌基因的蛋白产物有的在细胞核内，有的在细胞质内，还有的在细胞膜上。当时人们对它们的功能和它们各自在引起细胞恶性转化中的作用仍然是不甚清楚的，但已经明白大多数癌基因转染的细胞都会发生恶性转化，大多数转化细胞都能在无胸腺而出现免疫缺陷的裸鼠体内诱发肉瘤发生。这些病毒癌基因及其蛋白产物的作用模式主要有三种。

1. **磷酸化** 如病毒转化蛋白 src、erb-B、fms、ros、yes、mos、abl 和 fes/fps 等，这些蛋白有的本身就有着酪氨酸激酶或丝氨酸/苏氨酸激酶活性，是导致寄主细胞蛋白质磷酸化的重要因素。有的病毒癌基因产物是细胞表面受体的配体，有的受环腺苷酸的调控，起间接磷酸化作用。这些反应大都发生于细胞质膜，被磷酸化的蛋白质都嵌在细胞质膜上，或一边伸出膜外，或一侧寓于膜内。这些转化蛋白在蛋白质水平通过磷酸化改变相关蛋白质的生理活性。

2. **启动 DNA 合成** 无休止的合成 DNA 是恶性生长细胞的特征性表型，有些转化蛋白如猴病毒 SV40 的转化蛋白 T（SV-T）和多瘤病毒的 Py-T，都可能有直接启动 DNA 合成的作用。

3. **调节转录** 有些转化蛋白如 E1A 和 myc，都能通过抑制或刺激的方式影响细胞基因组的基因转录，这种影响可能涉及启动子或增强子与转化蛋白的相互作用，提示转化蛋白能在 RNA 合成层次发挥作用。

病毒癌基因编码的转化蛋白类型多、分布广，以及作用途径多种多样，都在某种程度上反映出细胞的癌变是一个复杂且多阶段的细胞反应过程。表 8-1 列举了若干有代表性的细胞原癌基因及其编码蛋白在细胞中的分布和基本功能。

表 8-1 部分原癌基因及其编码蛋白在细胞中的分布和功能

癌 基 因	位 置	功 能
核内转录调控因子		
jun	细胞核	转录因子
fos	细胞核	转录因子
erbA	细胞核	甾体受体家族成员

（续表）

癌 基 因	位 置	功 能
细胞间信号转导分子		
abl	细胞质	蛋白质酪氨酸激酶
raf	细胞质	蛋白质酪氨酸激酶
gsp	细胞质	G蛋白α亚基
ras	细胞质	GTP/GDP结合蛋白
细胞有丝分裂原		
sis	细胞外	被分泌的生长因子
有丝分裂原受体		
erbB	跨膜	受体蛋白酪氨酸激酶
fms	跨膜	受体蛋白酪氨酸激酶
细胞凋亡抑制因子		
bcl2	细胞质	Caspase*级联的上游抑制因子

* Caspase是细胞凋亡相关蛋白酶半胱氨酸依赖的天冬氨酸专一性蛋白酶（cysteine aspartic acid specific protease）的缩写，这个酶系成员直接启动细胞凋亡的级联效应。

§8.2　化学转化的实验研究

在研究病毒癌基因的同时，化学诱变剂诱发细胞转化的实验，以及转化细胞DNA的转染实验也迅速开展起来了。其中以美国麻省理工学院温伯格（R. Weinberg）实验室的施嘉禾等的开创性研究最具代表性。

埃姆斯等的研究虽然提示细胞恶性转化和肿瘤发生是和DNA结构改变有关，但并没有直接的证据，而施嘉禾等的工作运用DNA转移技术证明，化学诱变剂处理后出现了转化表型的细胞DNA的确携带了决定恶性转化的遗传信息。他们用3-甲基胆蒽（3-methylcholanthrene, 3MC），苯并（α）芘［benzo（α）pyrene, BP］和7, 12-二甲基苯并蒽（7, 12-dimethylbenzanthracene, DMBA）等化学致癌物处理各种不同来源的细胞。然后将出现了恶性转化性状的转化细胞的DNA分离纯化，用磷酸钙共沉法转染小鼠成纤维细胞株NIH3T3，借以测定供体DNA在受体细胞中的转化活性。选择NIH3T3作为转化实验的受体细胞有两个原因：① 与其他啮齿类动物来源的细胞株系相比，NIH3T3吸收具有完整的生物学活性的DNA片段的效率比较高；② 它的生长具有接触抑制特性，因而能形成透明度高的细胞单层，易于观察在单层细胞上形成的转化细胞集落。一般来讲，用外源DNA转染2~3星期即可观察结果。转化细胞集落的形态特征是交互叠合生长和高度的折光性，在细胞单层背景上能形成密集堆砌、染色特深的集落。转化实验能否说明问题的关键是对照的设置，实验设置的对照不但应该包括未转染外源DNA的NIH3T3培养物，还应该包括一组未经诱变剂处理的对照细胞的DNA的转染对照。此外，为了避免主观误差，实验应采用双盲法。双盲也包括两个方面：① 取自转化细胞和对照细胞的DNA样品应编码后转染，不使实验者知道供体DNA的来源；② 在分析受体细胞克隆是否是转化细胞集落时，对所有的培养物进行编码，避免判定的倾向性。直到分析和判定结束后，再公布编码内容并进行统计分析。施嘉禾的实验表明有5株3MC处理后出现转化细胞表型的C3H10T1/2细胞和一株BALB3T3细胞的DNA具有很高的、可重复的转移恶性转化活性的能力，每微克转化细胞DNA可产生0.1~0.2个转化细胞集落。他还进一步做了连续转染实验，以证实DNA是恶性转化性状的遗传信息载体（表8-2）。

表8-2　转化表型的连续转移

	初级转染		次级转染	
MC5-5 （源自BALA3T3）	20集落/75 μg DNA （染色体） →	MC5-5-6	28集落/75 μg DNA （纯DNA） →	MC5-5-6-1
MCA16 （源自 C3H10T1/2）	5~12集落/75μg DNA （纯DNA） →	MCA16-5	10~37集落/75μg DNA （纯DNA） →	MCA16-5-1

在这套实验中，值得注意的还有两点：① 作为转化技术程序的对照，作者还加了一个由逆病毒转化受体细胞的阳性对照组；② 为了排除第二级转化受第一级转化细胞污染的可能性，用酶和去污剂去除了供体DNA中的杂质，并用限制性内切酶*Eco* R Ⅰ处理和病毒探针杂交等手段判定DNA的细胞来源。在上述转化实验中，作为供体细胞的BALB3T3和C3H10T1/2，与作为受体细胞的NIH3T3的DNA的*Eco* R Ⅰ酶切电泳谱是互不相同的。这套设计严密而精巧的实验第一次证明致癌性诱变剂的作用是引起细胞DNA结构的改变，DNA分子是致癌过程的靶分子，是恶性转化性状的遗传信息载体。不久，又进一步证明化学诱变剂处理后的转化细胞的DNA对裸鼠是有致瘤性的。

施嘉禾等的工作的意义还为我们建立了一套测定DNA片段的恶性转化活性的检测方法。在短短几年内，多种化学诱变剂和致癌物处理后的转化细胞DNA、多种动物肿瘤和人肿瘤细胞来源的DNA均在这个实验系统中证实了各自的恶性转化活性。如果配合限制性内切酶谱分析，将有可能把携有转化活性的DNA片段缩短到最低限度，估算出致癌DNA序列的长度，乃至测出其序列。

利用小鼠成纤维细胞NIH3T3检测人肿瘤细胞DNA转化活性的实验研究还有一个意想不到的好处，人们可以利用人类基因组所特有的*Alu*重复序列，来分离人肿瘤细胞中有转化活性的DNA片段（关于*Alu*序列可参阅第7章§7.4节），具体实验步骤如下：

（1）先从人体肿瘤细胞中提取和纯化DNA。

（2）转染NIH3T3细胞。

（3）分离并扩增转化细胞，再提取和纯化转化细胞DNA。

（4）用第一次转化得到的转化细胞DNA再次转染NIH3T3细胞，在小鼠细胞中连续转化可排除与转化潜能无关的人源DNA。

（5）从第二次转化获得的转化细胞中分离和提纯DNA。然后，用限制性内切酶做不完全消化，得到长短不等的DNA片段。

（6）与采用同一种内切酶处理的噬菌体DNA做基因重组，并将重组DNA包裹于噬菌体的蛋白外壳，制成第二轮转化细胞DNA的基因文库（gene library）。

（7）用包裹了重组DNA的噬菌体感染敏感的寄主细胞并使之形成噬菌斑。再将噬菌斑影印在硝酸纤维膜上，用放射性同位素标记的*Alu*探针做分子杂交，找出含有*Alu*序列的人源DNA和包裹这段DNA的噬菌体。

（8）扩增噬菌体，提取并纯化DNA。

（9）做NIH3T3细胞的转染，再分离转化细胞。扩增后分离和纯化转化细胞DNA，然后仍以*Alu*为探针来分离人体细胞来源的癌基因。

利用分离到的人体肿瘤细胞癌基因作为探针，就可以在相应的人体正常细胞中探寻与活化癌基因同源的、无转化活性的原癌基因（protooncogene）。正是这条思路导致了1982年温伯格领导的实验室和巴瓦西德（M. Barbacid）领导的实验室关于癌基因结构变异的重大发现。下面将以温伯格等的工作为例来讨论这项发现及其意义。

§8.3 人癌基因的结构变异

温伯格和他同事的研究是从克隆于噬菌体的人膀胱癌细胞株EJ的癌基因开始的。限制性内切酶的酶谱分析、NIH3T3细胞的转化活性测试和印迹杂交都表明，EJ细胞癌基因（*EJ-onc*）的转化活性段在一个23 kb的*Eco* R I片段上，它和源于大鼠肉瘤病毒的癌基因*v-Ha-ras*是同源的。进一步的转化活性分析又进一步把活性片段定位于上述片段中的一个6.6 kb的*Bam* H I片段。这段DNA具有很高的转化活性，每微克这种DNA能在NIH3T3细胞单层上诱发5×10^4个转化细胞克隆。与此相反，来源于正常膀胱上皮细胞的同源DNA，原癌基因*c-Ha-ras*的6.6 kb *Bam* H I片段却完全没有转化活性（图8-3）。为了找出这两段功能截然不同的DNA的结构基础，温伯格等用*Xho* I、*Sac* I、*BstE* II、*Xma* I和*Kpn* I等多种内切酶处理*EJ-onc* 6.6 kb片段和*c-Ha-ras* 6.6 kb片段，竟找不出任何区别。为什么功能如此不同的两段DNA结构竟会如此相似呢？

答案可能有两个：① *EJ-onc*和*c-Ha-ras*的结构是一样的，只是在膀胱癌细胞中表达的程度大大超出了它在正常的膀胱上皮细胞中的表达程度，这是一种表

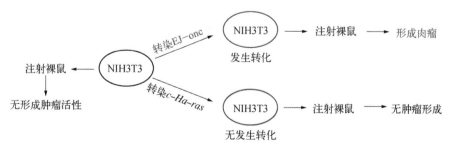

图8-3　EJ-onc和*c-Ha-ras*转化活性和致瘤活性的差异

达量的差别，一种量的差异；② EJ-onc 和 c-Ha-ras 之间存在尚未查出的结构差异，即存在某种质的差别。

以 EJ-onc DNA 制备的探针可探测细胞中转录自 EJ-onc 的 mRNA，这是一段长度为 1.2 kb 的 RNA 分子。分析表明膀胱癌和正常膀胱上皮细胞中的这种特征性 mRNA 分子的含量水平是相近的。

是不是 EJ-onc 和 c-Ha-ras 的细胞表达背景不同造成了功能差异呢？如果将这两段 DNA 都转入同一细胞株，使它们在相同的细胞背景下行使功能，就可弄清上述问题。温伯格等做了 EJ-onc 和 c-Ha-ras 这两个非选择性 DNA 片段和标志性选择基因霉酚酸抗性基因（M^R）的协同转移实验。即将 EJ-onc 的 DNA 和 M^R-DNA 一起转染 NIH3T3 细胞，然后在含霉酚酸的培养基上选出抗性细胞，再提取并测定其 DNA 的转化活性。结果发现 75% 的抗性细胞 DNA 有恶性转化活性。相反，用对照 DNA c-Ha-ras 做的同样实验表明，没有一个抗性细胞的 DNA 有转化活性。

接着又从转入了上述 DNA 片段的 NIH3T3 细胞中分离出 EJ-onc 的 6.6 kb Bam H I 片段和 c-Ha-ras 的 6.6 kb Bam H I 片段，分别注射裸鼠，结果前者 5/5 致瘤，后者为 0/5。最后又对 NIH3T3 背景上两段基因的转录产物和翻译产物做了定量分析，两者的 1.2 kb 的 mRNA 含量相近。其编码的一种分子量为 21 000 的蛋白质 p21 的含量也相近。这一系列的研究清楚地表明，无论是基因表达的数量差异还是基因表达的背景不同，都不能说明膀胱癌的发病机制。实验研究反复提示我们的是癌基因 EJ-onc 编码的特异性转化蛋白 p21^{EJ}，有可能引起细胞的恶性转化和裸鼠致瘤，而 c-H-ras 编码的 p21$^{c-Ha-ras}$ 既无转化潜能又无致瘤能力。

在分析从 NIH3T3 提取的 p21^{EJ} 和 p21$^{c-Ha-ras}$ 时，发现它们各有两条与 p21 蛋白相关的电泳带。还发现 p21^{EJ} 的两条带都比 p21$^{c-Ha-ras}$ 的相应电泳带走得慢些（图 8-4）。因为没有检出两者在磷酸化程度上有任何差别，所以电泳特性上的差异可能反映了两种 p21 蛋白的结构不同或构型不同。如果对膀胱癌 EJ 细胞和正常膀胱上皮细胞的相应蛋白质做类似的比较，则可发现正常细胞中的两条 p21 蛋白电泳带和来自 NIH3T3 的 p21$^{c-Ha-ras}$ 相同，而 EJ 细胞则出现 4 条 p21 蛋白电泳带，其中两条和 p21^{EJ} 相当，其余两条和 p21$^{c-Ha-ras}$ 相当。这就表明了在 EJ 细胞中有两种基因表达产物，在分子水平上看 EJ-onc 和等位基因 c-Ha-ras 是等显性的，在导致细胞恶性转化和裸鼠致瘤这两个性状上 EJ-onc 基因对 c-Ha-ras 呈显性。

为了在 DNA 分子一级结构上探寻两种 p21 蛋白结构和功能差异的原因，温伯格等用 DNA 重组技术，把 6.6 kb 的 Bam H I 片段的不同酶切片段的重组分子，即一系列由来自 EJ-onc 和 c-Ha-ras 不同的内切酶片段拼接而成的 6.6 kb 片段，——组入载体质粒 pBR322，扩增后做转化活

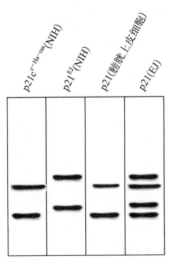

图 8-4　各种不同来源的 p21 蛋白的电泳图谱

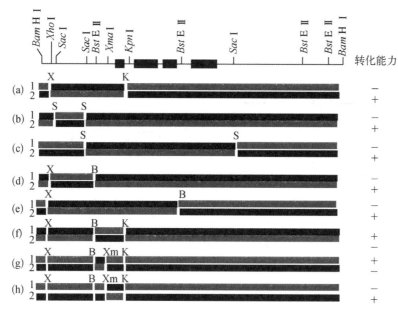

图 8-5 EJ-onc 和 c-Ha-ras 分子克隆重组体的结构和转染实验结果（改自 C. J. Tabin 等）

图中第一行为 6.6 kb 的 Bam H I 片段的内切酶酶谱图，其中黑框为编码外显子的区域。以下为一一对应的各组重组体，其中红线是源于 EJ-onc 的片段，黑线为源于 c-Ha-ras 的片段。所有重组分子载体均在大肠杆菌的 HB101 菌株中扩增。各组转染 NIH3T3 细胞的 DNA 量均为 20 ng。转染 14 d 后观察转化细胞集落数。

性测定和致瘤性测定（图 8-5）。经过周密的设计和精细的实验分析，终于找出了一段造成转化活性差异的关键性片段：包含了外显子 1 的一段长度为 350 bp 的 Xma I~Kpn I 片段。

接着温伯格等又用双脱氧核苷酸测序法和 Maxam-Gilbert 测序法对 Xma I~Kpn I 片段做核苷酸序列分析。终于发现 EJ-onc 和 c-Ha-ras 在编码外显子 1 区段的唯一区别，是从 Xma I 切点开始计数的第 60 位核苷酸由 c-Ha-ras 中的 G（鸟嘌呤）突变成了 EJ-onc 中的 T（胸腺嘧啶）。这个核苷酸属第一个外显子的第 12 个密码子，从 G 变为 T 导致 p21 蛋白中的甘氨酸变成了缬氨酸（图 8-6）。

整个实验有几点值得注意和讨论的地方。

（1）6.6 kb Bam H I 片段在数量上只相当于整个基因组 DNA 的百万分之一，检出这段有转化活性的 DNA 片段实际是把研究目标缩小了 10^6 倍。这和病毒癌基因的研究、Alu 重复序列的研究，以及 DNA 重组技术的进步是直接相关的，特别是病毒癌基因的克隆使人类癌基因的发现至少提前了 10 年。

（2）DNA 分子中核苷酸序列的改变并不一定是癌变的前奏，它有可能仅仅是一种结构多态现象，不一定有特殊的生物学意义。问题的关键是这套实验进一步把这种结构变化和功能异常联系起来，整个实验的精髓是自始至终把转化活性作为探寻结构变异的生物学"向导"。

（3）从 G→T 的结构变化还引入了限制性内切酶谱的多态性，即失去了 Hpa II

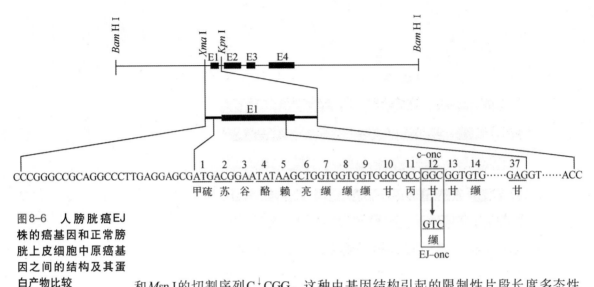

图8-6 人膀胱癌EJ株的癌基因和正常膀胱上皮细胞中原癌基因之间的结构及其蛋白产物比较

和Msp I的切割序列C↓CGG。这种由基因结构引起的限制性片段长度多态性（restriction fragment length polymorphism，RFLP）可以作为识别转化基因的分子标记。

（4）从蛋白质结构看，甘氨酸往往是多肽链中所有氨基酸残基所占位点中最易被弯曲和折叠的无侧链氨基酸，发生于甘氨酸密码子的替代突变极有可能引起蛋白质构型的改变。这可能是导致p21蛋白功能发生有病理意义的重大改变的原因。

长期以来，致癌是一个非常复杂的生物学过程已经成了公认的科学常识。所以，许多人是难以接受仅仅一对碱基的替代就会导致细胞恶性转化的新发现。当时有人提出了一个挑战性的问题：难道一对碱基的改变就足以使正常细胞变为癌细胞吗？温伯格的回答也是挑战性的：像镰状细胞贫血这样的致命遗传病，不也是由一对碱基的改变造成的吗？所以问题的核心不是"一对碱基的改变"，而是"这对碱基的改变"。

迄今为止，已经发现人的膀胱癌、肺癌、结肠癌细胞中的原癌基因c-ras都发生了点突变，并发现ras基因恶性激活有两个突变热点：一个是第一个外显子的第12号密码子；另一个是第二个外显子的第61号密码子（表8-3）。表中c-H-ras是人基因组中和Harvey小鼠肉瘤病毒株的v-ras基因同源的原癌基因，c-K-ras则和Kirsten株的v-ras同源，至于表中出现的N-ras，它和H-ras与K-ras都有结构同源性，但在逆病毒中没有发现有相应的同源序列。这些资料雄辩地证明恶性转化的确有可能起源于一个点突变。

表8-3　引起转化活性的人ras基因突变

基因	密码子	细胞来源及名称	核苷酸	氨基酸
c-H-ras	12	正常人体细胞	GGC	甘氨酸
		膀胱癌细胞T24	GTC	缬氨酸
		膀胱癌细胞EJ	GTC	缬氨酸
	61	正常人体细胞	CAG	谷氨酰胺
		转化细胞系Hs242	CTG	亮氨酸

（续表）

基因	密码子	细胞来源及名称	核苷酸	氨基酸
c-N-ras	12	正常人体细胞	GGT	甘氨酸
		恶性畸胎瘤细胞 PAI	GAT	天冬氨酸
	61	正常人体细胞	CAA	谷氨酰胺
		神经母细胞转化系 SK-N-SH	AAA	赖氨酸
c-K-ras	12	正常人体细胞	GGT	甘氨酸
		肺癌细胞 Calu 1	TGT	半胱氨酸
		结肠癌细胞系 SW480	GTT	缬氨酸
		肺癌细胞 PR371	TGT	半胱氨酸
		肺癌细胞 A2182	CGT	精氨酸
		膀胱癌细胞 A1693	CGT	精氨酸
		肺鳞状上皮癌细胞株 LC-10	CGT	精氨酸
	61	正常人体细胞	CCA	谷氨酰胺
		肺癌细胞 PR310	CAT	组氨酸

　　1984年，巴瓦西德领导的实验室为我们提供了一个体细胞突变致癌学说的临床证据。图8-7所列的LC-10细胞是来源于一位66岁男性肺癌患者的癌细胞株。患者是从意大利米兰的一家医院转入美国国立癌症研究所的，患者平时抽烟严重，但尚未经过化疗。经检查诊断为中等分化的鳞状上皮细胞癌，位于右肺上部，占位大小为7 cm×7 cm，已浸润胸膜，但未查出任何转移灶。NIH3T3转化实验证明LC-10细胞的DNA有转化活性，经它转化的NIH3T3细胞的DNA也有转化活性。分子杂交分析表明LC-10细胞有活化的*K-ras*基因，用诊断性内切酶*Sac* I切割和印迹杂交分析发现了特征性的8.2 kb和5.8 kb两个片段。而正常细胞中的非活化*K-ras*基因用*Sac* I切割则只出现单一的14 kb片段，这是因为活化*K-ras*的第一外显子的第12号密码子由原癌基因中的GGT变成了GCT，从而在第10、11和12号密码子段增加了一个新的*Sac* I切点：GAGC↓T。值得注意的是患者正常组织细胞中的DNA，包括血液淋巴细胞、气管上皮细胞和实质器官细胞的DNA，都只出现正常的14 kb片段（图8-7），表明同一患者的正常细胞都没有发生G到C的突变，取自正常细胞的DNA也都没有转化活性。这个病例有力地证明LC-10细胞的*K-ras*基因的恶性激活是由基因突变造成的，这种由突变造成的癌基因活化是和细胞的恶变直接相关的。有关这个病例的系统研究无可辩驳地证明，体细胞突变是致癌的一种基本途径。

　　1986年，哈佛大学的库珀（G. Cooper）等用基因定点诱变技术证明，含有第61位密码子的17种不同变异的*H-ras*基因具有使细胞发生恶性转化的活性。当然所有的实验结果

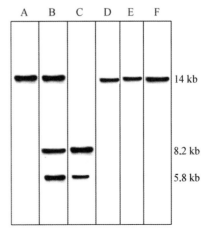

A B C D E F

14 kb

8.2 kb

5.8 kb

图8-7 **肺鳞状上皮细胞癌患者的癌细胞和正常组织细胞的*K-ras*基因的结构差异**（改自 E. Santos）

A，正常细胞；B，LC-10细胞；C，LC-10 DNA 转化的NIH3T3 细胞；D、E、F分别为患者的血液淋巴细胞、气管上皮细胞和实质器官细胞。

并不意味着体细胞突变是癌症发生的唯一途径，也不意味着突变对癌变过程来讲是一个充分和足够的前提条件。这个例子还提示环境因素和生活习惯可能是癌症发生的重要诱因。

§8.4 癌基因之间的功能互补

以温伯格和巴瓦西德为代表的一批分子生物学家的突破性工作给人们以极大的鼓舞，大家期待着癌变的本质会很快搞清楚，1982年被称为"癌基因"年。然而时隔不久情况起了意外的变化，几乎不到一年，整个图像有了根本的改观。新的探索突破了人们刚刚形成的概念，迫使人们进一步去认识复杂的致癌过程。

当人们用活化的癌基因 ras（v-Ha-ras、EJ-onc、T-24-onc 等）转染 NIH3T3 细胞就会获得相当数量的恶性转化细胞集落。发生转化的细胞形态和代谢都发生了明显的改变，且都具有恶性生长特征。可是，用同样的活化 ras 基因转染大鼠胚胎成纤维细胞（REF）时，却始终没有出现任何转化细胞集落灶。据此可提出以下几个问题。

第一个问题，是不是活化的 ras DNA 没有进入 REF 细胞？不是的。当活化的癌基因和霉酚酸抗性基因 M^R 做协同转化实验时，发现80%的携有抗性基因的 REF 受体细胞能在软琼脂上生长，而未经活化癌基因转化的 REF 细胞是不能在软琼脂上生长的。这表明活化的癌基因不但进入了一部分 REF 细胞还使这些细胞获得了新的表型，这是活化癌基因在 REF 细胞中表达的结果。问题是 REF 细胞在获取活化癌基因后，不能像 NIH3T3 那样成为转化细胞，也不能在细胞单层上形成转化细胞集落。实验还表明携有活化癌基因的 REF 细胞不同于 NIH3T3，它不能在离体条件下无限生长（immortalization）。当用其他的癌基因做类似的转化实验时，人们惊讶地发现几乎每一种癌基因都不能直接引起 REF 这样的细胞恶性转化。

第二个问题，难道癌基因只能使 NIH3T3 细胞发生恶性转化吗？比较癌基因对 REF 细胞和 NIH3T3 细胞的转化实验，所不同的只是两种受体细胞性质不同。NIH3T3 是一种已经建立的且能在离体条件下无限生长的细胞系，它能和活化的 ras 基因合作，一步就使恶性转化得以完成。换句话讲，已经建立的且能在离体条件下无限生长的细胞的一种功能状态可能是活化了某些与转化性状表现相关的基因，这些基因和外源的活化 ras 基因的功能联合在一起就能使细胞发生完全的恶性转化。这种思想反映了癌变是一个多阶段的发展过程。这种观点的实质是认为单个癌基因是难以使细胞获得癌变所必需的全部性状的。

有关病毒致癌的研究表明，有些肿瘤病毒，如多瘤病毒或腺病毒的感染会使寄主细胞获得离体条件下无限生长的能力。例如，在多瘤病毒感染的细胞至少有三种与肿瘤发生有关的特异性抗原基因，或者可称为肿瘤抗原基因（tumour antigen gene）表达了功能。根据这些抗原分子量的大小，分别称为大 T（T）、中 T（mT）和小 T（t）抗原基因，利用分子克隆技术可以分别得到这三种基因的分子克隆。转化实验表明 mT 抗原基因能诱导受体细胞发生形态学转化，并获得在软琼脂上生长的能力，而 T 抗原基因能使受体细胞的生长不依赖血清生长因子，并能在离体条件下无限生长。这个实验和其他类似的实验有着很重要的科学内涵,它说明与细胞恶性转化有关的重要性状是能够归之于一个个具体的病毒癌基因的。

根据上述一系列研究结果,温伯格实验室的兰德(H. Land)做了一组很有启发的实验。

(1)(mT 基因 + 活化 $Ha-ras$)→协同转染 REF 细胞→不产生新的性状。

(2)(T 基因 + 活化 $Ha-ras$)→协同转染 REF 细胞→形成转化细胞集落。

将第二个实验中获得的转化细胞 DNA 提出来接种裸鼠是能诱发肿瘤的。显而易见,病毒源的 T 基因和细胞源的活化癌基因 ras 发生了功能互补,一起协同导致寄主细胞发生了完全的恶性转化。不久,鲁勒(H. Ruley)发现腺病毒的癌基因 Ela 和活化的细胞原癌基因 ras 也能发生功能互补而导致受体细胞完全转化。

这就产生了一个新的课题:一个活化的细胞原癌基因和一个病毒原癌基因互补可以引起细胞恶性转化,那么细胞基因组内是否也有像 Ela 或 T 那样能和活化的 ras 发生功能互补的癌基因呢?库珀和奈曼(P. E. Neiman)发现鸡的淋巴瘤细胞携有两个癌基因:$Blym$ 和 myc,细胞源 myc 基因是可以由病毒活化的。不久,温伯格实验室还发现人的早幼粒细胞白血病(前髓细胞白血病),以及美洲伯基特淋巴瘤(Burkitt lymphoma)细胞中,同时存在两个活化的癌基因:一个是与 $Ha-ras$ 同源的 $N-ras$,另一个是 myc。这些实验暗示人们 myc 是不是可以和 ras 互补?利用分子病毒学家毕晓普(M. Bishop)提供的 myc 基因的分子克隆,温伯格小组又做了两个实验。

(1)myc 基因转化 REF 细胞,不产生明显的变化。

(2)myc 基因和活化 ras 基因协同转染 REF 细胞,形成转化细胞集落灶,转化细胞能使裸鼠致癌。表明 myc 和 ras 合在一起使转化细胞获得了恶性转化活性和致瘤活性。

这些研究告诉我们,myc 和 ras 合在一起能干出它们单独干不了的事情——使细胞恶转。那么,是不是它们各自决定了致癌多阶段步骤中的一步呢?至少有一点是清楚的,细胞中的癌基因是多种多样的,它们在使细胞恶转中所起的作用也是各不相同的。我们或许可以问,导致细胞恶性转化至少必须有几种不同的癌基因协同表达?上述实验表明,ras 和 myc 的协同表达就可以使细胞恶转。当然,这并不排除用新的方法可能检出第三类与恶性转化和致瘤有关的癌基因。

如果我们把细胞的恶性转化作为检测的表型指标,以能不能和 myc 或者 ras 互补作为判别的依据,就可以把已知的癌基因划分为两大类群,分别属于不同类群的癌基因在致癌过程中能进行功能互补。

ras 群(能和 myc 互补的癌基因群):包括 $H-ras$、$K-ras$、$N-ras$、mT、fes(猫肉瘤病毒癌基因)和 src 等。

myc 群(能和 ras 互补的癌基因群):包括 myc、T、Ela、sis(猴肉瘤病毒癌基因)、mos(Moloney 小鼠肉瘤病毒癌基因)和 fms(McDorough 猫肉瘤病毒癌基因)等。

研究还表明 myc 类基因编码的是核内蛋白,这些核内蛋白通过控制转录来激活某些与细胞增殖有关的基因,使细胞获得在离体条件下无限生长的能力。ras 类基因编码的是胞质蛋白,往往位于细胞质膜的内侧,造成细胞形态转化,并使细

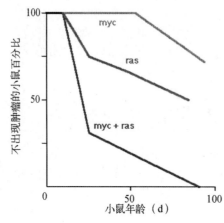

图8-8 癌基因*myc*和*ras*之间在肿瘤发生发展过程中的协同作用（引自E. Sinn等）

胞获得悬浮生长的能力。

图8-8显示了*myc*和*ras*之间在转基因小鼠的肿瘤发生发展过程中的协同作用。图中蓝、绿和红三色曲线分别表示转入了高度活化的*myc*基因、*ras*基因，以及同时转入了*myc*和*ras*基因的小鼠的患瘤情况。实验中无肿瘤小鼠的百分比与小鼠年龄之间的关联提示*myc*和*ras*的作用方式可能是不同的，但在转基因小鼠致瘤过程中存在明显的协同效应。

§8.5　癌基因诱变的动物实验模型

大量临床实验研究表明*ras*基因的突变和多种人体癌症直接相关（表8-2），但要搞清楚*ras*基因在癌变过程中的作用至少有两大困难：① 当时许多肿瘤的病理基础尚未确切了解；② 不可能用人体做癌变的实验研究。为此，必须建立一个能在基因分子结构水平上研究*ras*基因和癌变关系的动物实验模型。

早在1975年古利诺（P. M. Gullino）等就报道过，化学诱变剂N-亚硝基-N-甲基脲（NMU）可诱发大鼠的乳腺癌。1983年，巴瓦西德实验室的苏库玛（S. Sukuma）等发现用NMU处理Buf/N大鼠一次即可诱发乳腺癌，并在诱发的癌细胞中检出了有恶性转化活性的*H-ras-1*基因。很重要的一点是这些由诱变性致癌物激活的*H-ras-1*基因，具有与人体肿瘤中所发现的几乎完全一样的激活机制。正是这一点，使这个系统成为研究人癌基因转化激活的良好实验模型。

为了探索*ras*基因在多阶段致癌过程中所起的作用，必须先确定*ras*基因恶转活化发生的时间段。在NMU诱发大鼠乳腺癌这个系统中，对于确认癌变中*ras*激活是否发生于启动阶段，有两个有利条件。① 大量的研究已经证实NMU可专一性地诱发G到A这个转换突变，专一程度可等于或大于99%。扎布尔（H. Zarbl）在1985年还证实，所有NMU诱发的大鼠乳腺癌中活化的*H-ras*基因，都在12号密码子的第二个核苷酸，发生了G到A的转换突变；相反，另一种致癌物7, 12-甲基苯并蒽（DMBA）诱发的乳腺癌中的活化*H-ras*基因，诱发的并不是G到A转换。对比NMU和DMBA产生的不同结果，可以较有把握地认为NMU是通过引起G到A转换而引起*H-ras*基因恶转活化的直接原因。② NMU在生理条件下是极不稳定的，经测定静脉注入的NMU半数失活时间只有20 min，这表明NMU在大鼠体内的作用时间仅有几个小时。就在这段时间内，NMU启动了诱变致癌过程。这些实验研究从不同的侧面说明，如果NMU引起的由G到A的转换造成了诱发乳腺癌中*H-ras*基因的突变，那么这种突变引起的基因活化是发生在

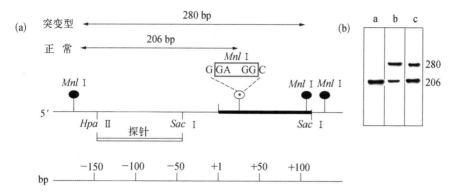

图8-9 NMU诱发的大鼠乳腺癌中H-ras基因突变的MnlⅠ多态检测方法

（a）检测原理，圆形黑点是MnlⅠ切点，中间有红色的圆点是因突变而失去的MnlⅠ切点，它涉及12、13两个密码子；（b）检测结果：a为正常乳腺细胞DNA片段；b、c为经NMU诱变产生的乳腺癌细胞DNA片段（改自E. Santos）

癌变启动阶段的。

NMU诱发H-ras基因第一个外显子中第12号密码子的第二个核苷酸由G转换为A，会使H-ras-l基因失去一个限制性内切酶MnlⅠ的识别和切割序列GAGG，造成有诊断意义的限制性片段长度多态现象（RFLP）。正常的H-ras-l基因的第一个外显子序列分属两个限制性内切酶MnlⅠ切割片段，长度分别为206 bp和74 bp（图8-9），恶转活化的H-ras基因的相应片段由于失去一个MnlⅠ切点，只能产生一个长度为280 bp的MnlⅠ片段。利用一个120 bp的HPaⅡ/SacⅠ片段作为印迹杂交的探针，以MnlⅠ为诊断用内切酶即可进行H-ras的RFLP分析，扎布尔等用MnlⅠ多态检测法测定了用NMU诱发的三种大鼠品系的乳腺癌的DNA样品58份，结果证实其中的48份（占83%）为MnlⅠ多态阳性（表8-3）。在阳性反应的DNA样品中，又有36个（占75%）能引起NIH3T3细胞恶性转化。这表明NIH3T3细胞是具有恶转活性的H-ras基因较为可靠的检测系统。

作为对照，扎布尔又检测了26份取自正常大鼠乳房细胞的DNA，结果无一出现MnlⅠ切割片段的长度多态现象（表8-4）。此外，又做了6只患有非乳腺癌的大鼠的乳房细胞DNA分析，结果亦为MnlⅠ多态阴性。

表8-4 NMU诱发的大鼠乳腺癌的H-ras的MnlⅠ多态检测

大鼠品系	乳腺癌组		正常乳房细胞组	
	测样数	呈MnlⅠ多态样品数	测样数*	呈MnlⅠ多态样品数
Buf/N	38	31（81%）	18	0
Spraue-Dawley	12	11（92%）	8	0
Fischer344	8	6（75%）	未测	未测
合计	58	48（83%）	26	0

*表示其中4只Buf/N和2只Sprague-Dawley大鼠的样品取自非乳腺癌患鼠的正常乳房细胞。

为了进一步证实NMU诱发的是G^{35}到A（35位即12号密码子第二号核苷酸的序号），可合成一个含19个核苷酸的寡核苷酸探针，将要探测的核苷酸设计在探针序列中间，两侧各有9个可与被检DNA片段中相应区段互补的核苷酸。例如，检测G^{35}到A变异可用下列寡核苷酸探针组合：

H19 G^{35}探针：5′-TGGGCGCTGG*AGGCGTGGG-3′

H19 A^{35}探针：5′-TGGGCGCTGA*AGGCGTGGG-3′

在适宜的杂交条件下，标记的H19 G^{35}探针能和来自正常细胞的相应DNA酶切片段杂交形成互补双链，但不能和来自NMU诱发的乳癌细胞中同样的DNA酶切片段杂交。相反，标记的H19 A^{35}探针只能和NMU诱发的乳腺癌细胞中的相应DNA片段形成杂合双链，但与正常细胞的相应DNA片段不能杂交。这个实验证据非常有力地表明NMU确有特异性极高的诱发G到A突变的能力。

综上所述，用NMU一次处理诱发大鼠乳腺癌是一个可以在分子水平分析癌基因*Ha-ras*的动物致癌模型。利用这个实验模型已经探明下列几点。

（1）NMU诱变具有很高的专一性，对它诱发的大鼠乳腺癌讲，诱变部位是*Ha-ras-l*基因的G^{35}到A的转换突变。

（2）*Ha-ras*基因的恶转活化发生于癌变的起始阶段。

（3）大鼠乳腺癌的*Ha-ras*基因的恶转活化机制和人体中某些肿瘤中癌基因*ras*的活化机制是相同或相似的。因此利用这个模型可能进行人类癌变的体内分子遗传学研究和分子病理学研究。

§8.6　癌基因的功能及其相关的细胞信号通路

我们已经从病毒原癌基因的发现出发，一步一步地讨论了癌细胞的诱导、人癌基因结构变异的鉴定、基因突变致癌的临床检验、不同癌基因之间的功能互补，以及化学物诱发实验动物肿瘤的分子水平鉴定等涉及肿瘤分子遗传学的萌芽和发展的标志性科学事件。然而，要人们接受癌基因突变有可能导致恶性肿瘤的假说，还需要阐明癌基因及其编码的蛋白质在癌症发生和发展中的作用。我们将以*Ras*为例来讨论癌基因在细胞和分子水平上的作用。

*Ras*基因最初是通过逆转录病毒的转化实验，从Harvey和Kirsten这两个大鼠品株的肉瘤病毒中分离和克隆的，分别被定名为*v-H-ras*和*v-K-ras*。1982年，温伯格证实人膀胱癌细胞中发生了点突变的*Ras*基因能导致小鼠NIH3T3细胞发生恶性转化。

人的*Ras*基因有三种，即*H-Ras*、*K-Ras*和*N-Ras*，它们均编码包含188~189个氨基酸残基、分子量为21 000的Ras-p21蛋白，定位于细胞质膜内侧。Ras蛋白具有结合鸟嘌呤核苷酸（GDP和GTP）的活性，当Ras结合GTP时，Ras-p21蛋白处于活性状态，当Ras结合GDP时，Ras-p21蛋白处于非活性状态。Ras-GTP（Ras-三磷酸鸟苷）和Ras-GDP（Ras-二磷酸鸟苷）各呈现特定的分子构象，只有Ras-GTP

能激活下游信号转导的效应分子。Ras蛋白自身还具有GTP酶活性,能将GTP水解为GDP,因此对Ras-GTP和Ras-GDP之间的动态平衡有一定的调节功能。

细胞的原癌基因*Ras*相关的信号通路起始于细胞外生长因子与细胞表面受体的结合导致受体复合体的激活,这个复合体包括连接分子GRB2(生长因子受体结合蛋白2)、Gab(GRB2结合蛋白)、SHC(含SH2结构域的蛋白质)和SHP2(含SH2结构域的蛋白酪氨酸磷酸酶)。受体连接分子复合体能提供借催化Ras的核苷酸交换来增加Ras-GTP水平的鸟嘌呤核苷酸交换因子SOS1。而GAP(三磷酸鸟苷-酶激活蛋白)和NF1(神经纤维瘤蛋白1)与Ras-GTP的结合加速了Ras-GTP向Ras-GDP的转换,增加Ras-GDP的水平,减弱Ras-GTP相关的信号转导。这些分子形成了Ras-GTP/Ras-GDP之间的动态平衡调节环路。图8-10就是依据原癌基因*Ras*及其相关的信号通路中的关键分子发生突变所造成的发育异常或导致癌症而绘制的Ras相关的信号通路及其生物学效应示意图。

图8-10着重框出了若干Ras-GTP的关键效应分子的信号通路。例如,RAF-MAPK-MEK-ERK信号级联通路,通过Ras-GTP激活的下游靶分子丝氨酸/苏氨酸蛋白激酶的RAF家族(含BRAF、ARAF和RAF1)成员BRAF→细胞分裂素激活蛋白激酶(MAPK)→细胞外信号调节性激酶的激酶(MEK)→细胞外信号调节性激酶(ERK)这一级联反应,会促进与DNA复制相关的一系列基因的转录,从而直接调控细胞的增殖,这条级联反应的调控异常可能会导致癌症或发育紊乱。又如,PI-3K-Akt信号级联通路,通过Ras-GTP直接结合并激活的磷酸肌醇3-激酶(PI-3K)→3-磷酸肌醇依赖的蛋白激酶(PDK1)→丝氨酸/苏氨酸蛋白激

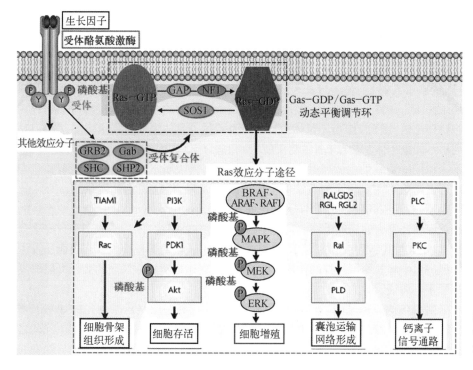

图8-10 Ras相关的信号通路及其生物学效应示意(改自 S. Schubbert)

酶（Akt）信号通路通常会降低对细胞凋亡信号的敏感性，使细胞处于成活状态。这是最重要也是了解最为清楚的两条信号通路。再如，RalGDP解离作用刺激蛋白（RALGDS）、RALGDS样基因（RGL），以及RGL2，都是Ras相关性GTP结合蛋白Ral的鸟嘌呤核苷交换因子，Ral的下游效应分子磷脂酶D（PLD）是调节细胞内囊泡运输网络的一种酶。此外，T淋巴瘤侵袭转移因子1（TIAM1）则是GTP结合蛋白Rac的交换因子，Rac能动态调节肌动蛋白，也就影响了细胞骨架的重组，以及转录因子NF-κB的活化，促进抗凋亡蛋白的合成，从而抑制细胞凋亡延长细胞寿命。Ras-GTP结合并激活的另一类下游靶分子是磷脂酶C（PLC）和蛋白激酶C（PKC）家族。磷脂酶C的水解产物可参与对钙离子相关信号通路的调节。

正是因为Ras-p21蛋白与涉及细胞增殖与分化、存活与凋亡，以及细胞骨架和细胞内囊膜运输系统的形成等重要结构和代谢功能的调控，一旦它因突变或表观遗传修饰异常而持续处于与GTP结合的活化状态则可能引起细胞异常增殖，甚至诱导细胞发生恶性转化和肿瘤形成。已经在膀胱癌、乳腺癌、结肠癌、肾癌、肝癌、肺癌、胰腺癌、胃癌及造血系统肿瘤中检测到Ras基因的异常。大量临床研究表明，至少有30%的人肿瘤与Ras-GTP相关的信号通路异常而又持续的激活存在某种有规律性关联。

染色体易位等染色体畸变也可能使癌基因在另外的调控系统作用下出现异常激活，甚至完全新的功能。最早发现也是了解得最为清楚的一个例子是1958年在慢性髓细胞性白血病患者血液病理检查时发现的一种新的小染色体，1978年证实这个新染色体是9号染色体和22号染色体之间交互易位的产物。由于这个染色体是在美国费城儿童医院发现的，所以命名为费城染色体（Philadelphia chromosome）。由此造成9号染色体上的断裂集簇区（break cluster region, BCR）的部分序列和22号染色体上的原癌基因ABL-1的部分序列愈合形成的融合基因获得了酪氨酸激酶活性，具有激活下游与细胞增殖相关的能力，甚至导致细胞的恶性转化。图8-11既比较了慢性髓细胞性白血病患者白细胞和正常白细胞的差异，也显示了9号染色体与22号染色体相互易位生成费城染色体和融合基因bcr-abl的机制。图8-11a显示了慢性髓细胞白血病患者的白细胞与正常白细胞的细胞病理比较，图8-11b是染色体9/22易位及费城染色体生成过程示意图，图8-11c列出不同染色体断裂点（图中箭头所示）和愈合点（图中红色和蓝色拼接处）产生不尽相同的费城染色体和融合基因。这几个实例说明不同的染色体断裂和愈合点可以造成不完全相同的费城染色体和bcr-abl融合基因，由此转录的mRNA长度也不同，所编码的蛋白质的分子量和生物学活性也就不尽相同，造成的疾病的严重程度和发病的病理机制也可能不一样。研究还提示，多种诱变剂和致癌化合物，以及X射线、γ射线和来源于地球大气层的中子辐射等环境因素在白血病发生发展进程中起着不可忽视的作用，流行病学观察还提示癌症风险的高低可能取决于暴露电离辐射时的年龄。

造成细胞原癌基因激活途径是多种多样的，图8-12显示了常见的如基因突变、基因扩增、染色体易位、DNA重排和外源DNA片段插入等几种类型。除此之外，多种表观遗传修饰异常也会激活原癌基因，我们将在有关表观遗传与癌变的

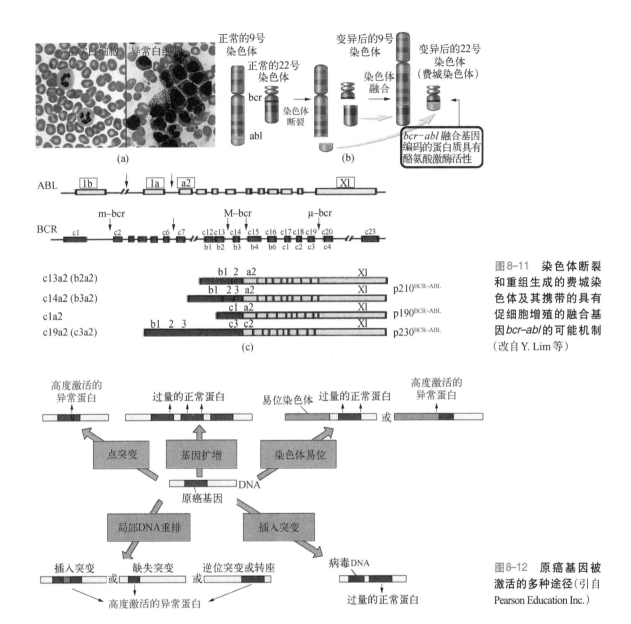

图8-11 染色体断裂和重组生成的费城染色体及其携带的具有促细胞增殖的融合基因bcr-abl的可能机制（改自Y. Lim等）

图8-12 原癌基因被激活的多种途径（引自Pearson Education Inc.）

章节中详细讨论。

如果我们把视野从单个 *ras* 基因的功能相关信号通路扩展到与肿瘤发生和发展的整个调控网络，那么就必然涉及若干个癌基因相关信号通路之间的关系。大半个世纪以前，劳斯等在研究病毒诱发的家兔乳头状瘤时就曾提出："致瘤是个一步一步越变越坏的过程。" 1944年，劳斯等又把癌变过程划分为启动（initiation）和促进（promotion）两个阶段。此后，班恩布鲁（I. Benenblum）把致癌的两阶段学说大大推进了一步，他把化学致癌物区分为启动剂（initiator）和促进剂（promoter），前者以多环芳烃为例，后者以巴豆油为例。他认为启动剂造成了某种不可逆的、可遗传的、但表型改变不大的突变，而促进剂引起的变化最初是可逆的，随之也会使细胞发生不可逆的遗传变化，导致恶性转化过程的发展和加剧。

在人肿瘤的实验病理学研究基础上，福尔兹（L. Foulds）陆续提出了一些肿瘤演变发展的基本原则。他指出肿瘤的恶性发展在时间和空间上是不连续的，致癌的各阶段是有质的区别的。癌的表型由许多"单位性状"组成，这些单位性状包括对生长因子或激素的依赖性，癌细胞的侵袭性和转移性等。其中某些性状则要在癌变充分发展后才会表现，有时甚至会出现诸如药物抗性这样全新的性状。福尔兹认识到这并不是由最初的遗传变异所决定的，而是在恶变过程中新的突变不断产生，加上肿瘤在发展演化中的选择作用，造成肿瘤相关突变逐渐积累的结果。他在1969年发表的代表作中写过这样一段话："肿瘤的行为取决于多种多样的因素，这些因素在很大程度上是独立变化的，是一些影响肿瘤发展的自变数，但它们能相互组合，匹配补充，而又倾向于独立发展。"福尔兹的概念十分妥帖，并能在分子水平上对这个概念进行分析。然而，把这些概念和有关癌基因的研究联系起来，必然会产生这样一个问题：细胞恶变中的具体"单位性状"是不是由特定的癌基因决定的？也就是说，在癌变发展的各个阶段中，各个癌基因是怎样通过功能协同而导致正常细胞恶性转化的？

关于癌基因在功能上的相互关系，目前有两种代表性的看法：一种是"调节级联反应"假设；另一种是"网状调控"假设。

前面已经介绍了正常的c-ras基因的产物能接受外来的生长信号，并进而将这种信号传递给信息流的下一个效应靶分子。在发生了恶性转化的细胞中，激活的ras基因及其产物会在没有接受任何外来生长信号的情况下，"自动"向某个靶位传递信息而致使失控。这种看法的核心是一系列活化的癌基因扰乱了细胞外源生长信号的产生、接受、传递和效应系统的正常调节功能，导致细胞的恶性转化和异常生长。反过来讲，未活化的正常癌基因编码的蛋白质可能是某种生长激素，也可能是细胞表面受体，还可能是专司信息传递的某种信息载体蛋白，这些原癌基因的蛋白产物组成了一个使生长信号逐级放大的"调节级联反应（regulatory cascades）"，支持这种看法的实验证据很多。

早在1983年，就有两个实验室用不同的分析方法研究了类人猿病毒癌基因v-sis，发现它和寄主细胞的血小板源生长因素（platelet derived growth factor, PDGF）的结构基因是同源的。还有人发现人骨肉瘤和胶母细胞瘤会分泌PDGF样的多肽。另一个有趣的实验是从禽类成红细胞增多症病毒（AEV）分离到的癌基因v-erbB所编码的蛋白质p65是细胞质膜上的一种糖蛋白，而糖蛋白往往作为各种信息载体分子的受体而起着重要的调节功能。生物信息学研究还表明，ras基因（包括Ha-ras、Ki-ras和N-ras）编码的p21蛋白的部分氨基酸序列和牛线粒体中的质子转移酶H^+-ATP酶的β亚基的氨基酸序列极为相似。活化的ras基因，如EJ-onc，则能造成细胞质膜电位的改变。当时还发现p21是细胞质膜上的一种能够产生电子的GTP酶，它的构型的改变可能会改变细胞质膜两侧的化学电位，导致与癌变有关的多向效应。

另外，美国和德国的科学家多次证实PDGF可诱导原癌基因c-fos（与小鼠

FBJ骨肉瘤病毒癌基因*v-fos*同源）的表达，而*c-fos*的表达又可诱导*c-myc*的表达。前面已经讲过PDGF和原癌基因*c-sis*编码的蛋白质结构相似。把这些研究结果联系起来，构成了PDGF（*c-sis*）激活*c-fos*，*c-fos*再激活下游的信号分子*c-myc*。推测这条信号通路的存在似乎佐证了调控级联反应假设。

然而，提出网状调控假设的人认为，已识别的20多种癌基因所编码的蛋白质是多种多样的，有的是位于细胞质膜上的蛋白激酶（如*src*、*abl*、*ras*等编码的蛋白质），有的是与DNA结合的核内蛋白（如*myc*、*myb*、*fos*等编码的蛋白质），有的是在质膜上游动的糖蛋白（如*erbB*编码的蛋白质），还有些是功能尚未弄清的，也许作用方式也更为复杂多样的蛋白质。这些说明，致癌的途径可以是多种多样的。可以设想有一个调节控制细胞生长和分裂的调控网络，覆盖和联络了从细胞核的中心一直到细胞膜的许多调控网点。如果这个调控网络的任何一个节点或几个节点发生异常或失去平衡，将会导致细胞的恶性生长。各种各样原癌基因呈现的多姿多态的功能，也许正是这个调控网络的组分的某些反映。图8-13只是与癌变相关的部分信号通路的一种示意图。深入研究癌基因及其所编码的蛋白质使我们有可能去揭示这个细胞生长调控网络的结构与功能。

与调控小瀑布假设不同，网络假设认为在正常的生长和发育条件下，所有的原癌基因都是表达其功能的，只有当原癌基因表达产物的量（超量表达）或质（结构异常）发生了会导致细胞恶性转化的变化时，细胞才会进入致癌的"轨道"。

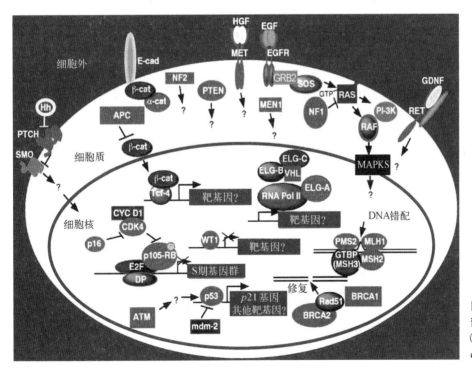

图8-13　癌变相关的部分信号通路的示意（引自 lookfordiagnosis.com网）

§8.7 肿瘤抑制基因的发现

前面几节关于癌基因的讨论表明，癌基因在肿瘤发生的作用是因为其编码的蛋白产物的活性增加或结构改变能导致细胞的恶性转化，无论是突变还是致瘤病毒在细胞的基因组引入的癌基因都呈现出对野生型原癌基因的显性效应，即激活单个等位基因就可能致癌，或者说致瘤性是因为发生了突变的原癌基因获得了一种新的功能。那么，是不是能引起癌变的基因突变都是显性突变呢？隐性突变是不是也有可能引起细胞的恶性生长呢？可以设想，如果细胞因某种基因的隐性突变而成为癌细胞，那么这种癌细胞与正常细胞融合后的表型应该是正常的，不会呈现出恶性转化特性。在肿瘤分子生物学发展的早期，盖泽（A. G. Geiser）等就通过细胞融合和基因转染实验证实的确存在致癌的隐性突变基因。

美国儿科医师努森（A. G. Knudson）注意到，在儿童期发生的有强烈遗传倾向的恶性病变中最常见的是视网膜母细胞瘤。他发现多数患儿单眼患瘤，但也有患儿双侧眼睛都患瘤，甚至还有在极早期就出现双侧视网膜母细胞瘤的病例。在基因型分析中，努森发现患儿及其部分家族成员的染色体13q14区段有一个与视网膜母细胞瘤发病关联密切的基因突变，这个基因就被命名为 Rb。患者的致病基因，即 Rb 的突变等位基因 rb，既可以是通过生殖系遗传而使患者在家族内聚集，也可以通过体细胞突变而使病例呈散发状态。但是大量的临床资料表明，只有该基因座位上的两个等位基因的功能都丢失时才会致癌。有家族性病史或双侧发病的病例往往携有一个通过生殖系遗传的突变等位基因 rb，而另一个基因是野生型等位基因 Rb，其基因型为 Rb/rb（表8-5）。一旦体细胞中的 Rb 突变为 rb 就会导致肿瘤，所以肿瘤组织的基因型是 rb/rb。临床资料和遗传分析都提示视网膜母细胞瘤是隐性突变而引发的肿瘤，视网膜母细胞瘤也成了临床上发现的第一个隐性突变致癌的实例。

表8-5 视网膜母细胞瘤的基因型

基 因 型	散发、单侧	家属性、双侧	13q14区域内缺失
非瘤组织	Rb^+/Rb^+	Rb^+/rb^-	$Rb^+/-$
瘤组织	rb^-/rb^- $rb^-/-$	rb^-/rb^- $rb^-/-$	$rb^-/-$ $-/-$

注：Rb^+ 为野生型基因；rb^- 为突变型基因；$-$ 为染色体缺失。

根据视网膜母细胞瘤的发病机制，早在20世纪70年代努森就提出了视网膜母细胞瘤致病的"两次打击"假设。他认为患者家族中携带了一个突变基因 rb 的成员会在极早期通过基因点突变、染色体的丢失、缺失、不等交换、细胞的有丝分裂重组，或者染色体丢失加重复等机制而失去仅存的野生型等位基因 Rb，最终造成早期双侧肿瘤（图8-14a）。他还注意到没有家族史的散发病例一般发病较晚，还常常只是单侧患瘤。值得注意的是无论通过什么机制，经历两次打击的肿瘤组织使最初因 *Rb* 和 *rb* 两个基因共存而呈现的遗传异质性丢失（loss of heterozygosity, LOH）。此后，分子生物学家利用基因的限制性内切酶的限制性片段长度多态性（restriction fragment length polymorphism, RFLP）实验发现，视网膜母细胞瘤细胞的相应片段确实呈现出 LOH，从而也证实了努森"两次打击"假设（图 8-14b）。这样努森不仅发现了人的一个特定基因的隐性突变与一种恶性肿瘤之间的关联，还建立了细胞恶性转化的两次打击学说。由此可以推断视网膜母细胞瘤的发病原因是 *Rb* 基因的突变造成了它编码的蛋白质功能的缺失。此后，研究还提示 *Rb* 基因的功能缺失与骨肉瘤和小细胞肺癌的发生、发展有密切关联。后来人们又陆续发现了多种隐性突变引起的肿瘤（表 8-6），进一步证实基因的隐性突变可以引起人恶性肿瘤。

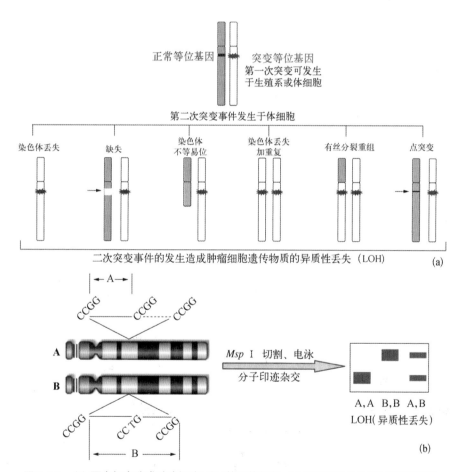

图 8-14　(a) 两次打击造成肿瘤细胞 LOH 的可能机制；(b) 利用 RFLP 诊断 LOH 的原理

　　图中具有诊断价值是限制性内切酶 *Msp* I 切割片段的长度。在野生型等位基因 *Rb* 和突变型等位基因 *rb* 共存时会出现两条长度不等的 *Msp* I 切割片段 A 和 B，一旦野生型等位基因丢失，不论 *Rb* 和 *rb* 的 *Msp* I 切割片段是 A 还是 B，结果只能是与 *rb* 对应的 *Msp* I 切割片段一样长度的 DNA 片段。

表8-6 人肿瘤中的隐性突变实例

肿瘤	隐性突变的染色体定位
视网膜母细胞瘤/某些骨瘤	13q14
肾母细胞瘤	11p13
贝克威思-怀德曼综合征（肾、肌、肝、肾上腺胚胎瘤）	11p
膀胱癌	11p
听神经瘤/脑膜瘤	22

Rb 基因编码的蛋白质RB是影响细胞周期的核内磷酸蛋白RB，在细胞周期的休止期（G_0/G_1），RB是非磷酸化的，而在细胞分裂期，特别是 G_1 期末它可被细胞周期素依赖性激酶（cyclin dependent kinase, Cdk）/细胞分裂周期素复合物（cyclin complex）磷酸化，在有丝分裂中又被去磷酸化。非磷酸化的RB可特异性地与多种蛋白质结合，所以RB和这些蛋白质的相互作用只能发生于S期之前，一旦RB被磷酸化，则会释出这些蛋白质。RB的下游靶基因包括转录因子群E2F，E2F转而激活对细胞进入S期至关重要的一系列靶基因。与RB的结合则会抑制E2F激活转录的能力，这就提示RB可能会阻遏依赖E2F的基因的表达，即RB间接抑制了细胞进入S期。也就是说RB-E2F复合物直接抑制了某些靶基因，而RB-E2F复合物的解联可使这些基因得以表达（图8-15）。

我们是从病毒及其携带的 $v-onc$ 开始讨论癌基因的，然而，对病毒致癌机制的深入研究却是以肿瘤抑制基因的功能分析为契机的。著名的肿瘤分子生物学家哈洛（E. Harlow）、怀特（P. Whyte）和温伯格等的早期合作研究就发现了猴病毒SV40的T抗原和腺病毒的E1A抗原能特异性地和非磷酸化的RB蛋白结合。非磷酸化的RB蛋白一旦和肿瘤病毒的特异性抗原结合就不能再与E2F结合，E2F由此摆脱了RB蛋白，进而促使细胞进入S期。除此之外，非磷酸化的RB蛋白对

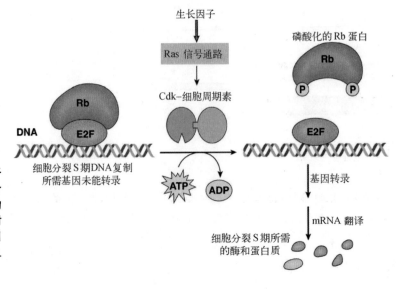

图8-15 转录因子E2F、细胞周期素复合物Cdk和RB蛋白的磷酸化的关系及其对细胞分裂的影响（引自 sunmoonx.blogsprt.com网）

癌细胞增殖的阻遏作用还可以通过转基因实验来说明。有人曾经分离到一株RB蛋白缺乏的骨肉瘤细胞,当将 Rb 基因转入该细胞株后其生长很快被阻止。然而,这种阻止可以被细胞周期素D的高表达所克服,因为细胞周期素D也能形成 Cdk/细胞周期素复合物而使RB蛋白磷酸化而释放出E2F,导致细胞增殖加快。病毒抗原与RB蛋白的特异性结合与肿瘤发生的关联也进一步证实了肿瘤抑制基因对细胞分裂的调控作用。此外,涉及细胞周期 G_0/G_1 或 G_1/S 调控的还有小分子抑制蛋白p16、p21和p27等。

近50年的研究表明,与肿瘤发生相关联的隐性突变基因绝大多数是肿瘤抑制基因(tumor suppressor gene),又称抗癌基因(anti-oncogene),它们是保护细胞、使细胞避免走向癌症发展的某一阶段的一类基因。这类基因的突变或功能丢失会降低甚至完全丧失对细胞的保护功能,有可能在另一些肿瘤相关因子的协同作用下导致细胞进入恶变的进程。

定位于人染色体17p13.1的 TP53 基因编码了又一个重要的肿瘤抑制蛋白,即分子量为53 000的p53蛋白。p53蛋白是重要的转录因子,它由三个结构域组成:酸性的氨基端是转录活性结构域;富含碱性氨基酸的羧基端含有四聚体化结构域和核定位信号序列;中央含几个疏水性很强和带电荷极少的与DNA特异性结合相关的结构域。野生型p53对细胞增殖起一定的减速、检测损伤和监视作用,一旦发现尚未修复的损伤,则会导致细胞凋亡。几乎在50%以上的恶性肿瘤中都可以检查出p53突变,突变型p53蛋白丧失了对细胞生长、损伤监测、凋亡和增殖的调控作用,甚至会获得类似癌基因的新功能。经生殖系细胞遗传的p53突变基因可增大多种癌症的发病风险。

p53蛋白主要分布于细胞核,具有与DNA特异性结合的能力,它介导的细胞信号通路在细胞正常生命活动中有至关重要的作用,并且与其他的信号通路之间有广泛而复杂的联系,许多基因的表达直接或间接受它调控,它的活性还会因磷酸化、乙酰化、甲基化和泛酸化等翻译后修饰而改变。野生型p53通过对诸多基因的调节,或者直接与其他蛋白相互作用来调控细胞凋亡、抑制细胞周期和DNA损伤修复,以应对紫外光或其他射线的辐射、化学物质、低氧微环境等引起的细胞应激。

p53蛋白的关键性调控因子是泛素连接酶MDM2,它既能抑制p53的转录,又能靶向性地使p53蛋白泛酸化而导致其降解。另一方面,MDM2也会经自身泛酸化而降解,这样就会使MDM2和p53都能快速周转。因为MDM2同时也是p53转录产物的靶标,所以p53活性增加会导致其自身负调控因子MDM2的表达。这样,这两种分子在整个调控网络中维持着一个相互制约的负反馈回路。哺乳动物细胞中p53蛋白在非应激情况下仅维持较低的丰度,且半存活期较短。在应激条件下,p53蛋白可通过磷酸化或乙酰化等共价修饰,甚至改变它的细胞定位而趋于稳定,以提高在细胞中的丰度。活化的p53蛋白是高效的转录因子,能借助不同的信号转导通路介导细胞增殖周期阻遏、细胞凋亡、遗传损伤修复和抑制肿瘤的血管生成(图8-16)。

p53阻遏细胞增殖主要发生于细胞周期的 G_1/S 对受损DNA的检测。p53的下游靶基因细胞周期依赖激酶抑制蛋白p21CIP1(cyclin dependent kinase

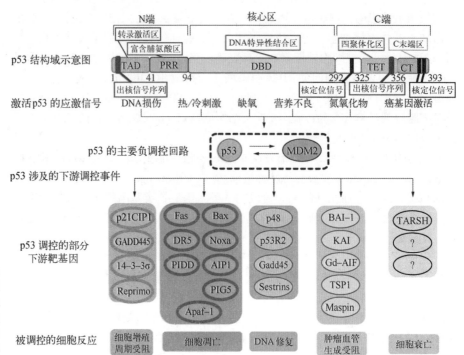

图8-16 p53的功能性结构区域、主要负调控回路及其激活的下游靶基因涉及的多条信号通路和相应的细胞效应示意（改自 J. D. Amaral 等）

inhibitor）可与一系列细胞周期素依赖性激酶（cyclin dependent kinase, Cdk）/细胞分裂周期素复合物（cyclin complex）相结合，阻遏其参与Rb的磷酸化，而非磷酸化的Rb能保持与转录因子群E2F的结合，使之无法激活细胞增殖相关的基因群，将细胞阻滞在G_1期。p53的另一些下游基因，如DNA损伤修复蛋白GADD445、14-3-3α等也参与了对细胞增殖的调控。当DNA的损伤不可修复时，p53就会启动涉及特定的细胞死亡受体Fas和DR5，以及天冬氨酸特异性半胱氨酸蛋白酶（aspartate-specific cysteine proteases）等细胞凋亡效应因子参与的细胞凋亡级联反应（caspase cascade）相关程序。泛酸化的p53还能移入线粒体直接诱导促凋亡蛋白Bax和Bak寡聚化，以拮抗抗凋亡因子Bcl2和Bcl-xl等的作用。p53的DNA特异性结合结构域具有核酸内切酶活性，能切除错配的核苷酸，与其他修复因子协同参与受损DNA的修复。图8-16还显示了p53参与抑制肿瘤的血管生成和诱导细胞衰亡等调控作用相关的信号通路。

虽然*p53*和*Rb*都是肿瘤抑制基因，但是它的功能受阻或丢失并不通过两次打击模式，突变型p53是以显性负效应（dominant negative）方式行使功能的，即它的突变基因编码的蛋白产物能阻遏野生型基因编码的蛋白质的功能。大量分析表明，人类癌症中发现的95%以上的p53突变都发生于它的DNA特异性结合区，且绝大多数属于错义突变。所以突变型*p53*基因虽然编码了全长的蛋白质，却不能激活下游的靶基因。除了功能丢失之外，突变型p53蛋白还呈现出抑制野生型p53蛋白的显性负效应，或者获得不依赖野生型p53蛋白的新功能。为了深入研究这种显性负效应,威利斯(A. Willis)等专门建立了三个特殊的细胞系:能单独诱导表达错义突变型p53蛋白的细胞系、能单独诱导表达野生型p53蛋白的细胞系和能同时诱导表达野生型p53蛋白和错义突变型p53蛋白的细胞系,并利用这三个细胞系比较系统地研究了突变型p53蛋白的显性负效应。实验提示错义突变型p53蛋白明显降低了野生型p53蛋白与其靶基因*p21*、*MDM2*和*PIG3*的反应元件的结合能力,从而也降低了对这些内源基因和其他靶基因的诱导,进而阻止了野生型p53蛋白对细胞周期的调控作用。这项研究证实错义突变型p53蛋白通过阻断野生型p53蛋白与DNA的特异性结合,随之阻止其抑制细胞生长等功能,呈现出突变基因的显性负效应。最近的研究还提示突变型p53蛋白还可能通过磷酸化、乙酰化或泛酸化等修饰改变分子的稳定性和空间构型,影响它在细胞内的丰度和显性负效应的强度。其实,只要p53蛋白的突变位置不一样,与之结合的转录因子等蛋白质种类就可能不一样,就有可能通过不同的机制导致程度不等的显性负效应。

此外,肿瘤抑制基因的功能丧失还可通过其他途径来实现,如细胞周期抑制蛋白p27kip1的突变基因编码的蛋白呈现功能上的单倍性不足性(haploinsufficiency),即单个等位基因突变只是增加细胞对致癌的敏感程度。再如,与乳腺癌和卵巢癌密切关联的肿瘤敏感基因*BRCA1*的突变型等位基因可借助表观遗传机制控制特异性小RNA的表达来导致乳腺癌和卵巢癌的发生,我们将在表观遗传和肿瘤一节中做进一步讨论。图8-17是几种造成肿瘤抑制基因功能丧失机制的示意图。

细胞周期汇聚了细胞精确复制的关键步骤。与细胞癌变相关的突变事件大多发生于编码细胞周期调控信号分子的基因,主要是癌基因和肿瘤抑制基因。正常的细胞分裂受原癌基因调节,这对于生长发育和细胞的新老交替是必需的,而肿瘤抑制基因是细胞从G_1期向S期过渡时的制动信号,必要时可使细胞分裂停止或减速。DNA损伤修复基因的重要作用是确保从S期进入染色体有丝分裂前的G_2期的基因结构是完整的、没有受损的。DNA损伤修复基因的突变会增加癌症发生的风险,如遗传性非息肉结直肠癌相关基因(hereditary non polyposis colorectal cancer, HNPCC)、多发性内分泌腺瘤致病基因1(multiple endocrine neoplasia type1, MEN1)和乳腺癌易感基因(hereditary breast-ovarian cancer syndrome, BRCA1/2)等基因的突变会降低DNA修复效率,增加基因突变率,甚至导致其他肿瘤抑制基因失活或癌基因激活。所以DNA损伤修复基因也可归入肿瘤抑制基因。为了机体的整体利益,细胞还会启动凋亡程序来去除损伤未被修复的细胞。总之原癌基因的突变使细胞获得某种促进细胞周期进行和抑制细胞凋亡的能力,肿瘤抑制基因的突变则使细胞丧失控制细胞增殖和促进细胞凋亡的能力。图8-18显示这几类基因在细胞周期检测关卡点(checkpoint)调控中的作用及其相互关系。

图8-18上部是原癌基因、肿瘤抑制基因和DNA损伤修复基因对细胞分裂细胞周期检测关卡点的调控作用示意图,下部的表格列出了细胞原癌基因和肿瘤抑制基因突变对其功能的影响。

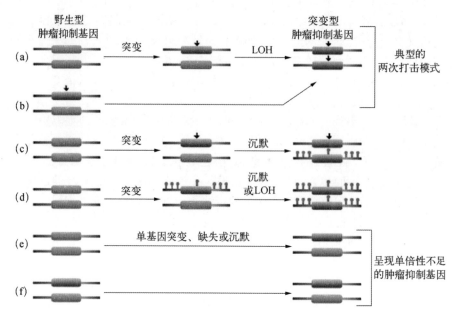

图8-17　**癌症中肿瘤抑制基因功能丢失的几种模式**（改自 A. Balmain 等）

　　（a）、（b）经典的两次打击模式，第一次突变后可借助多种机制造成异质性丢失（LOH）而导致基因功能的丧失，第一次突变的基因可通过生殖系细胞遗传，携带突变基因的个体的肿瘤发病风险增加；(c) 突变发生后，还可能因野生型等位基因启动子区域的甲基化导致基因沉默而失去功能；(d) 一对等位基因的两个拷贝均被沉默；(e)、(f) 单倍性不足的肿瘤抑制基因只需丢失一个功能性拷贝即可增加患病风险。因突变而部分或完全丧失功能的等位基因可经生殖系细胞遗传，突变基因携带者的患病风险也因此而增高。某些低外显率的肿瘤敏感性基因也可归入单倍性不足的肿瘤抑制基因。

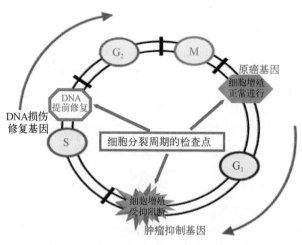

图8-18　**基因在细胞周期检测关卡点调控中的作用**

野生型蛋白功能	促瘤突变的性质
促进细胞增殖周期进行	原癌基因突变（新功能获得）
抑制细胞增殖周期进行	肿瘤抑制基因突变（正常功能丢失）
促进细胞凋亡	肿瘤抑制基因突变（正常功能丢失）
抑制细胞凋亡	原癌基因突变（新功能获得）
促进DNA修复	肿瘤抑制基因突变（正常功能丢失）

§8.8　表观遗传与癌变

本节讨论与肿瘤发生发展有关的表观遗传调控机制。癌症表观遗传学旨在研究癌细胞基因组不涉及DNA序列改变的表观遗传修饰，对于一个正常细胞向癌细胞转化而言，表观遗传改变的意义不亚于基因突变。肿瘤抑制基因沉默和癌基因激活的表观调控机制包括基因组中CpG岛甲基化型的改变和组蛋白修饰异常，以及多种DNA结合蛋白的表达调控失常。阐明肿瘤的表观遗传问题对于癌症的预防、诊断和治疗无疑是十分重要的。

早在1979年霍利迪（R. Holliday）就曾经提出DNA甲基化可能在癌变过程中起着重要的作用。1983年范伯格（A. P. Feinberg）和福格尔斯坦（B. Vogelstein）就发现癌细胞中DNA甲基化的总体水平低于正常细胞，并证实肿瘤细胞的低甲基化频繁发生于重复序列和在生物演化过程中引入的外来寄生性DNA（parasitic DNA）。在正常情况下，这类DNA序列是被高度甲基化的，这种特征性的甲基化反映出DNA甲基化和RNA干扰（RNAi）一样，都是在生物演化中起源于对外来DNA侵袭的一种防御机制，细菌中的限制-修饰系统就是以DNA特定序列的甲基化和甲基化序列专一性核酸内切酶为基础的。实验也表明人类基因组的内源性转座子等可移动因子的激活确实是和细胞的遗传不稳定性相关联的，如有一些肺癌和结肠癌细胞DNA总体甲基化水平的降低就和 K-ras 等癌基因的激活有关。

除了DNA甲基化的总体水平降低之外，癌细胞往往出现局部序列的高甲基化，高甲基化通常集中在启动子等基因表达调控元件附近的CpG岛。从1986年贝兰（J. B. Baylin）等最初发现降钙素（calcitonin）基因在癌细胞中呈现出正常细胞中不存在的异常甲基化起，迄今已发现相当多的基因在癌细胞中显现异常甲基化。例如，在肾癌和视网膜母细胞瘤中 VHL（von-hippel landau）基因的沉默和前列腺癌中与DNA损伤修复有关的 GSTP1（glutathione-S-transferase p1）基因的沉默，都可以被抑制DNA甲基转移酶的5-氮胞苷重新激活，这提示DNA甲基化的异常是癌细胞中某些抑制恶性生长的基因沉默的原因。在肿瘤细胞中最常见的因启动子高甲基化而转录沉默的基因包括细胞周期蛋白依赖性激酶抑制基因 p16，肿瘤抑制基因 p53，三个不同的DNA损伤修复基因 MGMT、MLH1 和 BRCA1，以及细胞周期调节基因 APC 等。

另一方面，基因组其他部分的CpG岛低甲基化则会通过印迹丢失或者转座因子的重新激活而导致染色体的不稳定性。例如，胰岛素样生长因子基因 IGF2 的印迹丢失会增加罹患肠癌的风险，并和导致显著增加新生儿癌症风险的贝克威思-怀德曼综合征（BWS）有关联。CpG岛在正常细胞的编码基因之间的非编码区出现的频率是比较低的，基因组中的寄生性重复序列和许多癌基因往往因高度甲基化而受到抑制。研究资料显示，癌细胞基因组中CpG双核苷酸的总体甲基化水平要比正常细胞低20%~50%，这可能反映了癌细胞的DNA甲基转移酶作用受到了阻抑。然而，这会增加有丝分裂重组和染色体重排，甚至催生异倍体细胞形成的机会。值得注意的是，甲基化的胞嘧啶经过水解、脱氨后很容易自动转变为胸腺嘧啶从而提高突变的发生率。不仅如此，甲基化胞嘧啶还增加了核苷酸对紫外线的吸收导致嘧啶二聚体的形成，随之而来的DNA的有误修复也可能增加基因突变。

在人类癌细胞中还观察到了多个功能相互关联的基因，如细胞周期相关基因群和DNA损伤修复相关基因群同时显现肿瘤特异性甲基化。实验还提示基因表达的甲基化失活似乎是癌变的极早期事件，例如在结肠癌的癌前病变组织中就发现过特定基因的甲基化，并观察到甲基化程度与整个病程演进过程的关联。癌细胞中大多数沉默的肿瘤抑制基因启动子区域CpG岛的高甲基化，也许是一个分阶段的渐进过程，先是基因启动子区某些特定的CpG岛从头甲基化，再由此扩展至更多的CpG岛，最终使基因进入持续的沉默状态。有实验提示，最初的甲基化可能起源于在DNA自发损伤修复中产生的5-甲基脱氧磷酸胞嘧啶（5md-CMP）的错误参入。在正常情况下，5md-CMP由一种专门的酶脱氨后转变为脱氧磷酸胸腺嘧啶（dTMP）。而在癌细胞中，相当一部分酶的活性发生了改变，致使部分5md-CMP有可能以二磷酸或三磷酸核苷的形式错误参入DNA。有人曾发现一个长期在体外培养的中国仓鼠卵巢细胞（CHO细胞）分离株的5md-CMP脱氧酶的活性明显下降，造成两个受试基因位点的自发表观突变（spontaneous epimutation）频率明显增高，H^3-标记的5md-CMP参入实验证明这个CHO的表观突变细胞株确实参入了甲基脱氧胞苷。

除了DNA甲基化异常以外，在肿瘤细胞中往往出现组蛋白修饰和染色质重塑的异常，如在正常细胞中组蛋白高度甲基化的异染色质区域，特别是重复序列，在肿瘤细胞中出现了甲基化程度下降而乙酰化程度明显增加；在常染色质区域则出现了完全相反的变化，启动子区域甲基化程度增加，组蛋白乙酰化呈逐步丢失趋势。这一系列表观遗传异常造成整个肿瘤细胞基因组的表达调控失常。

最近，B.埃默森（Beverly M. Emerson）等发现，位于肿瘤抑制基因 p16 上游的一个印迹调控区的差异甲基化区域（DMR）中特有的染色体屏障调节蛋白CTCF结合序列CCCTC发生了缺失，使它与CTCF共同构成的一道将异染色质和基因组其他部分隔开的分子藩篱不再存在，异染色质型特征性表观遗传修饰的结构得以强袭扩展，最终使 p16 沉默。这可能就是癌细胞发生发展过程的一个关键性事件。图8-19是CTCF特异性结合序列缺失造成肿瘤抑制基因沉默过程的示意图（关于屏障调节蛋白CTCF和差异甲基化区域DMR的概念可参阅第5章）。

近年来的研究还揭示了表观遗传病与肿瘤的相关。例如BWS患者的肾母细胞瘤的发病率比对照群体高1 000倍。对肺癌、神经胶质瘤（glioma）、乳腺癌和结肠癌的分析表明 IGF2 等基因的印迹丢失（loss of imprinting, LOI）是肿瘤危险因子，也是最常见的表观遗传改变。LOI的机制还涉及CTCF和另一种印迹调控蛋白（brother of regulator of imprinted sites, BORIS）在染色体上的结合靶位的甲基化状态的改变，以及印迹调控蛋白复合体对染色质结构重塑的影响。

染色质分子屏障对于真核细胞基因组而言是重要的调控序列，也许它们的作用还不仅是调节增强子与启动子，或阻止异染色质的扩展。它们很可能借助多种经不同修饰的屏障蛋白及其特征性结合序列构筑起基因组中影响更为广泛的调控网络,甚至能动性更强的染色质组织系统。

近年来的研究充分表明,正常组织和恶性肿瘤组织中处于不同等级层次细胞的表观遗传学修饰状态是不相同的。恶性肿瘤组织中有极少数细胞是一群类似于成体干细胞那样具有自我增殖和分化潜能的肿瘤细胞,称肿瘤干细胞(cancer stem cell, CSC),它们经过一系列的中间步骤能产生出分化的子代细胞。与成体干细胞一样,DNA甲基化、组蛋白修饰、染色质重塑及miRNA等表观遗传学机制在CSC的调控中发挥着重要作用,然而正常细胞分化所伴随的细胞重编程过程是可逆的,而细胞恶性转化过程是一个不断地发生和积累遗传突变和表观遗传学事件的不可逆过程,最终会形成一个遗传背景多种多样的肿瘤组织。在每一种遗传背景相同的细胞群中还会出现表观遗传学背景不同的亚克隆细胞。CSC不仅能导致肿瘤发生,还是引起肿瘤转移、复发和抗药的关键原因。此外,染色质调控因子或基因转录调控因子的活性发生改变也可能促进细胞转化和表观遗传的致癌性重编程,实验资料还提示这些调控因子在肿瘤形成之后会继续发挥作用,促使已分化的肿瘤细胞重编程为干细胞样的肿瘤干细胞,在肿瘤组织里细胞分化与重编程这两种作用最后会达到某种平衡的状态。肿瘤干细胞模型是近年来关于肿瘤形成及生物学特征的一种重要观点。图8-20是正常组织和肿瘤组织中的细胞分化或重编程的等级层次及其渐变过程的示意图。

近年来的研究发现,具有表观遗传调控作用的miRNA在肿瘤转移中起着重要的作用。肿瘤转移的开始阶段主要包括肿瘤细胞发生上皮细胞向间质细胞的转化(epithelial-mesenchymal transition, EMT),导致细胞间黏附能力逐渐丢失,进而穿越基底膜和血管壁进入循环系统,并逃避免疫监控,最终使部分肿瘤细胞侵袭特定器官形成转移灶。而miRNA,如miR-200家族成员可靶向调节上皮细胞向间质细胞转变的两个重要转录因子ZEB1(zinc finger E-box binding protein 1)和ZEB2(zinc finger E-box binding protein 2),促进肿瘤的转移。已经发现有一部分miRNA在细胞内的水平会呈现出与肿瘤转移相关的时空特异性。对特定

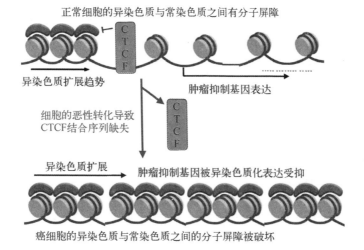

图8-19　癌细胞
于异染色质和
其他部分之间
屏障的缺失导致
制基因沉默过
意(改自 S. K
Emerson)

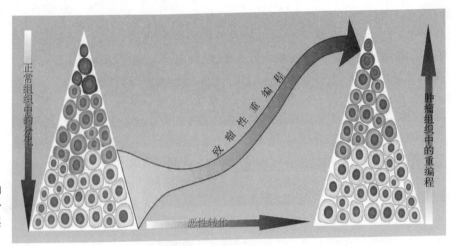

图8-20 正常组织和肿瘤组织中的细胞分化或重编程的等级层次（引自M. L. Suvà 等）

miRNA的分析也已经成为肿瘤转移相关的临床基础研究的重要内容。

miRNA与部分肿瘤抑制基因的作用机制也密切相关，如人们发现与乳腺癌和卵巢癌发生风险有重要关联的BRCA1借助表观遗传机制行使肿瘤抑制基因功能的新模式，用图8-21来说明：野生型BRCA1和组蛋白脱乙酰酶HDAC2形成复合物，并结合于MIR-155的启动子，减少了这个区域的组蛋白乙酰化，降低了miRNA-155的表达（图8-21a）。即使在存在一个BRCA1突变等位基因的前提下，野生型BRCA1仍然足以保持对miRNA-155表达的控制（图8-21b）。具有保护作用的野生型BRCA1基因的丢失阻断了BRCA1-HDAC2复合物的形成使MIR-155启动子区域的组蛋白得以乙酰化，并促进miRNA-155的表达（图8-21c）。大量miRNA-155作用于它的下游靶分子，致使细胞恶性转化和肿瘤的发生。这个例子为我们从一个新的视角来认识肿瘤敏感基因BRCA1的突变是如何导致乳腺癌和卵巢癌的（图8-21d）。

图8-22是致癌性miRNA（oncomiR）和肿瘤抑制性miRNA（tsmiR）在肿瘤发生、发展信号通路中的作用示意图，同时也列出了相应的miRNA拮抗剂（antagomiRs）和tsmiR 模拟物（miRNA mimic）在肿瘤防治中可能的作用和机制。

2013年，美国纪念斯隆-凯瑟琳癌症研究中心的桑德（C. Sander）研究组和哈佛大学医学院的布尔克姆（R. Beroukhim）研究组同时发表了有关泛癌症（pan-cancer）研究的文章，他们的研究代表了跨越不同组织的界限来探索不同类型肿瘤之间具有共性的遗传学问题的新方向、新潮流。两个研究组都利用了癌症基因组图集（The Cancer Genome Atlas, TCGA）的数据库。

布尔克姆研究组检查分析了源自11种不同肿瘤的4 934个病理样本基因组中约150万个位点的DNA拷贝数变异，共发现了约20万个体细胞的拷贝数变异（somatic copy-number alterations, SCNA），平均每个肿瘤样本含39个。这些SCNA的位置、长度和拷贝数都不同，提示它们形成机制也不一样。值得注意的是在基因组140个区域观察到反复集中出现的SCNA，其中的102个区域并没有已知的癌基因或肿瘤抑制基因，却可能包含相当多涉及表观遗传调控的基因，50

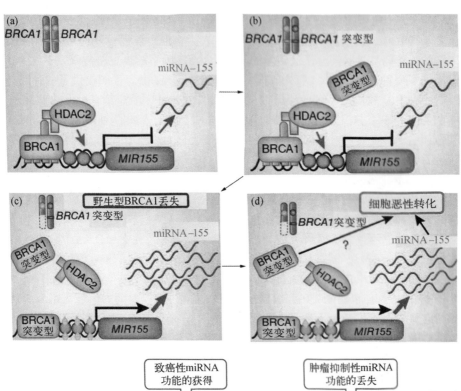

图 8-21 BRCA1 通过表观遗传机制调控 miRNA-155 的表达来执行肿瘤抑制基因的功能（改自 A. Velkove 和 A. N. A. Moneteiro）

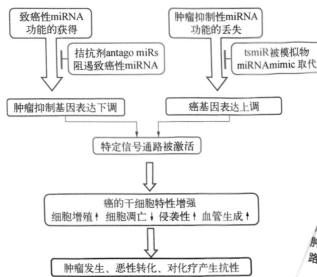

图 8-22 致癌性 miRNA 和肿瘤抑制性 miRNA 在肿瘤发生、发展信号通路中的作用

个区域有明显的 DNA 序列改变。观察结果强烈地暗示这些区域存在尚待研究的与肿瘤发生发展有密切关联的遗传因子，而且这些因子很可能不是编码基因而是非编码 RNA，尤其是 lncRNA。肿瘤与非蛋白质编码基因为正在展开癌症研究的新画卷，有的学者把涉及非蛋白质编码基因的瘤相基因组中的暗物质（dark matter）。迄今已有的研究资料表明，lnc 使细关的基因表达调控中起着至关重要的作用，特定的表达紊乱有可胞增殖失控，伴随恶性转化的进程还可能产生癌细胞侵袭、转移

有关肿瘤形成中表观遗传修饰的病理作用并没有否定有关肿瘤起源的突变研究。1981年，温伯格和巴瓦西德等先驱在人类膀胱上皮癌中发现 *Ras* 基因突变以来的工作仍然是肿瘤分子遗传学的基石。然而，肿瘤的表观遗传研究不仅为我们提供了一种不涉及DNA序列改变的病因研究途径，也为我们提供了一种新的肿瘤治疗手段，对于医师和药物研发企业来讲，它比基因治疗具有更大的吸引力。早在2004年5月，美国的食品药物管理局（FDA）就已经批准一种甲基化抑制剂5-氮胞苷用于骨髓异常增生症的临床治疗，据报道它能使因甲基化而沉默的基因重新激活。

桑德研究组针对致癌的分子机制复杂多样和癌细胞对肿瘤治疗的反应千差万别这两个问题，分析了12种不同类型肿瘤的3 299个病理样本的基因组，发现基因突变和拷贝数变异造成基因组极端不稳定是癌细胞基因组最为突出的遗传学变异。他们不仅分析拷贝数变异，还详细研究了基因突变和DNA甲基化。观察分析表明，已发现的数以千计的不同类型的遗传变异中，只有479种会在各种各样肿瘤中反复出现。研究人员又进一步检查这479种遗传学变异在每一个肿瘤样本中的分布，希望能突破组织器官界限来建立一套以共同的信号通路为基础的新的肿瘤分类系统。毫无疑问，肿瘤的组织器官分类对临床医学而言当然是非常重要的，然而，泛癌症研究确实开拓了癌症基础研究的新思路。

我们对癌基因的讨论是从劳斯的病毒致瘤实验开始的，关于病毒可能致癌的劳斯假设又被广泛接受，并获得了病毒致癌的实证。美国卫生和福利部发布的新版《致癌物报告》也列入了多种病毒，其中最值得注意的是造成急性或慢性肝炎的病原体乙肝病毒（HBV）和丙肝病毒（HCV），因为慢性的乙型肝炎和丙型肝炎感染可导致肝癌发生。还有导致生殖系统黏膜感染的性传播病毒人乳头瘤病毒（HPV）可造成女性宫颈癌发生。此外，《致癌物报告》还列入了生活中经常会接触到的致癌化合物，如杂环胺化合物、纺织品染料、涂料和墨水中的一些物质。根据系统的流行病学调查资料，多家国际学术机构确认吸烟和酗酒，甚至大气污染物均能增加肿瘤的发病风险。

人们对肿瘤及其发生、发展机制的认识还在不断深入，本章只讲述了已经认识的知识中的一部分。然而，我们提出了一个在生物学和医学中非常重要的问题……对癌基因和肿瘤抑制基因的研究不仅有助于阐明肿瘤发生、发展的机制，癌……谜……治疗和预防，也为揭开包括人类在内的生物有机体正常生长和发育之……物学的研究和医学的研究往往从突变、异常、病态去揭示和研究正常的生……及其生理学功能。例如，通过对突变基因的研究达到对正常的野生型基因……尿病的认识，通过对白化的研究达到对色素代谢调控的认识，通过对糖……机制……以及临床诊断和治疗来认识胰岛素的结构、功能和糖代谢的调节……癌基因和肿瘤相关基因的研究如此吸引人们持续不断关注的……我们分离和研究的各种癌基因和肿瘤相关基因正是控制人体……群，也许对癌基因和肿瘤相关基因的研究正在为我们揭示……的科学之路。

有关肿瘤形成中表观遗传修饰的病理作用并没有否定有关肿瘤起源的突变研究。1981年，温伯格和巴瓦西德等先驱在人类膀胱上皮癌中发现 Ras 基因突变以来的工作仍然是肿瘤分子遗传学的基石。然而，肿瘤的表观遗传研究不仅为我们提供了一种不涉及 DNA 序列改变的病因研究途径，也为我们提供了一种新的肿瘤治疗手段，对于医师和药物研发企业来讲，它比基因治疗具有更大的吸引力。早在 2004 年 5 月，美国的食品药物管理局（FDA）就已经批准一种甲基化抑制剂 5-氮胞苷用于骨髓异常增生症的临床治疗，据报道它能使因甲基化而沉默的基因重新激活。

桑德研究组针对致癌的分子机制复杂多样和癌细胞对肿瘤治疗的反应千差万别这两个问题，分析了 12 种不同类型肿瘤的 3 299 个病理样本的基因组，发现基因突变和拷贝数变异造成基因组极端不稳定是癌细胞基因组最为突出的遗传学变异。他们不仅分析拷贝数变异，还详细研究了基因突变和 DNA 甲基化。观察分析表明，已发现的数以千计的不同类型的遗传变异中，只有 479 种会在各种各样肿瘤中反复出现。研究人员又进一步检查这 479 种遗传学变异在每一个肿瘤样本中的分布，希望能突破组织器官界限来建立一套以共同的信号通路为基础的新的肿瘤分类系统。毫无疑问，肿瘤的组织器官分类对临床医学而言当然是非常重要的，然而，泛癌症研究确实开拓了癌症基础研究的新思路。

我们对癌基因的讨论是从劳斯的病毒致瘤实验开始的，关于病毒可能致癌的劳斯假设又被广泛接受，并获得了病毒致癌的实证。美国卫生和福利部发布的新版《致癌物报告》也列入了多种病毒，其中最值得注意的是造成急性或慢性肝炎的病原体乙肝病毒（HBV）和丙肝病毒（HCV），因为慢性的乙型肝炎和丙型肝炎感染可导致肝癌发生。还有导致生殖系统黏膜感染的性传播病毒人乳头瘤病毒（HPV）可造成女性宫颈癌发生。此外，《致癌物报告》还列入了生活中经常会接触到的致癌化合物，如杂环胺化合物、纺织品染料、涂料和墨水中的一些物质。根据系统的流行病学调查资料，多家国际学术机构确认吸烟和酗酒，甚至大气污染物均能增加肿瘤的发病风险。

人们对肿瘤及其发生、发展机制的认识还在不断深入，本章只讲述了已经认识到的知识中的一部分。然而，我们提出了一个在生物学和医学中非常重要的问题，即对癌基因和肿瘤抑制基因的研究不仅有助于阐明肿瘤发生、发展的机制，癌症的诊断、治疗和预防，也为揭开包括人类在内的生物有机体正常生长和发育之谜。遗传学的研究和医学的研究往往从突变、异常、病态去揭示和研究正常的生物学反应和生理学功能。例如，通过对突变基因的研究达到对正常的野生型基因及其蛋白产物的认识，通过对白化的研究达到对色素代谢调控的认识，通过对糖尿病的基础研究以及临床诊断和治疗来认识胰岛素的结构、功能和糖代谢的调节机制。这也许就是癌基因和肿瘤相关基因的研究如此吸引人们持续不断关注的重要原因之一，也许我们分离和研究的各种癌基因和肿瘤相关基因正是控制人体生长和发育的重要基因群，也许对癌基因和肿瘤相关基因的研究正在为我们揭示一条最终会阐明生命本质的科学之路。

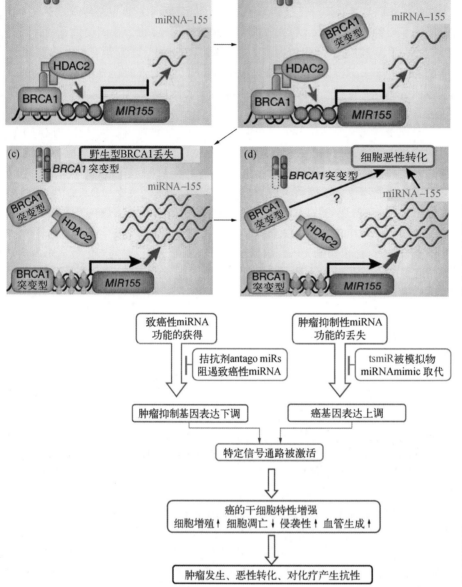

图 8-21 *BRCA1* 通过表观遗传机制调控 miRNA-155 的表达来执行肿瘤抑制基因的功能（改自 A. Velkove 和 A. N. A. Moneteiro）

图 8-22 致癌性 miRNA 和肿瘤抑制性 miRNA 在肿瘤发生、发展信号通路中的作用

个区域有明显的 DNA 序列改变。观察结果强烈地暗示这些区域存在尚待深入研究的与肿瘤发生发展有密切关联的遗传因子，而且这些因子很可能不是蛋白质编码基因而是非编码 RNA，尤其是 lncRNA。肿瘤与非蛋白质编码基因之间的关系正在展开癌症研究的新画卷，有的学者把涉及非蛋白质编码基因的遗传物质称为基因组中的暗物质（dark matter）。迄今已有的研究资料表明，lncRNA 在肿瘤相关的基因表达调控中起着至关重要的作用，特定的表达紊乱有可能从根本上使细胞增殖失控，伴随恶性转化的进程还可能产生癌细胞侵袭、转移。

参 考 文 献

［ 1 ］ Ahearn I M, Haigis K, Bar-Sagi D, et al. Regulating the regulator: post-translational modification of RAS. Nature Reviews Molecular Cell Biology, 2012, 13: 39−51.

［ 2 ］ Amaral J D, Xavier J M, Steer C J, et al. The role of p53 in apoptosis. Discov Med, 2010, 9: 145−152.

［ 3 ］ Ames B N. Identifying environmental chemicals causing mutations and cancer. Science, 1979, 204: 587−593.

［ 4 ］ Balmain A, Gray J, Ponder B. The genetics and genomics of cancer. Nature Genetics, 2003, 33: 238−244.

［ 5 ］ Bishop J M. Cancer genes come of age. Cell, 1983, 32: 1018−1020.

［ 6 ］ Bishop J M. Viral oncogenes. Cell, 1985, 42: 23−38.

［ 7 ］ Ciriello G, Miller M L, Aksoy B A,et al. Emerging landscape of oncogenic signatures across human cancers. Nature Genetics, 2013, 45: 1127−1133.

［ 8 ］ Kadam S, Emerson B M. Mechanisms of chromatin assembly and transcription. Curr Opin Cell Biol, 2002, 14: 262−268.

［ 9 ］ Lim A Y N, Ostor A J K, Love S, et al. Systemic mastocytosis: a rare cause of osteoporosis and its response to bisphosphonate treatment. Ann Rheum Dis, 2005, 64: 965−966.

［ 10 ］ Malumbres M, Barbacid M. RAS oncogenes: the first 30 years. Nature Reviews Cancer, 2003, 3: 459−465.

［ 11 ］ Muller P A J, Vousden K H. p53 mutations in cancer. Nature Cell Biology, 2013, 15: 2−8.

［ 12 ］ Rigby P W J, Wilkie N M. Virus and cancer. Cambridge: Cambridge University Press, 1985.

［ 13 ］ Robberson D L, Saunders G F. Perspectives on genes and molecular biology of cancer. New York: Ravan Press, 1983.

［ 14 ］ Santos E, Martin-Zanca D, Reddy E, et al. Malignant activation of a K-ras oncogene in lung carcinoma but not in normal tissue of the same patient. Science, 1984, 223: 661−664.

［ 15 ］ Schubbert S, Shannon K, Bollag G. Hyperactive Ras in developmental disorders and cancer. Nature Reviews Cancer, 2007, 7: 295−308.

［ 16 ］ Sinn E, Muller W, Pattengale P, et al. Coexpression of MMTV/v-Ha-ras and MMTV/c-myc genes in transgenic mice: synergistic action of oncogenes *in vivo*. Cell, 1987, 49: 465−475.

［ 17 ］ Sukumar S, Notario V, Martin-Zanca D, et al. Induction of mammary carcinomas in rats by nitroso-methylurea involves malignant activation of H-ras-l locus by single point mutations.Nature, 1983, 306:658−661.

［18］Suvà M L, et al. Epigenetic reprogramming in cancer. Science, 2013, 339: 1567–1570.

［19］Tabin C J, Bradley S M, Bargmann C I, et al. Mechanism of activation of a human oncogene. Nature, 1982, 300: 143–149.

［20］Velkova A, Monteiro A N. Epigenetic tumor suppression by BRCA1. Nature medicine, 2011, 17: 1183–1185.

［21］Willisi A, Jungl E J, Wakefieldi T, et al. Mutant p53 exerts a dominant negative effect by preventing wild-type p53 from binding to the promoter of its target genes. Oncogene, 2004, 23:2330–2338.

［22］Zack T I, Schumacher S E, Carter S L, et al.Pan-cancer patterns of somatic copy number alteration. Nature Genetics, 2013, 45: 1134–1140.

第9章　关于基因概念思考的延伸

经典遗传学是一门高度演绎的科学。人们从性状或表型来推知、研究基因的结构、基因的作用和基因的突变。这种研究主要靠抽象而严密的逻辑思维和预断性特强的实验研究。今天，利用重组DNA技术已经能够分离和扩增，乃至合成和制造基因，人们能精确而直接地研究基因和基因产物的结构、功能和变异。这不仅是研究方法的进步和科学概念的延伸，而且为在新的层次上认识遗传与变异规律，进而研究生命运动的本质奠定了基础。现在我们对于哺乳动物基因组的认识的改观生动地反映了这种飞跃。

§9.1　基因组的能动结构及其演化

基因组结构能动性反映在真核生物基因的断裂和不连续、基因在个体发育和系统演化中的不稳定、基因结构的复合现象和基因家族的存在，以及部分基因在个体发育和生物演化过程中的跳跃、转移、整合和重新排列。

9.1.1　基因的不连续性

20世纪70年代初，一般认为基因是一个连续的结构，从起始密码子到终止密码子是基因的编码区段，它的前面有启动子，后面有转录终止信号序列。现在知道，绝大多数哺乳动物基因并不是连续的，它的编码区段插入了没有结构信息的非编码区。如β珠蛋白基因有两个非编码区段，内含子1有116 bp，内含子2有646 bp，而β珠蛋白的编码区只有432 bp，加上前导序列和终止信号序列，整个基因长度达1 610 bp。又如，双氢叶酸还原酶基因总长为32 kb，有5个内含子，而编码区仅为568 bp。迄今报道内含子最多的是α-2胶原蛋白基因，共有52个外显子和51个内含子（图9-1）。不含结构信息的内含子的发现表明，真核基因组的结构远比早先设想的要复杂得多。由此引起的转录产物加工成熟过程，则表明基因功能表达的调控是多层次分阶段的（基因原始转录物的加工过程参阅第4章§4.6节）。此外，非编码区段也是突变的一种靶标，发生于切拼信号序列的突变会造成加工过程异常，产生结构或数量不正常的基因产物，甚至导致遗传病的发生。第4章§4.4节中讨论的α地中海贫血和β地中海贫血的一些病例，就是由影响切拼的点突变造成的。

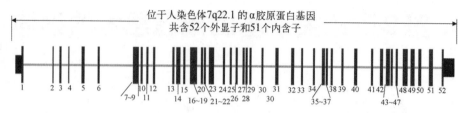

图9-1 α胶原蛋白基因结构示意

红色框为外显子，灰色连线为内含子。

不含结构信息的非编码区在基因功能表达中起着什么样的作用？它是不是必不可少的？实验表明相当多的基因一旦失去了内含子就不能表达，然而也有像组蛋白基因和干扰素基因这样没有内含子的基因，它们的表达也是正常的。那么，是不是存在两类不同的基因，一类基因的表达不依赖间隔序列，另一类依赖间隔序列呢？由于对真核基因转录产物拼接机制的研究还在继续深化，对于它的反应特点和间隔序列在遗传信息由细胞核向细胞质流动过程中作用的研究也还在继续深化。因此，间隔序列在生理学和生物演化上的作用仍是今后遗传学研究的一个重要课题。

9.1.2 基因的不稳定性

长期以来，染色体一直被设想为一个非常稳定的遗传物质结构，染色体上核苷酸序列的偶尔改变就会引起突变甚至病变。例如，β珠蛋白基因的第6个密码子中一个碱基对的替代，使β珠蛋白的第6位谷氨酸被缬氨酸取代而导致镰状细胞贫血。从演化角度看，染色体的结构似乎也是非常稳定的，有时可以从小鼠的某个基因图去推测人的类似区段的基因连锁图。可是，研究也提示有的基因是很不稳定的，它的变化可以是迅速而剧烈的。长期以来有关基因非常稳定的认识是从分析基因的编码区得来的，而编码区是经过生物演化中长期严格选择的区段，一旦把研究的范围扩大到非编码区段，就会看到真核基因组的不稳定性，它有单对碱基替代式的微小变化，也有成百上千个碱基对缺失、插入和移位式的巨大变化。

小鼠的珠蛋白基因为我们提供了一个很有说服力的例子。在小鼠的7号染色体上有两个β珠蛋白基因，β珠蛋白主基因（beta-major gene）和β珠蛋白次基因（beta-minor gene），两个基因相距约10 kb，它们编码的β珠蛋白只有10个氨基酸的差异，估计两者的歧异发生在1 500万~3 000万年之前，这种"分子考古学"研究的基础是编码区段在生物演化中的高度稳定性。然而，当我们将β珠蛋白的主、次两个基因分离出来做异源性分析时，很快会发现两者的同源配对区只限于编码区和小段间隔序列，以及位于3′端和5′端的少数序列，而包括前后数千对碱基的大段DNA序列已经相异到不能形成杂合双链的地步（图9-2）。这种歧异反映出非编码区DNA序列的变异是迅速而剧烈的，导致这种变异的机制也可能不同于单对碱基变异的机制。这在另一方面也暗

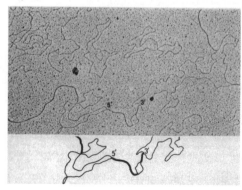

图9-2 小鼠β珠蛋白主、次基因的异源性分析
（引自 P. Leder）

上部是分子杂交的电镜照片，下部是电镜照片的摹写图，图中粗线部为同源区段，细线部为非同源区段。

示编码区段和非编码区段承受选择压力的方式和能力是很不相同的。

对关系相近物种的基因间隔区域的比较研究揭示,从生物演化的时间尺度看,这些区域的更新变化是非常快的。2012年,有人专门对黑猩猩与人类基因组中的转座因子做了比较分析。黑猩猩和人类的分野大约发生在600万年前,此后两个物种基因组中的转座因子都发生了导致物种分化的特征性扩展,形成了各不相同的转座因子种类、数量,以及在寄主基因组中的分布模式。研究表明,这600万年期间在人类基因组中发生的与活跃的转座因子相关联的基因组重排不仅数量大而且范围广,这雄辩地表明转座因子在促进物种演化进程中基因组的能动变化发挥了十分重要的作用(表9-1)。

表9-1 从黑猩猩到人的演化过程中发生的与转座子相关的基因组重排

转座机制	转座子类型	转座/重组发生数	缺失的碱基对
新的插入	*Alu*	5 530	
	L1	1 835	
	SVA	864	
	HERV-K	113	
重组介导的缺失	*Alu–Alu*	492	396 420
	L1–L1	73	447 567
	SVA–SVA	1	589
插入介导的缺失	*Alu*	23	11 206
	L1	31	22 873
	SVA	13	30 785

就单个序列而言,转座子是真核生物基因组中数量最多的一种组分,随着大规模测序技术的进步,已经有可能把转座因子的研究从单个转座子的遗传学特征研究扩展到庞大的转座因子群的基因组水平分析。大量的观察、研究资料雄辩地证明转座因子对基因组的演化起着积极而重要的作用。图9-3以水稻为参照基因组,标出了在二穗短柄草、小麦、高粱和玉米基因组中鉴别的20 270个直系同源序

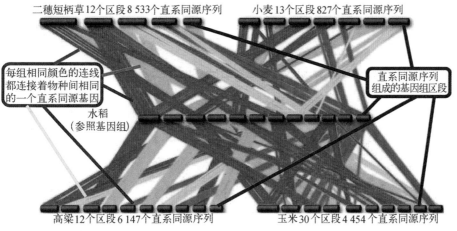

图9-3 禾本科植物基因组中直系同源序列的识别(改自M. Abrouk)

图中以水稻为参照基因组,标出了在二穗短柄草、小麦、高粱和玉米基因组中识别的20 270个直系同源序列。基因组区段(block)反映的是祖先原染色体,每一条直线代表一个直系同源基因。

列，图中由直系同源序列组成的基因组区段反映的是祖先原染色体片段，不同物种间的每一条连线代表一个直系同源基因。转座因子已经成为以研究基因结构和功能为特征的遗传学和以全景式宏观分析为标志的基因组学的学科交会领域。

9.1.3 基因的复合性

遗传学中还有一种传统的看法，认为基因是简单的，是单一的，一个基因就是一种遗传性状在基因组中的直接代表。譬如，小鼠有四种β类珠蛋白，两种是胚胎型的，两种是成年型的，因此有人就认为小鼠"理应"有四个β类珠蛋白基因。这个观点看来也是不符合实际的。大量证据表明基因并不一定是单一的，而可以是由多个结构相似的基因组成的复合结构，称为基因家族。基因家族包括在不同发育阶段表达的基因，也包括一些不能编码功能性蛋白的"假基因"。仍以小鼠β类珠蛋白为例，虽然从表型推断应有4个基因，但分子遗传学研究表明，至少存在9个β类珠蛋白基因。除两个成年型β类珠蛋白基因，即β类珠蛋白主基因和β类珠蛋白次基因外，还有βh1、βh0、εy3、βh3、βh2。其中βh3和βh2可能是假基因（pseudogene），它们的启动子序列、多聚腺嘌呤终止序列、加工切拼信号序列等部位发生了碱基变换、缺失或插入突变，使这两个β类基因不再编码β类珠蛋白。另外还有两个β类基因εy2和εz是编码胚胎型β珠蛋白的。人的β类珠蛋白也是一个多个基因复合而成的基因簇，一系列β珠蛋白基因在染色体11p55区域按发育过程中的表达次序排列，并受控于5′上游的一个基因座调控区（locus control region，LCR）调节。排在最靠近调控区的是在胚胎发育中最先表达的ε，接着是主要在胚胎期表达的$G_γ$和$A_γ$，这两个基因编码的珠蛋白结构和功能都十分相似，只是$G_γ$的第136位氨基酸是甘氨酸，而$A_γ$的第136位氨基酸是丙氨酸，$G_γ$和$A_γ$后面是假基因$ψ_β$，接下来是在胚胎发育后期表达的δ基因，最后是主要在出生后表达的β基因。这个例子可以清楚地看出，即使是所谓的"单拷贝基因"也不一定是单一的，哺乳动物基因组的结构远比从表型推测的要复杂得多，并在生物演化过程中逐渐形成与基因在个体发育中的表达顺序有关联的染色体亚结构（图9-4）。

基因家族和假基因的发现提出了一个全新的问题：类似$ψ_β$这样的假基因是怎样形成的？它有什么作用？连锁分析表明基因家族的成员往往是成簇排列的，结构同源的基因或假基因在同一染色体上呈"串联"式排列，还往往共享同一个

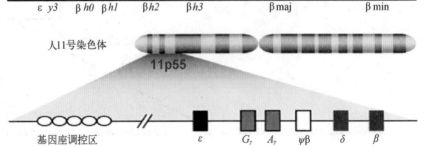

图9-4 小鼠和人的β珠蛋白基因簇连锁关系示意

（a）小鼠β珠蛋白基因簇（未显示$ε_{y2}$和$ε_z$）；（b）人的β珠蛋白基因簇

(a) 小鼠 7 号染色体

ε y3　β h0　β h1　　β h2　　β h3　　　　β maj　　　　β min

(b) 人11号染色体

11p55

基因座调控区　　　ε　　$G_γ$　$A_γ$　$ψβ$　　δ　　β

基因座调控区。由此可以假定,不等交换很可能是假基因起源的一种主要形式。然而,冗余重复的基因对机体可能是有害的,例如,过多的β类珠蛋白会造成α类和β类珠蛋白在形成血红蛋白分子时数量上的不平衡,以致产生红细胞的病理效应。这时冗余基因的缺陷突变在选择上有明显的优势,于是随着突变和选择的交替作用,导致一种不能编码β珠蛋白的假基因。必须强调的是假基因并不一定是永远不表达功能的,它既可能是某种分化细胞的功能基因,也可能影响和调节邻接基因的功能表达。另外,假基因还是真核基因组在生物演化中产生新的功能基因的重要原材料。

9.1.4　基因的能动性

摩尔根对遗传学的卓越贡献是证实了基因是在染色体上作直线排列的遗传物质单位,每个基因在特定的染色体上有一个确定的位置,这就是基因的座位。这个概念在麦克林托克等关于玉米控制因子研究论文发表后曾受到过冲击,但影响范围还不是很大。然而,有关原核生物和真核生物中存在着转座因子的事实,无可辩驳地表明有相当一部分基因在个体发育和生物演化过程中是会跳跃、转移、整合和重新排列的。哺乳动物基因组的高度能动性,已经成为研究分化发育、细胞恶性转化和生物演化机制的重要课题。

哈佛大学医学院莱德领导的研究小组关于免疫系统的研究,为体细胞基因重排提供了一个最为精彩的实例(参阅第4章 §4.8节)。脊椎动物的免疫球蛋白是结构非常特异的一类蛋白质。各种免疫球蛋白分子中氨基酸序列的差异集中于可变区的氨基酸,无论重链还是轻链的恒定区都是一样的。编码各种免疫球蛋白的DNA片段在基因组中原先是分散的,只是当抗原刺激B淋巴细胞并使之演变为分泌抗体的浆细胞的分化过程中,相关的V(可变区段)、D(歧异区段)、J(连接区段)和C(恒定区段)才逐渐跃迁重排组成完整的、有功能的、编码特定的免疫球蛋白的基因。值得注意的是在非淋巴细胞系统中,免疫球蛋白基因既不能表达功能,又没有形成完整的结构。特异位点的体细胞重排是构成活性基因的前提,这种重组同时造成了各类免疫球蛋白分子间的结构歧异。因为不同的淋巴细胞中参与跃迁和重组的V、D、J、C区是各不相同的,我们有理由认为每个成熟的淋巴细胞的遗传结构是不完全一样的。推而广之,分布在生物体各部分的体细胞所含的遗传信息也不必完完全全一样。这是个全新的概念,即分化会造成源于同一个受精卵的体细胞在遗传学上的不均一性。

深入研究又揭示了淋巴细胞中另一种基因重排,这就是重链转型(heavy chain switch)。在淋巴细胞的分化发育进程中,最初分泌的抗体是含μ型重链的,随后将已拼组成的可变区段依次和各种恒定区重组,这样的转型使淋巴细胞能分泌一系列针对同一种抗原的不同抗体(参阅第4章图4-16及正文中有关说明)。

分子遗传学研究证实,重链转型与一段区段特异性重组信号序列密切相关。这段转型信号序列位于编码μ型重链C段的DNA区的5′端,而在其他各种重链的C段编码区的5′端存在着转型信号序列的互补序列。核苷酸序列分析表明转型信号序列由长短不等的一系列重复序列组成,相间的跨度可达数千对碱基。此外，分子考古学研究还告诉我们，人的转型信号序列和小鼠的相应序列几乎是一模一样的，这种生物演化上的保守性说明它在免疫系统的功能表达中起着十分重要的作用。

值得注意的是DNA分子探针杂交表明，在小鼠基因组中至少有10~15个转型信号序列。在转型重组中，随着淋巴细胞的分化，不再行使编码功能的重链C区段基因会逐个被切除，但转型信号序列却始终保留在该细胞的基因组中。这或许暗示这种信号序列也可分布在基因组中的非免疫系统区段，它们很可能和多种系统的基因功能协调表达有关。

假基因的形成以及它在基因组中的积累，为我们研究基因组在生物演化长河中的变迁提供了有价值的线索。这里仍以珠蛋白基因为例来讨论演化中的基因变迁问题。

珠蛋白基因是经历了漫长的生物演化过程的一类基因，它在演化中和肌球蛋白基因有渊源关系，甚至和植物中的豆血红蛋白（leghemoglobin）基因有同源区段。在动植物分野前珠蛋白基因和豆血红蛋白基因可能源于同一段DNA，当然也可能靠根瘤菌这样的共生细菌把一个物种的基因向另一个物种做水平传递。珠蛋白又分化为α类和β类两个基因家族，在不同的染色体上分别成簇排列，每个家族都由若干个基因组成，并各自都含有一些假基因。

例如，在小鼠基因组中有两个α类假基因，其中有一个与成年型正常α珠蛋白基因的结构非常相似，只是几个移码突变导致终止密码的出现而失去功能，这个α类假基因的间隔序列也和正常α珠蛋白基因中的完全一样。但这个基因并不在α珠蛋白基因所在的11号染色体上，而是以某种还不清楚的方式转移到17号染色体。这个例子说明在生物演化过程中一个完整的哺乳动物基因是会在基因组中跳跃转移的，这种演化中的基因转移是发生于生殖系细胞中的。

另一个α类珠蛋白假基因更为特殊。这个假基因也和成年型α珠蛋白基因同源，但缺失了两个内含子，就像剪接加工过的α珠蛋白基因转录产物的拷贝，甚至还包括一段多聚腺苷酸出现的信号序列，看来转录产物加工很可能和演化中基因的位置变迁有关。这个例子很容易使人联想起逆病毒中的癌基因src，在离开寄主细胞成为病毒基因组一部分时，也切除了所有的内含子（参阅第7章§7.3节和图7-16）。此外，刘德斯（K. Leuders）等还令人惊讶地发现在BALB/C小鼠基因组中，这个α类假基因前后有类似逆病毒基因组中的某些序列，这是不是在暗示假基因有可能借助逆病毒的某种序列的"运载"而在基因组中转移。霍利斯（G. F. Hollis）等也发现了人类基因组中的一个与编码免疫球蛋白λ链的基因段同源的假基因，它的结构有两个特点：① J区段和C区段已跃迁在一起（图9-5），就像剪除内含子后拼接在一起的mRNA一样，它的绝大部分区段和正常的λ链基因是同源的，在多聚腺嘌呤信号序列后面还接了长度为30 bp以上的多聚腺嘌呤序列；② 它的两端有一对9个碱基对组成的重复序列，这种结构酷似转座因子（参阅图7-12和图7-19）。事实上这个假基因也确实已经不在正常λ基因所在的22号染色体上了。总之，这个例子形象地表明类似转录加工过的基因，在生物演化中确实发生过转移和结构重排。这类假基因又可称为加工过的基因（processed

图9-5　人的免疫球蛋白λ基因的假基因结构示意（引自 P. Leder）

它的两侧有一对同向重复序列，以及与切拼加工有关的结构特点，包括切拼信号序列（黑色柱状）、多聚A尾等。

gene），它的内含子已被切除，从转录起始序列到终止序列都和正常基因同源，并有一个多聚腺嘌呤"尾巴"。

"加工过的基因"的出现似乎暗示某种逆转录酶的存在，但这并不是绝对必要的，因为在适宜的条件下，依赖DNA样板的多聚酶也能以RNA为样板来合成DNA。不管怎样，这类加工过的基因的形成和位置转移，充分表明遗传信息可以从DNA流向RNA，也可以再反向流动重新回到染色体上。

哺乳动物基因组中存在信息反向流动和以RNA为介导的基因转移，有没有生物演化上的深刻含义？回答是肯定的。第一，这是增加种内和种间遗传结构歧异的重要途径。第二，很可能是新基因产生的前奏。例如，没有内含子的组蛋白基因和干扰素基因是不是起源于某种割裂基因的"加工过的基因"？另外，罗曼迪科（P. Lomedico）等曾经报道大鼠有两个前原胰岛素（preproinsulin）基因，其中一个含两个内含子，另一个只有一个内含子，那么，这会不会是一个"部分加工过的基因"？由此出发推而广之，逆向转录加转移很可能是生物演化过程中新基因产生的重要途径，它涉及整个基因组，有些区段可能是"新基因"产生的供体，有些可能是"新基因"插入的靶标。

综上所述我们可以清楚地看到，哺乳动物基因组是一个非常复杂的，也是高度能动的遗传物质结构体系。在选择压力较小的非结构信息区和非调控信息区，DNA的变化迅速而剧烈，有单对碱基的变换和缺失，也有整段DNA的大变动。在信息区段虽经历着持续而严厉的选择，但还是由单一结构式基因发展成为复合的基因家族，其中因突变而失活的假基因又成为进一步演化的原材料。此外，各种病毒和性质各异的外源DNA分子和哺乳动物基因组发生了错综复杂的交互作用，也大大增加了基因组的信息含量，加速了种内和种间的遗传物质结构歧异。如果说哺乳动物基因组在生物演化过程中的变动多少带有随机性，那么在发育过程中，诸如各种免疫球蛋白基因的跃迁重组和遗传转型都是和淋巴细胞发育紧密相关的，与此关联的DNA水平的结构重排是精确而有规律的，并遵循着严格的时空顺序。生殖系细胞基因组的能动性增加了物种的生物演化弹性，体细胞基因组的能动性促进了分化，也使有限的结构展现出更多的信息。

§9.2　生物演化与医学

我们已经讨论了生物在个体、细胞和分子水平的诸多遗传学和表观遗传学问题，然而生物个体并非独自孤立生存，而是生活在一个相互作用的群体之中。本节将遗传学和表观遗传学问题的讨论向外拓展到生物群体，向内深入到人体内部，从生物演化和表观遗传修饰的角度来观察一些与医学相关的问题。

9.2.1 群体的遗传结构与生物演化

从生命科学的发展历史看，拉马克（J. B. Lamarck）是第一个试图突破"神创论"束缚，从自然科学角度解释生物演化的科学家。他在1809年提出生物物种是不断演化的，环境变化导致生物的适应性变化，"用进废退"和获得性遗传（the inheritance of acquired characters）在生物演化进程中起着决定性作用。"用进废退"最典型的例子是他对长颈鹿的脖子形成的解释，他认为正是长颈鹿有着实现取食高处树叶的功能性意念和努力决定了其长脖的构造特征。这种"获得性遗传"假说始终得不到科学实验的证实。

1859年，达尔文（C. Darwin）出版了《物种起源》。他确信物种不是不变的，认为地球上所有的生物有着共同的祖先，物种不是静止的，而是在不断地演化，也不断接受自然环境的选择，即"物竞天择，适者生存"。提出了以自然选择学说为核心的生物进化理论（the theory of evolution），也可译为进化论。生物演化论的创立是生物学发展历史上的一个里程碑。

然而，达尔文的生物演化学说的遗传学基础是有缺陷的。他假设生物体的每个细胞都能产生和释放出可在细胞之间移动，且可自我复制的遗传分子微芽（gemmule），亦称泛子（pangen），通过循环系统微芽可到达精子和卵子，生殖细胞收集和选择泛子后再传给下一世代，使下一代表现上一代的性状。他还认为生物生存环境的变化会作用于机体的某些部分，使泛子发生变异，这些泛子集中在生殖细胞中就能把变异传给后代。达尔文还因此接受了拉马克式的获得性遗传。达尔文的这种遗传学说被称为泛生假说（hypothesis of pangenesis）。达尔文的"泛生假说"也始终没有得到科学实验的证实。

1892年，德国生物学家魏斯曼（A. F. L. Weismann）提出种质（germplasm）学说，认为多细胞生物体包括种质和体质两部分。种质是亲代传递给后代的遗传物质，只存在于世代相传的生殖细胞中，生殖细胞能发育分化成为体细胞，而体细胞不能产生生殖细胞，不能产生种质。所以体质因环境影响而获得的变异性状不能遗传给后代，而是随个体死亡而消失。种质不因环境改变而改变。只有种质才能世代传递，连续不绝。所以这一学说又称为种质连续学说。在孟德尔遗传定律被重新发现后，丹麦学者约翰森（W. Johannsen）又在1930年提出了"纯系学说（pure line theory）"，首次提出基因型和表型概念，并将孟德尔的遗传因子称作基因，他把生物的变异严格区分为可遗传的变异和不可遗传的变异，只有基因的变异是可遗传的变异。种质学说和纯系学说完全否定了拉马克式的获得性遗传。1937年，杜布赞斯基（T. Dobzhansky）出版了《遗传学与物种起源》，标志着综合了达尔文主义和染色体遗传理论的现代综合进化学说的诞生。

20世纪中叶，随着分子生物学的蓬勃兴起，特别是遗传信息传递的中心法则雄辩地证明遗传信息只能从核酸流向蛋白质，而不能从蛋白质倒流至核酸，再加上德尔布吕克和卢里亚的彷徨实验等工作从物理学和分子生物学基础上证实基因突变产生的随机性(参见第1章§1.4节)。这一系列研究彻底终结了以"用进废退"为核心的拉马克主义。

实验进化遗传学通过对细菌、病毒、酵母、斑马鱼、果蝇、拟南芥、水稻等模式生物,以及人类体细胞进行基因突变、互补、过量表达及可调控表达的遗传学实验分析,对基因及其功能、表达调控模式、信号转导网络进行了系统研究,进而通过对生物体适应环境的机制做实验分析来阐明可遗传变异的起源和相应的演化进程或生态学现象,为综合进化学说提供了坚实的实验基础。

生物演化,或者说生物进化是一种自然现象,研究演化规律的学科是群体遗传学(population genetics),群体遗传学的理论基础是哈代-温伯格定律,分别在1908年和1909年由英国数学家哈代(G. H. Hardy)和德国医生温伯格(W. Weinberg)独立证明,也称哈代-温伯格平衡定律(Hardy-Weinberg equilibrium)。在群体遗传学中,哈代-温伯格定律主要用于描述群体中等位基因频率以及基因型频率之间的关系,通过它可以演绎出突变、重组、迁徙和自然选择作用下群体基因频率变化的数学理论。

哈代-温伯格法则证明群体基因频率要保持平衡,必须满足五个条件:① 种群是足够大的;② 种群内个体间的交配是随机的,即个体之间的交配并不基于对相互遗传特征的选择,而且群体中成员之间相互选择的机会是相等的;③ 不发生突变;④ 种群之间没有个体的迁徙或其他形式的基因交流;⑤ 不存在自然选择。

如果我们假设,在一个足够大生物群体中,等位基因A和a的频率分别为p和q,且A与a的频率之和:$p+q=1$。经过群体内个体之间的随机交配,则:

下一代群体中基因型为A/A的个体在群体中的频率为:$f_{A/A}=p \times p=p^2$

基因型为A/a的个体在群体中的频率为:$f_{A/a}=p \times q+p \times q=2pq$

基因型为a/a的个体在群体中的频率为:$f_{a/a}=q^2$

且三种基因型个体频率之和为:$f_{A/A}+f_{A/a}+f_{a/a}=p^2+2pq+q^2=(p+q)^2=1$

如果卵细胞和精子中A基因的频率都是p,则a基因的频率为q,$q=1-p$。

随机交配的结果是:受精卵中卵细胞和精子都携带A基因的频率为$p \times p=p^2$,即子代中A/A的个体在群体中的频率为:$f_{A/A}=p \times p=p^2$。

同样可以推算出子代中基因型为A/a的个体在群体中的频率为:$f_{A/a}=p \times q+p \times q=2pq$。

子代中基因型为a/a的个体在群体中的频率为:$f_{a/a}=q^2$。

经过随机交配一代后,三种基因型个体频率之比为:$p^2:2pq:q^2$。

在F_1代中:A基因的频率为:$p^2+pq=p(p+q)=p$。

a基因的频率为:$q^2+pq=q(p+q)=q$。

所以子二代中三种基因型个体的比例仍为:$p^2:2pq:q^2$,达到了随机交配群体中的哈代-温伯格平衡(图9-6)。

群体的遗传结构是各种基因型个体在群体中的频率组成。影响群体遗传结构的因素包括:① 各种基因型个体之间的交配模式,即是随机交配模式还是有某种程度选择性的交配模式;② 个体在不同群体之间的迁徙;③ 因突变而在群体中引入新的等位基因;④ 通过重组导致等位基因在不同位点的基因新组合;⑤ 自

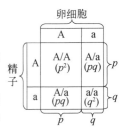

图9-6 随机交配群体中哈代-温伯格平衡示意

然选择造成不同基因型个体存活率或生育率的差异；⑥ 由于每一个给定个体的子裔数很少，群体的规模又受制于环境条件，而减数分裂产生的不同配子的比例在具体的家庭和整个群体中都不可能与理论计算的完全相同。不同基因型个体之间的这种交配随机波动（random fluctuation）在世代交替过程中会导致群体的遗传漂变（genetic drift）。群体遗传学研究的就是这些因素对群体遗传结构的影响。

群体遗传学研究的表型与基因型变异的关系，即单个基因的不同等位基因与不同的表型之间的关系。观察的表型可以是一个宏观性状，如体型、头发的颜色或生长速度与基因突变的关系，也可以是某种代谢产物能否生成或生成速度的变化与基因突变的关系，也可以是一个RNA分子或蛋白质分子与基因组中编码这个RNA或蛋白质的一段DNA序列的关系。在人类群体遗传学研究中最常研究的性状是血型，血型的表型是红细胞表面特定抗原和血清中的特定抗体。如MN血型是由单一位点的不同等位基因决定的，并不受环境条件的影响，所以血型的变异完全是基因之间的差异决定的。ABO是人的另一个血型系统，它涉及两个显性基因I^A和I^B，一个隐性基因i。血型为A的人，其基因型可以是纯合子I^AI^A，也可以是杂合子I^Ai；同样B型血的基因型可以是纯合子I^BI^B，也可以是杂合子I^Bi；隐性基因i纯合子ii的血型是O型。群体遗传学研究的变异包括基因突变和染色体畸变。

群体遗传学的研究涉及生物个体的遗传与发育和群体遗传结构及其随时间与空间变化的关系。基因突变、重组和迁徙是群体中变异的来源，但归根结底群体中的变异来源是突变。突变率是在一个世代中一个等位基因拷贝变为另一个等位基因形式的概率。基因突变率因物种和基因位点而不同，一般可以在10^{-9}~10^{-5}范围内，即一种等位基因在一次复制过程中突变为另一种等位基因的概率介于十万分之一到十亿分之一。重组则会大大增加群体中的变异组合，产生具有多种多样基因组合的基因组。迁徙是一个群体以任何方式从另一个群体引入基因，发生于基因频率不同的群体之间的迁徙有可能会显著改变群体的遗传结构。

突变、重组和迁徙使生物群体的遗传结构发生了变化，这些变化增加了群体中个体之间和不同群体之间的遗传歧异，但不一定能提高群体对生存环境的适应程度，它们只是为自然选择提供更多的材料，决定群体中种种变异命运的是自然选择。自然选择通过生物个体生存率和生育率差异来淘汰适应程度低下的变异或变异组合，扩大适应程度高的变异或变异组合，使生物群体不断增强在特定环境中的生存机会，提高其对环境的适合度（fitness, adaptive value）。自然界中具有相同基因型的个体，在相同的环境条件下的寿命和生育子裔的数目可能因种种原因而不同，所以常用某种基因型个体的平均生育率，或者在一定的环境条件下，特定基因型个体将其基因传递至群体下一世代基因库的相对概率来描述其适合度。适合度是生物体的表型与其生存环境相互作用的结果，可以设想相同的基因组在不同的环境条件下会有不同的适合度，原因之一是即使基因型完全相同的生物体可能因发育阶段的环境差异而发育出不一样的表型。没有一种基因型会在任何环境条件下始终处于优势地位。正是自然选择使生物群体的遗传结构在动态变化中不断演化。自然选择是生物演化的主导力量。自然选择是通过漫长的世代甚至全部地质时期进行工作的,相对而言人工选择则历时短暂。

自然选择是通过改变群体中各种等位基因的相对频率来实现的,即自然选择会增加平均适合度较高的等位基因中群体中的频率,从而也提高了整个群体的平均适合度。必须注意的是适合度是群体中不同基因型个体之间的相对值,也就是说自然选择作用的是相对适合度,而不是绝对适合度,所以自然选择改变的只是各种基因型的相对频率。譬如等位基因A的携带者比群体中a_1、a_2、a_3等其他等位基因携带者的相对适合度高,等位基因A在群体中的频率就会逐代增加。

如果在某种条件下,异合子个体A/a的相对适合度高于纯合子A/A或a/a,则称为适合度的超显性(overdominance in fitness)。人类中的一个例子是西部非洲人群中的高频率镰形细胞性状(sickle cell trait)。血红蛋白的相关致病基因Hb-S的纯合子个体会在性成熟期前死于镰状细胞贫血(sickle cell anemia)。然而,当地流行的一种死亡率极高的恶性疟疾会导致大量正常基因Hb-A纯合子个体死亡,而异合子个体Hb-A/Hb-S不仅没有致命的贫血症状,相反红细胞中存在的异常血红蛋白使他们免受恶性疟疾之害。这就从生物演化的角度解释了为什么Hb-S基因在某些西非人群中的频率比其他人群高。而诸如导致血友病的凝血因子Ⅷ和凝血因子Ⅸ突变基因这样没有适合度超显性的疾病相关基因,在群体中的频率就会因自然选择作用而非常低。由此可见,演化并不必然伴随着进步、改善或复杂化,但演化必定是趋向适应的。群体遗传学是生物演化论,或者说进化论的理论基石。

物种形成和生物演化的机制应包括基因突变、自然选择和隔离三个方面。突变是进化必不可少的原料,通过自然选择保存并积累那些适应性变异,再通过空间性的地域隔离,以及最终形成的遗传性生殖隔离,阻止各群体间的基因交流,最终形成了新物种。

人类群体遗传学研究表明人类种族内部个体之间的遗传差异占人类遗传变异的89%,而由于种族或地域造成的遗传变异仅占9%,即种族群体内个体之间的遗传差异远大于不同种族之间的平均差异。因此,所谓人种主要是一种文化意义上的定义而不是遗传学的定义,几乎没有可用来描述人种差异的遗传学标志。遗传学的研究证实种族歧视是完全没有理论根据的。

9.2.2 演化医学:生物演化视角下的医学

演化医学(evolutionary medicine),又称达尔文医学,旨在将现代生物演化理论用于认识健康与疾病。演化医学要回答的问题是人为什么会患病,而不是单纯阐述疾病如何发生。我们往往认为解剖学、生理学、病理学、生物化学、胚胎学等是临床医学的基础,能阐明疾病发生发展的分子、生理和病理学机制。然而,大量的研究表明生物演化在人体的结构和功能的形成、发展和病理变化过程中起着极为关键的作用,演化医学关注的是为什么人体要演化出这么多造成我们对疾病如此敏感的一系列机制。演化医学研究使我们能从全新的观点来认识细菌的抗生素抗性、癌症和自体免疫性疾病究竟为什么会发生,还有病原体和宿主之间关系的本质究竟是怎样的。它可以增进我们对疾病的认识，特别是有助于改进临床实践。所以，演化医学并不是像遗传学或病理学这样的一门学科，而是一整套用生物演化的思想来观察、分析诸多医学问题的概念和研究方法。它为我们提供了理解生命的过程和疾病的发生，以及衰老与死亡的全新视角。为了不断优化生长、发育和繁殖的适应程度，自然选择不断调整着人类的祖先在生存周期中如何利用能量和其他资源。为此人类必须不断修饰、调整和改进自己的身体，演化出足以维持我们的身体健康、长寿和繁衍子孙的种种机制。然而，这些机制并不是十全十美的，随着年龄的增长，身上难以修复的损伤会慢慢积累，导致多种疾病的发生，直至衰老和死亡。

1. **人类群体的遗传变异**　全球的人口总数已经超过70亿，漫长的演化过程在人群中积累了大量的遗传变异。例如人类和黑猩猩就共享着许多主组织相容性复合体（major histocompatibility complex, MHC）遗传多态型，这表明这两个物种分野以后的500万~700万年中，自然选择保留了我们共同祖先的遗传变异。现代人类在走出非洲前已经形成了很大的群体，古非洲人类群体所积累的遗传变异比我们在世界各地人群中保存下来的遗传变异要多得多。随着人群的繁衍并不断向地球的各个地域迁徙，必然会在群体中不断加入因不同地域人群的饮食、生活习惯和疾病的分布状况差异而在选择作用下稳定维持于群体的遗传变异，其中就有人类遗传学家长期研究的许多对健康和疾病发生有关联的遗传变异，也积累了遗传病和出生缺陷的遗传病因的重要信息。从生物演化的角度观察，至少有三类遗传变异与医学的关系最为密切。第一类是对传染病的抗性变异，如对肝炎、结核病、疟疾等常见传染病抗性相关的突变。第二类是与工农业生产发展后人类广泛接触的乙醇和牛奶的消化吸收能力相关的遗传变异，如酒精耐受性和乳糖酶持续产生能力。研究表明在一定的自然选择压力下，一个乳糖酶持续产生能力为1%的等位基因要演化成持续产生能力为99%的等位基因，需要5 000~10 000年。所以，从人类社会的农牧业发展历史看，人类群体还没有足够的时间让这样的突变固定于任何一个现代人群，尽管在若干牧场文化发展较早的人群中，这种突变基因的频率在不断升高。演化研究提示社会文化的变化比起生物界可能的演化要快得多，遗传与现代化之间的契合匹配程度也许是很差的。第三类是由细胞色素P450和N-乙酰转移酶基因家族等介导的药物代谢能力变异。认识和利用个体间的遗传差异是个性化医疗的基础，当某种遗传变异具有临床意义时，差异化治疗的重要意义就更加突出了。

2. **人群的演化与现代化之间的不匹配**　人类社会文化进步和现代化程度提高与生物演化之间的不协调、不匹配也在影响我们的健康，最常见的有非特异性变应原引起的过敏和哮喘，基于高糖、高脂饮食引起的肥胖和心血管健康问题，避孕措施的广泛使用导致乳腺癌发病率升高，牛奶的饮用引起乳糖酶基因不能持续表达的儿童和成人的乳糖过敏症，还有因接触我们的祖先极少有机会接触的物品诱发的不良嗜好及其相关病症。

演化分析提示，非特异性变应原引起的过敏和哮喘等自体免疫性疾病的病因也许是失去了我们祖先生活环境中普遍存在的微生物或寄生虫，又称为祖先微生物（ancestral microbiota）的缘故。在过去很长的历史时期中，人类已经习惯于寄生物的频繁感染，我们的免疫系统也与寄生物形成了共生互利的协同演化关系。如今公共卫生条件明显改善，良好的卫生习惯也已普遍养成，大多数寄生虫和病原菌被清除出人体，我们的免疫反应也就因此失范。这很可能是生活在寄生虫相对较少的环境中人们容易患过敏症和自体免疫性疾病的原因之一。最近，无菌家兔的免疫反应分析也支持这种观点。对人类自身而言，这方面最有说服力的例子来自对多发性硬化症（multiple sclerosis）患者长达7年的研究。研究中涉及的部分患者同时伴有寄生虫感染，另一些患者则没有寄生虫感染。观察发现没有感染寄生虫的患者病情迅速恶化，而被寄生虫感染的患者病情却相对比较稳定。其中的一位患者因不堪寄生虫长期感染之苦，在观察的第5年做了抗蠕虫治疗，不料他的多发性硬化症竟快速恶化，一年之内其症状的严重程度就发展到了与没被寄生虫感染的患者相仿了。这个临床观察催生了一系列以小鼠为模型的治疗性实验，并在此基础上发展出了用猪鞭虫（*Trichuris suis*）的卵制剂治疗多发性硬化症的Ⅰ期临床实验，这种寄生虫制剂在升高人体免疫反应的同时并不引起损伤性感染。观察表明部分患者的症状在实验性治疗后得到了改善，另一些患者的症状也没有进一步恶化，这就为进一步的临床实验提供了依据。多发性硬化症是免疫介导的中枢神经系统慢性炎性脱髓性疾病，是一种严重的损耗性疾病，患者常伴有进行性的多功能丧失，目前还没有有效的治疗方法。然而，这个例子确实为我们提供了一个从生物演化角度审视临床医学问题，以及在对付难治疾病中可能起的临床导向作用。

现已清楚，寄生虫和我们体内的微生物组一直在以减轻难以治疗的自体免疫性疾病的方式与我们的免疫系统相互作用，慢性自体免疫性疾病的潜在治疗方法包括工程化生物制剂，也包括传统药物，其中最值得期待的是经过工程化改造的、能与人共生且无致病性的寄生虫制剂。

3. 避孕增加乳腺癌发生率 人与黑猩猩分野以后经历了完全不一样的生育生长演化过程，人类中女性每隔2~3年可连续生育，而黑猩猩的生育间隔为4~7年。人类在婴儿期和青春期之间，有相当长的童年期和少年期。在这段时间内人的大脑继续发育、获得从父母和其他社会成员学习各种知识和技能的机会，一直到十五六岁，甚至更晚才完成性发育成熟，而黑猩猩的性成熟要早好几年。此外，人类在绝经期后还有一个很长的后生育存活期，这在哺乳动物中几乎是唯一的一个物种。

一个生育的人类群体是不避孕的，已婚妇女往往生养好几个孩子，反复经历怀孕期和哺乳期的闭经。在现代社会中，避孕药具的广泛使用显著减少了生育，导致妇女一生经历的月经周期大大增加。而妇女的乳房组织在每一个月经周期都要经过生长、分化、细胞分裂增殖，然后再消散的过程，其中每一次有丝分裂都可能产生体细胞突变，乳腺细胞的分裂次数和每次细胞分裂的突变发生概率就成了乳腺癌发生的重要决定因素。无疑避孕这一最近几十年才出现的社会文化现象对妇女身体的影响与长期生物演化形成的女性结构和生理特性之间的协调匹配将是演化医学研究的又一个重要课题。

4. 宿主与病原体的协同演化 通过自然选择对随机发生的自发突变的作

用,微生物逐渐演化出了抗性。抗性基因不但使携带这个基因的细菌能在抗生素存在的条件下继续生长繁殖,还会借助质粒的水平转移将遗传信息扩散至其他细菌群体。抗生素被广泛应用于预防外科手术可能引起的细菌感染,所以多数病原菌的抗性演化发生在手术室和重症监护室。在我国由于独生子女政策的后续影响,抗生素还因家长的过度焦虑而被大量用于病孩,其中相当部分是不必要的甚至是不利于孩子的。研究表明,大多数细菌的抗性并非起源于新的突变,远在人类制造抗生素之前,细菌和真菌之间的协同演化就在细菌群体中选择了抗性基因,并在自然条件下,病原菌和与我们共生的非病原菌群体保存着大量的抗生素抗性遗传信息。这些抗性基因借助质粒进行种内和种间广泛的水平传递。抗性问题还不止限于细菌、疟原虫和钩虫等其他病原体,甚至一些病原体的虫媒也快速演化出抗性来对付各种用来控制它们的化学药剂。对抗生素具有抗性的病原菌的出现和某种程度的泛滥是现代医学面临的大难题,从生物演化的角度深刻理解并探寻解决病原菌抗性问题也许更加迫切了。

宿主被病原体感染后会出现发热、疼痛、恶心、呕吐、腹泻、咳嗽和焦虑等症状,这些症状既是常见的求医原因,也是机体针对病原体造成某种伤害的抵御方式,如发热是抵御感染的重要反应,咳嗽在某些情况下能减少肺炎的发生。然而,一旦这些抵御反应过度或过于频繁就会引起疾病。例如慢性贫血可能是慢性感染或自体免疫性疾病引发的一种抵御机制,尽管体内有足够的铁,但在抵御病原体的过程中,肝脏分泌的铁调素(hepcidin)却能阻断铁的正常供应链,从而限制细菌获得生长繁殖所必需的铁,帮助机体清除病原菌。可以设想这种抵御机制也会同时限制血液干细胞生成红细胞所需的铁供应,这时外周血涂片检查可能会看到很像缺铁性贫血的图像,但是从生物演化的观点看这种抵御反应与缺铁性贫血是有本质区别的。

传统的观点认为,病原体毒性的演化是随着病原体引起宿主发病率和死亡率的升高而增强的。然而,毒性越来越强的病原体并不一定会在自然选择中更为有利,因为过快地杀死宿主使病原体没有足够的时间来适应宿主。像SARS冠状病毒引起的非典型性肺炎[infectious atypical pneumonia, 又称重症急性呼吸综合征(severe acute respiratory syndrome, SARS)]和埃博拉病毒(Ebola virus)导致埃博拉病毒出血热等在人群中新暴发的传染病都可归于这一类,这些病毒尚未在人群中稳定持续地存在。对于在人群中能持续存在,并能从亲代向子代垂直传递的寄生物,则必须在自然选择的作用下使宿主至少成活到生育年龄。严格的垂直传递最终会将病原体转化为无毒的共生物。与此相反,水平传递的病原体要经受的选择压力是在毒性与传递之间平衡利弊得失,最后可能使毒性处于中等水平,却还能造成对宿主一定程度的病理性损伤。一个典型例子是从南美洲引入澳大利亚来控制野兔的一种黏液病毒(myxomatosis)的演化。实验观察开始时,预先冻存一个病毒样本,以便日后作为应用于杀灭野生兔群的病毒的毒性演化比较的参照物。观察结果表明,在10年的时间内,病毒的毒性逐渐向降低的方向演化,而野兔对病毒的抗性在向升高的方向演化,最终病毒的毒性稳定在能杀死大多数野兔而不是完全杀灭野兔种群的水平。在整个演化过程中,宿主体内的两个方向相反的选择压力取得了平衡,一个是病毒要通过利用宿主的资源迅速扩大数量,另一个是病毒要成功地传递就必须让宿主存活期长到足以使病毒能传递至其他宿主,两种力量的较量最终使病毒的毒性处于最佳的中间水平。这就是病原体和宿主关系的"利弊得失平衡"假设,它的核心思想是病原体的毒性演化趋于在其整个生命周期中获得最长的增殖期。当然,在具体分析一对病原体-宿主关系时,还应该考虑到宿主体内多种感染因子之间的竞争、与宿主免疫系统的相互作用和传播途径的转换等因素。

在使用疫苗预防传染病流行时,如果使用的疫苗不能完全消除每一个疫苗接种者体内的病原体时,我们仍然要考虑"利弊得失平衡"中病原体演化所追求的最大利益。这种疫苗接种的直接作用是很可能会使毒性更强而又更能拮抗这种疫苗的菌株或病毒株获得某种选择优势,它的间接作用是为了减少疫苗对接种者生命的威胁而不断降低疫苗杀灭病原体的效价,这进一步促成了毒性强的菌株或病毒株在选择中取胜,实际上也确实存在因人为干预而导致病原体毒性增强的危险。我们在任何疫苗(如疟疾疫苗和人多瘤病毒疫苗)的试用中,都必须考虑演化出毒性更强的病原体的可能性,这也是多种危害严重的传染病疫苗研制工作所面临的两难境地。

在自然界,宿主往往选择耐受而不是抵御病原体的原因是抵御的代价过大,最有说服力的例子莫过于1918年流感的大暴发。在那场大流行中正是免疫系统健康、能启动各种免疫反应的青年人死亡率特别高。病毒感染诱发细胞因子的急剧反应,造成严重的炎症,肺内充满黏液,引发次级细菌感染,造成许多患者因此丧失生命。所以宿主的免疫反应必须权衡利弊,过度反应反而会造成对自身更大的伤害,而耐受却比我们原先设想的更有优势。相对而言,不造成宿主致命伤害而建立与宿主共生关系的潜在病原体也会有某种选择优势。从生物演化观点看,可以把宿主对寄生物或病原体的抵御手段分为两类:一类是限制寄生物的数量,或者说限制宿主的寄生物负荷的能力,可以称为抗性;另一类是限制寄生物在宿主体内引起伤害和导致宿主致病的能力,可以称为耐受性。宿主保护自身和抵御寄生物的有效性取决于抗性和耐受性结合在一起的方式和程度,这两种抵御能力对于传染病的流行病学和宿主-寄生物协同演化的作用是不尽相同的。抗性通过阻挠寄生物扩展而保护宿主,耐受性则在对寄生物没有直接负面影响的前提下减少对宿主的伤害。宿主抗性的演化倾向于降低寄生物在宿主群体中的流行,它对寄生物适应性的负面作用有可能加强寄生物对抗宿主的抵御机制,转而又会加强宿主改进抵御机制的正面选择,最终导致宿主和寄生物之间的逆向协同演化(antagonistic co-evolution)。与此相反,耐受性对寄生物流行的作用是中性的,甚至是正面的,也就不会对寄生物克服宿主的耐受机制的潜在能力有所选择。所以从生态学和生物演化角度看,耐受性避免了宿主和寄生物之间无休止的逆向协同演化。

寄生物与宿主的关系是多样的。病原体产生的毒素直接导致疾病,但也可能通过调节宿主或修饰自身而继续生长和扩散。病原体的适应度取决于它能不能将存活的子裔病原体传至另一个宿主,所以病原体的成功传播有赖于它能不能逃避宿主免疫系统的检测和杀灭。从感染中的病原体角度讲,宿主的免疫系统是一种致命的威胁。免疫系统能非常有效地选择各种可能中和、抑制和逃避其免疫反应的变异病原体。1910年,德国微生物学家埃尔利希(P. Ehrlich)最先发现了非洲锥虫能通过改变表面抗原分子来逃避宿主免疫反应。病原体逃避的策略还包括分泌特殊的化学物质误导宿主的免疫系统;针对宿主适应性免疫产生的一套结构多变的杀菌免疫球蛋白,而借助不时改变与这些免疫球蛋白相互作用的细菌表面分子来逃避攻击;快速与相应的抗体结合;用宿主的分子包裹自身,以及将自身包入保护壳躲藏在宿主细胞内[如结核分枝杆菌(*Mycobacterium tuberculosis*)]等。有些病原体甚至演化出与宿主互利共生状态。某些病原菌和寄生虫还能通过仿制宿主的特异性分子来诱导免疫抑制,改造宿主的抑制受体等手段来干扰宿主免疫系统中不同免疫细胞之间的相互作用。有些细菌甚至还演化出了藏身于宿主的巨噬细胞液泡内,并对巨噬细胞攻击细菌的机制进行抑制或修饰的能力。研究显示病毒(如HIV和疱疹病毒)、原虫(如疟原虫)、寄生虫(如血吸虫)等病原体表面分子特性与宿主免疫球蛋白结构变化之间存在着相伴相生的动态协同演化。从演化医学观点来阐明寄生虫和病原菌操控宿主免疫系统和逃避免疫反应攻击的确切分子机制,就可能设计新的药物和治疗策略。

5. **新发生的传染病的起源** 一种病原体从非人类宿主转向感染人类并在人群中持续存在,进而演变成为新的人类传染病,必然要经历生态位改变和适应新的宿主的演化过程。其间必须满足三个条件:① 这种病原体要接触人群;② 在人体建立感染;③ 要在每一次原始感染后能连续感染新的宿主。因为极少有非人病原体能暴露并感染人体,并能以足够高的概率连续感染,使之在人群中持续存在。所以,在自然状态下要同时满足这三个条件是非常困难的。

然而,随着人类群体的不断扩展至原先未曾达到的地域,并遭遇到当地长期生存于其他物种的病原体时,新的传染病暴发的机会就明显增加了。已发现并证实的人新传染病的病原体大多起源于动物群体中先前存在的病毒,尤其是RNA病毒。例如,埃博拉病毒原先可能寄生于蝙蝠,又因有人误食感染了埃博拉病毒的灵长类动物而传递至人群,由于埃博拉病毒能引起宿主迅速死亡而未能在人群中持续存在。又如,SARS病毒原先寄生于果子狸,也可能是因为有人误食了果子狸而传递至人群。2003年SARS第一次在人群中暴发的几个月中就夺去了数千人的生命,其中包括许多在第一线工作的医护人员,最终在采取了严格的检疫和隔离措施后才得以扑灭。再如HIV/AIDS病毒原先寄生于黑猩猩,也可能是有人误食了黑猩猩而传递至人群,它的全球性流行导致数百万人因患艾滋病而丧生。

这些单链RNA病毒的高突变率使其子裔群体具有不断改变感染和传播途径的潜在可能,所以很难得到快速有效的控制。然而,分子种系发生研究技术帮助我们查清楚了这些新传染病的暴发时间和地点。2010年,夏普(P. M. Sharp)和哈姆(B. H. Hahm)等证实HIV/AIDS病毒是通过种间交替传递再在人群中传播的,其中至少有两次经过了黑猩猩,还有一到两次经过了大猩猩。HIV病毒原先是感染猿猴的一大群猴免疫缺陷病毒(SIV)中的一种,黑猩猩从猿猴获得了两种不同的SIV, 然后这两种病毒在黑猩猩体内经过遗传重组形成了现今能感染人类且基因组结构独特的HIV病毒。SIV的感染并不会伤害猿猴, 但重组病毒却会引起黑猩猩艾滋病样的疾病症状。因此, 艾滋病是在感染人类之前就已经有致病能力了, HIV-1是在黑猩猩体内演化出了能杀死CD4$^+$T细胞的能力, 而CD4$^+$T细胞正是它感染并寄居其中的靶细胞。然而, 令人不解的是SIV的感染在它的自然宿主非洲绿猴和白眉白颈猴(*Cercocebus torquatus*)身上并不引起病理性变化, 猿猴抑制了某种与HIV感染人体时相关联的消炎(anti-inflammatory)反应, 其中至少涉及三个免疫反应的调节基因的表达。黑猩猩与人类的不同也可能是因为基因组含有适应AIDS病毒的免疫基因群。取自人和黑猩猩的表达样本比较清楚地表明, 在人类群体中流行最广的致病毒株HIV-1M一直可追溯到1920—1930年期间流行于喀麦隆西南两个小镇附近的狭窄区域。

另一个突出的例子是最初于2009年4月在墨西哥和美国发生的禽流感H1N1, 到当年5月11日已扩散至30个国家, 到10月就扩展到全世界。禽流感病毒原先寄生于野生鸟类, 继而再感染家禽和猪等家畜, 在猪体内流行的这个毒株发生了基因重组, 经过在猪群中流行若干年, 最后成为人群中新的传染病。分子生物学证据重建了禽流感病毒的历史, 它的基因组包括分别流行于鸟类、猪和人的病毒株的8个片段。约在1990年, 某些重组事件将源自鸟和猪的片段组合在一起, 另一些重组事件再将源自猪和人的片段组合起来, 然后从猪扩散传播到人。2009年, 这个病毒株在偶然传至鸟类时又重组进了另外两段源自鸟类的片段, 形成了在人群中能有效地传播的病毒株。这可能比较完整地反映了原先只是分别在鸟类、猪和人群中传播的病毒株通过基因组之间的重组嵌合促成了禽流感在人群中的流行性暴发的演化过程。这个例子给我们一个深刻的启示, 家畜和人往往生活在相同的环境, 也就派生出了人、畜与共同的寄生物之间的复杂演化关系。

分子种系发生研究对新流行传染病的防治也有所启发。新近发展起来专门对付HIV感染的艾滋病患者的高效抗逆病毒治疗(highly active antiretroviral therapy, HAART)技术就是一个有说服力的例子。HAART涉及两种能阻断逆病毒复制酶活性的逆转录抑制剂, HAART技术建立的基础是认识到对两种药物都有抗性的病毒的逆转录酶基因携带了两个或两个以上的突变, 因而降低了病毒的适应性, HAART完全革新了艾滋病的治疗方法。此外, 利用组合治疗丙型肝炎病毒感染患者的实例提高了我们对付病毒抗药性的认识, 同时也延长了新抗生素的有效使用期限。这些成功的例子都显示出生物演化医学已经进入了临床治疗领域。

6. 癌症是个动态演化过程 人类癌症的发病率远高于其他物种, 主要原因可能是我们的寿命随着社会经济发展而越来越长, 由此带来了很长的、几乎不经受自然选择的后生育期。此外, 烟草、乙醇、高热量高脂肪饮食、环境污染、避孕和不寻常的性行为等也与癌症发病率增加密切相关。

大约1亿年前, 多细胞生物分化出了以牺牲自身的繁育能力来帮助性细胞进入下一个世代的体细胞。体细胞又继续在长期演化中形成了多重调控机制来保障其有序生长、分裂和分化。癌细胞则突破层层调控, 尤其是在DNA出现受损时，不顾免疫系统传递的细胞凋亡信号继续增殖扩张。从体细胞遗传学观点看，每一个恶性肿瘤都有一个独立的演化过程，通过突变产生的诸多细胞克隆相互竞争营养和生存空间。由克隆之间的遗传异质性驱动的自然选择有利于生长增殖快和侵袭转移能力强，并具有抗药性的细胞演化为恶性肿瘤。

研究显示在23 000个左右蛋白质编码基因中大约有350个基因显示与不同的恶性肿瘤有关联，其中只要7~9个基因发生突变就能启动癌变。在发育过程中，从单个受精卵发育为成体经历10^{13}次分裂，体细胞突变率为10^{-7}~10^{-6}/（基因·细胞分裂）。由此推算，每个成人每个基因发生体细胞突变事件为100万~1 000万次，也就是说人的一生中基因组每个基因平均要发生100万次以上突变，在发育过程中发生突变越早的细胞其突变子裔细胞群就越大，且有可能积累更多的突变。然而，由于免疫系统能极其有效地检测和杀死早期癌变细胞，才使我们的癌症发生率维持在非常低的水平。

从演化角度看，我们有必要思考免疫系统与原发肿瘤相互作用，及其后续功能的演化起源和利弊权衡。研究表明，大多数恶性肿瘤就是起源于干细胞的。干细胞的出现是生物多细胞性演化进程中至关重要的一步，保证了组织和器官的分化以及分化状态的动态维持。干细胞遍布全身，随时替换受损或老化被弃的细胞，细胞更新最为频繁的是骨髓、消化道上皮、呼吸道上皮和皮肤上皮。干细胞保持着多向分化潜能，某些胚胎干细胞具有迁移和侵袭其他组织的能力。例如，在胚胎发育中，侵袭胎盘的胚胎干细胞能侵袭母体的子宫内膜并嵌入母体组织，也能移入其他组织进而建立源自胚胎干细胞的新的组织。然而，这种转移侵袭能力在已分化的组织中会受到抑制而处于休眠状态，一旦被某些突变激活就可能恢复转移侵袭能力。仔细比较分析侵袭子宫内膜的细胞与进行迁徙的癌细胞，以及那些在自然选择中胜出的癌细胞克隆的基因表达谱，对阐明干细胞特性和癌细胞起源的分子基础有重要意义。

在癌细胞基因测序基础上所做的分子发生学研究可以追溯和重建每一个恶性肿瘤的发生谱系。例如，对患者负荷的胰腺癌演化历史的重建揭示，这个肿瘤早在被检查出来之前15年就开始启动癌变过程了。实际上，即使发展很快的肿瘤也有一个很长的恶变前的独特发展史，应用癌细胞克隆的系统发生研究就有可能推断出涉及癌细胞发生和转移进程的每一个重要步骤的基因组和蛋白质组变化，据此就易于建立早期检测和诊断的方法。

把癌变看作是一个由自然选择驱动且作用于遗传学上异质的体细胞克隆的演化进程的观点已被学术界广泛接受，其本质是恶性程度较高的细胞克隆通过竞争将恶性程度较低的细胞克隆击败而扩展为恶性肿瘤。从临床角度看，不恰当的化疗有没有可能选择性地清除恶性程度较低的细胞克隆，从而加剧竞争，使恶性程度高的细胞克隆进一步扩展。如果确实这样，限制化疗药物的剂量也许会延缓恶性细胞克隆的大量涌现，延长患者的生存期。模式生物系统的实验和大规模临床实验资料都提示高剂量化疗未必是更有效的。

病原体与癌症发生也是有关联的，无论外源性还是内源性逆病毒都会借助插入宿主基因组或在基因组内转座，引起遗传变异和遗传不稳定性而增加癌症风险。

例如，人乳头瘤病毒（human papilloma virus, HPV）是子宫颈癌的诱发因子；幽门螺杆菌（*Helicobacter pylori*）是胃癌的主要危险因子；埃及血吸虫（*Schistosoma haematobium*）是膀胱癌的主要危险因素；中华肝吸虫（*Clonorchis sinensis*）和泰国肝吸虫（*Opisthorchis viverrini*）是肝癌的危险因子；慢性炎症引起癌症的机制可能涉及诱变性质子（mutagenetic proton）和活性氮（reactive nitrogen）。有些寄生虫可能会对检测和杀灭早期癌细胞克隆的免疫系统的功能进行干扰。病原体诱发的炎症，特别是慢性炎症也被认为是心血管疾病的诱发因素，如在动脉粥样硬化斑块中有时会发现肺炎衣原体（*Chlamydia pneumoniae*），目前尚不能确定肺炎衣原体感染引起的慢性炎症与动脉粥样硬化直接相关。病原体与癌症等有恶变潜能的疾病的关联有可能成为演化医学的新课题。

肿瘤对化疗药物的抗性与病原菌对抗生素抗性产生的机制是相似的。药物长时期、大剂量地使用选择了肿瘤或病原体的抗性。多种细菌抗性基因的演化起源很早，范围极广，且发展出水平传播机制，并快速应用于各种病原菌群体。癌细胞的许多性质还与干细胞十分相像，这些基于别的目的而长期演化的特性已经充分发展，一旦发生基因表达异常的突变，就会启动癌变进程。已有实验观察提示大剂量、冲击性的化疗会很快选择出癌细胞的抗性克隆，缩短患者的寿命，这一点是非常值得临床医生关注的。最近关于有转移倾向的乳腺癌的化疗和人乳头瘤病毒引起的头颈部肿瘤的放射治疗的剂量下调临床研究已经引起广泛的关注。

7. 有关衰老的思考 有关人类生活史的演化观点正在改变我们对衰老的看法。虽然衰老是不可避免的，但人生存时间的长度并不是固定的，世界各国的人群期望寿命都从20世纪初的40岁左右提高到现在的80岁左右，这是改善营养、控制传染病、从一出生就开始享受较好的医疗服务等社会进步因素带给我们这一代人的，这些都是我们的祖父辈和父辈都没有享受过的。

衰老过程涉及一系列基因功能的衰减，如基因表达水平下降、对环境反应速度变慢等。应用演化生物学观点来阐明衰老和死亡的本质是演化医学的一个重要成就。它包括两个方面：一是选择的压力会随着年龄的增加而逐渐下降；二是任何足以改善早期生命阶段生育能力的突变，即使可能增加生命后期死亡风险也将会在演化进程中被选择。这类由单一基因在生命早期和生命晚期制约多种不同性状，且在生命早期和晚期相伴表达而又利弊相悖的遗传性状称为反向多效性状（antagonistic pleiotropy），这也是提高生育会缩短寿命的主要遗传学原因，是自然界中生物体对生育与生存的利弊权衡，即为生育而付出生存的代价，或者说以体质为代价来优化种质。在模式生物中已经发现了许多反向多效性状，在人类中最突出的例子是为了提高年轻时期的生育能力而增加晚年的癌症风险，从演化观点看，对病原体感染的高度敏感，多器官的退行性病变和癌症高发等种种衰老迹象，只是对年轻生物体成功繁育选择的一系列副产品。还有一个非常值得注意的现象，即老年时功能减弱相关的基因群很可能是儿科中常见的因基因结构异常导致疾病的基因群，而这个基因群往往直接或间接与青壮年时期的生育能力相关联。

总之，演化医学给我们带来了许多全新的科学理念。从演化的观点看来，体内的寄生虫和细菌能保护我们免受自体免疫性疾病的痛苦；慢性感染引起的炎症会增加心脏病和癌症的风险；癌症是自然选择作用于遗传异质性克隆所驱动的演化过程；绝经期的演化延长了人的寿命；母子关系和父母关系在演化中的利益拮抗和冲突涉及亲代基因印迹的差异性表达；新发生传染病病原体的分子演化谱可帮助我们查清其在不同物种间交叉传播过程中的遗传重组事件，等等。将演化生物学与细胞生物学、分子生物学结合起来就可能形成学科间交叉研究领域，产生新的综合性科学认知，会推进医学基础研究和临床实践的发展，更有效地减轻病痛和挽救生命。演化观点还提示，尽管模式生物研究对理解人类的生命过程和疾病发生极为重要，尤其是涉及世代交替的实验研究，往往会选择模式生物，但在某些特定条件下，我们却不得不跨过模式生物直接研究人类自身，更何况在人类中积累的解剖学、生理学、病理学、基因组等资料之丰富详尽是任何模式生物无法比拟的，或者说人类自身的表型资料是最为完整的。

9.2.3 表观遗传修饰与演化医学思考

表观遗传学的英文是 epigenetics，这个词最初是用来描述从受精卵发育成为成熟个体的胚胎发育过程的，当时人们对这个过程的认识非常有限。从学科发展历史来看，表观遗传的研究与生物演化和个体发育的研究密切相关，随着我们对真核生物基因表达的分子机制知识的不断积累，表观遗传的含义发生了极为深刻的变化。现在我们不仅了解了生物机体的每一个细胞都具有相同的DNA，还对基因表达的机制有了相对深入的认识。如今，表观遗传已经成为一个专有名词，专门用来表述某些不涉及DNA中的核苷酸序列改变，却与DNA的化学修饰，或与结合于DNA的结构蛋白或调节蛋白修饰相关的基因表达模式相关联的遗传现象。或者说，表观遗传学是专门研究不涉及DNA序列变化，却能通过有丝分裂或（和）减数分裂复制传递的基因功能表达模式的建立与维持机制的遗传学分支学科。表观遗传机制在胚胎发育早期的作用似乎又与 epigenetics 最原始的含义有了内在关联，这表明遗传问题的阐明为思考胚胎学问题创造了必要的前提条件，从传统的胚胎学发展为发育生物学的标志就是涉及发育和分化的基因表达调控机制的阐明。譬如同源异形基因（homeotic gene）组成的同源框基因簇（Hox gene cluster）的分子发育遗传学研究提示，*Hox* 基因在胚胎发育过程中能调控其他基因的时空表达，几乎在所有动物的发育过程中都控制着身体各部分形成的位置，包括确定动物身体轴向器官的分布、分节、肢体形成等，因而在主要生物群的产生与生物多样性起源中扮演着类似总设计师或"万能开关"的角色。它将机体发育的空间特异性展开为身体前后轴上不同部位的结构细节，进而影响细胞的分化，保证了生物体在正常的位置发育出正常形态的躯干、肢体、头颅等器官。如果 *Hox* 基因发生突变，便会导致胚胎发育的错位或基因的异位表达，产生同源异形现象（homeosis），使动物某一体节或部位的器官变化成为别的体节或其他部位的器官。在整个分化发育过程中基因表达模式的表观遗传修饰的建立和维持起着特别关键的作用。

早在20世纪30年代，摩尔根实验室的马勒就曾经发现果蝇的某些基因可以因为从常染色质区域易位到异染色质区域，或者反过来从异染色质区域易位到常染色质区域，就可能会显著改变其表达的性状。他把这种不涉及基因突变的性状改变称为基因表达的位置效应（position effects）。马勒等的研究，特别是麦克林托克在玉米转座因子的大量研究，提示基因的表达会受到它在染色体上所处位置的影响，基因在功能表达上并不是绝对独立的。20世纪80年代观察到抗体的多样性涉及体细胞谱系的DNA重排，这在某种意义上也是一种表观遗传事件，它与马勒观察到的位置效应导致的基因表达变化的本质有一定的共性。

　　然而，大量的表观遗传研究并不涉及DNA片段的结构重排，而是聚焦于碱基的修饰和在细胞核内与DNA形成复合物的蛋白质。譬如，20世纪60年代初发现的X染色体失活是早期发现的不涉及DNA序列改变，但却能以克隆形式在体细胞谱系中遗传的表观遗传机制。70年代中期起，相继发现了DNA甲基化修饰现象，甲基化的建立和在DNA复制中的维持机制，甲基化的去除机制，以及相关的一系列酶系。还发现了Igf2/H19等位点的表观遗传调控模式。

　　学者们还认识到真核细胞核中与DNA相互结合的蛋白质，尤其是组蛋白可能与DNA修饰有关联。1964年，有人发现组蛋白的乙酰化可能与基因活化相关，此后又发现了甲基化、磷酸化和泛酸化等组蛋白修饰形式。1974年，科恩伯格和托马斯（J. O. Thomas）发现构成染色质的基本亚单位是核小体（参见第4章），研究又证实组蛋白的氨基端尾部从DNA-蛋白质组成的八聚体核心向外伸出，因此很容易经特定酶系的催化而被修饰。20世纪80年代，格林施泰因（M. Grunstein）等的研究提示组蛋白的氨基端尾部在基因转录激活或抑制，以及染色质沉默结构形成的调控机制中起着至关重要的作用。此后10来年是发现和重新评价组蛋白修饰作用的重要时期，许多有关组蛋白修饰的重要分子元件和结构组合，如组蛋白修饰和核小体重塑复合物，以及与此相关的酶系大多是在这个阶段发现或被证实的。值得注意的是某些非编码RNA也可以像蛋白质那样被招募到修饰或重塑组蛋白的特定位置。与DNA的甲基化修饰不同，我们至今尚不十分清楚这类与基因激活的组蛋白修饰相关的表观遗传信息如何在细胞分裂过程中传递下去的。但确实有些研究提示经过修饰的组蛋白能以其特有的方式招募蛋白质，并影响染色质局部的结构与功能。如组蛋白H3第9位赖氨酸（H3K9）的甲基化后可招募异染色质蛋白HP1，进而HP1又能招募负责甲基化的酶（如Suv39H1），从而导致染色质的沉默状态沿着该区段延伸扩展。图9-7a是组蛋白的表观遗传标记在染色体复制过程扩展延伸的一种可能模式的示意图。图中显示经H3K9甲基化修饰的组蛋白尾部M与该种修饰的特异性结合蛋白B相互作用，蛋白B还能结合特异性催化酶W，而W能对邻接的核小体进行同样的组蛋白修饰。这样，组蛋白的表观遗传标记就能逐步向前延伸，直到界定异染色质和常染色质边界的屏障因子的出现。有人将这套机制用来解释细胞分裂周期中传递和维持该区段特定的组蛋白表观遗传修饰模式的可能机制（图9-7b）。

　　与DNA甲基化一样，组蛋白修饰除了在细胞分裂过程中维持已经建立的表观遗传修饰状态的机制外，还必须考虑从头修饰问题，即从无到有地建立特异性组蛋白修饰的机制。2011年，沃斯（T. C. Voss）等报道转录因子糖皮质激素受体

(a) 表观遗传标记的扩展延伸

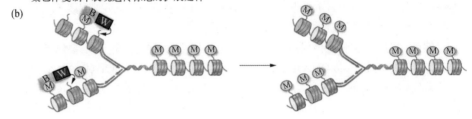

钝化的染色质　　　活化的染色质

染色体复制中表观遗传标记的扩展延伸

(b)

图9-7　表观遗传标记在染色体复制过程中的扩展延伸机制的可能模式（改自 G. Felsenfeld）

（a）异染色质区组蛋白 H3K9 甲基化修饰扩展延伸的一般模式，被修饰的组蛋白尾 M 与该修饰特异性结合蛋白 B 相互作用，蛋白 B 同时具有与一种能对邻接的核小体（图中呈灰色）进行同样的组蛋白修饰特异性催化的酶 W 的结合位点。这样，组蛋白的表观遗传标记就能逐步向前延伸，直到界定异染色质和常染色质边界的屏障因子的出现；（b）在染色体复制过程中维持组蛋白修饰的可能机制。随着 DNA 的复制，新参入的核小体（图中呈黄色）夹在亲代核小体（图中呈灰色）之间，亲代核小体上已被修饰的组蛋白尾 M 就会与蛋白 B 结合，B 再与 W 相互作用，然后 W 借助邻接的子代核小体来催化组蛋白尾上同样的甲基化修饰

（glucocorticoid receptor, GR）作为最初参与染色质表观遗传修饰的先行分子，可能参与将结构紧密的染色质松弛打开的启动过程，然后将具有 DNA 激活的 ATP 酶活性的染色质重塑复合物 Swi/Snf 招募至它介入的染色质位点。在 ATP 存在时，Swi/Snf 复合物能降低核小体中 DNA 和组蛋白之间相互作用的稳定性，其表现为该区段染色质对 DNA1 酶的水解高度敏感。在染色质重塑的松弛阶段，GR 存在时间非常短，一旦 GR 离开，ER pBox 复合物就进入该区段，将染色质重塑过程持续下去（图9-8）。

最近，对单细胞真核生物裂殖酵母（*Schizosaccharomyces pombe*）中染色质沉默机制的研究，为我们提供了有关染色质沉默结构建立机制的新的实验证据。裂殖酵母决定交配型的基因位点和中心粒序列的异染色质化过程涉及多种 RNA 转录产物，特别是重复序列转录产物的生成，这些转录产物经过核酸内切酶 Dicer、阿格诺蛋白和依赖 RNA 的 RNA 多聚酶的作用被加工成一系列小 RNA 分子。这些小 RNA 随即被招募至与它们同源的 DNA 位点，并形成与相关酶结合在一起的复合物，再招募能传递沉默状态的组蛋白修饰复合物，逐步启动异染色质形成过程。我们已经知道生物体能行使多种表观遗传机制，如等位基因特异性修饰、X 染色体的随机失活和许多印迹位点的等位基因特异性表达等。表观遗传修饰还与排列于同一个染色体的免疫球蛋白基因的重排导致抗体表达的选择性抑制有关联。此外，研究还表明多梳蛋白基因负责建立能在随后的细胞分裂中得以维持的染色质沉默结构域（参见第5章有关内容）。

表观遗传变化还与植物中副突变（paramutation）的产生有关，副突变让一

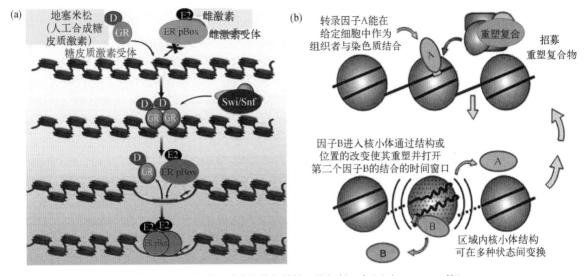

图9-8 组蛋白表观遗传修饰起始的可能机制示意（改自 T. C. Voss 等）

（a）转录因子糖皮质激素受体（GR）作为修饰的先行分子可能参与将结构紧密的染色质打开过程，结构紧密的染色质对DNA1酶的水解是不敏感的，而GR能在介入位点招募染色质重塑复合物Swi/Snf，它由SWI及SNF基因（SWI1、SWI2/SNF2、SWI3、SWI5、SWI6）的编码产物和若干其他多肽组成，具有DNA激活的ATP酶活性，在ATP存在的条件下，能降低核小体中DNA和组蛋白之间相互作用的稳定性，致使该区段染色质对DNA1酶的水解高度敏感。染色质重塑的松弛阶段GR存在时间很短，GR离开后ER pBox复合物就进入该区段，继续染色质重塑的下一个步骤；（b）转录因子参与核小体结构重塑起始的理论假设示意

个等位基因引起可遗传变异，使之表达同源等位基因的形状。雷索尔查根（M. Rassoulzadegan）在2006年证实这是一种能通过减数分裂和有丝分裂遗传的表观遗传状态。此外，研究已经表明，从果蝇一直到人，中心粒的凝聚染色质（condensed chromatin）特征性结构是通过中心粒关联的蛋白质而不是DNA来传递的。在这一系列例子中，由于DNA甲基化、组蛋白修饰或组蛋白变异体的介入，尽管DNA序列始终完整不变，但它的表达能力是受到制约的。X染色体不仅是最早显示DNA甲基化在表观遗传信号传递的实例，实际上它也是多种机制整合起来共同负责表观遗传调控的最好例证。最近的研究表明，DNA甲基化、特定的沉默组蛋白修饰、多梳蛋白群、非编码RNA和组蛋白变异体都参与了X染色体的沉默失活状态的建立，及其在细胞分裂过程中的传递。这一类由非DNA编码的表观遗传信息的传递机制，及其在从受精卵发育成个体整个胚胎发育过程中的作用已经受到高度关注。如今我们对发育过程的知识已经大大增加，特别是有关胚胎干细胞的研究表明少数几个关键性转录因子的表达就能建立起自我稳定的发育多能状态，并能以表观遗传机制通过细胞分裂传递下去。然而，这种状态也可能发生扰动，导致细胞维持不一样的表观遗传表达模式，即按照不同的分化途径分化成不同的细胞类型。借助精细的实验操作也能使已经分化的体细胞重编程成为多能细胞。

从马勒发现果蝇的某些基因表达的位置效应到麦克林托克发现转座因子对基因表达的调控作用，再到近30年来大量有关基因功能表达调控的实验研究，我们对表观遗传的研究已经深入到在分子水平上分析从多能干细胞一直到个体的分化状态的整个进程，由此了解到表观遗传机制实际上调控了复杂机体相当大一部分表型。

演化医学理念的另一个重要来源是对人体内细胞群体广泛存在的表观遗传差异的认识，个体内细胞群体之间存在着遗传变异或表观遗传修饰差异是将动态演化的思考引入医学的基础。细胞群体中丰富的遗传和表观遗传变异使选择更加有效，细胞群体更新世代短则使选择更加迅速，这两点有着重要的临床意义，也为具有医学或药学意义的临床干预提供了可能性。

我们已经从演化医学角度把癌症过程表述为由自然选择驱动的若干存在遗传异质性差异的癌细胞克隆之间的竞争，还有一件必须思考的问题是在表观遗传修饰上异质的细胞克隆之间的竞争，这也许比遗传学上异质的细胞克隆之间的竞争更具有潜在的临床意义。在基因组结构一致的前提下，表观遗传修饰的模式直接决定了细胞的基因表达谱，即RNA转录谱和蛋白质表达谱，其中还包括大量非编码RNA转录谱，由此决定了细胞及其生化水平的表型。这表明即使细胞的基因序列没有发生改变，在不产生新突变的情况下，表观遗传修饰也可能扩大细胞群体之间的表型差异。表观遗传修饰上异质性为自然选择和治疗过程中的药物选择提供了表型上有差异的异质细胞克隆群体。可以说医生在治疗进程中会不断面临新的癌细胞群体。此外，表观遗传修饰模式的变化比基因组的结构突变更普遍、更有弹性，可以设想它对选择方向或强度也许有更大的影响力。如果选择因子作用强度足够大，加上癌细胞增殖速度足够快，癌细胞通过群体更新就可能形成在选择条件下增殖更快的新群体来拮抗选择因子，这也许就是生物演化造成抗癌药物的有效治疗期日益趋短的原因。

关于表观遗传修饰和演化医学关系的另一个重要问题是父母之间和亲子之间在母体环境内的拮抗，以及亲代印迹基因在持续拮抗中的作用。

早在1964年，汉密尔顿（W. Hamilton）就用亲族选择（kin selection）概念来解释双亲之间的拮抗。他认为通过对亲族成员的行为的影响来选择会增加家族在下一个世代中的代表性的基因，演化将趋向于某种通过亲族获得的利益能延展至特定个体适应值的增加的行为。1974年，特里费斯（R. Trivers）提出亲族选择意味着双亲可能陷入在双亲环境下与子女的拮抗。对于有性生殖的二倍体物种而言，母亲与她的每一个子女有50%的遗传关联，而孩子与自身的遗传关联是100%，与同胞兄弟姐妹的遗传关联度是50%，与半同胞兄弟姐妹的遗传关联度是25%。因此选择会有利于通过消耗母亲对同胞兄弟姐妹和半同胞兄弟姐妹的投入来增加母亲对自身的投入，最终达到以自身和亲族生育为指标的自身最大适应值。特里费斯颠覆了母子利益相融一致的传统观点。有人根据特里费斯的母子拮抗观点提出，先兆子痫和妊娠期高糖血症这两种妊娠期常见疾病就是胎儿操控母亲的资源来提高自身生长速率的结果。

20世纪90年代起穆尔（T. Moore）和艾格（D. Haig）等学者开始认识到，父母双方为了争取对胎儿有更大的影响而在母体环境中相互拮抗，是借助双亲基因的差异性印迹来进行的，父母双方的基因印迹在胎盘和胎儿中呈现不同的表达水平。在针对遗传工程小鼠的基因印迹自然模式表达的操控实验中，若阻断父源基因印迹而让有利于母亲的基因表达，婴儿出生时体重会减轻10%；反过来若阻断母源基因印迹而让有利于父亲的基因表达，婴儿出生时体重会有10%的增加。这表明在自然状态下，母源沉默基因反映的是父亲的利益，而父源沉默基因反映的是母亲的利益，来源于双亲的基因印迹平衡了双亲的利益，双方拮抗的平衡点是同时达到母子健康状态，并往往使婴儿出生时体重处于中等水平。

在第5章§5.3节我们讨论了人的一个父源或母源印迹模式完全不同的染色体印迹区15q11-q13，该区段的父源缺失会导致普拉德-威利综合征（Prader-Willi syndrome），而该区段的母源缺失会导致安格尔曼综合征（Angelman syndrome）。这就进一步提示父母间的利益拮抗超越了妊娠期对母体资源的争夺，绕过了出生后的哺乳期，一直延伸至儿童阶段。近年来有关模式动物和人体的研究还提示这种拮抗的失衡与多种疾病有关，其中包括阿尔茨海默病、基底细胞癌、乳腺癌、糖尿病、肥胖症和酒精中毒等。

毫无疑问演化医学的思考不能被分子医学、细胞生物学或发育生物学所取代，演化的观点必须与已有的学科结合在一起，才会有助于减轻患者的痛苦，拯救更多生命，提高更多病患的生活质量。我们还可以把视野扩展到人类社会的健康管理，健康管理的核心问题是如何平衡个体的眼前利益和群体的长远利益。例如，一个人可能因为很小的风险而选择不接种疫苗，但要是许多人都这样的话，他们的选择就会削弱整个人群的免疫力，并升高每一个未接种疫苗的人的感染风险。麻疹的重新流行正是这样的例证。又如，一个人可能在并不必要的情况下选用了抗生素治疗，但要是许多人都这样的话，他们的选择会促进病原菌演化出对抗生素的抗性，并升高每一个被这种病原菌感染的人的死亡风险。再如，一个医生只是为了怕担误诊的风险而采用某种没有足够根据且又昂贵的诊断或治疗程序，但要是许多医生都这样做的话，每个人的医疗保险费用就会增加。有人因此选择不买医疗保险而依赖看急诊，但要是许多人都这样的话，那么整个社会就可能不堪重负。这些例子反映我们的公共政策还没有从演化的观点充分考虑整个人群的长远利益，而这正是健康管理的重要思路。目前，我们仍然处在许多新的研究和改革思路的交叉口，所以很难评估演化的观点和思考对医学的全部意义，但我们已经看清它的潜能是无限的。

§9.3 基因组人工修饰的伦理问题

本节将讨论有关遗传病的基因治疗、灵长类哺乳动物的转基因研究和正在迅速发展的合成生物学（synthetic biology）等基因组人工修饰和工程化改造研究可能涉及的伦理、社会和法律问题。

20世纪是科学发展和技术进步最快的时期。然而，随着核技术、化工技术、生物技术和信息技术等高新技术的广泛应用，人们越来越清楚地看到技术的变化会给我们的社会、我们的环境，甚至我们自身带来意想不到的负面影响。德国哲学家乔纳斯（H. Jonas）早在20世纪中叶就意识到了技术在时间和空间两个维度上的无节制地延伸会对传统的伦理观念造成冲击。因为许许多多乐意接受和应用新技术的人并不知晓这些技术是如何设计和操作的，更不知晓它可能给自己带来什么样的后果。他认为技术伦理的核心问题是让人们充分认识和理解技术变化可能带来的非预期后果（unintended consequences）。为此，乔纳斯在1984年出版的专著《必须承担的责任：技术时代的伦理探究》中提出，应该建立一种对技术进行科学的社会、环境和伦理预测和评估的系统。他主张："风险分析是一项重要的社会责任。"

我们对于以转基因为基础的生物技术的伦理关注远远甚于对航空航天、现代通讯、机器人制造和逻辑可塑性极强的计算机技术等非生物高技术的伦理关注，其根本原因是生物技术实现了对生命的物质基础——基因组的人工操作。然而，所有生物的基因组在生物演化上与人类自身的基因组是密切相关的，并可以通过某种自然的或非自然的途径成为人的基因组的一部分，再加上宗教因素就更加复杂也更加敏感了。多莉羊的出生何以能激起这么多人异乎寻常的强烈反应？因为这不仅仅是一只羊的问题，而是我们人类自身的问题。我们有一种伦理责任：在技术时代尽力维护包括人类在内的自然系统的完整性，以及自然系统各层次之间的相互适应性和系统的自稳定性。世界各国的政治、经济和科学技术的政策制定者要十分清醒地意识到今天的决策对现在和将来都会有影响。我们当然不能因将来可能出现的风险而漠视人类今天面临的贫困、饥饿、疾病、环境污染、人口膨胀等迫切问题，也万万不能只顾当前的功利而不顾将来的风险。试问，当1973年第一个转基因细菌出现时，有谁会想到转基因技术在这么短的40年左右就走到了今天这一步呢？那么下一个40年又会怎样呢？

人类对自然的干预总是存在的，人对自然的认识就是以实践为中介的。为了人类今天和明天的福祉，我们不能以非道德和非伦理的态度来对待自然界，而要力求人与自然之间的协调、和谐和中庸。历史表明，人类的科学和技术实践有的时候会比人类的理论思辨走得更快、更远。

大多数自然科学家和工程技术专家，甚至生物学家，在很长一段时期内很少考虑与自己工作相应的伦理问题。然而，科学与技术发展到今天，已经渗透到我们生活的方方面面，我们不得不严肃地思考科学与技术对社会发展的影响，对人与人之间关系的影响，对人自身的社会价值甚至对生物学意义上的人的影响。如果说现代信息技术（information technique, IT）的发展深刻而全方位地改变了人际交往的方式、范围、速度和内涵，那么生物技术（bio-technique, BT）的发展将有可能改变我们身体的结构与功能。以转基因技术为主要代表的现代生物技术能通过插入、剔除或修饰基因来改变生物体的基因组，借以改变生物体的结构与功能。转基因技术所修饰的基因或基因群可以是来自物种内部的，即种内转基因，也可以是来自另一种动物、植物或微生物，即种间转基因。这是我们不得不面对的严重挑战。

9.3.1　基因治疗及其相关的伦理问题

人类基因组中大约有25 000个编码蛋白质的基因，许多遗传性疾病是由某个基因突变造成的。迄今为止已经发现的因突变引起的单基因遗传病多达6 000种以上。携有这类突变基因的患者由于疾病相关基因的突变失活，导致代谢紊乱或病理变化，严重的甚至危及生命。对于绝大多数遗传病来讲，一般的临床手段都难以奏效。临床上最常用的治疗方法是将患者因突变而丧失的蛋白质补入体内，例如为血友病患者输入适量所缺的凝血因子就可以缓解症状。但是，像凝血因子这样的蛋白质在人体内的生物半衰期相当短，所以患者在整个生存期内必须周期性地反复接受凝血因子注射，其中的痛苦和风险实在是常人难以想象的。那么，能不能为患者植入相应的正常基因来编码他（她）所缺乏的蛋白质，从而达到根治疾病的目的呢？这就是通过转基因技术来治疗遗传病的最初想法。20世纪60年代诺贝尔奖获得者塔特姆明确提出了在基因水平纠正突变造成的缺陷来根治遗传病的思想，并设计了用病毒包裹的功能基因转染的方法来矫治体外培养的患者细胞，再回输体内的体外/体内基因治疗（*ex vivo* gene therapy）技术路线。

体外/体内基因治疗是先通过对体外培养患者的靶细胞的遗传学改造，再将经过改造的细胞来实现基因治疗。一般先将需要矫正致病基因的治疗基因插入工具病毒的基因组，再感染从患者身上获取的靶细胞。当被转染的靶细胞被治疗基因矫正并形成适当的细胞群时，就回输至患者体内，这些细胞就会在体内表达插入基因编码的，也就是患者所需要的蛋白质。

与此相对应的另一种技术路线是体内基因治疗（*in vivo* gene therapy），也就是通过细胞特异性导向注射直接把整合了治疗用DNA片段的分子导入患者体内需要矫治的靶组织。采用脂质体包裹治疗DNA分子可能更有利于细胞特异性受体介导的靶向治疗。一旦整合了治疗用DNA的细胞进入体内参入了特异性靶组织，并编码表达所需的蛋白质，就可产生治疗作用。

我们知道利用转基因和基因打靶技术可以建立人类遗传病的动物模型。模拟特定基因突变的小鼠模型，可以展现由该基因突变而造成的遗传病的病理变化进程，显示出一系列与患者的症状相似的特征性表型。因此，通过转基因及其相关技术构建的疾病动物模型是遗传病基因治疗实验研究的最佳工具。

在世界各地多个研究单位和大学附属研究性教学医院的大量实验工作基础上，1990年11月，美国国立卫生研究院（NIH）的W.安德森（W. F. Anderson）等开始了世界上首例基因治疗临床实验。接受治疗的患者是因腺苷脱氨酶（adenosine deaminase, ADA）缺乏而罹患重症联合免疫缺陷症的4岁女孩黛丝尔娃（A. De Silva）。W.安德森研究组先在体外培养从女孩体内获得的淋巴细胞，再将培养的细胞与携有*ADA*基因的逆病毒一起孵育。通过逆病毒的介导，将*ADA*基因转入活化的淋巴细胞。随后将已转化的淋巴细胞输回患者体内。这些淋巴细胞能在患者体内复制增殖，并具有合成腺苷脱氨酶的功能。经过基因治疗的病孩免疫能力明显提高，开始了正常的生活，实验达到了预期的目的。

W.安德森等的成功推动了基因治疗相关的基础和临床研究，基因治疗临床实验涉及的病种和基因日益增多。基因治疗临床实验的初步成功，经过各种新闻媒体

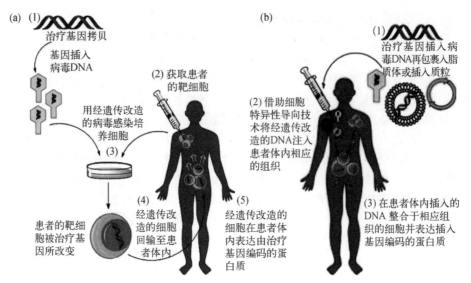

图9-9 基因治疗的两种基本途径示意（改自 gene therapy.yolasite.com 网）

（a）体外/体内基因治疗途径；（b）体内基因治疗途径

的宣传，在社会上形成了对基因治疗能治愈人类痼疾的过高期望。许多商业机构纷纷介入这个新兴的、还处于萌芽期的领域。美国的私人财团对基因治疗的投入已超过政府的专项基金。在巨大的经济利益驱动下，相当一部分基因治疗研究过早地从实验室转入临床实验。尤其是基因治疗所用的目标基因载体及其导入系统研究和外源基因整合于基因组的机制研究的相对滞后，使基因治疗的临床实验潜伏着危机。

1999年，美国亚利桑那州的一位名叫盖尔辛格（J. Gelsinger）的18岁青年因鸟氨酸转氨甲酰酶（ornithine carbamoyl transferase, OCT）缺乏导致尿素代谢障碍，在宾夕法尼亚大学的人类基因治疗中心接受以腺病毒为载体的 OCT 基因治疗后第4天不幸死亡，成为在基因治疗临床 I 期实验中死亡的第一位患者。2003年费希尔（A. Fischer）等宣布，10位患有 X 染色体连锁重症联合免疫缺陷症（SCID）的儿童在法国接受以逆病毒为载体的基因治疗，其中有2位在治疗后的1个月和3个月分别出现类似白血病的并发症。分析表明这次事故是在基因治疗中所用的外源基因整合于染色体的过程中，插入到了促癌基因 LMOZ 的邻近区段导致癌基因活化所造成的。与盖尔辛格的情况不同，在法国的临床实验中，患者都获得了完整的潜在危险信息并签署了知情同意书。基因治疗造成的这一系列严重的医疗事故，使人们更加多地从安全性角度来考虑基因治疗的伦理问题。实际上，已经开展的基因治疗都只是在体细胞水平进行的，并不涉及人类种系遗传物质的修饰与改造，而遗传操作一旦涉及人类生殖系细胞的基因组，将会产生更加深刻的伦理、道德和法律问题。

干细胞移植在医学中的应用已有很长的历史，最突出的是骨髓移植。然而，真正引起学术界和公众对干细胞关注的科学事件是多莉羊克隆的成功和小鼠胚胎干细胞分离成功，以及随后灵长类动物的胚胎干细胞和人的胚胎干细胞分离成功。胚胎干细胞有两个重要特性：一是几乎无限的增殖与自我更新能力；二是向各种组织分化的发育全能性。正是这两大特性使ES细胞具有分化为特定的细胞或组织并应用于临床上的组织再生和器官移植的潜在可能。但是,要把这种可能性变为现实的前提是,阐明干细胞维持发育全能性和向特定细胞群分化的分子机制,也就是干细胞命运决定的分子调控网络。

2000年以来陆续有人报道过从人的ES细胞培养物衍生得到了血细胞、心肌细胞、内皮细胞、神经上皮细胞等细胞。然而,这些报道实质上只是在体外培养条件下,让ES细胞向各种可能类型的细胞随机分化,并在此基础上通过培养基组分的改变来提高某种类型细胞在培养细胞群中的比例,这是一种特定细胞的富集,并不是真正意义上的定向诱导分化。尽管ES细胞在再生医学与细胞替代疗法中的巨大潜能不容忽视,真正实现人ES细胞定向分化并应用于临床还是我们在今后一段时间内面临的艰巨任务。

当然,人胚胎干细胞的应用必然会因干细胞来源引发一系列伦理和法律问题。最近几年,有关成体干细胞(adult stem cell, AS细胞)和介于ES细胞和AS细胞之间的胎儿干细胞(fatal stem cell, FS细胞)的基础与应用研究,特别是诱导干细胞的出现几乎为彻底排除人胚胎干细胞的伦理困惑创造了条件。

2013年,英国和美国科学家应用合成生物学技术,合作构建了一种每个细胞都携带了人的人工染色体(human artificial chromosome, HAC)的遗传工程小鼠,为遗传病的基因治疗提供了全新的途径。该技术的关键是利用酵母的染色体组件构建插入了能纠正遗传缺陷的正常基因的HAC,然而将其导入由患者的皮肤细胞诱导而来的干细胞后,再移植回患者体内,以校正遗传缺陷。联合课题组负责人库佩瑞纳(N. Kouprina)强调,研究目的是把HAC作为某种穿梭载体(shuttle vector)将基因输入人体细胞,以便研究基因在人体细胞中的功能。因为大多数遗传病起因于基因突变或染色体畸变,HAC就可能校正基因水平和染色体水平的遗传病。因为人体细胞的正常染色体数目是46,所以这个额外染色体也可称为人的47号染色体。HAC的最大优点是它在基因治疗过程中不会像常规基因治疗中额外基因常常会随机插入人基因组而干扰其他46条染色体行使功能。至于HAC会不会有副作用这个问题,还有待进一步研究。无论如何,这项研究是遗传病的基因治疗的重要进展。

1999年5月,笔者曾与美国科学院院士、著名的人类群体遗传学家尼尔有过一次关于遗传病的基因治疗问题的对话。尼尔教授认为不应该进行遗传病的基因治疗,理由是基因治疗是在体细胞水平补偿致病基因所丧失的功能,并没有改变生殖系的基因结构。然而,基因治疗会使相当一部分患者或致病基因的携带者的生命延长到生育年龄。这样,致病基因就会有更多的机会传至下一个世代的人类基因库,从而增加致病的等位基因在群体中的频率,打破群体基因库的平衡,也会因此加重群体的遗传负荷(genetic load),这对整个人类的未来是不利的。笔者随即提出,基因治疗实在是不可避免的。当人们拥有某种可用来拯救患者生命的技术(这里指的是基因治疗技术)时,作为医生是不能在患者或患者家属知情同意的前提下拒绝应用这种技术的。因为医生面对的是患者,他要对患者的健康和生命负责,他几乎不会想到要为此而产生的群体遗传效果负责。

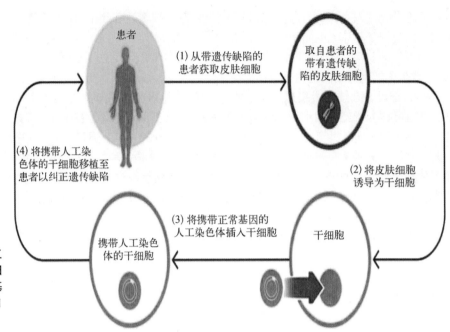

图9-10 通过将人工染色体导入诱导干细胞进行体细胞水平基因治疗的新途径（改自Admin）

况且，在目前条件下，绝大多数医生或许并不具备萌生这种责任感的知识。如果进一步思考，迄今所有的医疗技术都有可能直接或间接地改变群体中某些疾病相关基因的频率。实际上，人类文明的发展，例如火的使用和饮食习性的改变，是不是也会或多或少，直接间接地影响人类群体的基因库组成呢？然而，尼尔作为人类群体遗传学家还是对基因治疗给人类未来可能带来的负面影响表达了深深的伦理忧思，也触及由科学与技术发展所引发的一系列伦理问题的本质和核心。

9.3.2　灵长类动物的转基因研究及其引发的伦理问题

2001年1月《科学》(*Science*)杂志报道，沙滕(G. Schatten)领导的研究小组在美国俄勒冈州的灵长类研究中心成功地应用转基因技术，将源自水母的绿色荧光蛋白(GFP)基因导入猕猴[*Macaca mulatta*(rhesus monkey)]的生殖系基因组，获得了第一批灵长类转基因动物。

沙滕研究组将携有*GFP*基因的逆病毒载体包裹在水疱病病毒的糖蛋白外壳内，注入224枚成熟的猕猴卵母细胞的卵周间隙。体外培养6 h后，用卵细胞浆内精子注射术(intracytoplasmic sperm injection, ICSI)进行人工授精，其中有40枚受精卵发育到了早期胚胎阶段。待受精卵分裂两次后，将40个四细胞期的胚胎以两个一组的方式移入代孕母猴的子宫任其继续发育，最后产下3只健康的小猕猴和两对流产雄性双胞胎。经13种组织细胞的系列分子生物学检测，证明其中有一只雄性小猕猴所有被检细胞都插入了*GFP*基因，并转录出了相应的RNA，其中包括睾丸细胞，这表明*GFP*基因已整合于该猕猴的生殖系基因组。研究人员就以"插入的DNA"的英文"inserted DNA"的反向缩写ANDi来命名这只小猕猴，中文名爱迪。尽管爱迪的外观

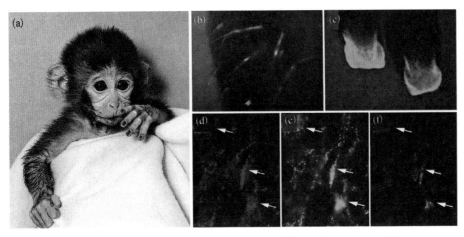

图9-11　绿色荧光蛋白 (GFP) 转基因猕猴实验（引自 A. W. Chan 等）

　　(a) 携有插入的绿色荧光蛋白（GFP）DNA 的转基因猕猴爱迪（ANDi）；(b) 和 (c) 分别显示雄性死胎的毛发和趾甲中 *GFP* 基因表达的绿色荧光蛋白，但在爱迪外观可及的相应组织没有显示。雄性死胎胎盘冰冻切片的免疫染色和强荧光（hyper fluorescence）检测均证实绿色荧光蛋白的存在；(d) 显示用免疫荧光显微镜检测红色若丹明（rhodamine）染色的 GFP 抗体（anti-GFP）检测结果；(e) 显示用 Hoechst 33342 染色的强绿色荧光直接检测到同一切片的转基因表达；(f) 绿色和红色显示图像的相互重叠表明了显示 GFP 的直接荧光与显示 GFP 抗体的红色的共定位

　　并没有显示出 *GFP* 基因表达的绿色荧光蛋白，但是相应的死亡胎猴的毛发和趾甲都因绿色荧光蛋白的存在而闪着绿色，死胎胎盘的免疫检测和强荧光染色都证实了转基因 *GFP* 的表达（图9-11）。此后，威斯康星大学医学院的戈罗斯（T. G. Golos）研究小组用不完全相同的转基因技术也实现了猕猴的 *GFP* 转基因实验。

　　2009年，日本庆应义塾大学的冈野英之（H. Okano）与中央实验动物研究所的埃里卡佐佐木（E. Sasaki）合作，用病毒载体将外源基因 *GFP* 转入普通狨猴（*Callithrix jacchus*）胚胎，再植入代孕狨猴的子宫。4 个代孕狨猴共产下 5 个子猴，经鉴定全部为转基因狨猴。其中有两个狨猴的转基因被证实已经整合于生殖系，并从两个狨猴中的一个获得第二代的 *GFP* 转基因狨猴。这是外源转基因在世界上首次被传递到下一代灵长类动物并得到表达的实验。鉴于普通狨猴是体型最小的一种灵长类哺乳动物，在功能和解剖上比啮齿类动物更类似于人，预期在开发和研究人疾病的动物模型方面将会有更重要的应用前景。

图9-12　冈野英之等共获得 5 个表达 *GFP* 转基因的普通狨猴子代，在紫外线照射下观察，可见它们的脚部都呈现绿色荧光（引自 E. Sasaki 等）

　　如前所述，遗传工程小鼠已经在基因功能及其调控机制的诠释、疾病动物模型的构建和基因治疗实验研究等方面为我们提供了极有价值的资料。可是，小鼠毕竟是啮齿类哺乳动物，而人类则属灵长类，在小鼠和人类之间，能有一种可利用转基因技术进行基因组修饰的灵长类动物模型，对于阐明人类生物学中的特殊问题，如早期胚胎发育及发育过程中母体与胎儿间的相互作用，还有只有灵长类动物有类似人类的月经周期、衰老和退行性病变等机制，以及高级神经活动等，工程化修饰的灵长类动物模型无疑是非常有价值的。长期以来，猕猴在医学研究中一直占据着重要的位置，例如与输血密切相关的 Rh 因子发现，艾滋病、肺结核和疟疾等传染病疫苗的临床前实验，以及放射生物学、神经生物学和行为生物学研究，都是以猕猴为非人灵长类实验动物的。人类和灵长类动物除了在疾病（特别是神经系统疾病）的发病机制、治疗途径、药物反应等方面有更多的相似之处外，还在行为的复杂性和群体社会结构方面也有很多的相似性。2007 年 4 月，《科学》（Science）杂志发表了猕猴的基因组序列，为更加精确的非人灵长类基因组的结构修饰加快实验进程创造了条件。灵长类动物转基因实验的成功使得利用比啮齿类动物更接近人的灵长类动物构建疾病模型成为可能。

　　亨廷顿病（Huntington disease, HD）是一种常染色体显性的神经退行性疾病，其症状包括运动神经受损、认知能力衰退和精神紊乱，往往在发病后 10~15 年内死亡。亨廷顿病的相关基因是位于 4 号染色体 4p16.3 的亨廷顿蛋白（huntingtin, HTT）编码基因，其致病原因是该基因第一外显子中编码谷氨酰胺的胞嘧啶-腺嘌呤-鸟嘌呤三核苷酸重复（CAG）扩展，造成在脑和周围神经组织，特别是大脑皮层和纹状体中广泛表达的突变型蛋白 HTT 中多聚谷氨酰胺（polyQ）的扩展。尽管早已用啮齿类动物建立了 HD 模型，但是并没有呈现出 HD 患者典型的脑部病变和行为特征。然而，人和高等灵长类动物在遗传学、解剖学、生理学，特别是神经生物学等方面的高度相似，使猕猴成为研究人体的正常生理和疾病的非常有用的动物模型。2008 年，美国埃默里大学（Emory University）的杨（S. H. Yang）等成功构建了能表达携带 polyQ 的 HTT 的恒河猴 HD 模型。他们在转基因猴的脑中观察到了细胞核内包涵体和神经纤维聚集等 HD 患者典型的解剖学特征，以及变应性肌张力障碍和舞蹈病等主要的 HD 临床症状。这个转基因猴 HD 模型将会帮助我们更好地了解 HD 的致病机制和寻找更有效的治疗途径，也为建立其他遗传病的非人灵长类模型提供了有价值的经验。

　　2014 年，牛昱宇（Y. Niu）和季维智（W. Ji）等中国科学家应用能介导特定 DNA 序列定点修饰和编辑的 CRISPR/Cas 系统，对长尾猕猴（Macaca fascicularis）基因组进行了工程化修饰，所获得的子猴表明在灵长类动物进行基因组特定序列的定向编辑是可行的。CRISPR/Cas 介导的 DNA 定点编辑系统曾经被用于体外培养的哺乳动物和人细胞，也曾经用于构建小鼠、大鼠和斑马鱼基因修饰动物。但用于灵长类特定基因的靶向修饰动物的构建尚属首次。中国科学家将引导基因组编辑的 RNA 注入长尾猕猴的单细胞期胚胎，成功地修饰了三个基因：调节代谢的基因、调节免疫细胞发育的基因和调节干细胞与性别决定的基因。通过 DNA 定点编辑系统成功构建基因组经过修饰的猕猴表明，构建遗传学上修饰的人也不是不可能的。事实上CRISPR/Cas系统已经修饰过体外培养的人体细胞，只是还没有在人的胚胎或成人试验过。牛昱宇等的工作给这种技术应用于人类提供了更多的现实可能性。例如，这种技术将来也可能会应用于人类遗传病的基因治疗。然而，除了一般的动物福利以外，灵长类动物的遗传工程修饰必须考虑伦理相关的一系列问题，因为人也是灵长类动物的一员。有关灵长类实验研究的时代也许刚刚翻开了第一页。这项工作的简要介绍如图9-13。

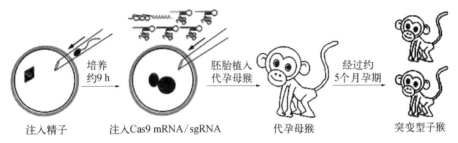

注入精子　　　注入Cas9 mRNA/sgRNA　　　代孕母猴　　　突变型子猴

图9-13　利用CRISPR/Cas9诱变系统获得定点突变的猕猴实验程序示意（改自S. Yong）

　　实验通过人工授精获得单细胞期胚胎，然后注入特定的DNA内切酶Cas9的mRNA和指导定点修饰的单链向导RNA（single-guide RNA, sgRNA），经短期培养后植入代孕母猴的子宫，待妊娠期完成后即可产下特定基因序列得到预期修饰的突变型子猴（CRISPR系成簇且带有规律间隔的短回文重复序列的英文clustered regularly interspaced short palindromic repeat sequences缩写，Cas9系CRISPR关联基因的英文CRISPR-associated gene缩写）。

　　然而，从爱迪开始的一系列研究提出的问题远远多于这些研究所解决的问题。最突出的是爱迪很快被某些学者认为是设计人类婴儿的第一步。当然，现在离有能力进行人类自身的设计可能还非常遥远，但灵长类动物生殖系基因组的遗传操作确实是迈向这个方向的重要一步。主持爱迪研究工作的沙滕说："我们不鼓励将工作延伸到人的研究。"然而，许多医学生物学家和临床医生认为再过10年，或更长一些时间，生殖系的基因治疗的安全性问题将会随着基础和应用基础研究的深入而得到解决，到那时候，生殖系基因治疗很可能会纳入临床医学范畴。或者说以疾病治疗为目的的"转基因人"迟早会诞生。实际上，我们对基因治疗的伦理思考远不止于安全性问题。现在已经有人想借生殖系基因组修饰让生下的孩子眼睛更大一些，鼻子更挺一些，肌肉更发达一些，头脑更灵活一些，免疫力更强一些……这些为了改变自己家庭传承的遗传结构和生命特征而进行生殖系基因组遗传操作的所谓遗传改良（genetic improvement），已远远超出了遗传病的基因治疗的医学目的，并会危及人类基因组的完整性和多样性，也会在生命物质最基础的层次上挑战人的尊严。直至今天，人们还无法接受对自身遗传物质可遗传的人为改造，也难以承受由此可能带来的意想不到的灾难性后果。总而言之，我们在开发转基因及其相关技术在医学生物学领域中的应用项目时，必须慎思技术的每一次进步可能带来的更深层次的伦理问题。我们还不能对未来世代做出任何有说服力的技术或伦理与法律承诺。

9.3.3　合成生物学及其相关的伦理、法律和社会问题

转基因技术在最近几年中的另外一个重要进展是探索在实验室中构建新的生命体的可能性。转基因操作通常先从一个物种的基因组中分离出结构与功能已知的目标基因，如一种特定酶的编码基因或一组与特定生产性状相关的基因，再借助物理、化学或生物学方法的介导转移、整合于另一个物种的基因组，并使之表达与目标基因相关的性状。一般情况下，无论对转基因的供体物种还是受体物种而言，被转移的基因或基因群在基因组中所占的比例是极小的。所以，受体物种通常不会因接受了别的物种的一个或几个基因而从根本上改变物种的生物学属性，只是成了能表达新性状的一个新品种。然而，多年来科学家一直试图通过大规模的工程化设计和遗传操作，将不同来源的基因或大的基因组板块，甚至人工合成的DNA序列组合拼接在一起，组装成有功能的基因组，创造全新的生命体，这就是快速兴起的合成生物学。合成生物学家试图通过设计千变万化且带有标准化连接元件的DNA片段来创造、编写出一种全新的语言。每一个DNA片段或若干DNA片段的组合都代表某种特定的生物学结构信息或调节信息，组合在一起便能在适当的细胞环境中指导执行预设的生物学功能，成为有生命活力，且能复制繁殖的活细胞。随着DNA语汇的增加和编辑能力的提升，合成生物学获得了长足的进步。合成生物学涉及的学科领域除了分子生物学、生物化学和基因工程学外，还包括生物信息学、系统生物学、理论物理学、工程物理学、纳米材料科学和计算机模拟等学科，合成生物学使我们更为深刻、更为全面地了解生命，它的发展可能惠及农业、林业、畜牧业、能源、环境、医学、药学和精细制造工艺等人类社会生活的诸多领域。

脊髓灰质炎病毒（poliovirus）是小儿麻痹症的病原体，也是已知的能独立复制的最小的生物之一，它的遗传物质是一个长度约为7.5 kb的单链RNA分子。早在1981年科学家就弄清楚了脊髓灰质炎病毒的基因组序列和基因图谱，并查明了介导它感染寄主细胞的受体蛋白是CD155。1985年霍格尔（J. M. Hogle）等解析了这个病毒的三维结构。2002年，美国纽约州立大学石溪分校的塞洛（J. Cello）等在没有天然分子作样板的条件下，用化学方法成功地合成了脊髓灰质炎病毒基因组的互补DNA（cDNA），然后经RNA多聚酶催化转录出病毒RNA，再在无细胞提取液中使病毒RNA编码合成病毒蛋白质，组装成病毒样颗粒。这种由人工合成的脊髓灰质炎病毒样颗粒能感染表达人CD155蛋白的转基因小鼠。塞洛等的实验是在全基因组水平上进行遗传操作的一个范例，为人造生命研究迈出了重要的一步。

设在美国马里兰州的，以科学家兼企业家文特尔（C. Venter）名字命名的生物能源研究所，在长期工作的基础上建立了多个基因快速重组和转移的整套技术，使合成新的生命形态的实验发展为一种制造工艺。应用这套工艺可以在一次实验中设计、合成和转移成百上千个基因，最终可能创造出类似细菌染色体的人工基因组。当然，要使人工基因组发挥作用还应该造就一个使基因组的功能得以表达和不断自我更新的生化环境，即有一个类细胞质膜包裹的、能进行物质和能量代谢，以及遗传信息复制和表达的生命微环境。

2007年，文特尔研究所的研究人员以丝状支原体（*Mycoplasma mycoides*）和山羊支原体（*Mycoplasma capricolum*）为材料，首次成功地实现了一个物种的全基因组向另一个物种细胞质的移植，并使移植体在基因组和蛋白质组水平呈现与基因组供体物种完全一样的特征。研究人员在实验进行前就将四环素抗性基因 *Tet M* 和半乳糖糖苷酶基因 *Lac Z* 整合于生长速度快、形成菌落大而基因组总长仅1.08 Mb的丝状支原体*LC*菌株的基因组，作为基因组移植（genome transplantation）中供体基因组的选择性标记和显示性标记。实验者用温和、精细的操作流程分离供体基因组DNA，并小心去除蛋白质、脂质、RNA和在实验中断裂为线状的DNA残片，得到了完整的纯净的环状DNA分子作为移植供体（donor）。然后，将供体DNA分子与作为移植受体（recipient）的山羊支原体细胞共培养于含选择剂四环素和使菌体显示蓝色的显示剂 *x*-gal 的培养基中，做聚乙二醇介导的全基因组移植实验。两者共培养一定时间后，在培养基上挑选呈现供体物种特征的蓝色抗四环素大菌落，作为基因组移植体（genome transplants）的候选菌株进行鉴定分析，整个实验过程的每一步都设置了严格的对照组。

基因组移植体的鉴定是全面而系统的，主要包括物种特异性基因序列的分子杂交、全基因组限制性酶切片段的印迹分型、物种特异性抗原蛋白质的免疫检测和蛋白质组双相电泳图谱的高分辨率质谱分析等。结果表明，所有的基因组移植体候选菌株在基因组和蛋白质组水平无例外地都呈现与供体物种完全一样的特征。全基因组移植的过程很可能是在移植后的一个短时间内，受体细胞质内同时存在供体和受体的基因组，但随着细胞分裂和选择压力的增强，受体基因组逐渐被筛除。尽管确切的移植机制尚不清楚，但移植的结果与哺乳动物体细胞核向去核卵质移植的克隆实验几乎是一模一样的，即基因组移植体和克隆动物都呈现出遗传物质供体的全部特征。这套实验证实受体细胞质能为外来基因组的增殖复制和功能表达提供必要的，也是充分的条件。这是一项开创性研究，表明我们已经有可能在一次试验中将一个物种变为另一个物种。基因组移植为创造人工合成的生命体提供了生物学意义上的物质与能量平台。

2008年，文特尔等利用啤酒酵母（*Saccharomyces cerevisiae*）细胞将25个长度介于17~35 kb，且携带了重叠序列"榫头"的DNA片段组装成全长为590 011 bp的生殖支原体（*Mycoplasma genitalium*）基因组JCVI-1-1。这项研究的突破在于将酵母细胞作为生物合成的遗传学工厂，而在此以前的人工基因组合成都是在原核生物细胞中完成的，真核生物细胞的应用明显提高了合成生物学的效率和适用范围。

2010年，文特尔团队在酵母细胞中，分三步将1 078个携带了重叠序列的DNA片段逐步合成丝状支原体全序列基因组，还插入了特定的分子序列，以及缺失和多态等标记性修饰，最终设计合成了全长为1 077 947 bp的基因组。然后，转入并完全替代了山羊支原体细胞的基因组，通过实验创造了一种名为实验室支原体（*Mycoplasma laboratorium*）的新菌株，它与自然界的细菌一样能表达各种性状和复制增殖，但是一系列修饰标记表明它确实是人工合成的新菌种。

2014年，由约翰·霍普金斯大学的伯克领衔的一个包括美国、英国、法国、中

25段交互重叠的生殖支原体
DNA片段A1~4、A5~8 等（17~35 kb）

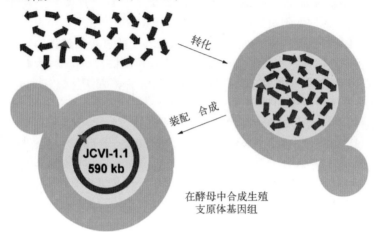

转化

装配 合成

JCVI-1.1
590 kb

在酵母中合成生殖
支原体基因组

图9-14　在酵母细胞中组装合成生殖支原体的基因组JCVI-1-1（引自 D. G. Gibson等）

图中蓝色箭头代表用化学方法合成的、长度不等的DNA片段，褐色和黄色圆圈分别代表酵母细胞和细胞核，红色三角形代表载体序列。

国和印度等国科学家组成的科学小组在《科学》（*Science*）杂志上发表文章，宣布在经历了长达7年的研究后成功地合成了第一条能行使正常功能的染色体。这条人工合成染色体是参照长度为316 617个碱基对的啤酒酵母3号染色体的基本序列合成的，但进行了500多处人为修饰，删除了大段被认为是冗余的染色体片段，被删除的序列约占整个染色体的15%，其中包括没有已知功能的重复DNA和转座子、内含子、额外多余的转运RNA基因，以及决定酵母交配性别的基因（失去决定交配基因*MATα*会大大增加交配型a细胞的数量），可以说这个合成染色体基本上是没有"垃圾DNA"的。携带了这个合成染色体的酵母细胞与正常酵母细胞是难以区分的。同时也引入了许多微妙的序列改变，包括终止密码子TAG/TAA间的置换、亚端粒区（subtelomeric region）、内含子、转移RNA和沉默配对位点（silent mating loci）、重复序列等的缺失，并插入了多个便于对染色体进行结构修饰的loxPsym位点（图9-15）。这条合成染色体总长为272 871个碱基对，取名为syn Ⅲ。syn Ⅲ在啤酒酵母中能正常行使功能，也能正常复制。

图9-15中loxPsym是对称型loxP位点（symmetrical loxP sites）的缩写，它缺乏典型的loxP位点的结构方向性，因此可以有两个插入方向，预测其造成倒置和缺失的机会相等，所以可以和被诱导产生的Cre重组酶组成SCRaMbLE工具包的分子基础。SCRaMbLE（synthetic chromosome rearrangement and modification by loxP-

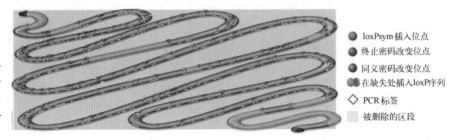

图9-15　显示了每一个被修饰部位的人工合成的酵母染色体syn Ⅲ的示意（改自 L. Reading-Ikkanada）

● loxPsym插入位点
● 终止密码改变位点
● 同义密码改变位点
◉ 在缺失处插入loxP序列
◇ PCR标签
▨ 被删除的区段

mediated evolution）则是通过loxP介导的合成染色体重组和修饰导致演化的缩写。

　　Cre（causes recombination）重组酶是源自噬菌体P1的一种特异性重组酶，能专一性介导两个loxP（locus of crossover P1）序列之间的特异性重组。loxP长度为34 bp，由两个13 bp的重复序列和夹在中间的8 bp间隔序列组成，loxP的方向决定于中间的8 bp间隔序列。改变间隔序列的方向就可改变Cre酶的重组切割方向，而loxPsym的间隔序列是对称的使Cre酶对loxP序列的切割可能有两个概率相等的、呈现动态平衡的重组方向。

　　尽管人工合成的染色体syn Ⅲ只占整个酵母基因组的2.5%，但是酵母是具有复杂的细胞结构的真核生物，合成酵母染色体远比合成细菌的基因组困难。具有正常生物学功能的人工合成染色体syn Ⅲ的合成标志着构建完整的真核生物细胞基因组的历史阶段已经开始，有人预测在4年内有可能合成包括16条染色体的酵母全基因组，当然不一定以16条染色体格局来合成。可以预料培育能合成稀有贵重药物、疫苗、生物燃料或能降解环境污染物等特异生产性状的酵母新菌种的进度将大大加快，这将为基础医学、临床医学、预防医学、药学，以及工业生物技术提供革命性变革的新动力，无疑是合成生物学发展的一个里程碑，这也标志着合成生物学从理论到现实的转变。有人甚至把合成syn Ⅲ时将总长273 871个核苷酸以正确的序列一个个连接成酵母基因，同时又删除了大量被认为是冗余的重复序列或含有跳跃基因的序列，加上一系列缺失、插入、替换等结构修饰，几乎在316 617个碱基对中变动了约50 000个碱基对的漫长而艰辛的过程比喻为攀登珠穆朗玛峰。

　　多年来遗传学家已经确定在酵母的大约6 000个基因中只有1 000个基因对其生存是重要的，删除其余5 000个基因中的任何一个都不会产生重大影响，不过同时删除两个属于同一个信号传递网络的基因，就会影响其生存。为此，研究人员企图在他们合成染色体上的每一个非必需基因两侧装上便于进行删除的标志性结构元件loxPsym，以便于观察和检验被改变或被删除的基因是否会影响酵母的存活。然而，这样做不仅工作量极大，还要冒大段DNA丢失，甚至细胞死亡的风险。研究小组的另一个选择是改变终止密码，将TAG变为TAA。如果能把其他染色体上的所有TAG都改变为TAA，这样就有可能让TAG在全新的合成酵母细胞中编码自然的酵母细胞不会编码的新氨基酸。特别是syn Ⅲ中大量插入的loxPsym，为深入分析或改变染色体结构与功能提供无限的可能性。

　　除了从头合成生物基因组之外，合成生物学的另一个重要研究方向是组合生物中已知的结构元件来提高代谢效率。2014年，英国埃克塞特大学（University of Exeter）的斯米尔诺夫（N. Smirnoff）课题组将参与特定的代谢过程的一系列酶，通过分子支架组装成一个由序贯代谢酶与相关细胞结构组分形成的超分子复合物——合成代谢体（synthetic metabolism）。合成代谢体能增加细胞局部中间代谢物的浓度和流量，引导反应产物流向特异的亚细胞位置，以及减少有活性的中间代谢物的漏逸，从而降低维持给定代谢速率所需要的酶的数量，大大提高蛋白质、核酸和其他生物活性物质的合成代谢效率。

　　最近，美国哈佛大学的西尔弗（P. Silver）将大肠杆菌噬菌体λ的cI/Cro调控系统的元件组合(参见第4章§4.4节相关内容)引入从小鼠肠道分离到的一株大肠杆菌中。这株经工程化改造的细菌在体外培养时，插入大肠杆菌的λ噬菌体会表达阻遏蛋白cI，一旦接触失去抗菌活性的去水四环素(anhydrotetracycline)，就会表达阻遏cI的抗阻遏蛋白Cro。让小鼠口服这株工程菌，小鼠的粪便样本分析证实这株细菌已在小鼠肠道中生长增殖，并持续表达阻遏蛋白cI。当喂饲小鼠去水四环素后，从粪便样本中采集到的大肠杆菌中的λ噬菌体就会表达抗阻遏蛋白Cro。研究表明确实有可能在非常复杂的哺乳动物体内建立检测由环境进入体内的特定化学物的稳定的遗传报告系统。

当然，合成生物学在快速发展过程中也遇到了前所未有的挑战。首先，随着工作网络越来越大，其可调控的难度和生物合成所需的调控元件数量会成倍地增加。不仅元件的数量会急剧增加，对各种元件的技术鉴定也更加严格，因为插入未经严格鉴定的元件必然会增加反应的不确定性。其次，我们对生物系统的复杂性和能动性了解还存在很大的局限性，特别是对代谢过程精细调控的知识缺乏已经成为限制发展的瓶颈。此外，还必须考虑在特定微环境中所选用的不同元件之间的契合程度。最后一点，也是难度最大的问题是生物系统内在的可变性带来的不规则变动，即所谓的生物反应中的"噪声"。这种噪声造成的变异可能成为自然选择的重要基础，但是在人工合成的生物系统中就成了难以捉摸、难以控制的大问题。然而，我们可以相信合成生物学发展的势头是不可阻挡的。

可以设想，人工生命体的创造技术会给我们提供干预自然，甚至干预社会的新途径。我们可以根据特殊的需要来设计和构建能消除废气污染、净化江河湖海或产生生物能源的新型微生物，也可以针对肿瘤或其他难治的疾病来设计和构建治疗性"细菌"或"病毒"。毫无疑问，这是一项有着巨大经济和社会效益的新型技术。然而，一旦使用不当，就可能引发严重的伦理、法律和社会问题，甚至有可能变成人类社会面临的一种威慑力极大的风险，例如，研制出大杀伤力新型生物武器的潜在可能性会大大增加，或者会在某一天出现威胁人类生存的奇异的新生命形态，等等。因此，我们必须防范新合成的生命体从实验室逃逸到环境中去，我们要制定和强制执行对生物工程生命体及其基因的无序散布的管控。必须清醒地认识到合成生物学或人造生命技术有可能被用于生物恐怖主义，所以有必要同步发展相应的反制措施。我们要明晰相关技术和平台的所有权、控制权，谨慎处理相关专利的授权和市场调控。为了免受这项技术滥用可能带来的风险和灾难，我们有责任及早把这些问题放进议事日程并告知公众。

从生物演化的时间尺度看，自然界中生物物种内的不同群体之间和不同物种之间的基因交流从来没有停止过，它是生物基因组演化的一种基本机制。所以，物种的遗传完整性，或者讲基因组的稳定性是相对的，而不是绝对的。从某种意义上讲，转基因技术只是人为地扩大了物种内和物种间基因交流的规模，加快基因交流的速度。加上基于体细胞核移植的克隆技术，使得新的种群、新的物种的设计和构建成为实验室中的一项常规技术。毫无疑问，对于实验室中生成的新物种的环境释放，必须进行环境伦理学评估。

人类在地球上的存在已经超过了100万年，我们现在看到的地球生态环境，实际上并非纯自然的原生态,而是人类与自然长期相互作用的产物。人类社会的物质文明都是以人类对自然的干预为前提的。从远古时代起,人类一直在创造和应用种种选育方法来驯化和培植能满足人类自身的物质和精神需要的动植物品种。在长时期且强有力的人工选择压力下,各种农作物、家畜、家禽、花卉、牧草和宠物等的生物品种经历了各种的基因突变、染色体畸变和基因组结构重排,它们的遗传结构和表型特征与其野生祖先物种之间出现了质的歧异,这在某种程度上已经超越了自然与非自然的界限。工程化遗传修饰技术只是使人类对这个演化过程的干预更快、更强、更有效,是人类社会的科学与技术发展到现阶段所出现的一种改变人类物质文明的新武器。与核武器一样,生物基因组修饰和改造技术也是一柄双刃剑,必须审慎使用,严密控制,不仅应该做严格的科学评估,更要从伦理、法律和社会角度做全面评估。

遗传学也许是20世纪发展最快速、变化最剧烈的学科。从当年孟德尔的经典论文被埋没35年,到今天媒体和公众对人类基因组计划和转基因食品的热切关注,真让人有沧桑之叹,更不用说其间的政治和社会风波了。

在遗传学发展的历程中,科学概念的更新和实验技术的突破,以及两者的结合,不断深化我们对生物遗传和变异规律的认识,也不断增强我们用这些规律造福人类的能力。建立在对基因作用分子机制的认识和DNA结构修饰基础上的逆向遗传学则是概念更新和技术突破的又一个崭新的结合点。

从孟德尔算起,100多年来人类对遗传和变异现象的研究经历了多么曲折的道路,人们关于遗传物质结构和功能表达的认识,经历了一次又一次的升华。然而,这条曲折的路还在延伸,概念的升华必然还会多次发生,正是在曲折和升华之中,人类增强了对自然的把握和改造能力。1998年在北京举行的第18届国际遗传学大会上,著名遗传学家谈家桢(C. C. Tan)教授作为大会名誉主席提出将"遗传学造福全人类"(Genetics, Better For All)作为会议的宗旨,毫无疑问,这也宣示了遗传学要为全人类服务这个根本宗旨。

参 考 文 献

[1] Abhimanyu K J, Shailesh K, Mohsen N, et al. Epigenetics and its role in ageing and cancer. Journal of Medicine and Medical Science, 2011, 2: 696–713.

[2] Abrouk M, Murat F, Pont C, et al. Palaeogenomics of plants: synteny-based modelling of extinct ancestors. Trends in Plant Science, 2010, 15: 479–487.

[3] Annaluru N, et al. Total synthesis of a functional designer eukaryotic chromosome. Science, 2014, 344: 55–58.

[4] Cello J, Paul A V, Wimmer E. Chemical synthesis of poliovirus cDNA: a generation of infectious virus in the absence of natural template. Science, 2002, 297: 1016–1018.

［ 5 ］ Chan A W, Chong K Y, Martinovich C, et al. Transgenic monkeys produced by retroviral gene transfer into mature oocytes. Science, 2001, 291: 309–312.

［ 6 ］ Cho M K, Magnus D, Caplan A L, et al. Policy forum: genetics. Ethical considerations in synthesizing a minimal genome. Science, 1999, 286: 2087–2090.

［ 7 ］ Felsenfeld G. A brief history of epigenetics. Cold Spring Harb Perspect Biol, 2014, 6: a018200.

［ 8 ］ Hollis G F, Hieter P A, McBride O W, et al. Processed genes: a dispersed human immunoglobulin gene bearing evidence of RNA-type processing. Nature, 1982, 296: 321–325.

［ 9 ］ Jahn C L, Hutchinson III C A, Phillips S J, et al. DNA sequence organization of the beta-globin complex in the BALB/c mouse. Cell, 1980, 21: 159–168.

［ 10 ］ Jonas H. the imperative of responsibility: in search of an ethics for the technological age. Chicago: University of Chicago Press, 1984.

［ 11 ］ Kirsch I R, Ravetch J V, Kwan S P, et al. Multiple immunoglobulin switch region homologies outside the heavy chain constant region locus. Nature, 1981, 293: 585–587.

［ 12 ］ Konkel D A, Tilghman S M, Leder P. The sequence of the chromosomal mouse beta-globin major gene: homologies in capping, splicing and poly(A) sites. Cell, 1978, 15: 1125-1132.

［ 13 ］ Kotula J W, Kerns S J, Shhaket L A, et al. Programmable bacteria detect and record an environmental signal in the mammalian gut. Proc Natl Acad Sci USA, 2014, 111: 4838–4843.

［ 14 ］ Lartigue C, Glass J I, Alperovich N, et al. Genome transplantation in bacteria: changing one species to another. Science, 2007, 317: 632–638.

［ 15 ］ Leder P, Hansen J N, Konkel D, et al. Mouse globin system: a functional and evolutionary analysis. Science, 1980, 209: 1336–1342.

［ 16 ］ Moore G E. Principia Ethica. Cambridge: Cambridge University Press, 1922.

［ 17 ］ Moore T, Haig D. Genomic imprinting in mammalian development: a parental tug-of-war. Trends Genet, 1991, 7: 45-47.

［ 18 ］ Niu Y, Shen B, Cui Y, et al. Generation of gene-modified cynomolgus monkey via Cas9/RNA-mediated gene targeting in one-cell embryos. Cell, 2014, 156: 836-843.

［ 19 ］ Plomberg B, Tonegawa S. Organization and expression of mouse lambda light chain immunoglobulin genes//Robberson D, Saunders G. Perspectives on genes and the molecular biology of cancer. New York: Raven Press, 1983.

［ 20 ］ Raberg L, Graham L A, Read A F. Decomposing health: tolerance and resistance to parasites in animals. Phil Trans R Soc B, 2009, 364: 37–49.

［ 21 ］ The Rhesus Macaque Genome Sequencing and Analysis Consortium.

Evolutionary and biomedical insights from the rhesus macaque genome. Science, 2007, 316: 222−234.

[22] Sasaki E, Suemizu H, Shimada A, et al. Generation of transgenic non-human primates with germline transmission. Nature , 2009, 459: 523−527.

[23] Sharp P M, Hahn B H. The evolution of HIV−1 and the origin of AIDS. Phil Trans R Soc B, 2010, 365: 2487−2494.

[24] Stearns S C, Nesse R M, Govindaraju D R, et al. Evolutionary perspectives on health and medicine. Proc Natl Acad Sci USA, 2010, 107: 1691−1695.

[25] Tachibana M, Sparman M, Ramsey C, et al. Generation of chimeric rhesus monkeys. Cell, 2012, 148: 285−295.

[26] Vanin E F, et al. A mouse alpha-globin related pseudogene lacking intervening sequence. Nature, 1980, 286: 222−226.

[27] Varki A. Nothing in medicine makes sense, except in the light of evolution. J Mol Med, 2012, 90: 481−494.

[28] Vennervald B J, Polman K. Helminths and malignancy. Parasite Immunol, 2009, 31: 686−696.

[29] Voss T C, Schiltz R L, Sung M H, et al. Dynamic exchange at regulatory elements during chromatin remodeling underlies assisted loading mechanism. Cell, 2011, 146: 544−554.

[30] Wolfgang M J, Eisele S G, Browne M A, et al. Rhesus monkey placental transgene expression after lentiviral gene transfer into preimplantation embryos. Proc Natl Acad Sci USA, 2001, 98: 10728−10732.

[31] Yang S H, Cheng P H, Banta H, et al. Towards a transgenic model of Huntington's disease in a non-human primate. Nature, 2008, 453: 921−924.

附表　基因概念建立与发展中的里程碑事件

时间轴：1866　1900　1910　1941　1944　1953　20世纪60年代　20世纪70年代　20世纪80年代　20世纪90年代　21世纪初　21世纪10年代

文特尔等工作实现了生物基因组和真核生物染色体的人工合成，使基因概念在全新的科学层次上得到了完美体现

2007年沃森的基因组全序列公布于世

1977年桑格完成噬菌体ΦX174的全基因组测序，此后20年间，大肠杆菌、酵母、果蝇、拟南芥、线虫和小鼠等模式生物的全基因组测序相继完成

大量研究证实DNA甲基化和染色体组蛋白修饰能存储了对整个基因组功能表达进行编程和重编程的表观遗传信息，2000年启动了人类表观基因组计划

人类遗传学图、全基因组甲基化图谱、cDNA测序和全基因组测序等工作的完成，全面证实了基因的粒子性质及其表达中多基因参与和多层次调控机制

经基因组修饰的哺乳动物实验系统建立，1997年多莉羊克隆成功，标志在实验条件下工程修饰的哺乳动物的无性繁殖成为可能

沃森和克里克提出DNA双螺旋模型及其半保留复制模式，和mRNA等的发现，揭示了基因世代相传和功能表达的基本分子机制

雅各布和莫诺的操纵子学说表明基因的表达是受到调节和控制的

莱德、尚邦等发现了断裂基因，展现了基因的多层次、多因素表达调控的可能性

尼伦伯格、奥乔亚和霍拉纳等破译了整个生物界共享的遗传密码

科恩和博格等获得首个重组DNA分子，为基因的工程化修饰和种内与种间的基因转移创造了条件

艾弗里等证实基因的化学本质是DNA

本泽的顺反子研究确立了基因是功能表达的单位的基因具有明确的物理学界限

孟德尔经典论文的发表及其重新发现确立了基因是在代代相传中具有相对独立性的遗传物质基本单位的基因概念

摩尔根和他的学生证实基因的物质载体是细胞核内的染色体并在染色体上线性排列

比德尔和塔特姆提出一个基因一个酶假说，认为基因的原始表达性状是决定蛋白质的一级结构

麦克林托克发现基因可借助特定的遗传元件跳跃转移并调控目标基因的表达，研究还表明基因转座是基因组演化的重要途径

人名索引

A

阿德尔贝格（E. Adelberg） 72,73
阿尔伯（W. Arber） 91,93
阿洛威（J. Alloway） 17
阿什拉菲（K. Ashrafi） 220
阿斯特伯里（W. T. Astbury） 20
埃德加（R. Edgar） 81-83
埃尔利希（P. Ehrlich） 310
埃弗吕西（B. Ephrussi） 13,59,197,198
埃克特（J. Ecker） 219
埃里卡佐佐木（E. Sasaki） 325
埃利斯（E. L. Ellis） 21
埃利希（M. Ehrlich） 173
R. 埃默森（R. A. Emerson） 234,235
B. 埃默森（B. M. Emerson） 288
埃姆斯（B. Ames） 260,263
埃文斯（R. M. Evans） 211
埃文斯（M. J. Evans） 212
艾弗里（O. T. Avery） 1,17-19,26,28,29
艾格（D. Haig） 318
艾仁斯坦（G. von Ehrenstein） 50
爱泼斯坦（R. Epstein） 81,83
爱因斯坦（A. Einstein） 35
安布罗斯（V. Ambros） 153
D. 安德森（D. H. Anderson） 203
T. 安德森（T. F. Anderson） 27
W. 安德森（W. F. Anderson） 321
安格尔曼（H. Angelman） 160
奥尔特曼（R. Altmann） 19
奥乔亚（S. Ochoa） 44-46,48
奥斯塔维克（K. H. Orstavik） 167
奥唐奈（K. A. O'Donnell） 253

B

巴尔迪尼（A. Baldini） 218
巴尔斯基（G. Barski） 189,196
巴龙（L. Baron） 68
巴斯德（L. Pasteur） 62
巴特森（W. Batson） 6,7,12
巴瓦西德（M. Barbacid） 265,269,270,292
班恩布鲁（I. Benenblum） 277
鲍林（L. Pauling） 16,31-34
贝兰（J. B. Baylin） 287
本迪特（E. P. Benditt） 195
本泽（S. Benzer） 77-80
比德尔（G. W. Beadle） 1,12-15,28,44,59,
62,98
毕晓普（M. Bishop） 271
玻尔（N. Bohr） 20,29
伯克（J. D. Boeke） 253,329
伯内特（F. Burnet） 76
布尔克姆（R. Beroukhim） 290
H. 布拉格（W. H. Bragg） 19,30
L. 布拉格（W. L. Bragg） 19,30
布雷瑟纳克（R. Breathnach） 136
布里奇斯（C. Bridges） 10,11,225
布里藤（R. Britten） 133
布林克（R. A. Brink） 235
布鲁克斯（W. Brooks） 7
布伦纳（S. Brenner） 41-44
布罗克多夫（N. Brockdorff） 170

C

蔡斯（M. Chase） 20,27,28
蔡辛（L. Chasin） 112,113,192

名词索引

G

W